中国空气动力学发展蓝皮书（2018—2022年）

Blue Book on Development of
China's Aerodynamics
(2018—2022)

唐志共 夏斌 吴德松 等编著

国防工业出版社
·北京·

内容简介

本书是继中国空气动力学会首次发布《中国空气动力学发展蓝皮书（2017年）》之后的第二部对我国空气动力学发展阶段性总结和展望的著作，集中总结了2018—2022年5年间我国空气动力学在基础理论与前沿技术、科研试验基础设备设施、试验测试与数值模拟技术等方面取得的新进展、新成果，梳理了国内主要空气动力学科研与教育机构、重要学术活动和重要事件，分析了空气动力学发展所面临的形势，并展望了未来发展趋势。

本书的主要读者对象群体是空气动力学相关领域的科研机构、高校、企业的研究人员、教学人员、在读学生和管理人员，也可为科技管理部门提供决策参考。

图书在版编目（CIP）数据

中国空气动力学发展蓝皮书. 2018—2022年 / 唐志共等编著. -- 北京：国防工业出版社, 2024. 12.
ISBN 978-7-118-13422-3

Ⅰ. V211-12

中国国家版本馆CIP数据核字第20246KQ264号

※

国防工业出版社出版发行
（北京市海淀区紫竹院南路23号　邮政编码100048）
雅迪云印（天津）科技有限公司印刷
新华书店经售

*

开本710×1000　1/16　插页7　印张27¾　字数505千字
2024年12月第1版第1次印刷　印数1—2000册　定价198.00元

（本书如有印装错误，我社负责调换）

国防书店：(010) 88540777　　书店传真：(010) 88540776
发行业务：(010) 88540717　　发行传真：(010) 88540762

《中国空气动力学发展蓝皮书（2018—2022年）》

编委会

主　任　唐志共

成　员　王晋军　任玉新　黄育群　崔晓春　赵　伟　陈坚强
　　　　　吴文华　许春晓　李存标　张伟伟　吕宏强　桂业伟
　　　　　徐　翔　王志川　孙　茂　赵　宁　高正红　张新宇
　　　　　沈　清　张来平　胡天勇

《中国空气动力学发展蓝皮书（2018—2022年)》

编写组

主　编　唐志共

副主编　夏　斌

成　员　吴德松　冯　毅　沈雁鸣　陈　遴　周　义　郑　娟
　　　　徐　燕　常　伟　徐明兴　吴勇航　艾邦成　王建国
　　　　李进学　白　葵　倪章松　王　帆　卜　忱　王显圣
　　　　杨云军　于　明　赵　钟　黄汉杰　吴志刚　陈　立
　　　　马　军　牛中国　刘溢浪　黄　渊　吕静妍　李　海

前 言
PREFACE

  空气动力学属于流体力学范畴，作为力学的一个分支，它是研究飞行器或其他物体在与空气或其他气体做相对运动情况下的受力特性、气体的流动规律和伴随发生的物理化学现象和规律的一门科学。空气动力学学科的产生和发展可以追溯到 16 世纪，最初是观察鸟类飞行认识空气流动现象，随后开展了对流体流动的观察、实验和理论分析。19 世纪初以来，随着航空航天的大量气动问题研究需求，空气动力学得到了迅速发展。中华人民共和国成立以来，在党和国家领导人的亲切关怀下，我国空气动力学事业实现了从无到有、由弱到强的跨越发展，构建了风洞试验、数值模拟、模型飞行试验三大手段齐备的空气动力试验研究能力体系，为经济社会发展作出了突出贡献。

  近 5 年来，我国空气动力学事业取得了显著进步。在前沿技术研究方面，飞行器气动外形精细化优化设计、超临界翼型被动控制、高超声速复杂流动干扰、爆震燃烧、湍流与转捩、复杂多物理场耦合、智能空气动力学、微观/介观/宏观多尺度耦合机理等方面的研究都取得了巨大成绩。在空气动力试验研究体系建设方面，Φ1m 高超声速低密度风洞建成，高超声速路德维希管、爆轰驱动超高速高焓激波风洞、超声速连续变马赫数风洞等高性能设备也陆续建设并形成能力，我国风洞设备体系已与世界先进水平同步。此外，多座世界级风洞设备进入深化论证阶段，这些风洞设备建成后，我国风洞设备能力将进一步提升。依托国家数字风洞（National Numerical Windtunnel，NNW）工程，已发展从网格生成、流场解算到可视化后处理的具有完全自主知识产权的全套系国产 CFD 软件，并免费向全国开放应用；航空航天模型飞行试验平台日趋成熟，模型飞行试验任务开展逐步常态化。三大手段的健全建强为我国空气动力事业发展奠定了坚实基础。在国产大飞机、新一代高铁、海上风力机及多型特种飞行器的需求牵引下，湍流/转捩、燃烧空气动力学、多相流动、多物理场耦合、叶轮机械空气动力学、仿生空气动力学等方面的研究取得了较大进展，但仍存在巨大挑战。发展准确高效的湍流及转捩预测方法、基于分子层面的燃烧模型及精确预测方法、自由界面与激波相互作用的预测方法，建立适用于复杂外形的高精度高效气动噪声预测方法、发展有效的高温气体模型和化学反应流动模拟方法、探索稀薄气体模拟的新型粒子模型等都是下一步我国空气动力学发展的重点。此外，还应该吸收最新的研究手段和方法，将人工智能、数据挖掘等新方法、新成果更广泛地应用于空气动力学基础研究与工程应用，进一步挖掘总结以往气动数据和知识，加快我国空气动力学的发展。

2018年，由中国空气动力学会牵头组织全国气动研究力量，系统地研究总结了中华人民共和国成立以来至2017年的空气动力学发展成果，发行出版了首本《中国空气动力学发展蓝皮书（2017年）》（以下简称《蓝皮书》（2017年）），对促进我国空气动力学发展起到了积极作用，也对提高我国空气动力学领域的国际影响力、增进社会各界对空气动力学发展的了解和支持，以及在为政府决策、社会投资和企业发展提供空气动力学技术支撑等方面产生了积极作用。

根据空气动力学发展蓝皮书编制工作的总体考虑，首次发布蓝皮书后，每5年开展一次相应时段内的中国空气动力学发展成果总结与展望，并编制出版《蓝皮书》。本书主体架构延续上一版风格，主要内容按照学会下设的9个专业委员会和2个专业组展开。9个专业委员会为低跨超声速空气动力学、高超声速空气动力学、物理气体动力学、计算空气动力学、风工程与工业空气动力学、风能空气动力学、空气弹性力学、空气动力学测控技术和流动显示技术；2个专业组为智能空气动力学和燃烧空气动力学。

本书共14章。第1、2章分别是低跨超声速空气动力学和高超声速空气动力学，介绍了我国近5年来在相关领域基础理论与前沿技术的研究进展、试验设备建设及改造、试验技术发展以及应用情况。第3章是物理气体动力学，介绍了近5年来我国在高温、高压和存在物理化学变化等极端条件的气体动力学研究进展情况。第4章是计算空气动力学，介绍了我国近5年来数值模拟理论与方法取得的进展，以及用于空气动力学数值模拟的软硬件发展建设情况。第5章是风工程与工业空气动力学，介绍了近5年来我国在结构风工程、环境风工程、车辆空气动力学领域取得的理论和前沿技术进展，以及相关的试验设备和试验技术发展情况。第6章是风能空气动力学，介绍了近5年来风力机方面的研究进展、试验设备与技术发展以及应用情况。第7章是气动弹性力学，介绍了低速、亚跨超声速、高超声速气弹问题的基础理论和前沿技术研究进展，以及相关设备和试验技术的发展与应用情况。第8章是空气动力学测控技术，介绍了近5年来我国在气动力、气动载荷、气动热、防热、目标特性、气动噪声等试验中用到的测试技术的研究进展情况。第9章是流动显示技术，介绍了近5年来常用流场显示技术研究进展。第10章是智能空气动力学，该章较《蓝皮书》（2017年）为新增章节，集中介绍了人工智能技术在空气动力学研究中的应用情况。第11章是燃烧空气动力学，该章较《蓝皮书》（2017年）为新增章节，介绍了我国燃烧空气动力学在基础理论与前沿技术、试验设备和试验技术等方面的进展情况。第12章是空气动力学科研和教育机构，介绍了我国从事空气动力学研究的科研院所以及国内开设空气动力学专业及课程、从事相关教学及科研的主要高等院校。第13章是重要学术活动和重要事件，主要介绍重要学术会议、重要研究项目和个人及单位所获得的重要奖项。第14章是空气动力学发展展望，分析了我国空气动力学未来发展趋势，并提出了我国空气动力学未来的重点发展方向。

本书编写组

2023年12月

目 录
CONTENTS

第1章　低跨超声速空气动力学 ·· 1

1.1 基础理论与前沿技术研究 ·· 2
　　1.1.1 先进飞行器气动布局及优化设计 ························ 2
　　1.1.2 结冰空气动力学 ·· 2
　　1.1.3 旋翼空气动力学 ·· 5
　　1.1.4 气动声学 ·· 6
　　1.1.5 先进流动控制技术 ······································ 9
1.2 科研试验基础设备设施 ·· 12
　　1.2.1 常规气动力试验设备 ···································· 12
　　1.2.2 其他类型试验设备 ······································ 22
1.3 试验测试技术 ·· 26
　　1.3.1 风洞大攻角试验技术 ···································· 26
　　1.3.2 连续变迎角测力测压试验技术 ···························· 27
　　1.3.3 超声速连续变马赫数试验技术 ···························· 27
　　1.3.4 翼下双支撑测力及支撑干扰修正技术 ······················ 28
　　1.3.5 旋转天平试验技术 ······································ 28
　　1.3.6 模型振动主动抑制技术 ·································· 29
　　1.3.7 全机颤振试验技术 ······································ 29
　　1.3.8 空间流场结构测试技术 ·································· 29
　　1.3.9 模型表面流动与摩阻测试技术 ···························· 30
　　1.3.10 空天飞行器级间分离试验技术 ··························· 31
　　1.3.11 动导数与虚拟飞行试验技术 ····························· 32
　　1.3.12 捕获轨迹试验技术 ····································· 33
　　1.3.13 模型自由飞试验技术 ··································· 33
　　1.3.14 推力矢量风洞试验技术 ································· 34
　　1.3.15 反推试验技术 ··· 35

1.3.16　进气道试验技术 ·· 35
　　　1.3.17　结冰试验技术 ··· 36
　　　1.3.18　直升机旋翼试验技术 ·· 37
　　　1.3.19　气动噪声试验技术 ··· 38
　　　1.3.20　高速列车试验技术 ··· 40
　1.4　在国民经济建设中的应用 ·· 41
　　　1.4.1　大型客机 ·· 41
　　　1.4.2　航天飞行器 ·· 41
　　　1.4.3　通用飞机 ·· 41
　　　1.4.4　直升机 ··· 42
　参考文献 ·· 42

第2章　高超声速空气动力学

　2.1　基础理论与前沿技术研究 ·· 44
　　　2.1.1　高超声速气动布局设计 ··· 44
　　　2.1.2　高超声速热防护与热结构 ·· 46
　　　2.1.3　气动力/热预测技术 ··· 48
　　　2.1.4　湍流、燃烧与转捩 ·· 51
　　　2.1.5　高超声速流动控制技术 ··· 56
　　　2.1.6　多体分离设计评估技术 ··· 58
　　　2.1.7　多学科耦合分析及设计 ··· 58
　　　2.1.8　气体物理效应问题 ·· 60
　2.2　科研试验基础设备设施 ·· 62
　　　2.2.1　气动力、热试验设备 ··· 62
　　　2.2.2　防热试验设备 ··· 68
　　　2.2.3　其他类型试验设备 ·· 69
　2.3　试验测试技术 ·· 72
　　　2.3.1　气动热与热防护试验测试技术 ··· 72
　　　2.3.2　气动力试验测试技术 ··· 73
　　　2.3.3　气动物理测试技术 ·· 78
　　　2.3.4　气动推进一体化风洞试验技术 ··· 82
　2.4　在国民经济建设中的应用 ·· 83
　　　2.4.1　载人工程 ·· 83
　　　2.4.2　深空探测 ·· 83
　　　2.4.3　临近空间环境探测 ·· 84

2.4.4 工业应用 ··· 84
参考文献 ·· 84

第3章 物理气体动力学 ·· 87

3.1 基础理论与前沿技术研究 ·· 87
3.1.1 等离子体中的原子分子过程研究 ·· 87
3.1.2 高温气体多温度非平衡模型和物性参数研究 ··························· 89
3.1.3 宽温域气体状态方程理论研究 ·· 90
3.1.4 高温高压爆轰精密建模 ·· 91
3.1.5 高温高压计算流体力学方法研究 ·· 92
3.1.6 高温高压界面不稳定性与混合理论研究 ································ 94
3.1.7 气动物理学理论研究 ·· 95
3.1.8 等离子体理论与技术应用研究 ··· 103
3.1.9 流变学理论与数值模拟研究 ·· 104

3.2 科研试验基础设备设施 ·· 105
3.2.1 高频感应等离子加热风洞 ·· 105
3.2.2 流变学多物理实验表征平台 ·· 105

3.3 在国民经济建设中的应用 ·· 106
参考文献 ·· 106

第4章 计算空气动力学 ··· 111

4.1 基础理论与前沿技术研究 ·· 112
4.1.1 几何处理和网格生成 ·· 112
4.1.2 物理建模 ·· 118
4.1.3 高精度格式 ·· 131
4.1.4 多学科耦合数值模拟 ·· 135
4.1.5 多学科多目标优化设计 ·· 141
4.1.6 高性能计算 ·· 144
4.1.7 气动建模与参数辨识 ·· 148

4.2 计算空气动力学软件建设 ·· 151
4.2.1 CFD 软件研制 ·· 151
4.2.2 CFD 软件的验证与确认 ··· 158

4.3 大型计算机及附属设施 ·· 167
4.3.1 中国空气动力研究与发展中心计算中心 ································ 167
4.3.2 航空工业计算所计算中心 ·· 167

4.3.3 中国航空工业空气动力研究院高性能数值模拟集群 167
4.3.4 西安交通大学高性能计算中心 167
4.4 在国民经济建设中的应用 168
 4.4.1 大型客机层流短舱设计 168
 4.4.2 民机典型气动数据库构建 168
 4.4.3 海上风力机 169
 4.4.4 高铁 169
 4.4.5 深空探测 170
 4.4.6 火箭垂直回收 171
参考文献 171

第5章 风工程与工业空气动力学 181

5.1 基础理论与前沿技术研究 182
 5.1.1 结构风工程 182
 5.1.2 环境风工程 190
 5.1.3 车辆空气动力学 192
5.2 科研试验基础设备设施 194
 5.2.1 结构风工程试验设备 194
 5.2.2 环境风工程试验设备 196
 5.2.3 车辆空气动力学试验设备 196
5.3 试验测试技术 198
 5.3.1 结构风工程试验技术 198
 5.3.2 环境风工程试验技术 200
 5.3.3 车辆空气动力学试验技术 201
5.4 在国民经济建设中的应用 201
 5.4.1 结构风工程 201
 5.4.2 环境风工程 203
 5.4.3 车辆空气动力学 205
参考文献 207

第6章 风能空气动力学 212

6.1 基础理论与前沿技术研究 213
 6.1.1 风力机复杂流场的建模与数值仿真方法 213
 6.1.2 风力机尾流工程模型 215
 6.1.3 风力机专用翼型族及叶片设计 216

    6.1.4 风力机非线性气动弹性分析与优化方法 ·················· 219
    6.1.5 海上风力机特有的空气动力学相关问题 ··················· 220
    6.1.6 风力机气动噪声的产生机理与降噪策略 ··················· 221
    6.1.7 风力机结冰问题 ································· 222
    6.1.8 直线翼垂直轴风力机气动性能 ······················ 223
    6.1.9 双风轮风力机气动性能 ··························· 224
  6.2 科研试验基础设备设施 ································ 225
    6.2.1 风沙两相流风洞 ································· 225
    6.2.2 风浪流港池系统 ································· 226
  6.3 试验测试技术 ·· 227
    6.3.1 风力机翼型低速风洞二元翼型性能高精准度试验技术 ······ 227
    6.3.2 沿海气候条件下中小型风力机检测与认证技术 ············ 227
    6.3.3 风力机叶片气动弹性试验技术 ······················ 228
  6.4 在国民经济建设中的应用 ······························· 229
  参考文献 ··· 230

第7章 气动弹性力学 ······································· **235**

  7.1 基础理论与前沿技术研究 ······························· 236
    7.1.1 复杂气动弹性力学机理研究 ······················· 236
    7.1.2 CFD/CSD 耦合仿真方法 ··························· 239
    7.1.3 非定常气动力建模与流动降阶方法 ··················· 242
    7.1.4 气动伺服弹性分析与设计 ·························· 245
    7.1.5 高超声速热气动弹性分析 ·························· 253
  7.2 试验测试技术 ·· 255
    7.2.1 气动弹性风洞试验平台建设 ······················· 255
    7.2.2 气动弹性风洞试验技术 ··························· 256
    7.2.3 气动弹性飞行试验技术 ··························· 263
  7.3 在国民经济建设中的应用 ······························· 266
    7.3.1 大型客机 ······································ 266
    7.3.2 航天飞行器 ···································· 266
    7.3.3 高速列车 ······································ 266
  参考文献 ··· 267

第8章 空气动力学测控技术 ··································· **280**

  8.1 基础理论与前沿技术研究 ······························· 281

　　　　8.1.1　风洞流场测试技术 ·· 282
　　　　8.1.2　发动机燃烧流场非接触测量技术 ······························ 285
　　　　8.1.3　气动物理测试技术 ·· 287
　8.2　气动力、压力与气动热测量技术 ·· 288
　　　　8.2.1　气动力测试技术 ··· 288
　　　　8.2.2　气动载荷测试技术 ·· 291
　　　　8.2.3　气动热与热防护试验测试技术 ··································· 293
　8.3　试验测量技术 ·· 297
　　　　8.3.1　试验模型空间位移（变形）和姿态测量技术 ················ 297
　　　　8.3.2　航空航天动力试验技术 ·· 301
　　　　8.3.3　模型飞行试验技术 ·· 302
　　　　8.3.4　其他测控技术 ·· 304
　8.4　风洞控制技术 ·· 305
　　　　8.4.1　风洞流场参数控制技术 ·· 305
　　　　8.4.2　风洞电液伺服控制技术 ·· 305
　　　　8.4.3　风洞滑流试验高速电机精确控制技术 ························· 306
　8.5　在国民经济建设中的应用 ·· 306
　参考文献 ·· 306

第9章　流动显示技术 ·· 311

　9.1　速度场显示与测量技术 ·· 312
　　　　9.1.1　粒子图像测速技术 ·· 312
　　　　9.1.2　粒子跟踪测速技术 ·· 314
　　　　9.1.3　光流显示与测量技术 ··· 315
　　　　9.1.4　多普勒全场测速技术 ··· 316
　　　　9.1.5　特征信号图像测速技术 ·· 316
　9.2　密度场显示与测量技术 ·· 317
　　　　9.2.1　纹影显示技术 ·· 317
　　　　9.2.2　背景导向纹影技术 ·· 318
　9.3　温度场显示与测量技术 ·· 319
　　　　9.3.1　温敏漆技术 ··· 319
　　　　9.3.2　可调谐二极管激光吸收光谱技术 ································ 320
　　　　9.3.3　平面激光诱导荧光技术 ·· 320
　　　　9.3.4　磷光热成像测温技术 ··· 321
　　　　9.3.5　基于热致辐射光谱宽波段积分比的高温测量技术 ·········· 321

XIV

9.4 其他流动显示与测量技术 ······ 322
 9.4.1 快速响应压敏漆技术 ······ 322
 9.4.2 油流显示与测量技术 ······ 322
9.5 在国民经济建设中的应用 ······ 324
参考文献 ······ 324

第10章 智能空气动力学 ······ 330

10.1 基础理论与前沿技术研究 ······ 330
 10.1.1 湍流模型的智能化 ······ 330
 10.1.2 网格生成、网格处理的智能化 ······ 334
 10.1.3 智能实验技术 ······ 336
 10.1.4 数据同化 ······ 337
 10.1.5 多源数据智能融合 ······ 339
 10.1.6 流动控制智能化 ······ 341
 10.1.7 流动智能化建模 ······ 345
 10.1.8 物理约束的智能化流场求解 ······ 347
10.2 智能空气动力学软件发展 ······ 348
 10.2.1 风雷AI湍流模型 ······ 349
 10.2.2 "东方·御风"模型 ······ 350
 10.2.3 "秦岭·翱翔"模型 ······ 350
10.3 在国民经济建设中的应用 ······ 351
参考文献 ······ 351

第11章 燃烧空气动力学 ······ 359

11.1 基础理论与前沿技术研究 ······ 360
 11.1.1 燃烧反应动力学 ······ 360
 11.1.2 湍流燃烧机理与模型 ······ 364
 11.1.3 极端条件燃烧及稳定性 ······ 367
 11.1.4 湍流燃烧数值模拟 ······ 369
11.2 试验测试技术 ······ 372
 11.2.1 湍流燃烧中间组分浓度测量方法研究 ······ 372
 11.2.2 湍流燃烧温度测量方法研究 ······ 373
 11.2.3 湍流燃烧速度测量方法研究 ······ 374
 11.2.4 多参数测量激光诊断方法研究 ······ 374
11.3 在国民经济建设中的应用 ······ 375

		11.3.1　航空发动机 ·· 375
		11.3.2　内燃机 ·· 375
		11.3.3　爆震发动机 ·· 375
	参考文献 ·· 375

第12章　空气动力学科研和教育机构 ·· 381

	12.1　主要科研机构 ·· 381
		12.1.1　中国空气动力研究与发展中心 ·· 381
		12.1.2　中国航天空气动力技术研究院 ·· 382
		12.1.3　中国航空工业空气动力研究院 ·· 382
		12.1.4　中国科学院力学研究所 ·· 383
		12.1.5　北京应用物理与计算数学研究所 ·· 384
		12.1.6　其他 ··· 384
	12.2　主要教育机构 ·· 384
		12.2.1　北京航空航天大学 ·· 384
		12.2.2　南京航空航天大学 ·· 385
		12.2.3　西北工业大学 ··· 386
		12.2.4　国防科技大学 ··· 386
		12.2.5　清华大学 ·· 387
		12.2.6　北京大学 ·· 387
		12.2.7　中国科学技术大学 ·· 388
		12.2.8　复旦大学 ·· 388
		12.2.9　天津大学 ·· 389
		12.2.10　上海交通大学 ·· 389
		12.2.11　西安交通大学 ·· 390
		12.2.12　中南大学 ··· 390
		12.2.13　同济大学 ··· 391
		12.2.14　中国科学院大学 ··· 392
		12.2.15　浙江大学 ··· 392
		12.2.16　大连理工大学 ·· 393
		12.2.17　北京理工大学 ·· 393
		12.2.18　哈尔滨工业大学 ··· 394
		12.2.19　中山大学 ··· 394
		12.2.20　厦门大学 ··· 395
		12.2.21　华中科技大学 ·· 395

12.2.22　重庆大学 396
12.2.23　四川大学 397
12.2.24　电子科技大学 397
12.2.25　兰州大学 397

第13章　重要学术活动和重要事件 399

13.1　重要学术活动 399

13.1.1　学会本级 399
13.1.2　低跨超声速空气动力学 400
13.1.3　高超声速空气动力学 401
13.1.4　物理气体动力学 402
13.1.5　计算空气动力学 403
13.1.6　风工程和工业空气动力学 405
13.1.7　风能空气动力学 406
13.1.8　空气弹性力学 406
13.1.9　空气动力学测控技术 407
13.1.10　流动显示技术 407
13.1.11　智能空气动力学 408
13.1.12　燃烧空气动力学 408

13.2　重要事件 409

13.2.1　学会本级 409
13.2.2　低跨超声速空气动力学 410
13.2.3　高超声速空气动力学 410
13.2.4　物理气体动力学 410
13.2.5　计算空气动力学 411
13.2.6　风工程与工业空气动力学 411
13.2.7　风能空气动力学 412
13.2.8　流动显示技术 412
13.2.9　智能空气动力学 412
13.2.10　燃烧空气动力学 412

第14章　空气动力学发展展望 413

14.1　空气动力学发展所面临的形势 413

14.1.1　航空领域 413
14.1.2　航天领域 414

14.1.3　地面交通领域 ……………………………………………… 414
　　　14.1.4　其他领域 …………………………………………………… 415
　14.2　空气动力学的未来发展趋势 …………………………………………… 416
　　　14.2.1　智能化 ……………………………………………………… 416
　　　14.2.2　耦合化 ……………………………………………………… 416
　　　14.2.3　精准化 ……………………………………………………… 416
　　　14.2.4　工具化 ……………………………………………………… 417

附录1　中国空气动力学会简介 ……………………………………………… 418

附录2　空气动力学相关期刊简介 …………………………………………… 419

后记 ……………………………………………………………………………… 421

第 1 章

低跨超声速空气动力学

低跨超声速空气动力学属于流体力学的下级学科，是航空航天、交通运输、桥梁建筑及环境保护领域的一门重要公共基础学科。其主要研究从低速到马赫数5.0的速域范围内，气体与物体相对运动时气体流动及其与物体相互作用的规律，为飞行器及地面交通工具、桥梁建筑的型面设计、试验和验证提供低跨超声速理论、方法、技术和数据。近5年来，低跨超空气动力学在基础研究、设备建设和试验技术方案方面均取得了明显进展。

在基础研究和应用研究方面，着重围绕C919、直升机等国家重大工程的低跨超声速空气动力学研究和试验需求，建立了高精度数值计算、多自由度动态模拟等新方法，突破了飞机气动噪声产生与传播机理、流动/噪声耦合机理、风洞试验智能设计技术等，为复杂航空航天装备气动设计和以空气动力学为核心的多学科一体化设计的创新发展奠定了坚实基础。大力开展流动控制研究，在流动控制原理演示、流动控制关键器件开发、流动控制与飞行器的集成技术等方面成效显著，推动了等离子体、合成射流、无舵面射流控制等流动控制技术的日趋成熟和向应用转化的进程。

在设备建设方面，突破了低密度风洞设计、连续式风洞设计等重大关键技术，新建7座工程型风洞，形成了一流的气动声学、高雷诺数效应模拟能力和低速流动高保真模拟能力，大大增强了连续风洞设计、运行和管理攻关能力，为未来先进飞行器工程研制和技术研究所需的特种试验提供了一批优秀平台。

在试验技术研究方面，重点突破了大攻角、连续变迎角变侧滑角、多学科耦合模拟、特种流动模拟和精确测量等瓶颈问题，围绕大飞机和复杂航天器开发了边界层转捩模拟试验技术、模型自由飞、动态、结冰、声学等17类70余项试验技术，构建了较为完善的试验体系，大大增强了我国生产型低跨超声速风洞试验能力，为先进航空航天飞行器气动设计、选型优化和定型提供了强有力支持。

近年来，我国低跨超声速空气动力学研究单位在该领域取得了重要进展，下面从基础理论与前沿技术研究、科研试验基础设备设施、试验测试技术及在经济社会发展中的应用和贡献几个方面进行介绍。

1.1 基础理论与前沿技术研究

1.1.1 先进飞行器气动布局及优化设计

中国商用飞机有限责任公司联合国内优势单位，发展了具有先进水平的大型客机气动设计、优化技术，形成了大型客机研制所需的先进气动设计技术体系。大型客机气动设计技术体系的建立，有效提升了我国大型飞机气动设计水平，为大型客机成功研制奠定了基础。

中国航天空气动力技术研究院不仅建立了完整的大型客机气动设计工具体系（图 1-1），还发展了超临界翼型与机翼设计优化技术、多段翼型与增升装置设计优化技术、翼梢小翼气动设计技术、机翼/吊挂/短舱一体化设计技术、考虑动力影响的机翼气动优化技术、机身鼓包与翼根整流气动设计技术、大型客机气动噪声精确预示技术等，实现了翼型组合体、超临界翼型、机翼、多段翼型与增升装置的高效设计，有效助力了我国大型客机研制。

中国航天空气动力技术研究院建立了飞翼布局无人机气动设计与优化平台，开展了隐身长航时飞翼布局无人机设计，完善了飞翼布局进排气影响计算分析方法，完善了大展弦比飞翼计算流体动力学（Computational Fluid Dynamics，CFD）/计算结构动力学（Computational Structural Dynamics，CSD）耦合模拟方法，建立了气动/结构/隐身一体化设计优化技术，研究了改善横航向静、动态特性的气动措施，开展了地面效应对操稳与配平特性的影响研究，为大展弦比飞翼布局飞行器研制奠定了良好的气动基础。

1.1.2 结冰空气动力学

中国空气动力研究与发展中心、中国航空工业空气动力研究院、北京航空航天大学、南京航空航天大学、上海交通大学等单位结合"飞机结冰致灾与防护关键基础问题研究"和"飞机结冰与防除冰基础问题研究"等项目开展了结冰与防除冰相关基础问题的研究。

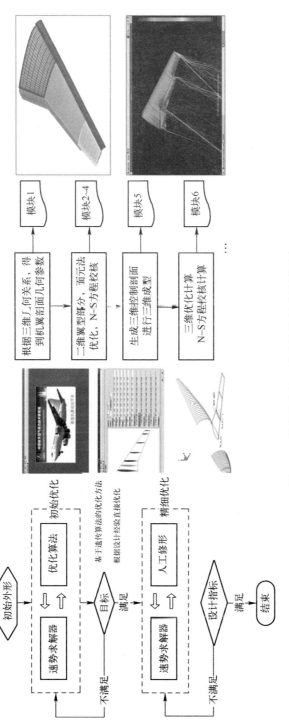

图 1-1 翼身组合体、增升装置气动设计平台

在结冰机理方面，中国空气动力研究与发展中心建立了考虑过冷条件的非平衡凝固模型和考虑相变时间特征的传热传质模型，发展了精细的飞机结冰数值模拟方法；获得了复杂冰结构的形成与演化规律，获得了冰形宏观形貌、微结构特征和来流条件之间的定量关系。在结冰防护理论与方法方面，其还发展了基于能量最优控制的防冰系统优化设计理论与方法，提出了基于多重防冰边界的预测和裕度确定方法；构建了结冰/测力一体化试验方法和多层结构多场耦合传热模型，获得了冰层黏附强度变化规律；开展了各种超疏水涂层技术研究（图1-2），发展了复合式防除冰技术。

图1-2 超疏水表面水膜运动情况

在结冰与防除冰高精度模拟方面，中国航空工业空气动力研究院编写了拥有自主知识产权的穿云（ChuanYun）软件，可开展不同条件下飞机结冰数值模拟。在高效结冰防护技术及应用开展方面，提出了基于超疏水表面的主动式低能耗干态防冰技术（图1-3），并采用结冰风洞试验进行了验证。

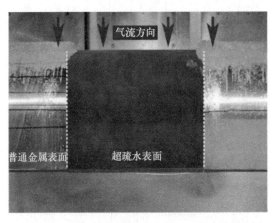

图1-3 基于超疏水表面的主动式低能耗干态防冰技术

在结冰致灾机制方面，中国空气动力研究与发展中心开展了飞机空气动力学与飞行力学非线性耦合规律以及结冰致灾机理研究，构建气象条件-结冰强度-性能恶化-风险区划的演化关系，形成飞机结冰的致灾风险评价方法。

西北工业大学开展了基于 AC-SDBD 等离子体激励的翼型防结冰/除积冰研究。其通过风洞试验获得圆柱迎风面等离子体激励防结冰与除积冰过程的影像（图1-4和图1-5）和表面温度变化云图，AC-SDBD 等离子体激励可在 3min 内清除掉圆柱迎风面约 5mm 厚度混合积冰，证明了 AC-SDBD 等离子体激励防/除冰方法的可行性与有效性，通过与国外合作研究，开展翼型 AC-SDBD 等离子体防结冰测试，证实了等离子体激励防结冰方法可应用在真实航空器结冰部件上。

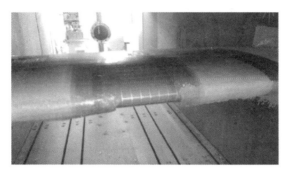

图 1-4　NACA0012 翼型等离子防结冰效果

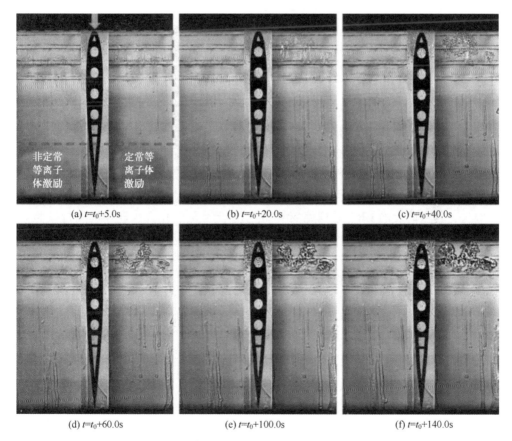

(a) $t=t_0+5.0s$　　　　(b) $t=t_0+20.0s$　　　　(c) $t=t_0+40.0s$

(d) $t=t_0+60.0s$　　　　(e) $t=t_0+100.0s$　　　　(f) $t=t_0+140.0s$

图 1-5　定常与非定常控制下翼型表面上动态积冰过程的时间演变

1.1.3　旋翼空气动力学

旋翼空气动力学主要研究直升机旋翼与空气相互作用、分析旋翼气动载荷、估算旋翼的飞行性能和分析旋翼性能品质，是设计高性能直升机的基础，对推动旋翼飞行器高质量发展具有重大意义。

（1）研发全翼展倾转旋翼风洞试验平台。中国空气动力研究与发展中心开展了全翼展倾转旋翼悬停、过渡及巡航状态风洞试验，初步建立了倾转旋翼多参数配平试验技术，具备了倾转旋翼风洞试验能力。

（2）发展旋翼非定常数值模拟方法与计算专用软件。中国空气动力研究与发展中心采用双网格建模思路发展了旋翼旋涡主导流场的背景网格自适应模拟方法，提高了旋翼空间复杂尾迹流动的模拟精度；发展了动态重叠网格的并行隐式装配方法，避免了人工洞边界设置的烦琐操作，并行加速比达到30倍；发展了面向直升机的CFD计算专用软件，软件计算效率高，在悬停与前飞气动性能预测、气动载荷计算、配平模拟等方面展现了良好的模拟能力。

（3）开展旋翼翼型优化设计验证研究。中国空气动力研究与发展中心、中国直升机设计研究所、西北工业大学、南京航空航天大学等单位持续开展旋翼翼型自主设计与试验验证工作，研制旋翼翼型气动设计与评估软件平台，提升了我国旋翼翼型的自主设计研发能力，在翼型谱系规划、指标给定、设计方法、风洞试验和计算校核、性能评估等方面开展了大量基础性研究工作，设计、计算和风洞试验验证的能力获得大幅提升。

（4）自主研发可转换旋翼飞行器（Convertible Rotor Aircraft，CRA）系列旋翼翼型。中国空气动力研究与发展中心提出旋翼翼型设计、验证、评估一体化技术研究思路。中国空气动力研究与发展中心将翼型设计与验证技术体系拓展至第三层次，自主研发的CRA系列旋翼翼型已用于无人直升机，直升机飞行试验数据表明其悬停效率、最大起飞重量等关键指标均超过设计预期，可满足高原地区使用。

（5）验证后缘小翼对旋翼气动噪声的控制效果。中国空气动力研究与发展中心联合南京航空航天大学，利用 5.5m×4m 声学风洞，开展了后缘小翼主动控制技术对旋翼噪声抑制的风洞试验研究（图1-6），建立了后缘小翼主动控制风洞试验平台和技术（图1-7）。

1.1.4　气动声学

气动声学的主要研究对象是空气动力效应与飞行器相互作用产生的噪声。气动噪声关系到航空飞行器的适航、舒适性、声隐身性等，是当前航空飞行器研制关注重点。气动噪声问题研究主要有飞行/风洞试验、经验/半经验公式预测和数值模拟三种手段。

近年来，国内气动声学研究在风洞试验方面取得较大进步，中国空气动力研究与发展中心与俄罗斯中央空气流体动力研究院（TsAGI）开展合作研究，建设

图 1-6　Φ3m 旋翼声学风洞试验

图 1-7　风洞试验

完成了 5.5m×4m 声学风洞（FL-17）大尺度起落架噪声试验研究平台（图 1-8），建立了集试验、数值模拟与工程预测模型为一体的起落架噪声数据库与配套交互软件，获得了起落架气动噪声特性并阐明了噪声产生机理，研发并验证了起落架气动噪声控制措施。

在两机专项、民机专项和基础加强等项目的资助下，中国空气动力研究与发展中心建立了对转桨气动力和气动噪声试验技术，成功研制了对转桨动力模拟装置（图 1-9），可支撑我国新一代民用涡桨发动机关键技术研究；完成二元收扩矩形喷管超声速噪声试验，研制了集成远/近场特性的喷流噪声测试装置，揭示

图 1-8 声学风洞大尺度起落架噪声试验研究平台

了喷口近场啸声模态跳转机制；研制了国内尺寸最大、传感器最多（180通道）的旋转声模态测量系统和声载荷数据处理软件，解决多级涡轮出口尺寸大、气流温度高、转速不稳定、声场结构复杂等声载荷场测试难题；完成多级涡轮出口声载荷测量试验，并在中国航空工业沈阳发动机设计所（606所）实验台上完成了测试技术和数据分析软件验证；发展了翼型复杂流动/噪声高精度数值计算方法，揭示了高速条件下 OA309 翼型上翼面湍流脉动以及大尺度涡结构引起的非定常流动对下游噪声的影响规律。针对尾喷管破裂问题，建立了尾喷管超声速喷流噪声数值计算方法，揭示超声速喷流激波噪声来流参数和几何参数影响规律；针对航空发动机气动-声学一体化设计需求，发展和改进了《航空发动机噪声预测程序》，增加了 Chevron 降噪评估模块，可有效评估锯齿喷管构型对喷流噪声以及发动机总噪声的降噪效果；针对发动机高负荷多级压气机性能波动和优化设计需求，探究了激波扰动影响下高负荷多级压气机不同级转子干涉机理，明确压气机前/后部转子时序效应对压气机性能参数影响规律；开展了声学/光学超材料性能分析和结构设计，构筑了多孔吸声陶瓷和多功能微纳表面，制备了吸声材料控制单元，探索了飞行器声学/激光隐身材料制备技术及应用的可行性。

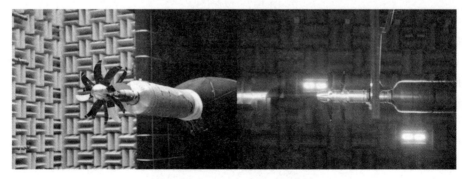

图 1-9 声学风洞对转螺旋桨综合性能试验（见彩插）

北京航空航天大学开展了起落架、柱体等部件气动噪声机理及降噪技术研究，揭示了不同部件中涡脱落、涡撞击、涡融合和涡破裂等涡模态演化过程中的涡声机制。在增升装置气动噪声试验方面，修正了前缘缝翼离散噪声峰值频率的估算公式，开展了前缘缝翼和后缘襟翼气动噪声产生机理和控制技术研究，并针对其远场噪声的风洞闭口段测试难点，采取 Kevlar+穿孔板的侧壁方案，在满足气动相似基础上，获得大尺度增升装置缩比模型气动噪声相似律。

1.1.5 先进流动控制技术

流动控制是突破传统流动设计和应用瓶颈的关键手段，能够掌握和驱动流动并使其按照预先设计的方向发展，对于提升飞行器性能、改进稳定性和操纵性、抑制流动副作用等方面具有重大意义。从能量需求上看，流动控制分为主动和被动两种。国内近年来主要聚焦于等离子体、无舵面射流、吹/吸气流动、合成射流等控制技术的发展。

1. 等离子体控制技术

中国航空工业空气动力研究院与厦门大学合作开展了飞翼等离子体流动控制研究，在 FL-51 风洞建立了用于等离子流动控制技术研究的测力、粒子图像测速技术（Particle Image Velocimetry，PIV）等风洞试验技术，成功研制小型化的等离子体电源（尺寸约 200mm×150mm×150mm，重量约 2.5kg），展长 2.4m 飞翼模型失速迎角推迟 4°、最大升力系数提高 15% 以上（风速 70m/s）；另外，其还开展了等离子体流动控制虚拟飞行试验，等离子体流动控制技术提高了模型的指令跟随性、减弱了各方向的运动耦合，从而改善了飞翼模型的操纵性和飞行稳定性。

空军工程大学通过纳秒脉冲放电快速加热产生等离子体冲击波激励，提出了等离子体冲击流动控制原理与方法，可在高亚声速条件下有效抑制分离流动，提高翼型气动性能。其还发展了阵列式脉冲等离子体激励技术，突破了单电源驱动多路放电技术，实现 1 个电源同时驱动 31 路激励器；在 $Ma=3$ 的条件下验证了等离子体激励对边界层的强制转捩能力，发现展向脉冲火花放电阵列等离子体激励诱导人造发卡涡结构加速附面层内动量交换并诱导附面层失稳转捩的控制机理。

中国空气动力研究与发展中心突破了多项关键技术攻关，成功建立工程实用的等离子体流动控制技术并实现工程应用。其利用高速流动的强非线性，使用脉冲放电形式的等离子流动控制方法，控制压缩面激波显著向上游移动，如图 1-10 所示。

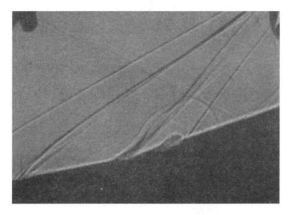

图 1-10　等离子体流动控制技术

2. 无舵面射流控制技术

中国航天空气动力技术研究院开展飞翼布局隐身飞行器的射流操控技术研究，提出了一种新型后缘射流操控技术，揭示了无舵面飞翼布局飞行器气动/控制耦合机理，设计了飞翼布局无舵面射流操控技术方案，发展了小质量流量射流流动控制风洞试验技术，并基于1m展长的飞翼模型完成了射流操控效果的风洞试验验证（图 1-11）。

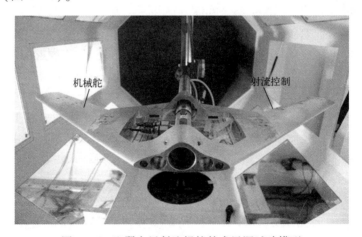

图 1-11　飞翼布局射流操控技术风洞试验模型

3. 吹/吸气流动控制技术

南京航空航天大学将吹气环量装置应用于小型无人飞行器的飞行控制，用吹气环量装置代替常规舵面，设计制作了一款全无舵无人飞行器。北京航空航天大学采用振荡射流实现了对进气道流动分离控制,能够提高总压恢复系数、降低总压畸变系数及分离区长度。中国空气动力研究与发展中心与航空工业通用飞机有限公司基于AG600飞机合作开展了动力增升技术研究,建立了大型水陆两栖飞机全模动力增升风洞试验技术,实现了最大升力系数超过6.8的增升效果,达到了AG600抗浪3m的要求,在环量控制方面开发了基于真实发动机的高精度高频响机载主动射流控制系统,并通过飞行试验验证了环量控制技术可有效替代无尾飞翼布局飞机的机械升降舵和副翼,以实现两轴无舵面姿态配平及操纵,同时开展了高空高速条件下超声速射流分离控制试验,控制压比达到3.5。

中国航空工业空气动力研究院实现同时4路的吹吸气控制装置,吹气流量控制精度$0.1m^3/min$、吸气流量控制精度$0.016m^3/min$、压力控制范围$0\sim1atm$、流量控制范围$0\sim0.926m^3/min$,可用于吸气、射流、混合层流控制等流动控制技术研究。

4. 合成射流控制技术

南京航空航天大学实现高机动飞行器尾旋飞行合成射流控制,验证了八字出口合成射流激励器在机翼分离流和S型进气道流动控制的效果,发表了流体式推力矢量喷管流动控制的研究成果,开发了自持吸吹式合成双射流激励器。

国防科技大学基于能量综合利用和增压原理的合成射流思想,利用自持循环射流实现对超声速流场的控制,采用矢量合成双射流激励器实现了对宏观主流的矢量控制。

北京航空航天大学提出基于旋涡控制的延缓动态失速方法,克服了基于分离点控制的传统方法较难适用于非定常流动的问题,为动态失速控制提供了一种新思路。通过连续射流与合成射流增加前缘涡强度、通过吸气控制抑制二次涡发展,延缓了前缘涡脱落(图1-12),提高了升力且延长了高升力维持时间。

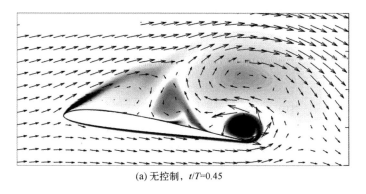

(a) 无控制,$t/T=0.45$

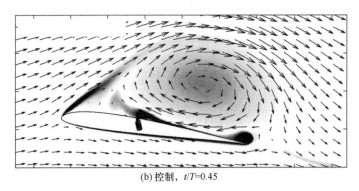

(b) 控制，$t/T=0.45$

图 1-12　增加前缘涡强度、延缓动态失速控制方法

1.2　科研试验基础设备设施

1.2.1　常规气动力试验设备

1. 新建设备设施

1) 大型低速风洞

中国空气动力研究与发展中心的大型低速风洞（图 1-13），代号 FL-19，是"十二五"国家重大科技基础设施重点建设项目之一，于 2016 年 12 月立项，2018 年 6 月在绵阳正式开工建设，2020 年 10 月建成通气，2021 年 9 月完成风洞流场校测和标模试验，2021 年 10 月完成首期型号试验并投入使用。

图 1-13　中国空气动力研究与发展中心大型低速风洞（见彩插）

大型低速风洞是 8m 量级低速空气动力学和气动声学综合试验研究设施。该风洞具有三个可互换试验段，其中：8m×6m 闭口试验段最大风速 137m/s；8m×

6m 开口试验段最大风速 103m/s；9.5m×9.5m 闭口试验段最大风速达到 73m/s，试验段有效截面积达 90.25m²。

大型低速风洞配套了全消声室、高速移动带地板、空气马达、涡轮动力模拟器（Turbine Powered Simulator，TPS）单元、多路抽吸系统、大范围流场移测架等试验装置，以及各类高精度测力、测压、测声、非接触测量系统；具备高精度测力测压、气动噪声、动力模拟、地面效应、直升机旋翼、模型自由飞、流场测量诊断等试验能力，可为各类航空航天飞行器、舰船、地面交通工具、风能装备等的研制提供先进的试验研究平台。

2）1.2m×1.2m 跨超声速风洞

中国空气动力研究与发展中心的 1.2m 跨超声速风洞（图 1-14），代号 FL-25，于 2015 年 8 月在绵阳开工建设，2018 年 8 月建成通气，2020 年 1 月正式投入试验使用。该风洞是一座半回流暂冲引射式风洞，采用全柔壁喷管技术实现风洞大范围速域模拟；采用喷管与超声速试验段一体化设计，引入栅指式二喉道控制技术；采用多变量控制策略提升风洞总压及马赫数控制精度。该风洞试验段尺寸 1.2m（宽）×1.2m（高）。

图 1-14 中国空气动力研究与发展中心 1.2m×1.2m 跨超声速风洞

该风洞主要承担飞行器气动力布局方案选型与优化、气动力验证与校核、气动载荷测量、操纵面铰链力矩特性、进气道特性、动稳定性、脉动压力特性测量等试验任务。FL-25 风洞具备宽广的马赫数模拟能力，可以与低速风洞和高超声速风洞的速域衔接，具备降压、常压和增压试验能力。风洞具备"吸入引射器驱动+增量引射器回流+主进气调压阀补气"的创新性试验运行方式，具有更高的总压控制精度和更低的风洞噪声水平，可以适应多种运行总压需求。

3) 2m 高速自由射流风洞

中国空气动力研究与发展中心的 2m 高速自由射流风洞（图 1-15），代号 FL-27，于 2018 年 6 月在绵阳开工建设，2020 年 11 月建成通气，2021 年 7 月完成综合性能调试，风洞全面投入试验应用。该风洞是一座直流暂冲引射式开口风洞，采用多支点半挠性壁喷管技术，可实现超声速马赫数连续变化，配置了大型试验舱，相较闭口风洞，可大幅增加模型尺度。模型支撑系统，可以实现 X、Y、α 和 β 4 个自由度的连续变换，框架式支撑平台能够满足复杂试验的特殊支撑需求。超声速时，具备压力匹配吹风能力，拓展了传统射流风洞超声速固定总压吹风造成的菱形区限制，大幅提升了超声速射流均匀区范围。

图 1-15 中国空气动力研究与发展中心 2m 高速自由射流风洞

该风洞具备开展飞行器大迎角进气道、推力矢量、内/外流一体化、物品舱系统综合性能考核、大迎角气动/运动耦合影响及控制律优化验证、涡轮基组合循环发动机（Turbine Based Combined Cycle，TBCC）进气道研究以及航空发动机性能考核与缺陷排查等试验能力。

4) 2.4m 连续式跨声速风洞

中国航空工业空气动力研究院的 2.4m 连续式跨声速风洞（图 1-16），代号 FL-62，于 2012 年 9 月立项建设，2020 年建成投入使用。2.4m 风洞具有流场品质高、试验效率高、雷诺数调节范围宽、运行时间长等特点。2.4m 连续式跨声速风洞的试验段尺寸：2.4m×2.4m×9.6m（高×宽×长）。试验马赫数范围：0.15~1.5（开槽壁试验段）；0.15~1.6（可调开闭比斜孔壁试验段）。2.4m 风洞试验状态和模型姿态可以远程自动控制，压缩机能够长时间连续运转。

该风洞具备测力、测压试验、铰链力矩、半模静气弹、流动显示、进气道、喷流、颤振、噪声、大攻角、自由投放等试验能力。

图 1-16　中国航空工业空气动力研究院 FL-62 风洞

2. 改造提升设备设施

1）0.6m 连续式跨声速风洞

中国航空工业空气动力研究院 0.6m 连续式跨声速风洞（图 1-17），代号 FL-61，于 2012 年开工建设，2016 年完成风洞调试和标模试验，2017 年正式投入使用。该风洞是一座变密度、低温、可结冰的连续式跨声速风洞。

图 1-17　中国航空工业空气动力研究院的 0.6m 连续式跨声速风洞

该风洞试验介质为纯净的干燥空气，具备模拟海拔 9~15km 的飞行环境的能力，试验段的尺寸为 0.6m（宽）×0.6m（高）×2.7m（长），设计马赫数范围 $Ma=0.15~1.6$。

该风洞目前已具有全机/半模/翼型模型的常规测力测压试验能力、红外隐身测试试验能力、翼型/机载传感器/发动机分流环/发动机进气锥等的结冰试验和防除冰试验能力，流动显示与测量试验能力（PSP、IR、PIV、BOS 等）、进气道试验及进气道结冰试验能力、亚声速动导数试验能力、探针校准试验能力等，是一座具备常规气动力、结冰和红外等多种试验能力的多功能连续式跨声速风洞。

2021 年，该风洞进一步提升了结冰环境模拟能力，目前可实现的模拟范围是：水滴直径 15~50μm、100~200μm。配备热气防除冰系统和电热防除冰系统。

2）1.2m 跨超声速风洞

中国航空工业空气动力研究院 1.2m 跨超声速风洞（图 1-18），代号 FL-2，风洞于 1993 年完成第一期工程建设并通气试验成功，1996 年经中国航空工业总公司验收后投入使用可以进行亚跨声速试验，1998 年形成了马赫数 1.5、1.8 和 2.0 的超声速试验能力。该风洞是一座直流暂冲下吹式三声速风洞，试验段横截面尺寸为 1.2m×1.2m。

图 1-18 中国航空工业空气动力研究院 1.2m 跨超声速风洞

该风洞于 2018 年新增了喷管。风洞马赫数上限由原来的马赫数 2.0 拓展到 3.0。2022 年 4 月完成了攻角机构及加装栅指式二喉道的改造。通过上述改造，拓展了该风洞的马赫数上限，提高了马赫数和攻角控制精度，提升了试验数据质量和效率。

3）1.2m 亚跨超声速风洞

中国航空工业空气动力研究院的 1.2m 亚跨超声速风洞（图 1-19），代号 FL-60，2014 年 9 月建成投入使用。该风洞是一座直流暂冲下吹式三声速风洞，具备亚跨声速和超声速两个试验段，试验段尺寸为 1.2m（高）×1.2m（宽），马赫数 0.3~4.2。该风洞采用了多支点全柔壁喷管和栅指式二喉道、环缝引射等设计技术，亚跨声速范围内，使用二喉道节流的方式实现马赫数的精确控制。

图 1-19　中国航空工业空气动力研究院 1.2m 亚跨超声速风洞

2018 年 6 月，该风洞完成了马赫数 4.2 喷管型面的标定和调试，拓宽了该风洞马赫数模拟上限。

2022 年 8 月，该风洞完成了一套适用于弹箭类模型的大攻角试验系统研制和调试，攻角范围 0°~90°。

2022 年 10 月，该风洞完成了四壁可调开闭比试验段的研制，能够实现开闭比 0~10% 范围的调节，降低洞壁干扰的影响，正在开展地面调试工作。

通过上述技术改造和能力提升，该风洞拓宽了试验模拟能力，丰富了试验手段，提升了试验数据质量。

4) 1.8m×1.4m 低速风洞

中国空气动力研究与发展中心的 1.8m×1.4m 低速风洞（图 1-20），于 2018 年投入正式使用。该风洞为单回路闭/开口试验段的研究型低速风洞，其闭口试验段长 5.8m，空风洞最大风速 105m/s；开口试验段长 4.8m，空风洞最大风速 80m/s。该风洞立足研究型风洞，兼具开放共享需要，目前已具备开展静态/动态常规测力/测压试验、螺旋桨带动力试验、翼型试验、烟流、油流、PIV、PSP 等流动显示试验的能力。截至目前，联合国内外研究机构开展了多项试验，充分发挥了研究型设备的功能，为解决相关气动基础问题作出了重要贡献。

2019 年 5 月，中国空气动力研究与发展中心研制了旋翼翼型俯仰/沉浮两自由度动态风洞试验装置，发展了动态试验模型设计优化、双天平动态测力、同步控制采集参数、动态数据过滤光滑、模型实时位移测量等精准测试关键技术，拓展了试验模拟的维度和边界，为旋翼翼型动态失速问题研究提供了重要技术支撑。

(a) 声学改造前　　　　　　　　　　　(b) 声学改造后

图 1-20　1.8m×1.4m 风洞声学改造前后

2021 年 7 月，基于 1.8m×1.4m 低速风洞开口试验段（驻室）进行声学改造（改造后效果见图 1-23（b）），使其具备隔离外界噪声影响，营造自由声场和消除噪声反射干扰等功能，满足全消声室的各项指标，并形成健康、舒适的测量环境，形成声学试验能力。该风洞声学试验能力主要用于支持航空、航天飞行器气动声学试验技术研究以及风工程试验，是开放型基础研究平台。消声室性能检测结果表明，大门隔声量 51dB（A），驻室背景噪声 12dB（A）。

2022 年 3 月，中国空气动力研究与发展中心研制配套了移动测量尾流耙，具备了二元翼型模型完整的尾流动量损失测量试验能力，可以获得较为精准的翼型尾流动量分布特性，为评估翼型的阻力特性提供了更加精准的试验技术支持。

5）2.4m×2.4m 跨声速风洞

中国空气动力研究与发展中心的 2.4m×2.4m 跨声速风洞，代号 FL-26，于 1997 年 12 月建成，1999 年正式投入运行。该风洞是一座由中压引射驱动的暂冲型、半回流式增压跨声速风洞。该风洞拥有两个试验段，截面尺寸分别为 2.4m×2.4m 和 3.0m×1.92m，马赫数为 0.3~1.25、1.4。

该风洞于 2022 年底完成了闸阀（图 1-21）与控制系统的更换和调试；新研制的 2.4m 风洞控制系统，其执行机构控制性能大幅提升，流场控制精度达到 0.0015~0.002。全新的风洞控制系统平台，彻底解决了 2.4m 风洞当前设备老化故障率高等突出问题，提升了风洞控制系统和关键设备的性能水平，提高了试验的质量效率；通过开展风洞流场控制策略研究、智能化监督管理软件研制及运行控制数据挖掘系统研究等工作，提升了风洞运行的智能化、信息化水平，进一步提升马赫数全范围流场控制精度。

6）8m 量级低速风洞

中国航空工业空气动力研究院 8m 量级低速风洞（图 1-22），代号 FL-10，于 2016 年 9 月投入使用。该风洞为回流式大型低速风洞，具备开/闭口试验段，试验段尺寸为 8m（宽）×6m（高）×20m（长），闭口试验段最大风速为 110m/s，

图 1-21 2.4m×2.4m 跨声速风洞闸阀系统

开口试验段最大风速为 85m/s。该风洞配备净空间尺寸为 47m（长）×31m（宽）×22m（高）的全消声室，具备气动噪声试验所需的声学环境。该风洞在一期建设基础上，先后新增了包括气动噪声、全模颤振、阵风、模型自由飞、虚拟飞行、旋翼、腹撑、大迎角等试验能力。

图 1-22 中国航空工业空气动力研究院 8m 量级低速风洞

2019 年，8m 量级低速风洞完成了全消声室的建设以及声场校测，80m/s 风速下的风洞背景噪声为 78dB（A）。8m 量级低速风洞先后建成了大尺寸全机缩比模型噪声试验支撑系统、起落架噪声试验支撑装置、增升装置噪声试验平台等支撑设备，同时配备了 4m 量级水平传感器相位阵列和竖直传感器相位阵列、地面线阵、1/4 圆弧阵列、消声室壁面阵列等噪声测试系统（图 1-23），形成了全面的机体噪声试验能力。

图 1-23 风洞气动噪声试验能力

2020 年，该风洞完成了全模颤振试验能力建设，可满足不同飞机型号全模颤振试验需求。2021 年，该风洞完成了阵风试验能力建设，可产生正弦波、三角波、方波及随机波等多种波形（图 1-24），具备连续阵风模拟能力。其建有双自由度和五自由度两套模型支撑系统，具备释放模型多自由度的阵风减缓试验能力。

图 1-24 风洞阵风试验能力（见彩插）

2020 年，该风洞完成了水平风洞模型自由飞试验和虚拟飞行试验能力建设。自由飞试验采用电动涵道风扇作为推进装置；虚拟飞行试验具备三自由度和带自补偿升沉功能的四自由度试验能力。2022 年，该风洞完成了大尺寸模型动导数试验能力建设，具备 5 种强迫振荡模态的动导数试验能力。

2021 年，该风洞完成了 4m 量级旋翼气动力风洞试验能力建设，具备旋翼、尾桨以及旋翼/机身干扰试验能力。针对旋翼噪声定位以及指向性测量，研发了复合传声器相位阵列和半球形指向性阵列（图1-25），以满足旋翼声源定位与全指向性的测量需要。

图1-25　风洞旋翼气动噪声试验

2021年，该风洞完成了单支杆腹撑试验能力建设。具备全模测力、测压、部件和铰链力矩、升降地板地面效应试验、螺旋桨滑流等试验能力。2022年，该风洞完成了FL-10风洞大迎角支撑系统建设。

7) 4.5m×3.5m动态试验风洞

中国航空工业空气动力研究院的4.5m×3.5m动态试验风洞（图1-26），代号FL-51，于2009年开工建设，2014年7月完成开/闭口试验段流场校测，2014年12月先后完成开/闭口试验段标模试验，并于2015年正式投入使用。该风洞试验段尺寸为4.5m（宽）×3.5m（高），具有可互换的开/闭口双试验段，最大试验风速100m/s（闭口试验段）和85m/s（开口试验段）。该风洞具备半弯刀尾撑/单支杆腹撑测力测压、大迎角测力、动导数、大幅振荡、旋转天平、典型机动历程模拟试验能力。

2018年，该风洞完成低速大迎角试验设备建设（图1-27），具备模型大迎角正飞、倒飞状态下的测力、测压试验能力。大迎角试验设备具备单次试验超大迎角行走范围，并提出创新的支架干扰测量机构，可以实现对尾撑支杆、腹背撑支杆及U型支架干扰的逐一测量。2018年以来，该风洞完成了动态试验能力的体系化建设，具备动导数试验、旋转与振荡耦合试验、三自由度大幅振荡试验、复杂运动模拟试验以及非定常空间流场诊断等试验能力，可开展多功能强迫运动

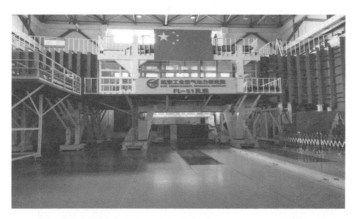

图 1-26 中国航空工业空气动力研究院 4.5m×3.5m 动态试验风洞

类动态试验,减缩频率模拟能力全面满足先进飞行器试验要求,动导数试验精度优于 3%。

图 1-27 大迎角试验系统

1.2.2 其他类型试验设备

1. 新建设备设施

1）1.2m 低密度低雷诺数风洞

中国航天空气动力技术研究院的 1.2m 低密度低雷诺数风洞（图 1-28），于 2016 年 12 月立项建设，2022 年 10 月风洞所有配套系统全部安装调试完成，2022 年 11 月开始流场校测、标模试验及风洞试运行。

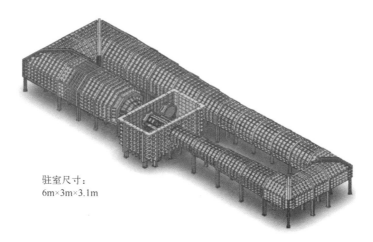

图 1-28　1.2m 低密度低雷诺数风洞结构

1.2m 低密度低雷诺数风洞是一座低速、低密度、低雷诺数的研究性风洞，采用卧式回流式布置，除风扇段截面为圆形外，其他部段截面都为正八边形。风洞气动轮廓总体长度 30.43m、宽度 8.8m、高度 3.6m。试验段总长 3m，其截面对边距为 1.2m。1.2m 低密度低雷诺数风洞可模拟 0~30km 的高度。

该风洞主要面向临近空间低速飞行器以及低雷诺数空气动力学研究需求。风洞配备有攻角机构、测力天平、压力扫描阀、激光多普勒测速仪（Laser Doppler Velocimetry，LDV）、五孔探针等测试仪器设备。风洞主要可以开展飞行器测力、测压、颤振等试验，还可以开展低雷诺数空气动力学试验。

2）2.0m×1.5m 气动声学风洞

中国航空工业空气动力研究院的 2.0m×1.5m 气动声学风洞（图 1-29），代号 FL-52，于 2015 年 12 月开工建设，2018 年建成投入使用，主要用于气动噪声机理与抑制方法试验研究。

2.0m×1.5m 气动声学风洞是 2m 量级的航空气动声学风洞，采用带消声室的开闭口试验段、单回流式布局。该风洞综合采用低噪声风扇系统、气动与声学融合式拐角导流片、动力段声衬、扩散段声衬等多种手段进行噪声控制，背景噪声为 74dB（A）（80m/s）。

该风洞目前已形成起落架、增升装置、螺旋桨、旋翼等飞机主要噪声源部件以及气动噪声试验研究能力，并配备了包括传声器相位阵列、远场线性阵列、弧形阵列、高速 PIV 等在内的测试设备。

3）4m×3m 气动声学风洞

北京航空航天大学的 4m×3m 气动声学风洞（图 1-30），于 2019 年 11 月在北京开工建设，2024 年 5 月投入使用。该风洞主要用于气动噪声机理与抑制方法试验研究，为我国第一座全声衬航空气动声学大型风洞。

图 1-29 中国航空工业空气动力研究院 2.0m×1.5m 气动声学风洞

图 1-30 北京航空航天大学 4m×3m 全声衬气动声学部件级研究型风洞

该风洞是一座单回流式低湍流度、低噪声、低速气动声学设备,具有开口、闭口两个可更换试验段,试验段布置带有金属尖劈的全消声室。在气动噪声方面,采用大型高效低噪声轴流风扇系统设计、4个拐角导流片双面声衬、洞体段全声衬、风扇段微穿孔板加声衬联合方案等降噪措施。试验段尺寸 4m(宽)×3m(高)×10.5m(长),背景噪声总声压级低于 75dB(A),截止频率为 100Hz(1/3 倍频程)。

风洞建设完成后,具备飞机主要噪声源部件(含起落架、增升装置、喷流/机体干扰噪声等)气动噪声产生机理与降噪措施试验研究能力,实现部件级高保真度压强场、速度场和噪声场实时精细化测量。

2. 改造提升设备设施

1）高速进气道试验台

中国航空工业空气动力研究院高速进气道试验台（图 1-31），代号 FL-3，建成于 2006 年，2010 年正式投入使用。该风洞为直流暂冲下吹式三声速风洞，是国内唯一 1.5m 量级高速风洞。试验段横截面尺寸为 1.5m（宽）×1.6m（高）。

图 1-31　中国航空工业空气动力研究院 FL-3 高速进气道试验台

2019 年 4 月，该风洞完成了其超扩段的改造，新增了栅指式二喉道，并完成了基于栅指二喉道的马赫数精确控制调试，将亚跨声速流场马赫数控制精度提升到 0.002 的水平。同时完成了风洞调压阀型面改造，增大了调压阀符合指数特性的行程范围。

2）5.5m×4m 声学风洞

中国空气动力研究与发展中心的 5.5m×4m 声学风洞，代号 FL-17，是一座单回流式低速低湍流度声学风洞，并具有开、闭口两个可更换试验段，试验段长 14m、宽 5.5m、高 4m，横截面为矩形。

5.5m×4m 声学风洞建设完成后，陆续配套发展了先进的气动声学试验研究体系，包括基于传声器阵列的噪声源测量和识别技术、气动噪声传播特性试验技术、基于 PIV 测量的气动噪声预测技术、基于 PSP 的非定常载荷测量技术等。结合先进的测力、测压等常规试验能力，FL-17 整体性能指标达到世界先进水平。

2019 年，5.5m×4m 声学风洞配套 3/4 开口试验段。该试验段创新性地采用吸声和不吸声两种可更换的状态。其中，不吸声地板状态相比原地板方案，极大增加了整体系统的强度和刚度。同时该试验段配备了自主研制的 3/4 开口试验段低频压力脉动抑振装置，顺利解决了 3/4 开口试验段低频压力脉动这一技术难题。2020 年，5.5m×4m 声学风洞实现双涵道喷流噪声试验模拟能力，该试验装置配套的高压供气控制系统为声学风洞进一步开展进气道、TPS 等供气试验打下坚实的基础。2022 年，5.5m×4m 声学风洞先后完成弯刀腹撑、弯刀尾撑、张线尾撑、地效试验装置四大装置配套，使声学风洞的常规测力试验能力取得重大进展，拓展了可承担的试验类型。

1.3 试验测试技术

1.3.1 风洞大攻角试验技术

中国航天空气动力技术研究院通过研制 90°大攻角机构与侧向喷流技术的融合，在 FD-12 风洞上建立了精确模拟侧向喷流条件的超大攻角试验技术，实现了马赫数 0.4~4，攻角范围 -10°~90°，模型长度可达 800mm 的超大攻角试验能力。通过模型反装与支杆干扰修正技术，并结合 CFD 可实现 0°~180° 超大攻角试验能力。

中国航天空气动力技术研究院建立了由小俯仰/偏航气动力测量系统和小滚转气动力测量系统组成的综合性高速大攻角高精度小气动力测量系统，在 1.2m×1.2m 亚跨超声速风洞中完成了以多种外形飞行器为研究对象、马赫数 0.4~4.0、$\alpha=-20°~20°$、$\beta=-20°~20°$ 范围内的小气动力测量，测量精度达到 10^{-7} 量级。高速大攻角高精度小气动力测量试验技术是利用动态试验方法对飞行器电缆罩、小偏翼等外形小突起或不对称产生的小量级气动力进行精确测量和评估的一种试验技术，特别是具备高速大攻角状态下的评估能力，包括小俯仰/偏航气动力测量试验技术和小滚转气动力测量试验技术，模拟参数主要有外形几何参数、来流马赫数、姿态角、减缩频率等，测量参数为俯仰/偏航/滚转气动力矩。其中，小俯仰/偏航气动力测量试验系统主要由模型、组合式动态天平、支撑和激励装置、数据采集与处理系统构成；小滚转气动力测量试验系统主要由模型、气浮轴承、测量与控制装置、支撑装置、供气系统、数据采集与处理系统构成。

中国航空工业空气动力研究院在 2.4m 连续式跨声速风洞中建立了大攻角支撑系统（图 1-32），实现了马赫数 $Ma=0.15~1.2$、攻角 $\alpha=-15°~110°$、侧滑角 $\beta=-30°~30°$、角度控制精度 0.02°、角度自动调节的大迎角、大侧滑角试验能力；在 FL-60 风洞上建立了弹箭大攻角支撑系统，具备长度小于或等于 550mm 试验模型 0°~90° 迎角范围的模拟能力，可实现马赫数 0.3~4.2 范围弹箭模型大迎角状态下的定常及非定常气动力的有效测量。

图 1-32 风洞大攻角支撑系统

中国航空工业空气动力研究院提升了 FL-51 风洞大迎角试验技术，提出了开/闭口试验段大迎角洞壁干扰修正方法和支架干扰修正方法，开/闭口试验大迎角试验数据一致性良好。FL-51 风洞开口试验段大迎角试验系统可实现最大风速 80m/s、迎角范围 $-110°\sim110°$、侧滑角范围 $-40°\sim40°$ 角度连续变化的大迎角试验能力。

1.3.2 连续变迎角测力测压试验技术

中国空气动力研究与发展中心在 2.4m×2.4m 跨声速风洞和 2m×2m 超声速风洞中发展了连续变迎角测力试验技术。在 2.4m×2.4m 跨声速风洞连续变迎角试验中，马赫数控制精度达到了 ±0.002，单次车数据点数超过 50 个，阻力测量分辨能力达到 0.0002，发展了连续变迎角测压试验技术，突破了压力连续同步采集、流场/测压数据精确同步、连续压力数据处理等关键难题。试验过程中，可以精准得到模型表面压力的非线性变化规律，数据量较传统方法增长 20 倍以上，试验效率提升 35%，并已在大型飞机测压试验中成功应用。

中国航空工业空气动力研究院开展了连续测量测力试验中迎角运行速度、数据采样频率、滤波方法、信号延迟数据处理等影响因素的精细化研究，掌握了连续测量试验的数据采集与处理方法，建立了工程实用的连续测量测力试验能力。

1.3.3 超声速连续变马赫数试验技术

中国航天空气动力技术研究院研发了风洞连续变马赫数高动态品质流场构建技术，采用传统拉瓦尔喷管与二维斜激波相结合的方法，基于二维楔面激波原理实现了马赫数的连续、无级变化。该技术具有流场均匀区尺寸大、马赫数调节简单、响应快、马赫数控制可靠、精度高等特点。马赫数可调范围 1.5~4.0，马赫数最大变化速率大于 $0.2Ma/s$；建立了与之配套的瞬态测试技术，包括六分量连续动态测力、脉动压力及瞬态纹影等；形成了 0.6m 和 1.2m 量级的连续变马赫数试验能力。

1.3.4 翼下双支撑测力及支撑干扰修正技术

中国空气动力研究与发展中心在 2.4m×2.4m 暂冲式跨声速风洞，中国航空工业空气动力研究院在 1.2m 亚跨超风洞、2.4m 连续式跨声速风洞中均建立了翼下双支撑测力试验系统（图 1-33），包括翼下双支撑、双支撑天平及角度传感器、假尾部支撑调节结构等，可以实现马赫数 0.15~0.9、攻角-15°~25°、侧滑角 $\beta=0°$ 的模型尾部支撑干扰修正以及基于双支撑的部件测力试验能力。

图 1-33 翼下双支撑测力试验能力

1.3.5 旋转天平试验技术

中国航空工业空气动力研究院建成了 4m 量级风洞旋转与振荡耦合试验系统，该系统采用电机与主轴直连的方式实现了驱动系统的结构紧凑设计，降低了支架干扰影响，并利用伺服电机自动控制调节支杆滚转角，大幅提高了试验效率，完成了小展弦比飞翼标模旋转天平试验空气阻尼测量技术研究，对比分析了惯性球试验数据与正负转平均数据的一致性，并针对特殊布局开展了旋转天平试验支架干扰研究，实现了支撑装置的优化设计。

中国航天空气动力技术研究院采用微型驱动系统，对模型采用一体化设计，形成大长细比模型旋转运动主动控制技术；基于微型舵控系统形成风洞试验环境下的微型舵控实时控制技术。

1.3.6 模型振动主动抑制技术

中国空气动力研究与发展中心先后攻克气动/结构/驱动一体化设计、复杂多体系统振动特性高精度实时辨识以及自校准高鲁棒主动控制算法等关键技术，研制出了具有自主知识产权、工程实用的跨声速风洞模型主动减振系统。在2.4m暂冲式跨声速风洞研制的模型振动主动抑制系统目前已在10余项试验中得到了大规模应用，可使主要振动模态阻尼增加15倍以上，抑振效果十分明显。

中国航空工业空气动力研究院完成了基于压电陶瓷驱动和控制的主动振动抑制系统的研制和试验验证，针对尾撑测力风洞试验中存在低频大幅抖动的特定气动布局风洞试验，可有效拓宽风洞试验迎角范围、提高试验数据的精准度。

1.3.7 全机颤振试验技术

中国空气动力研究与发展中心联合清华大学在FL-26风洞槽壁试验段研制了全模颤振绳索悬挂支撑系统。该系统主要包含主钢索、滑轮组、控制电机及张力调节弹簧，气动干扰小，结构形式简洁，挂点布置灵活，模型姿态可控。全机颤振试验时，试验段中仅包含试验模型及3根主钢索，主钢索经定滑轮引至试验段顶部与张力调节弹簧及控制电机相连接。通过调节弹簧的预紧力实现模型的软支撑，通过绳索同向或反向运动实现模型俯仰及滚转姿态调节。地面调试试验及风洞调试试验结果表明：使用该系统开展颤振试验时，全机模型俯仰及滚转姿态平稳可控，未出现刚体失稳情况，模型具备浮沉、侧摆、俯仰、偏航、滚转5个刚体自由度，且支撑频率均小于3Hz。该系统与全模颤振悬浮支撑系统相互补充，相辅相成，共同构建了2m量级跨声速风洞的全机颤振试验技术体系，为满足未来新型飞行器全机颤振试验需求提供了有力的支撑。

1.3.8 空间流场结构测试技术

中国空气动力研究与发展中心在2.4m×2.4m跨声速风洞发展了基于锥形光路、复合刀口、自适应图像校准等关键技术的大视场纹影系统，在大型跨声速风洞中捕获了飞行器机体附近的激波结构，并在C919等试验中得到了成功应用，形成了新的光学测量能力，为气动设计提供了更直观的分析手段。

中国空气动力研究与发展中心在2m量级超声速风洞中采用创新研制的激光瞬态纹影技术，获得了急需的飞行器某关键部件流场精细结构（图1-34），为气动设计提供更直观的分析手段。采用脉宽为6ns的脉冲光源，结合高精度时序控制技术、光源匀化技术，消除了时间积分导致的结构模糊，满足了生产型风洞对精细测量的需求。

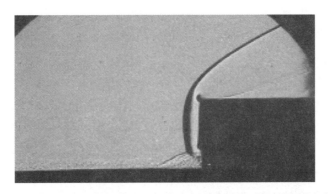

图1-34 激光瞬态纹影技术获取的激波/边界层相互作用精细流场结构

1.3.9 模型表面流动与摩阻测试技术

西北工业大学面向微结构减阻样品在流动中受到的流向大小为 $10^{-1} \sim 10^{-4}$ N 的微气动力,设计了气浮式高分辨率微壁面摩擦阻力测量系统(图1-35),使用直线气浮导轨作为运动部件,测量量程为±0.13N,分辨率可达 2.5892×10^{-6} N,当测量大小为 8.8×10^{-3} N 的目标力值时,测量不确定度为0.57%,测量精度为0.12%。系统载重上限可达到25kg,测量表面力矩承载极限为 5.5N·m。

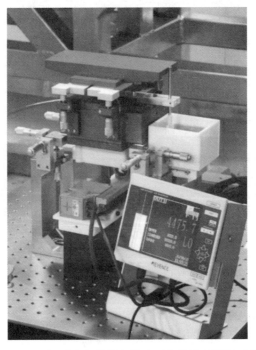

图1-35 气浮式高分辨率微壁面摩擦阻力测量系统

中国空气动力研究与发展中心发展了以 FIB/TiO$_2$ 为多孔基质的快响 PSP 涂料；建立基于光强法和基于寿命法的快响 PSP 测量系统并形成了试验能力，响应频率达到了 10kHz 量级；在跨超声速空腔标模和旋转叶栅试验台开展了应用，为设备研制和基础研究中涉及的非定常流动现象提供了全场、高频、非接触压力测量技术（图 1-36）。

图 1-36　快响 PSP 技术应用于旋转叶栅试验

1.3.10　空天飞行器级间分离试验技术

中国航天空气动力技术研究院、中国航空工业空气动力研究院、中国空气动力研究与发展中心经过 5 年联合攻关，建立了空天飞行器并联级间分离研究体系。针对两级入轨（Two Stage to Orbit，TSTO）空天飞行器技术特点，提出 TSTO 级间分离试验标模，新建了模拟两体同时运动的捕获轨迹试验装置，完成了级间分离风洞试验和数值模拟，建立了 TSTO 标模干扰气动力和分离轨迹数据库，为空天飞行器多体分离问题研究奠定了技术基础。

中国空气动力研究与发展中心构建 TSTO 空天飞行器高速瞬态纹影技术、NPLS 技术、PSP、红外热图等流动显示技术，获得了分离过程中的边界层/边界层、激波/边界层和激波/激波干扰数据。中国航空工业气动研究院、中国航天空气动力技术研究院和中国空气动力研究与发展中心改造了现有风洞捕获轨迹试验装置，构建了新的双体运动模拟准则，完成了 TSTO 标模干扰测力、干扰测压和捕获分离轨迹试验。中国航天空气动力技术研究院建立了并联级间分离风洞双体自由飞试验技术，开展了高升力组合体安全分离可行性试验研究。

中国空气动力研究与发展中心、中国航空工业空气动力研究院和中国航天空气动力技术研究院、大连理工大学分别基于非结构重叠网格和笛卡儿自适应网格等动网格技术，开展了 TSTO 级间分离数值模拟研究，通过与风洞试验和自由飞试验相互验证，提升了 CFD 技术对 TSTO 复杂干扰和动态分离问题的预测能力。中国航天空气动力技术研究院开展了安全分离准则、两体分离动力学建模和量化评估方法研究，提出了预置舵偏安全分离方案，完成了风洞试验验证，为探索空天飞行器级间分离安全边界提供了快速预测分析与仿真评估手段。

1.3.11 动导数与虚拟飞行试验技术

中国航空工业空气动力研究院先后建成了4m量级风洞（如FL-51风洞）和8m量级风洞（如FL-10风洞）的低速动导数试验技术，采用多种紧凑型驱动和传动机构，实现了有限尺寸下大载荷运动传递，全面提升了试验系统自动化程度和运动驱动能力，动导数试验能力从"模型1m量级、风速30m/s左右"的状态，提升到"模型尺寸覆盖1~4m量级、最大风速达到60m/s"的整体水平；开展了平移振荡试验模型空气阻尼修正技术研究，将惯性球试验从风洞中转移到风洞外进行，实现了试验效率的大幅提升。中国航空工业空气动力研究院完成了4m量级风洞（FL-51风洞）三自由度大幅振荡试验技术开发，采用多级运动叠加及电液伺服耦合驱动的方式实现了三轴同时进行大幅振荡运动的能力，可进行1~2m量级模型多自由度大幅振荡及机动历程模拟试验。

中国航空工业空气动力研究院建成了1.2m风洞高马赫数动导数试验装置与试验技术，自带天平保护功能，可以在风洞启动与关车阶段抵抗模型所受冲击载荷，对试验天平起到了有效保护，提升了试验天平的测量精度。试验马赫数范围0.4~4.0、迎角范围-10°~28°、侧滑角范围-12°~12°，振动频率范围4~16Hz。中国航空工业空气动力研究院研制了基于支杆尾部振动的俯仰/偏航高速动导数试验设备，采用模型与模型尾支杆一起振动的方式，测量大长细比模型俯仰和偏航动导数，模型长细比可达到18，适用于马赫数0.4~1.2、迎角范围-4°~16°、侧滑角范围-7°~7°的动导数试验，振动频率范围4~10Hz，俯仰/偏航振动振幅1°。

为了满足对大迎角非定常气动力问题研究的试验需求，中国航天空气动力技术研究院FD-09低速风洞研究了双自由度耦合大幅振荡试验技术。FD-09风洞双自由度耦合大幅振荡试验技术设计可以实现绕模型体轴的俯仰、偏航、滚转任意一个自由度及任意两个自由度耦合的大幅振荡运动。FD-09风洞双自由度耦合大幅振荡试验装置设计采用"π"形支架，"π"形支架的中部用力矩电机连接驱动一根弧形弯杆，在弧形弯杆的尾端用伺服电机连接驱动模型尾支杆。"π"形支架可以绕风洞竖轴旋转，以静态变化模型姿态角度。力矩电机可以驱动弧形弯杆做大幅俯仰/偏航振荡运动，伺服电机可以驱动模型尾支杆做大幅滚转振荡运动。

1.3.12 捕获轨迹试验技术

中国航空工业空气动力研究院在 1.5m×1.6m 跨超声速风洞中建立了"增量法"捕获轨迹试验技术,利用大模型测力数据作为基础量,叠加小模型测得的干扰量,获取更为准确的模型气动力用于轨迹预估;发展了外挂物模型连续运动 CTS 和网格测力试验技术、基于 CFE 方法的外挂物尾转分离模拟 CTS 试验技术。

中国航天空气动力技术研究院在 FD-12 亚跨超风洞研发了基于并联机构的 CTS 试验技术,提高了 CTS 试验数据的精准度及 CTS 试验马赫数模拟范围,试验马赫数 0.4~4.0。CTS 试验系统以专用的风洞试验段为基础,所有部件集成安装到该试验段。半臂攻角机构安装到试验段上方,用来支撑载机模型,攻角范围为 $-5°\sim15°$。支撑机构采用固定杆长的并联机构构型形式,具有 6 个运动自由度(3 平动,+3 转动)。为了实现六自由度机构大的滚转运动空间,满足物品分离投放模拟的要求,在并联机构的前端连接模型的位置串联了一个滚转驱动机构,可以实现±180°范围的滚转姿态模拟。六自由度机构在流场中阻塞度小于 1%。

1.3.13 模型自由飞试验技术

自由飞试验技术是在风洞中通过驾驶员在环飞行控制来实现飞机模型在风洞试验段内实时飞行,进而开展飞行控制律设计和验证的风洞试验技术。除最基本的几何相似外,涉及的主要相似参数有弗劳德数、斯特劳哈尔数、雷诺数以及质量相似、惯量相似和推力相似等。

中国航空工业空气动力研究院建立了基于 FL-10 风洞的水平风洞模型自由飞试验技术,在风洞环境下实现动力相似模型六自由度的飞行模拟(图 1-37),可开展飞行自动增稳控制、闭环飞行姿态控制、控制参数实时调节及纵横向激励响应等飞行模拟试验。

图 1-37 FL-10 风洞虚拟飞行与模型自由飞试验

中国空气动力研究与发展中心高速所研制了时间分辨率达到 0.5μs 的控制装置，以及轻模型投放装置和重模型投放装置，具备进行模型弹射投放试验的能力。中国空气动力研究与发展中心建立了四路连续投放试验技术，发展了依靠光学系统测量投放物轨迹和姿态角的测量技术。中国航空工业空气动力研究院开展了动力相似模拟条件下的机载拖曳物体风洞试验技术研究，建立了拖曳物体投放后质心轨迹、俯仰姿态的三维重构技术，拖曳物体出舱初速度的释放精度可控制在 0.095m/s 以内，捕捉到了投放后 5m 以内区域的拖曳绳动态过程。西北工业大学建立了多路连续投放试验技术。

针对飞行器喷流控制效果开展研究，建立了一种新型多参数耦合的非定常试验技术，可保证试验模型与真实飞行器一致，在完全自由、没有支撑约束的情况下进行喷流，从而使风洞试验更好地模拟真实飞行器的喷流控制效果。新技术克服了以往喷流试验只能进行流场非定常或气动力非定常研究的缺点，可保证在喷流的整个过程中，喷口处的干扰流场、飞行器所受气动力、特别是飞行器的运动，三者时刻进行相互耦合，以达到与真实飞行器一致的效果。新技术的建立克服了多项难题，包括模型无支撑、自由状态高压气体的储存问题、模型自由状态密封气源的准时解锁问题、模型内部气源与喷口连通等技术难题。

1.3.14 推力矢量风洞试验技术

中国空气动力研究与发展中心发展了双喉道射流推力矢量喷管（Dual Throat Nozzle，DTN）控制方法（图 1-38），获取了不同主流流量、次流流量比下的喷管流动特性及推进特性、喷管主流和次流对其推力矢量角、流量系数的影响规律，为发动机/喷管一体化流动控制试验奠定了基础。

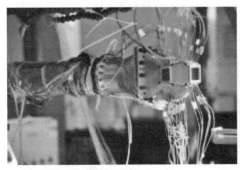

图 1-38　流体推力矢量喷管及纹影

中国航空工业空气动力研究院在已具备的高低速风洞喷流/推力矢量试验技术的基础上，进一步在 2.4m 连续式跨声速风洞中建成了适用于马赫数 0.2~1.6、迎角范围大于 30°、侧滑角大于 8°、喷管矢量角大于 30°、喷流落压比大于 40、喷流出口流量大于20kg/s的喷流/推力矢量风洞试验技术。

1.3.15 反推试验技术

中国航空工业空气动力研究院在FL-9风洞中建立了反推力试验技术，掌握了高精度高压流量控制及测量技术、反推短舱打开状态下的流动显示与测量技术；满足反推气流对飞机气动特性影响、飞机的临界滑跑速度试验、反推力装置的反向效率试验需求，高压空气流量测量精度达到0.3%。另外，还在地面建立了喷管反推力测量平台，实现了涡扇发动机反推全格栅模拟试验，最大流量超过40kg/s。

1.3.16 进气道试验技术

在高速风洞进气道试验技术方面，中国航空工业空气动力研究院在FL-62大型连续式跨声速风洞建立了进气道试验能力，可开展双发进气道试验测试，出口直径模拟范围80~140mm，具备模型姿态连续变化测量的高效运行方式，进气道总压恢复系数测试精度可达0.001。中国航空工业空气动力研究院创建了进气道风洞试验连续式测量技术，形成了一套工程实用的运行参数和数据处理软件系统，运用了流量连续变化情况下数据连续采集的测试方法，提升了进气道试验效率和数据诊断分析能力。在FL-3风洞中研制了一套中心驱动的旋转式旋流测量装置（图1-39），创建了进气道旋流畸变测量试验技术，可获得进气道旋流畸变特性。

图1-39 旋流畸变测量装置（见彩插）

在低速风洞进气道试验技术方面，中国航空工业空气动力研究院在3.5m×2.5m低速风洞中研制了进气道试验流量计校准装置（图1-40），校准流出系数精准度优于0.5%；在4.5m×3.5m低速增压风洞中研制了增压、常压进气道试验系统，建立了高雷诺数进气道试验能力，其中增压短舱进气道最大模拟流量75kg/s（0.4MPa），常压进气道单发最大模拟流量7kg/s（常压），可同时独立模拟三发进气，其中角度模拟范围结合预偏与侧装迎角-90°~90°、侧滑角-90°~90°；此外，在4.5m×3.5m风洞中还建立了基于涡轮空气马达的螺旋桨/进气道一体化试验能力，可真实模拟螺旋桨对进气道气动性能的影响。

图 1-40　进气道试验流量计校准装置

1.3.17　结冰试验技术

结冰与防除冰试验技术是采用全尺寸部件或截断模型（含混合缩比模型），在结冰风洞或专用装置中进行结冰特性评估和防除冰系统验证的技术。其模拟参数主要有来流速度、温度、粒径、液态水含量、海拔等，结冰试验测量结果主要是冰形的二维或三维外形特征，防除冰试验测量结果还应包括模型防除冰系统相关参数，如热气温度、压力、流量等。试验装置主要由冰形测量装置、摄像监控系统、数据采集与处理系统、热气供气系统、电加热装置等构成。

中国空气动力研究与发展中心在 3m×2m 结冰风洞中建成了比较完善的结冰与防除冰试验技术，云雾模拟范围涵盖中国民用航空器适航管理条例的附录 C 的要求，2022 年底形成过冷大水滴试验能力，以满足美国联邦航空飞行器适航条例的附录 O 的冻细雨模拟要求。热气供气系统具备供气最大流量 1.5kg/s、控制精度±1%、最大压力 1.5MPa、控制精度±0.5%、最高温度 400℃、控制精度±2℃ 的能力；电加热试验装置有 AC 115/200V 400Hz 电源、DC 28V 电源、DC 270V 电源三种规格电源；发动机进气模拟系统具备两条引气管道，主管道流量范围 15~55kg/s、控制精度±1%，旁路管道流量范围 1.0~15kg/s（海平面高度条件下）、控制精度±1%。

中国航空工业空气动力研究院基于 FL-61 结冰风洞发展了混合翼型设计方法，可将翼型弦长缩短接近 40%，利用一套模型即可完成 4°以内不同迎角的结冰试验；发展了电加热防除冰技术，电加热控制系统配合安装在模型内部的电加热膜，用于模拟飞机防除冰系统工作状态，可实现在冰风洞中评估电加热系统效果的能力。

中国航空工业空气动力研究院设计研制的移动式冰风洞（图 1-41），喷雾出口尺寸 2.5m×2.5m，试验区风速范围 4~15m/s，平均水滴直径（Median Volume

Diameter，MVD）范围20~50μm，液态水含量范围0.2~3g/m³，设备可在低温环境下连续运行60min，完成飞机全尺寸部件结冰和防除冰试验。

图1-41　移动式冰风洞

1.3.18　直升机旋翼试验技术

直升机旋翼试验技术是采用缩比旋翼模型在风洞中研究旋翼性能及旋翼对其他部件气动特性影响的试验技术。其模拟参数主要有旋翼转速、来流马赫数、旋翼总距、旋翼周期变距、主轴前倾角等，测量参数主要有旋翼气动力参数、桨叶表面压力、桨叶变形、旋翼流场、噪声等。

直升机旋翼试验技术是开展直升机空气动力学研究的基础支撑，内容主要包括不同种类（气动、噪声、结冰、风洞、飞行等）、不同机型或部件（单旋翼、旋翼加尾桨、机身、双旋翼、倾转、直升机/舰船等）中所涉及的测试技术、数据分析处理技术等。中国空气动力研究与发展中心发展了旋翼自动配平技术、悬停地面效应试验技术、旋翼/机身/尾桨干扰试验技术、桨叶运动角度实时测量技术、变距拉杆载荷测量技术、地面共振排除技术等；开展了旋翼模型风洞试验洞壁干扰修正方法研究。近年来，多项关键试验技术获得突破，包括旋翼气动噪声测试、全域飞行状态试验模拟、旋翼结冰与防除冰、旋翼桨叶/翼型表面脉动压力测量、旋翼桨叶位移和变形测量、旋翼/机身/尾桨复杂流场精细测量等。

中国空气动力研究与发展中心依托大型风洞试验设施，建成了尺寸衔接、功能完善的直升机空气动力学试验设备体系，形成了大中小配套的直升机风洞试验台，直升机空气动力学试验设备体系已初具规模。完成了多款直升机的旋翼气动、噪声、结冰等性能考核试验，以及旋翼/机身组合模型风洞试验等。

中国航空工业空气动力研究院依托FL-10风洞与FL-52风洞，围绕直升机旋翼气动力、气动噪声以及流动显示试验技术开展了系统研究，形成了集旋翼试验台动力学特性分析及测试、旋翼操纵矩阵自动标定、试验数据方位角同步采集、旋翼智能化自动配平、试验安全监视报警及试验数据处理及修正为一体的旋翼气动力风洞试验技术，并完成了闭口试验段旋翼气动力测量试验（图1-42~

图1-44),自动配平准度优于1%,气动力试验精度优于0.5%。旋翼气动噪声形成了从机体表面声载荷到气场传播特性再到远场指向性的一体化试验能力,气动噪声试验精度优于1dB。中国航空工业空气动力研究院开展了旋翼桨叶变形测试技术研究,形成了基于双目立体视觉测量和变形散斑的360°方位角下桨叶挥舞、摆振及扭转测量能力;形成了基于相位锁定技术的烟流及PIV的旋翼大视场流场显示试验能力,流场显示视场最大可达500mm×500mm,同时具备基于TR-PIV技术的旋翼非定常流场测量能力。

图1-42 旋翼开闭口风洞试验

图1-43 Φ4m 共轴刚性旋翼/机身/推力桨试验台

图1-44 Φ2m 倾转旋翼全机试验台

1.3.19 气动噪声试验技术

中国空气动力研究与发展中心研制了Φ3m旋翼试验台、桨盘直径大于0.8m螺旋桨试验台、大功率对转桨试验台、单通道喷流及冲击试验台、双通道喷流模拟试验台等,建立了相关气动噪声试验技术,完善了气动噪声风洞试验能力体系，开展了飞机全机及部件气动噪声试验、直升机旋翼气动噪声试验、对转桨/螺旋桨气动噪声试验、喷流噪声试验、高速列车气动噪声试验等系列气动噪声试验研究，建立旋翼气动噪声测试和识别方法等，在民用客机、直升机、螺旋桨飞机、高速列车等试验及相关研究任务中得到应用。

中国航空工业空气动力研究院基于FL-10风洞与FL-52风洞，开展了系统的气动噪声风洞试验技术研究，先后掌握了大型传声器相位阵列优化设计与校准技术、高分辨率噪声源定位与识别技术、气动噪声风洞试验数据综合修正技术，建立了由传声器相位阵列、指向性测量阵列以及表面声载荷传感器组成的噪声测试系统，测试通道总数超过600，结合多种气动噪声试验支撑装置，形成了体系化气动噪声风洞试验技术，成功应用于飞机机体、螺旋桨、旋翼等气动噪声机理研究与降噪验证。

中国航空工业空气动力研究院先后完成了大尺寸全机缩比模型、全尺寸与缩比起落架模型、大尺寸增升装置、增升装置翼型、涡桨飞机全机带动力、大尺寸旋翼模型、翼身融合布局噪声安装效应等多项飞机气动噪声风洞试验（图1-45），气动噪声风洞试验重复性精度优于1dB，相关试验技术成功拓展应用于高铁、卡车等气动噪声测试。

图1-45　涡桨飞机全机噪声试验

中国航天空气动力技术研究院针对适用于运动声源的阵列数据处理算法、阵列优化设计进行技术攻关，建立了适用于运动声源的传声器相阵列测量技术，提出了一种考虑声传播相关性丢失问题的阵列优化设计方法，并利用所设计的阵列开展了某型无人机噪声飞行试验研究（图1-46），实现了起飞和低空平飞状态螺旋桨和发动机噪声源的定位与识别。

中国空气动力研究与发展中心建立了多源信号集成测量技术、空腔系统载荷集成测量与控制技术，完成了气动/结构耦合模型设计与仿真分析，实现了缩比模型流动、声载荷与结构振动集成测量（图1-47），验证了风洞试验技术的可靠

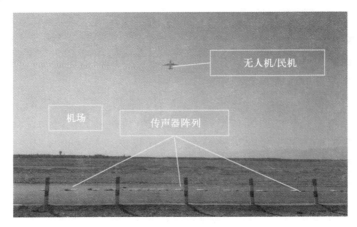

图 1-46 运动声源定位识别试验

性和正确性;构建了空腔流-声-振多场同步测试分析方法,厘清了关键参数对空腔内流动噪声振动的影响规律,建立了空腔流动控制优化设计方法。

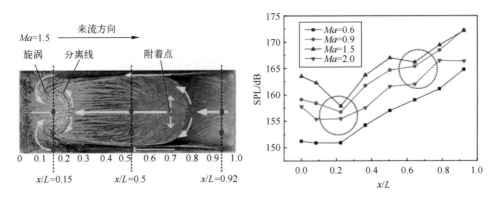

图 1-47 空腔内流动、噪声综合测试与响应规律

1.3.20 高速列车试验技术

建立时速 1000km 级高速轨道列车综合性试验模拟技术。中国空气动力研究与发展中心建立高速列车模型风洞试验专用数据库,对高速列车不同头型和车身关键部件的气动外形实现谱系化,开展系列试验研究,形成不同头型与车身关键部件气动外形谱系的风洞试验数据库,编制高速列车气动外形手册,为气动设计与分析提供全面专业的参考。编制高速列车风洞试验标准,针对高速列车开展的风洞试验研究内容,分别编制气动力试验标准、表面压力试验标准、气动噪声试验标准、流场测量与显示试验标准,形成完整的风洞试验标准,进一步提升高速列车风洞试验的专业化水平。围绕解决高速磁悬浮列车边界效应模拟难题,采用

高精度测力、PSI 测压、PSP 测压、近场噪声、尾迹、摩阻等多模态数据获取手段，在 FL-26 风洞完成高速列车车-轨耦合区域边界层干扰、10 级以内侧风影响、车体外形气动特性评估、全局压力场以及轨道噪声预测及受电弓实物降噪试验等问题研究。

1.4 在国民经济建设中的应用

1.4.1 大型客机

中国商用飞机有限责任公司联合国内优势单位，自主开发了具有国际先进水平的大型客机气动设计、优化、试验技术群。C919 飞机全球商业首飞成功，标志着 C919"研发、制造、取证、投运"全面贯通，中国国产大飞机民航商业运营正式起步，中国民用航空产业也翻开新的一页。我国大型客机空气动力学研究体系的建立，有效提升了我国航空设计水平，对于大型客机系列化创新发展具有重大意义。

1.4.2 航天飞行器

针对长征九号、长征十一号、天舟运载火箭以及载人航天、火星巡视着陆器的研制需求，低跨超空气动力学领域先后攻克了大型火箭风载精确预测、摩阻测量、动载荷多点预测、多体分离、喷流模拟、垂直回收、减速伞性能预测等一系列技术难题，发展了高精度小滚转力矩测量技术、多天平测力技术、大规模动态压力测量技术、全迎角测力技术、高精度压心测量技术、减速伞试验技术、逆向喷流结构精细测量技术等，为运载火箭及月球探测器的总体方案设计、结构设计和稳定与控制系统设计提供了精确数据。

1.4.3 通用飞机

为了满足通用飞机工业发展需求，低跨超空气动力学领域先后突破了通用飞机气动性能预测、高雷诺数模拟、动力模拟等技术障碍，形成了通用飞机研制的风洞试验技术体系，在通用飞机气动、飞行控制和结构设计中发挥了重要作用。AG600 飞机 2017 年 2 月 13 日成功试飞，2020 年 7 月 26 日成功实现海上首飞，2021 年 3 月 4 日完成灭火任务系统首次科研试飞，全面投入功能验证阶段。中航通用飞机有限责任公司在 AG600 飞机研制过程中，开展了一系列的风洞试验、数值计算研究工作，获得了 AG600 飞机机体/推进耦合效应及大迎角特性、尾旋特性、飞行雷诺数效应等参数，为飞行器气动布局优化和试飞方案制订提供了强有力的技术支持。

1.4.4 直升机

围绕我国旋翼空气动力学学科发展和我国旋翼飞行器研制需要,中国空气动力研究与发展中心已初步形成旋翼空气动力学试验研究体系,主要构建了常规构型直升机气动干扰、旋翼/机身/尾桨气动噪声等6项试验研究能力,突破了桨叶表面脉动压力测量、旋翼翼型静动态气动测量等6项关键技术,试验模拟包线进一步拓展,多项能力和技术填补国内空白。中国直升机设计研究所5t民机研制过程中,开展了一系列风洞试验、数值计算等工作,为飞行器气动布局优化提供了重要的数据和技术支撑。

参考文献

[1] 陈迎春,张美红,张淼,等. 大型客机气动设计综述[J]. 航空学报,2019,40(1):35-51.

[2] 唐伟,刘深深,余雷,等. 用于级间分离研究的TBCC动力TSTO气动布局概念设计[J]. 空气动力学学报,2019,37(5):698-704,721.

[3] 徐浩军. 飞机结冰致灾机理及飞行安全防护[J]. 空军工程大学学报(自然科学版),2020,21(5):1.

[4] 吴希明. 共轴刚性旋翼空气动力学问题与研究进展[J]. 南京航空航天大学学报,2019,51(2):137-146.

[5] 杨鹤森,梁华,魏彪,等. Viper Jet无人机等离子体流动控制飞行验证[J]. 空军工程大学学报(自然科学版),2019,20(6):15-22.

[6] 邓雄,赵志杰,王秋旺,等. 基于前缘合成双射流的飞翼布局纵向气动控制特性研究[J]. 空气动力学学报,2022,40(5):79-90.

[7] 孙全兵,史志伟,耿玺,等. 基于主动流动控制技术的无舵面飞翼布局飞行器姿态控制[J]. 航空学报,2020,41(12):190-199.

[8] 海春龙,何磊,梅立泉,等. 现代试验设计及其在空气动力学中的应用进展[J]. 实验流体力学,2022,36(3):1-10.

[9] 王超,王方剑,王贵东,等. 飞行器大攻角非定常气动特性神经网络建模[J]. 气体物理,2020,5(4):11-20.

[10] 王颢澎. 超声速连续变马赫数风洞试验研究[D]. 长沙:国防科技大学,2021.

[11] 李强,刘大伟,许新,等. 高速风洞中大型飞机典型支撑方式干扰特性研究[J]. 空气动力学学报,2019,37(1):68-74.

[12] 周孟德. 风洞模型振动主动抑制关键技术研究[D]. 大连:大连理工大学,2021.

[13] 赵振军,闫昱,曾开春,等. 全模颤振风洞试验三索悬挂系统多体动力学分析[J]. 航

[14] 王帅, 何国强, 秦飞, 等. 超声速内流道摩擦阻力分析及减阻技术研究 [J]. 航空动力学报, 2019, 34 (4): 908-919.

[15] 刘光远, 张林, 陈德华, 等. 跨声速风洞斜孔壁非线性流动试验 [J]. 航空学报, 2019, 40 (5): 31-38.

[16] 张雪, 衷洪杰, 王猛, 等. 跨声速叶栅叶片快速响应 PSP 测量研究 [J]. 空气动力学学报, 2019, 37 (4): 586-592, 599.

[17] 朱海军, 王倩, 梅笑寒, 等. 基于高速纹影/阴影成像的流场测速技术研究进展 [J]. 实验流体力学, 2022, 36 (2): 49-73.

[18] 张俊, 吴运刚, 严来军, 等. 基于 BOS 的超声速流场瞬态密度场的可视化 [J]. 气体物理, 2021, 6 (1): 62-68.

[19] 刘志涛, 蒋永, 聂博文, 等. 弯折翼尖对飞翼布局飞机气动特性影响 [J]. 航空学报, 2021, 42 (6): 207-216.

[20] 陈建中, 王晓冰, 赵忠良. 飞行器动导数高速风洞试验方法标准化研究 [J]. 标准科学, 2022 (2): 53-56, 66.

[21] 段毅, 姚世勇, 李思怡, 等. 高超声速边界层转捩的若干问题及工程应用研究进展综述 [J]. 空气动力学学报, 2020, 38 (2): 391-403.

[22] 董金刚, 魏忠武, 赵星宇, 等. 基于并联机构构型的新型 CTS 试验技术 [J]. 空气动力学学报, 2020, 38 (5): 932-937.

[23] 颜巍. 大型飞机研制与模型自由飞试验技术 [J]. 民用飞机设计与研究, 2019 (4): 51-55.

[24] 巫朝君, 胡卜元, 李东, 等. 扁平融合式飞机整体式进/排气试验的推/阻校准方法 [J]. 实验流体力学, 2019, 33 (5): 88-93.

[25] 王海峰. 战斗机推力矢量关键技术及应用展望 [J]. 航空学报, 2020, 41 (6): 20-43, 3.

[26] 赵海刚. 反推气流对大涵道比涡扇发动机进口流场影响的数值模拟研究 [J]. 燃气涡轮试验与研究, 2019, 32 (6): 20-25, 35.

[27] 刘沛清, 李玲. 大型飞机增升装置气动噪声研究进展 [J]. 民用飞机设计与研究, 2019 (1): 1-10.

[28] 孟宣市, 惠伟伟, 易贤, 等. AC-SDBD 等离子体激励防/除冰研究现状与展望 [J]. 空气动力学学报, 2022, 40 (2): 31-49.

[29] 张居晖. 基于高精度格式的直升机流场模拟 [D]. 南京: 南京航空航天大学, 2021.

[30] 吴光辉. 中国商用飞机发展三部曲 [J]. Engineering, 2021, 7 (4): 28-33.

[31] 何慧东, 张磊, 宛艺, 等. 世界载人航天 60 年发展成就及未来展望 [J]. 国际太空, 2021 (4): 4-10.

[32] 中国航空工业集团有限公司. 鲲龙 AG600 全状态新构型灭火机首飞成功 [J]. 国防科技工业, 2022 (6): 54-55.

[33] 吴希明, 牟晓伟. 直升机关键技术及未来发展与设想 [J]. 空气动力学学报, 2021, 39 (3): 1-10.

第 2 章

高超声速空气动力学

高超声速飞行器是未来航空航天器的战略发展方向，其优越的时间经济性预示着巨大的民用市场潜力，近 10 年来，高超声速技术整体呈现加速发展态势，技术外延不断扩展。面向更高、更快、可重复使用的飞行器的应用需求，持续推动了高超声速空气动力学的发展。

在我国航天事业经历了 60 余载辉煌发展的历史时期后，我国飞行器发展也进入了全面自主创新的重要阶段，高超声速空气动力学发挥着越来越重要的作用。随着速度的增加，高超声速流动的某些物理特征越发显著，这些物理特征主要表现为流体动力学的高度非线性和高温物理化学紧耦合特性。体现在飞行器的气动设计上，主要面临三个挑战：一是准确把握复杂流动与多物理效应及其对气动特性的影响；二是在严格约束与苛求目标下的气动布局设计与优化；三是气动与其他学科在非线性流动及交叉耦合条件下的综合评估。

近 5 年来，我国高超声速空气动力学及相关专业技术进展显著，气动基础研究、先进 CFD 技术、高超声速风洞设备、试验测试技术等取得快速发展与进步。高超声速空气动力学研究的热点集中在高升阻比布局设计、机体/推进一体化设计、复杂气体物理效应、湍流转捩与燃烧、气动热环境与非烧蚀防/隔热、喷流干扰与控制、多体分离与干扰等。

2.1 基础理论与前沿技术研究

2.1.1 高超声速气动布局设计

1. 基于高精度激波装配法的乘波体参数化自动设计与优化

中国航天空气动力技术研究院建立了基于三维激波流场的乘波体设计方法，

采用高精度、高分辨率的激波装配法获取空间激波流场，极大地扩充了设计空间，配合参数化的建模技术，实现了乘波体布局方案的自动优化。

2. 高压捕获翼新型气动布局概念

中国科学院力学研究所提出了高压捕获翼新型气动布局概念，可同时获得高升阻比、高容积率和高升力系数。在前期理论研究基础上，开展了多轮风洞试验，突破"升阻比屏障"。通过飞行试验有效验证了该新型布局结构方案的可靠性、气弹特性、主动段控制特性等。

3. 内外流弱干扰的高超声速背负式进气道布局设计技术

中国航空工业空气动力研究院针对吸气式高超声速宽速域飞行器气动布局设计，提出了内外流弱干扰的高超声速背负式进气道布局设计方法、基于变马赫数/变激波角乘波体的涡波综合利用设计方法以及可变前体后掠翼的变体飞机设计方法，兼顾了飞行器宽速域整体启动性能和进气道特性。

4. 高超飞行器前体与进气道的一体化气动布局设计

南京航空航天大学提出了基于组合基本流场的新型等熵压缩进气道设计及机身推进一体化设计方法。根据等熵三维压缩的特点，将 ICFA 流场与截短 Busemann I 流场作为外压型面即前体段，将截短 Busemann II 流场作为内压型面即进气道段，形成"IBB"三段组合模式。基于该设计方法的试验模型，已在常规高超声速风洞中成功测试。该模型具有较宽的马赫数启动工作范围，在各个马赫数下的总压恢复性能均高于非等熵压缩进气道。

南京航空航天大学提出了吸气式高超声速飞行器内外流一体化乘波气动布局设计方法，包括基于逆特征线法的多级曲激波压缩乘波体设计技术、基于特征线法改进型的多级压缩乘波前体与截短 Busemann 进气道一体化设计技术、基于变激波角吻切基准流场的前体/进气道/隔离段/机翼一体化全乘波气动布局设计技术、两侧进气改进型宽速域内外流一体化全乘波气动布局设计技术。初步给出了宽速域 TBCC 高超声速飞行器气动布局的一种设计方案形式，并对总体参数进行了估算。

5. "内外流双乘波一体化"设计原理

厦门大学在弯曲激波理论的基础上，发展了一种适用于非轴对称流动的当地偏转密切乘波方法。将复杂三维流动转化为一系列可随当地流动参数自动偏转的二维密切平面的叠加。将乘波原理拓展到"内流乘波"，提出了适用于内流气动设计的"内乘波式进气道"设计方法，开展了三维内转进气道的设计及验证。其还提出了一种能兼顾内、外流特点的一体化气动设计原理，通过流向和展向都同时弯曲的三维激波将内转进气道与飞行器前体联系起来，并将其命名为"内外流双乘波一体化"设计原理（图 2-1）。进气道/前体内外流一体化激波系配置的 CFD 计算结果与温敏漆（Temperature Sensitive Paint，TSP）结果几乎完全一致。

(a) "嘉庚一号"双乘波飞行试验　　(b) 双乘波构型热流结果对比

图 2-1　内外流双乘波进气道/前体一体化布局

2.1.2　高超声速热防护与热结构

1. 先进主被动复合热防护技术

中国科学院力学研究所发展了航空煤油冲击射流冷却技术，经试验验证后，其冷却性能相比于传统通道再生冷却技术提高了 100% 以上。发展了基于纳米流体的强化传热、微结构增强换热等先进主动冷却方法，实验验证了煤油基纳米流体的高效导热与传热性能、凹陷窝与微肋结构的增强换热效果；发展了陶瓷被动层与碳氢燃料主动冷却层相结合的主被动复合热防护方法，实验验证了主被动复合热防护性能。

2. 极端热环境下陶瓷基材料失效机制

中国空气动力研究与发展中心针对高超声速飞行器对超高温陶瓷基复合材料抗氧化烧蚀性能和失效行为，在高频等离子体风洞中采用亚声速驻点试验技术对超高温陶瓷基复合材料开展了试验研究，获得了高焓环境下超高温陶瓷基材料表面氧化机理和氧化速率表征模型。建立基于材料表面"热突变"理论的高焓热环境下超高温陶瓷基复合材料失效机制，并试验验证了氧化速率表征模型的有效性。

3. 热环境与材料性能耦合效应高效评估技术

中国空气动力研究与发展中心构建了集高焓热环境模拟、理论分析、试验测试和数值模拟于一体的热环境与材料性能耦合效应评估平台。成功完成了典型防热材料（C/C 和 C/SiC）氧化、催化和辐射特性测试。可以实现对热防护材料性能的快速、高效热考核，同时缩短热防护材料研制周期，并降低成本。

4. 含水蒸气热环境 SiC 失效机制

中国空气动力研究与发展中心开展了含水蒸气热环境 SiC 失效机制研究工作，通过高温含水蒸气流场试验、氧化层微观表征和腐蚀机制分子动力学模拟等方法，揭示了 SiC 在含水蒸气高温流场中的失效行为，明确失效温度边界，重构了材料的失效历程（图 2-2）。对这类材料在燃烧热环境、主动热防护场景中的应用和优化设计具有重要参考价值。

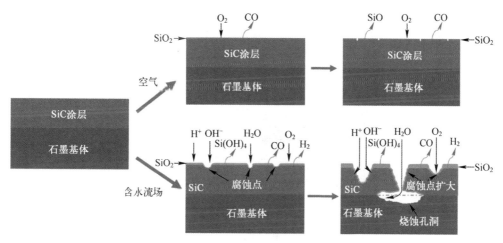

图 2-2 含水蒸气热环境 SiC 失效机制

中南大学在研究了 CMC-SiC 在 1000~1600℃ 水氧环境中的氧化特性，通过与空气环境氧化结果对比，发现了水对 CMC-SiC 材料加速氧化现象：在水氧环境中，材料中生成了更多的氧化产物，且残留的 SiC 相更少。在此基础上，开展了 BN 界面相改性研究，提高了材料的抗水蒸气腐蚀能力。

西北工业大学基于 CMC-SiC，研究了在材料表面的 $Y_2Si_2O_7$-BSAS 涂层在燃气环境中的水氧腐蚀特性。结果表明，涂层可以提高材料的抗水氧腐蚀特性，与无涂层材料相比，有涂层材料的黏结层上方形成了 SiO_2 氧化层，且该 SiO_2 氧化层随着腐蚀时间的增加而逐渐生长，起到了一定的保护作用。

5. 高超声速创新磁控热防护结构技术

国防科技大学建立了常规螺线管磁控系统的物理模型。针对一种典型的再入返回舱轨道再入试验（Orbital Re-entry Experiment，OREX）的防热问题，采用低磁雷诺数磁流体数学模型，分析了外加磁场强度、磁场形态及螺线管几何参数对磁控热防护效果的影响，验证了均布磁场、螺线管、磁偶极子的磁控热防护和磁控激波效果的优劣次序，提出了采用多个磁铁组合成多极磁场进行磁控热防护的概念。国防科技大学还进行了磁控热防护原理性试验研究，通过高焓风洞中平头模型的绕流试验，对比有无外加磁场条件下的表面温度和热流，验证磁控热防护系统原理的可行性。

2.1.3 气动力/热预测技术

1. 极高速高温非平衡流动与气体加热预示技术

中国空气动力研究与发展中心基于包含辐射能量源项的多温度纳维尔-斯托克斯（Navier-Stokes，N-S）方程数值求解，采用"切平板"近似求解辐射输运方程获得辐射能量源项和辐射热流（图2-3），发展了耦合/非耦合辐射的极高速高温非平衡流动与气动热数值模拟方法和计算软件。

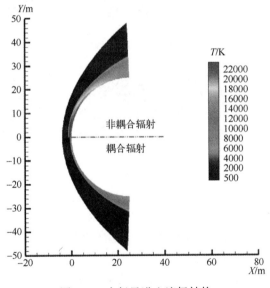

图2-3 小行星进入流场结构

2. 后缘舵干扰区气动加热机理及局部优化技术

中国航天空气动力技术研究院、中国运载火箭技术研究院、国防科技大学针对后缘舵局部干扰区强加热及热流、压力干扰因子问题。通过抽象简化流动模型，从流动结构特征及干扰机理入手，基于精细化数值模拟技术、理论分析、NPLS精细化流场结构显示技术，揭示了翼舵缝隙干扰区气动加热机理，给出了空间截面的流场结构及干扰区热流分布（图 2-4）。基于流动结构及加热机理的清晰认识，其提出一种控制再附角度降低局部干扰热流的外形优化方法，实现了热环境预示从被动预测到主动降热。

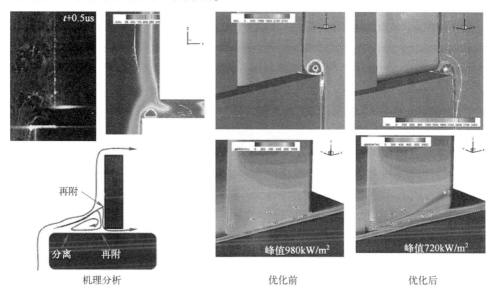

图 2-4　后缘舵干扰区气动加热机理及局部优化（见彩插）

3. 基于笛卡儿坐标系的 DSMC 动态负载平衡技术

直接模拟蒙特卡罗（Direct Simulation Monte Carlo，DSMC）计算中，随着分子在各个计算子域间的迁移、分子的不断逸出和新的分子不断进入，各个进程之间的负载在一段时间后会变得不平衡。中国空气动力研究与发展中心通过调整各计算子域的大小（即所含网格单元的数目）来实现负载平衡（图 2-5），实现了对于一般外形计算速度提升 40% 以上的效果。

4. 气动热天地换算技术

地面风洞气动热试验数据天地相关性研究，是提高地面风洞试验数据应用精准度面临的主要挑战，也是开展飞行器热防护系统精细化设计的关键性基础科学技术问题。

中国空气动力研究与发展中心基于尺度率模拟理论，开展了考虑高温热化学非平衡效应的无量纲 N-S 方程和边界层近似解理论推导，得到了高焓环境下的气动热影响因素和关联参数，初步建立了考虑高温热化学非平衡效应的气动热天地换算方法，并对某飞行器大面积无干扰区热环境开展了关联方法的适用性分析，缩小了地面高焓风洞试验条件和真实飞行环境之间的热环境差异。

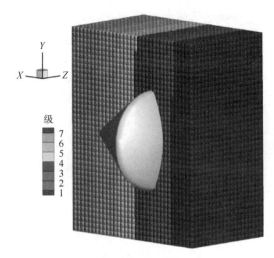

图 2-5　基于动态负载平衡技术的 DSMC 计算过程中各进程负载分配示意图

中国科学院力学研究所提出地面试验和真实飞行环境下的天地相关性理论、关联分析方法。发展多空间相关理论，改进泛函智能优化算法、全参数空间自适应降维技术，为气动力/热高精度预测奠定理论和算法基础；发展差异化数据分析技术，为差异化风洞对比和校验提供依据；发展复现飞行条件下的高精度测力方法，为天地相关提供重要的支撑数据；发展强冲刷条件下的高灵敏度、高分辨率热流测量方法，为复杂流动区提供高精度气动热数据；依据风洞试验和飞行试验数据，研究反映飞行器在不同风洞和飞行条件下气动力/热的解析变化规律。

5. 局部缝隙结构热环境精确预示技术

高速气体进入缝隙，边界层流态剧烈变化，并伴随着对流、辐射和传导相互作用的复杂能量交换，同时分离再附、边界层由层流到湍流的转捩等因素使得其气动热环境极为恶劣。中国空气动力研究与发展中心结合试验和数值计算两种手段开展了高超声速飞行器热防护系统缝隙热环境的研究（图 2-6）。

6. 三维内转式进气道唇口气动热预测技术

针对高超声速三维内转式进气道唇口关键部位的气动热根源问题，中国科学技术大学提出了 V 形钝前缘模型，开展了系统性的研究，揭示了三维激波干扰导致唇口气动热剧增的机理，突破了传统增大前缘钝度的热防护观念；建立了 V 形钝前缘激波干扰理论，给出了激波干扰类型以及振荡模式的转变边界，发展了热流峰值与压力峰值的关联途径；提出了非一致钝化前缘、增大前缘曲率半径或离心率等多种优化构型，不仅显著降低了气动热载荷，而且抑制了激波振荡，为三

图 2-6 钝前缘平板缝隙模型热环境计算试验

维内转式进气道唇口气动热防护设计提供了坚实的理论和方法支撑。

7. 飞行器动态特性预测技术

中国空气动力研究与发展中心开展了高超声速飞行器机动飞行过程中的动态问题研究工作，揭示了马赫数、迎角、转动惯量等参数对滚转失稳运动的影响特性。开展了进气道通流状态下俯仰/滚转耦合运动相关研究。通过数值模拟获得了滚转单自由度静稳定性、动稳定性以及强迫俯仰/自由滚转运动下的两自由度耦合动稳定性，研究了飞行器转动惯量以及俯仰运动频率对耦合运动的影响，揭示了耦合运动的机理。

中国航天空气动力技术研究院针对飞行器机动飞行过程中出现的气动/控制耦合问题，开展网格重构技术、几何守恒算法、时间推进算法、气动/控制一体化耦合仿真方法等研究，建立了飞行器气动与飞行力学、控制耦合的虚拟飞行仿真方法，并开展了方法的验证与确认。

2.1.4 湍流、燃烧与转捩

1. 高超声速湍流转捩理论与模型

中国航天空气动力技术研究院构建了具备从低速到高速统一模拟能力的 γ-$Re_{\theta t}$-fRe 模型，弥补了基本 γ-$Re_{\theta t}$ 转捩模型的不足。对流向转捩判据进行了可压缩性修正，同时考虑了马赫数和壁温的影响，使之适用于高速可压缩流动。利用雷诺数可压缩比拟关系 fRe 对关联函数进行修正，改善了可压缩流动转捩区发展的预测。通过额外的 fRe 输运方程避免使用全局参数。对横流转捩，将兰特里（Langtry）等发展的低速横流判据扩展到可压缩流动，获得了高速可压缩流动时流向涡强度 HCF 和静态横流转捩雷诺数 $ReSCF$ 之间的关联函数，并将该转捩准则以额外的源项形式加入间歇因子输运方程中（图 2-7）。通过这些发展，将基

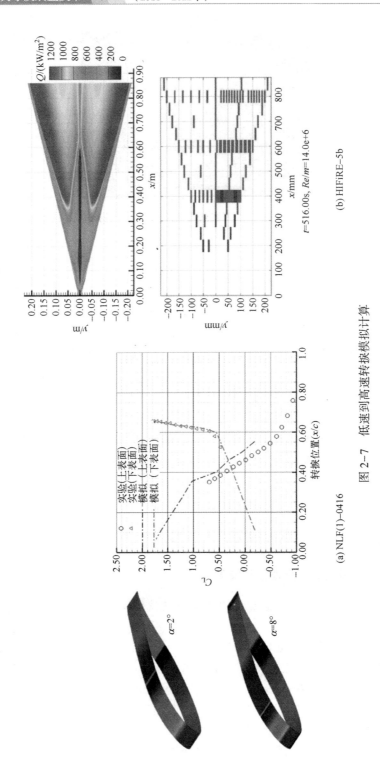

图 2-7 低速到高速转捩模拟计算

本 $\gamma\text{-}Re_{\theta t}$ 转捩模型扩展为具备模拟流向和横流多种转捩效应的三维可压缩 $\gamma\text{-}Re_{\theta t}\text{-}fRe$ 转捩模型。

飞行器高马赫数再入过程中，高温效应造成边界层特征与量热完全气体存在一定差别。中国空气动力研究与发展中心结合地面风洞试验数据和飞行数据，针对 $k\text{-}\omega\text{SST}$、$\gamma\text{-}Re_\theta\text{-}\text{MTR}$ 等模型中的经验参数和典型判别函数开展了详细的标定研究，分析了湍流转捩模型对网格及数值格式的依赖性和适应性。建立了考虑高温热化学非平衡效应与湍流转捩耦合作用机理的理论预测方法，分析了壁面催化效率、壁面温度等因素对边界层剖面特征、转捩形貌、湍流热环境的影响规律（图 2-8）。

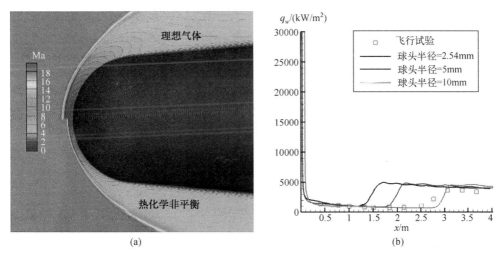

图 2-8　Reentry F 飞行器自由飞条件下热环境预测结果（见彩插）

中国科学院力学研究所利用其自主开发的高精度计算流体力学软件 OpenCFD，结合国产 CPU 及 GPU 超级计算系统，进行了高超声速平板、圆锥、升力体、压缩折角及后掠压缩折角构型的直接数值模拟，形成了丰富的湍流数据库。利用高分辨率湍流数据，其还研究了高超声速边界层扰动波的发展规律，探索了横流效应、壁温效应、激波干扰以及三维分离等因素对湍流结构、摩阻及热流的影响规律。

南京航空航天大学采用互双频谱算法，发现了第二模态波和低频扰动的相互作用有助于低频扰动的增长，第二模态波与第一谐波之间的差频作用在边界层转捩过程中对第二模态波的调制起主导作用，而这种调制作用将会降低第二模态波的传播速度，而随着边界层的发展，这种调制作用将逐渐消失，第二模态波的传播速度迅速恢复，而根据第二模态波的物理特征，速度的快速升高意味着第二模态波波长的增加，因此造成第二模态波的拉伸，而后在第二模态波和低频扰动差频作用下，能量从第二模态波转移给低频扰动，边界层转捩为湍流边界层（图 2-9）。

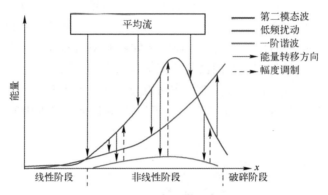

图 2-9 高超声速边界层转捩机制（见彩插）

国防科技大学基于高精度数值模拟和线性稳定性分析，开展了基于稳态壁面吹吸控制的高超声速边界层转捩控制，指出了在同步点上游施加吸气控制、下游施加吹气控制可以对低频范围内的不稳定模态进行抑制。同时也发现了稳态吹吸控制对高频模态具有一定的失稳作用，据此进一步提出了基于稳态吹吸/微槽道主被动组合的高超声速边界层转捩宽频扰动抑制方法，实现了对宽频率范围内不稳定模态扰动波的抑制：最不稳定第一模态的空间增长率降低了 34.88%，最不稳定第二模态降低了 8.49%。

2. 边界层转捩地面试验

中国空气动力研究与发展中心在激波风洞具备的铂薄膜热电阻、热电偶、脉动压力传感器、温敏热图等转捩测试技术的基础上，新发展了可测量 1MHz 量级的原子层热电堆（Atomic Layer Thermopile，ALTP）脉动热流传感器（图 2-10）、高清晰度高时空分辨率阴纹影技术，利用上述技术测量和研究了高超声速平板、圆锥、面对称飞行器上的边界层转捩及边界层第二模态不稳定波和湍流斑的发生、演化、淬灭过程（图 2-11）。

3. 激波/边界层干扰流场非定常特性和大分离流动

激波/边界层干扰非定常流动机理在时变流动条件下认识尚不清楚，来流条件发生动态变化是否会导致干扰区主频发生偏移甚至消失等问题，还需要进一步研究。中国空气动力研究与发展中心联合天津大学超声速/高超声速激波/边界层干扰的直接数值模拟，并基于动力模态分解（Dynamic Mode Decomposition，

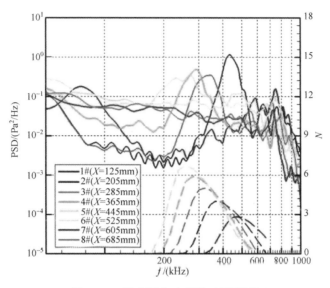

图 2-10 脉动压力功率谱（见彩插）

图 2-11 层流、第二模态波、湍流斑、湍流纹影

DMD）对高马赫数时分离后失稳的激波/边界层干扰案例开展了研究，表明重要的模态几乎都是低频的。

大拐角引起的激波边界层干扰诱导大分离将显著改变流场结构，中国空气动力研究与发展中心基于最小黏性耗散原理，实现了不同大分离工况下波系结构和压力峰值的精准预测，证明了稳态激波干扰主导的可压缩有黏流动满足黏性耗散最小。

2.1.5 高超声速流动控制技术

1. 等离子体/磁流体流动控制技术

新兴超导材料及电磁技术的发展使得等离子体/磁流体流动控制技术有望成为高超声速流动控制技术的新突破口，以解决飞行器在"极端"环境和"极端"动力条件下飞行所面临的降热、减阻、控制、通信等难题。

中国科学院力学研究所在 JF10 高焓激波风洞/JFX 激波风洞/Φ800mm 低密度高温激波管等设备中开展磁流体流动控制实验研究（图 2-12），结果表明在空气来流速度 5km/s 以下、磁场小于 0.5T 时，磁控效果不明显；JF10 设备在总温 8600K、总压 18MPa 时，观察到比较明显磁流体流动控制效果，磁场 0.66T，有磁场时激波脱体距离会明显增加。

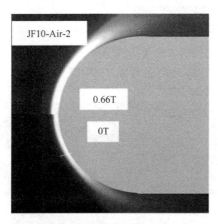

图 2-12 JF10 风洞中磁流体流动控制实验图像

中国空气动力研究与发展中心基于高焓脉冲风洞开展高焓流场磁流体控制技术研究。基于低磁雷诺数假设，建立热化学非平衡流场、电磁场等多场耦合数值计算方法，进一步明确高焓流场电磁流动控制方法及控制机理；利用多种测量手段，针对球头、钝楔等试验模型，开展了磁控激波、磁控热防护及磁控分离等多方向探索性试验。

2. 边界层转捩控制

中国空气动力研究与发展中心研究了不同形状、不同高度的钻石颗粒型、后掠斜坡型等强制转捩控制装置（图 2-13）的原理和设计准则，在激波风洞中开展了缩比模型边界层转捩控制试验（图 2-14），采用点热流传感器温敏热图、纹影图像试验技术对比测量了强制转捩装置对边界层流态和壁面热流的影响(图2-15),试验表明,影响转捩效果的关键因素是强制转捩装置粗糙元高度,其中钻石型装置对流场干扰更强、转捩过渡区更短。发展的边界层强制转捩方法拓展了高马赫数来流条件下边界层流态控制能力,可应用于激波风洞高马赫数湍流边界层模拟气动热试验。

图 2-13 转捩控制装置

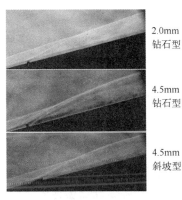

图 2-14 转捩控制装置尾迹纹影图像

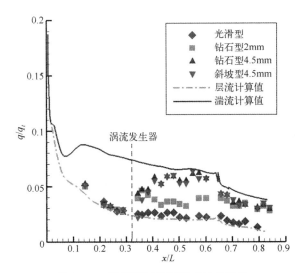

图 2-15 转捩控制热流影响结果对比

3. 高空 RCS 喷流/无喷干扰预测和试验技术

高空反作用控制系统(Reaction Control System,RCS)喷流姿控发动机工作时,RCS 喷流将与飞行器绕流流场发生相互作用,RCS 喷流/无喷干扰产生的热流峰值均可达无干扰值的数倍。

中国空气动力研究与发展中心基于 RCS 喷流/无喷干扰流动特点，采用数值模拟、风洞试验、理论分析相结合的方法，研究揭示了喷流干扰气动加热机理与热增量规律，发展了 RCS 喷流干扰热环境预测分析技术，揭示了多种组合喷流形式下 RCS 侧向喷流干扰加热特性与机理，实现了飞行器 RCS 喷流干扰气动热环境预测；建立了 RCS 喷流干扰气动热环境试验模拟方法，提出了飞行器 RCS 喷管局部测热试验方案；研究获取了 RCS 喷流/无喷干扰热流增量因子，建立了 RCS 喷管热环境与结构温度沿轨道分析方法。

中国空气动力研究与发展中心开展了多类型冷喷流试验技术研究工作，攻克了模拟方法、天平测试技术、试验装置设计、数据处理方法等多项关键技术，形成了较完善的冷喷流试验能力。试验数据精准度与常规测力一致。

2.1.6 多体分离设计评估技术

1. 复杂干扰与多体分离设计与仿真评估技术

中国航天空气动力技术研究院建立了宽域复杂干扰与多体分离设计与仿真评估技术，构建爆炸破片、热喷减压、发动机后效、复杂约束、分离体碰撞、分离后起控等级间热分离前后端功能延伸的多学科耦合综合仿真评估平台，形成亿级网格高效并行的复杂多体分离模拟分析能力。

2. 基于大尺度风洞开展全尺度部件分离技术研究

高超声速分离是飞行试验中的典型状况和关键技术难点之一。中国科学院力学研究所基于大尺度风洞开展全尺度部件分离技术研究，先后开展整流罩抛罩分离试验、舱翼分离试验、飞行器级间分离试验，包括针对进气道保护罩分离、整流罩分离等过程中的单体动态分离特征，针对舱翼分离中大尺度部件过高超声速激波区域特征，针对飞行器级间横向分离、纵向分离等特征。

2.1.7 多学科耦合分析及设计

1. 小行星极高速进入大气气动问题研究

小行星撞击地球是人类生存面临的潜在威胁之一。中国空气动力研究与发展中心针对小行星进入条件下的气动力与轨迹，极高速进入条件下的小行星气动加热与烧蚀机理（图 2-16），高速气动加热条件下的小行星结构传热与热响应，极高速进入条件下的高温气体效应和小行星进入过程的物理特征等问题开展研究。其发展了耦合辐射的高温气体流场数值仿真方法，获得了小行星在典型直径、速度和飞行高度下的气动热环境；开展了地球玄武岩和石质、铁质小行星材料的烧蚀试验，揭示了小行星材料"熔融层剪切流失"的烧蚀机理；发展了小行星进入与撞击效应分析评估软件，分析了吉林松原流星进入大气层过程并给出流星母体的合理推断，评估了通古斯爆炸、车里雅宾斯克小行星撞击等进入大气层效应和危害。

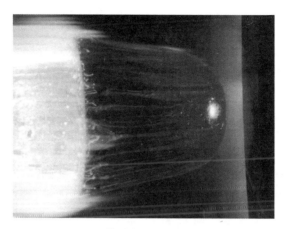

图 2-16　铁质小行星材料烧蚀试验

2. 流-固-热多场耦合数值模拟方法

南京航空航天大学研究了基于有限体积法的流-热-固一体化求解方法，将流场与结构温度场进行统一建模与数值模拟，求解方法所得计算结果更接近实验值，并且计算量和网格依赖性都相对较小，具有更好的稳定性和计算精度。中国空气动力研究与发展中心针对飞行器气动热与热防护综合设计中面临的力-热-结构多场耦合问题，开发了 FL-CAPTER 的热环境/热响应耦合计算分析平台。航空工业沈阳飞机设计研究所等在流场-结构温度场同步计算方法的基础上，建立了多物理场全时域耦合分析方法针对沿轨道运动的飞行器，建立了同步计算方法与全时域耦合分析方法相结合的热气动弹性稳定性分析流程。

南京航空航天大学发展了一种改进型 FVM-LBFS 方法用于流动的数值模拟。采用改进型开关控制函数实现了对现有 LBFS 方法中无黏通量数值黏性的精确控制，在捕捉复杂强间断流动特征的同时，可准确预测边界层气动热参数。将 FVM-TLBFS 方法拓展应用至结构热传导计算，提出了基于混合 FVM-LBFS 方法的流场与结构传热一体化计算新方法。相比传统分区耦合迭代方法，该方法无须额外的数据交换策略，可快速求解气动加热与结构传热稳态问题，对网格尺度与时间尺度的依赖性小，计算稳定性高。

2.1.8 气体物理效应问题

1. 高温热化学非平衡研究

利用量子力学、分子动力学等第一性原理和计算方法研究热化学反应机理并进行建模是高温非平衡气体研究热点和前沿。中国空气动力研究与发展中心针对飞行器高温流场开展稀薄气体流动高精度计算，粒子碰撞分子动力学模拟研究，根据第一性原理计算数据进行振动弛豫过程建模研究等，扩展了 O_2+O 体系振动弛豫速率 QCT 理论计算温度范围。中国航天空气动力技术研究院针对极端环境中转动温度非平衡效应增强的现象，开展了平动–转动温度模态解耦的多温度模型和计算方法研究，获得了非平衡区转动温度的松弛变化过程。

中国科学院力学研究所打通了从量子化学到流动的热化学精细模拟链条，构建了 N_2+N_2、N_2+O_2、O_2+O_2、N_2+O 等空气组分体系的高精度碰撞势能面，改进量子–经典动力学方法将最大振动态的有效区间拓展到最高振动能级，并结合高斯过程回归获得了大量不同体系的振动态–态速率常数，相关数据弹道已开放获取；发现了高温下分子内能交换长期被忽视的机制，通过引入非绝热振动–电子态（V–E）传能过程的贡献，定量得到了与实验数据吻合的总振动松弛速率，说明分子电子能与振动能之间的交换对于含 O_2、O 等开壳层原子的碰撞也起重要作用，会显著地改变流场中气体分子能量传递路径；发展了流动降维模型并研究了物理降维模型，指出在激波后、边界层内这两个关键区域由于振动松弛–化学反应的强烈耦合作用气体分子内态呈现强非波尔兹曼（Boltzmann）分布。

2. 基于分子动力学模拟的稀薄气体流动机理研究

国防科技大学发展了分子动力学数值模拟方法，研究了纳米通道内稀薄气体流动机理，着重对近壁面区域的气体流动规律进行了分析，发现了该区域的流动特性仅与气体–表面相互作用特性相关，流动相似性规律在该区域内失效，在纳米尺度气体流动中应将壁面作用力范围（1nm）作为一个独立特征参数加以考虑。

3. N–S/DSMC 耦合算法实现热化学非平衡流动模拟

中等 Kn 数的过渡流区流动，无论在试验技术还是数值计算方面均是难以处理的一种流动。中国空气动力研究与发展中心采用 MPC（Modular Particle Continnum）耦合技术，对现有 CFD 和 DSMC 方法计算程序进行基于网格与信息交换的耦合设计，发展了 N-S/DSMC 耦合算法，拓展了 DSMC 方法和 CFD 的应用范围。

中国科学院力学研究所自研了耦合连续流 CFD 方法和稀薄流 DSMC 方法的流动模拟软件，针对热喷干扰问题发展了一套适用于空气来流和燃气喷流的 CFD、DSMC 计算模型，涵盖了分子输运、内能非平衡、化学反应等热化学非平衡过程，实现了复杂工程外形下高空热喷干扰问题的高精度数值模拟。

4. 流动和等离子体与磁场相互作用研究

南京航空航天大学提出了基于特征线理论的二维及三维流场/磁场耦合物理场设计方法。针对飞行器的典型气动热问题，其探索了可用于热防护设计的两种不同构型的磁控涡流形式及对应的新型磁控热防护方案，实现了对典型二维及三维气动热问题中壁面热流分布、压力分布和摩擦系数分布的有效控制，探索了磁场在宽马赫数条件下对进气道压缩性能的调节规律，实现了对流场/磁场耦合干扰下的内/外流一体化气动布局的设计。南京航空航天大学还发展了基于等离子体-流体描述、漂移-扩散近似与化学反应动力学模型的等离子体动力学计算方法，并通过多物理场松耦合策略将等离子体效应与多组元 N-S 方程耦合，实现了 NS-SDBD 激励器对化学非平衡流场流动控制的数值计算。

非平衡放电等离子体在先进推进技术、材料表面改性、生物医学等领域均有广泛应用。中国科学院力学研究所发展了一种双时间步长 PIC-MCC-DSMC 方法，克服了以往 PIC-MCC 模拟中背景气体密度难以确定以及 PIC-MCC 直接耦合 DSMC 描述中性分子收敛慢的困难，实现了非平衡放电等离子体流动的快速准确模拟。针对标准微型直流放电室气体放电开展了数值模拟，获得了与实验定量相符的结果，验证了方法的正确性。

5. 羽流流场相变过程的 DSMC 模拟

高空飞行器的姿轨控发动机工作时，温度和压力急剧下降，H_2O、CO_2 等气体组分容易发生相变，生成冰晶、干冰等颗粒，产生红外、侵蚀等方面的污染。

中国空气动力研究与发展中心基于 DSMC 方法，采用稀薄双向耦合技术，解耦气体分子对固体颗粒的力/热作用和固体颗粒对气体分子的影响，模拟气体分子和固体颗粒两相间的相互作用。采用经典成核理论，根据流场当地的气相参数，计算相变颗粒参数，形成了羽流中相变过程的仿真能力。

6. 飞行器紫外-红外辐射时变特性分析技术

高温绕流气体产生具有明显气体组分辐射的特征谱光辐射，本体温度升高会产生强热辐射。中国空气动力研究与发展中心开发了光谱辐射计算软件。高超声速飞行器本体辐射谱特性采用气动热工程/数值算法、热传导三维算法结合防热材料的谱辐射系数和普朗克黑体辐射模型,同时考虑弹道参数影响。高超声速飞行器绕流、尾迹辐射谱特性采用气体的光谱辐射和光谱吸收模型进行建模。

2.2 科研试验基础设备设施

2.2.1 气动力、热试验设备

1. 新建设备设施

1) $\Phi0.5m$ 高超声速路德维希管风洞

华中科技大学 $\Phi0.5m$ 高超声速路德维希管风洞（图 2-17），于 2021 年 1 月开始在武汉开工建设，2021 年 6 月建成，2021 年 12 月形成试验能力。该风洞喷管出口直径为 0.5m，试验设计马赫数为 6，总温范围 300~650K，总压范围 0.5~3MPa，风洞有效运行时间约 100ms，单天运行车次达到 60；该风洞试验段归一化马赫数均方根偏差为 0.26%，单位来流雷诺数为 $(4\times10^6$~$12.5\times10^6)/m$，范围内归一化皮托压力脉动为 0.7%~1.5%；该风洞目前具备热线风速仪、聚焦激光差分干涉仪、高速红外成像仪、高速纹影仪等多种测量手段，可开展超声速模型的气动力精细化地面试验研究，满足诸如高超声速湍流多尺度问题、高超声速飞行器内外流耦合以及高超声速边界层转捩等关键技术问题的研究。

图 2-17 $\Phi0.5m$ 高超声速路德维希管风洞

2) $\Phi0.25m$ 高超声速低噪声路德维希管风洞

华中科技大学 $\Phi0.25m$ 高超声速路德维希管风洞（图 2-18），于 2019 年 10

月开始在武汉完成建设,2020 年 1 月试车成功,2020 年 9 月形成试验能力,2021 年 7 月改建成低噪声路德维希管风洞。该低噪声路德维希管风洞拉瓦尔喷管出口直径为 0.25m,试验设计马赫数为 6,总温范围 300~650K,总压范围 0.5~3MPa,风洞有效运行时间约 60ms,单天运行车次达到 60;该风洞试验段归一化马赫数均方根偏差为 0.99%,由于具备稳定段匀流措施,风洞试验段单位来流雷诺数为 $(4 \times 10^6 \sim 15 \times 10^6)/m$,范围内归一化皮托压力脉动为 0.41%~0.46%;该风洞目前具备热线风速仪、聚焦激光差分干涉仪、高速红外成像仪、高速纹影仪等多种测量手段,可开展超声速模型的气动力精细化地面试验研究,满足诸如高超声速湍流多尺度问题、高超声速飞行器内外流耦合以及高超声速边界层转捩等关键技术问题的研究。

图 2-18 $\varPhi$0.25m 高超声速路德维希管风洞

3) 爆轰驱动超高速高焓激波风洞

中国科学院力学研究所建成 JF-22 爆轰驱动超高速高焓激波风洞(图 2-19),主要用于开展高超声速飞行器和超高速飞行器的动力、再入气动物理、目标探测、黑障和通信等方面研究。JF-22 超高速风洞总长约 170m,喷管出口直径 2.5m,试验舱直径 4m。该风洞已于 2020 年 12 月开始现场安装,并于 2022 年 4 月 15 日顺利进行第一次全系统运行试验,进入性能调试阶段。

4) 长时间超高速稀薄气体风洞

中国科学院力学研究所建成长时间超高速稀薄气体风洞(图 2-20)。稀薄气体风洞在长时间超高速稀薄来流产生、稀薄流场测试以及模型微小气动力热测量等方面有长期研究及技术积累,既可用于开展相关飞行器气动特性地面试验,还可用于气-固界面化学反应等空天相关基础科学研究和关键技术攻关。稀薄气体风洞不涉及高温高压、有毒有害气体,是安全可靠、绿色环保的大型试验设施。

图 2-19 JF-22 爆轰驱动超高速高焓激波风洞

图 2-20 长时间超高速稀薄气体风洞

5) 0.33m×0.33m 变马赫数推进风洞

中国科学院力学研究所 0.33m×0.33m 变马赫数推进风洞（图 2-21），于 2012 年在力学研究所钱学森空天基地开始建设，2018 年建成并形成试验能力。该风洞可以开展高超声速连续变马赫数自由射流试验，并可模拟飞行轨迹变化，风洞喷管出口方形 0.33m×0.33m，采用氢气、氧气和空气燃烧方式产生试验气体，可在一次试验中实现连续跨越两个马赫数的温度和压力变化，马赫数变化率小于或等于 0.1Ma/s。可以开展动态条件下的推进系统、气动力和气动热试验。

图 2-21　0.33m×0.33m 变马赫数推进风洞

6）0.3m×0.3m 纯净空气风洞

中国科学院力学研究所 0.3m×0.3m 纯净空气风洞（图 2-22），于 2012 年在力学研究所钱学森空天基地开始建设，2020 年底建成并形成试验能力。该自由射流风洞的试验空气采用蓄热加热方式，通过天然气燃烧加热蓄热体，最长有效试验时间 15s，风洞喷管出口方形 0.3m×0.3m，可以开展纯净空气下的燃烧和气动力、热试验。

图 2-22　0.3m×0.3m 纯净空气风洞

7）1.5m 连续变马赫数自由射流风洞

中国空气动力研究与发展中心 1.5m 连续变马赫数自由射流风洞（图 2-23）于 2020 年投产，2022 年形成试验能力。风洞采用暂冲吹吸式运行，主要由气源系统、加热器系统、变马赫数喷管、风洞本体、测控系统、设备基础及配套系统组成，采用了"连续可变流量供应装置+变参数燃烧加热器+连续变马赫数喷管+固定几何排气装置"技术方案，突破了风洞动态运行参数匹配、连续变马赫数、宽范围空气加热器、多参数精确调节与控制等关键技术，实现了马赫数、总温、总压、流量参数匹配及连续变化，喷管出口均匀区大于 1.2m，马赫数 2~4 连续可变。该风洞可以开展组合动力系统的动态特性研究、发动机模态转换规律与动态来流条件下燃烧特性研究等试验。

图 2-23　1.5m 连续变马赫数自由射流风洞

8）高焓膨胀管风洞

中国空气动力研究与发展中心的高焓膨胀管风洞（图 2-24），是一座自由活塞驱动的膨胀管风洞，于 2016 年 8 月开工建设，2018 年 9 月建成。该风洞主体总长约 116m，其中活塞驱动段长 15m。该风洞可开展超高速飞行器及行星进入/返回器的高马赫数气动力热特性、高温真实气体效应等试验研究。

图 2-24　高焓膨胀管风洞

9）Φ300mm 高超声速静风洞

中国空气动力研究与发展中心建成的 Φ300mm 高超声速静风洞（图 2-25），是一座路德维希管高超声速静风洞。2018 年 2 月开工建设，同年 12 月 26 日建成通气，2020 年 11 月实现静流场模式的稳定运行，流场噪声低至 0.05%。风洞驱动管长 40m，内径 Φ427.5mm，运行时间不小于 10s，单个平台周期不小于

150ms；采用闭口试验段设计，喷管口径 Φ320mm，试验段长度 500mm。风洞设计马赫数为 6。该风洞可用于以下 4 方面研究：一是边界层流动与转捩机理研究；二是流动机理与控制研究；三是飞行器边界层转捩预测试验研究；四是边界层模拟与预测方法及结果的评估验证。

图 2-25　Φ300mm 高超声速静风洞

2. 改造提升设备设施

1）复现高超声速飞行条件激波风洞

中国科学院力学研究所于 2012 年建成复现高超声速飞行条件激波风洞 JF-12（图 2-26），总长度达 265m，试验气流速度 1.5～3km/s、总温 1500～3500K，有效试验时间约 130ms。近 5 年来，JF-12 复现风洞先后经历多次改造和提升，包括低压段改造、02 夹膜机改造、供气和控制系统升级、采集系统升级、发动机试验平台升级改造等多个方面，先后完成 $Ma=9$ 的斜爆轰发动机原理地面演示验证、大尺度模型边界层转捩、复杂干扰区/缝隙流等气动热、大尺度模型气动力特性、全尺度关键部件分离试验等。

2）Φ0.5m 常规高超声速风洞

中国空气动力研究与发展中心的 Φ0.5m 高超声速风洞，代号 FL-31，于 1975 年 6 月建成，是一座下吹、引射、暂冲式常规高超声速风洞。2019—2020 年进行一系列技术改造，包括马赫数 4.5 和马赫数 5.5 喷管研制、高压阀门系统改造、测控系统改造以及引射器系统改造，新增瞬态纹影/阴影系统。流场参数范围和试验能力得到一定扩展；总压控制精度优于 0.3%，引射压力由原来的

图 2-26　JF-12 复现高超声速飞行条件激波风洞

1.2MPa 降低至 1.0MPa。该风洞具备高精度测力测压、动导数测量、脉动压力测量、红外测热、进气道试验、喷流干扰、级间分离与网格测力、摩阻测量、燃气舵测力等试验能力。

2.2.2　防热试验设备

1. 大功率电弧风洞

中国空气动力研究与发展中心大功率电弧风洞基础上（图 2-27），对风洞供电、供气等辅助系统以及扩压器、加热器、喷管等本体设备进行改造，于 2021 年 9 月完成，实现风洞配套片式电弧加热器，拓宽了风洞中高焓运行能力。该风洞主要用于模拟飞行器长时间气动热环境、考核验证其热防护系统性能和生存能力，能够通过飞行轨道模拟试验技术、复杂外形热结构试验技术、气动光学及热透波试验技术等，对热防护系统材料烧蚀性能、热结构组件防隔热/热匹配性能、典型活动部件热密封性能等开展试验考核与验证评估工作。

2. 1 兆瓦高频等离子体风洞

为了满足首次火星探测任务进入器热防护系统的试验需求，中国空气动力研究与发展中心在 1 兆瓦高频等离子体风洞的基础上开展了配套改造。高频等离子体风洞配套改造 2018 年 10 月于绵阳开工建设，并于 2019 年 9 月建成通气，2019 年 11 月完成二氧化碳介质运行系统调试（图 2-28），主要包括配套二氧化碳气

图 2-27 大功率电弧风洞

源和相应测试设备,并对风洞进行了防爆改造,形成了火星大气气动热环境模拟能力。

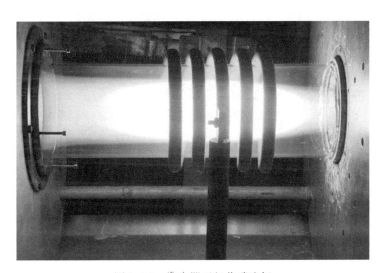

图 2-28 发生器二氧化碳流场

2.2.3 其他类型试验设备

1. 超高速垂直弹道靶

中国空气动力研究与发展中心建成的超高速垂直弹道靶(图2-29),可实现发射器与水平面呈 0°~90°可调的超高速弹道靶设备。该设备于 2021 年 6 月开始加工制造，2022 年 4 月完成现场安装和静态调试，2022 年 5 月完成动态调试并形成试验能力。超高速垂直弹道靶采用口径为 7.6mm 和 16mm 二级轻气炮作为发射器，配备有光电测速系统、高速摄影机、阴影仪、光辐射计与瞬态光辐射成像仪等先进测试测量设备。为我国开展小行星撞击与防御、地外天体地质历史和演化、外太空生物学等相关领域研究提供了重要的实验平台支撑。

图 2-29　超高速垂直弹道靶

2. 爆轰驱动二级轻气炮

中国科学院力学研究所于 2017 年建成爆轰驱动二级轻气炮 DBR30（图 2-30），包括爆轰驱动二级轻气炮、测试舱和测控系统等。爆轰驱动二级轻气炮可将 30mm 直径弹丸发射至 7km/s；测试舱可模拟 100~130km 高度飞行条件，可广泛应用于气动力、气动物理、材料碎片云侵蚀、高速/超高速碰撞等领域的研究。

图 2-30 DBR30 爆轰驱动二级轻气炮

3. 爆轰驱动激波风洞

中国科学院力学研究所利用爆轰驱动技术输出功率大、驱动能力可控的优势，自主设计并研制了满足临近空间高马赫数飞行地面试验条件的爆轰驱动激波风洞 JF-24（图 2-31）。该设备激波管部分长 23m，内径 130mm，试验舱内径 1.4m，长 5.5m，所提供的空气来流总温最高可达 7000K，总压最高可达 20MPa，试验时间 5~15ms。该风洞成功进行了高马赫数飞行条件下氢燃料、碳氢燃料发动机直连式燃烧室试验、半自由射流试验。

图 2-31 JF-24 爆轰驱动激波风洞

4. $Φ18m$ 球形空间光电环境模拟试验系统

北京航天长征飞行器研究所建成的 $Φ18m$ 球形空间光电环境模拟试验系统

（图 2-32），用于地面条件下模拟真空、冷黑、太阳辐射等空间环境。2010 年开工建设，并于 2018 年建成并投入使用。该系统极限真空度优于 5×10^{-5} Pa；太阳辐射光斑 Φ5m，0.7~1.3 个太阳常数。可进行上面级、卫星等大型产品的发动机羽流、整流罩抛罩、热平衡、热真空等方面的试验及研究。

图 2-32　Φ18m 球形空间光电环境模拟试验系统

2.3　试验测试技术

2.3.1　气动热与热防护试验测试技术

1. 多自由度动态烧蚀考核试验技术

中国航天空气动力技术研究院发展了多自由度动态烧蚀考核试验技术，通过运用新式动力单元和传动机构，采用液压送进、气缸作动、电动拉杆、关节轴承等作动部件组合，并配合数字开关和轨道控制，实现了电弧风洞中的多自由度动态精确模拟。该项技术可以针对多达 3.5 个自由度活动部件的热防护模型，实现 Y 方向、M_y、M_x、M_z 联合精确模拟试验。

2. 脉冲风洞喷流干扰热环境试验技术

中国航天空气动力技术研究院建立了高超声速脉冲风洞宽速域喷流气动热试验方法，通过多种构型喷管在模型表面形成亚/跨/超声速喷流；并通过磷光热图技术实现对喷流所产生的热流分布进行精确捕捉，在试验中可实现对喷流生成到稳定全过程的非定常气动热测量。

中国空气动力研究与发展中心开展了瞬态冷/热喷流干扰气动热试验技术研究，建立了匹配毫秒级脉冲风洞的喷流装置及试验模拟与测量方法，可开展马赫数为 6、总温 500K、出流口径 40mm 以内多种介质的喷流干扰模拟，喷流压力稳定性及喷流参数重复性误差小于 1%（图 2-33）。

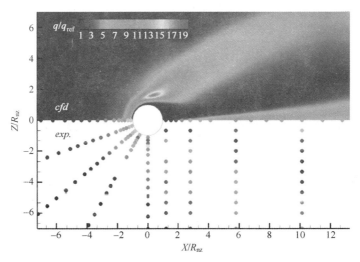

图 2-33　横向喷流干扰试验与数值模拟热流（见彩插）

3. 中低热流测量试验技术

中国空气动力研究与发展中心选择较低热扩散系数模型绝热材料、采用瞬变平面热源法提高试验模型材料热物性参数标定精度、采用漫反射补偿等提高发射率测量精度等手段，提高中低量值热流测量精度。

2.3.2　气动力试验测试技术

1. 气动力标模设计及风洞试验研究

为适应高超声速飞行器发展对高超声速风洞试验的新要求，中国空气动力研究与发展中心开展了新一代气动力标模需求分析，在综合考虑各方面约束条件下，完成了新的高升力融合体布局气动力标模，并开展了高超声速风洞标模试验研究，满足该类飞行器对风洞流场品质及数据考核需要。

北京航天长征飞行器研究所形成了体现新一代高升力布局高超声速飞行器气动特征的风洞试验标模设计特征。该标模采用左右面对称、上下非对称高升阻比融合体气动布局，纵向和侧向的投影面积具有明显差异，不采用空气舵，纵向及航向静稳定裕度小，焦点随攻角、马赫数变化范围小，避免局部稀薄流效应，底部宽度小于两倍的底部高度，减小横流影响。

2. 应力波天平测力技术

中国空气动力研究与发展中心在膨胀管风洞中发展了应力波天平测力技术，主要用于0.4~1ms有效试验时间的高焓极高速流场气动测量试验。应力波天平（图2-34）以悬挂支撑的方式安装在保护罩内部，利用动态原理实现飞行器模型瞬态轴向力测量，重复性精度优于3%，半球模型0°攻角轴向力测量值与修正理论值偏差小于5%。

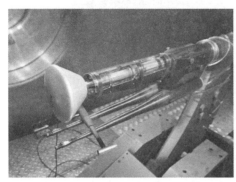

图2-34 应力波天平

3. 脉冲风洞自由飞测力技术

中国空气动力研究与发展中心针对大尺度模型大质量降低模型测试系统频响上限的问题，发展了重模型自由飞测力技术。试验时，将模型从风洞试验段顶部以一定预设姿态纯净释放，通过风洞高精度时序控制技术使得模型与有效试验气流相遇，由于模型具有较大惯量，在毫秒量级的有效试验时间内，模型姿态在气动力作用下几乎不变。通过在模型内部安装加速度计，测量模型的刚体运动加速度，辨识得到模型的气动力。验证试验数据表明，重模型自由飞测力技术的频响上限超过1kHz，三分量重复性精度优于3%。

4. 半导体天平测力技术

中国空气动力研究与发展中心发展了半导体天平设计技术、单矢量多元校准技术、多加速度计多阶惯性力补偿技术，形成了较为完整的激波风洞半导体天平测力技术（图2-35）。试验数据表明，半导体天平测力技术能够在复杂外形模型具有较大尺寸和质量的情况下，满足激波风洞10ms量级有效试验时间的测试频响要求，六分量测量重复性精度优于5%。

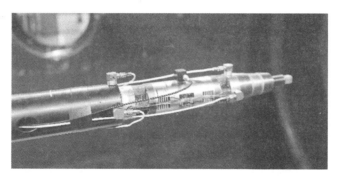

图 2-35 安装在支杆上的半导体天平

5. 模型姿态测量技术与系统

弹道靶自由飞模型位姿测量技术是弹道靶开展自由飞气动力试验的基础,能够为气动力参数辨识提供高精度数据。中国空气动力研究与发展中心在 200m 自由飞弹道靶上新增 20 个双目立体视觉测量站,至此建成了由 50 个双目测量站组成的视觉位姿测量系统。通过提出利用激光跟踪仪和立体标定装置(图 2-36),进一步优化标定流程,标定所需时间由 14 天缩短为 7 天,系统测量精度由 2mm 提高到 1mm;通过改进光源出口光斑匀化等措施降低了靶室杂光对成像的影响,实现该系统的测量距离由 130m 提高到 170m;发展了超高速序列前光成像技术,初步实现同站多次成像测量,可大幅增加测量点数,为进一步提升测量精度提供了技术途径。

图 2-36 弹道靶视觉位姿测量系统立体标定装置

中国空气动力研究与发展中心采用基于立体视差原理的非接触视觉测量方法,攻克了试验段内真空、振动、气压突变、气流冲击和电磁干扰等复杂恶劣环境对系统测量精度的影响,消除了现场环境尺寸对系统结构参数的限制,成功在风洞试验段内建立了视觉测量系统(图2-37)。该系统能够精确测量模型的姿态信息,其中角度测量精度优于0.1°,位移测量精度优于0.1mm,具备常规连续变攻角试验和动态复杂外形模型自由飞试验模型姿态数据测试能力。

图2-37 Φ1m高超风洞视觉测量系统

6. 多体分离试验技术

中国航空工业空气动力研究院在Φ1m高超声速风洞中建成了双CTS试验系统。该系统可模拟两级模型同时运动,实现一级飞行器五自由度、二级飞行器六自由度的运动模式。在设备基础上发展了两级同时运动的双网格测力/双CTS试验技术。新开发的连续级间分离和连续网格测力试验模式,可在较短的吹风时长内模拟较大的轨迹时长;获取大量的网格数据,为高超声速风洞级间分离和捕获轨迹试验提供了一种高效的解决方案。

7. 高马赫数气动力测量技术

针对温度效应、热流干扰、冲击载荷等影响气动力试验数据的关键问题,中国航天空气动力技术研究院研制了双矩形螺纹式水冷循环装置,成功抑制了天平在常规高超声速风洞中高马赫数时的温度效应问题,目前在常规高超声速风洞中可实现马赫数8~10的气动力测量,试验精度一般优于2%。同时,结合高刚度天平技术和压电天平等动态气动力测量技术,研制出了激波风洞高刚度天平(图2-38),可以实现马赫数8~12的动态气动力测量,试验精度一般优于5%。

图2-38 激波风洞高刚度天平

8. 基于深度学习的单矢量动态自校准技术

中国科学院力学研究所提出基于深度学习多个神经网络模型（CNN、LSTM、Bi-LSTM）的单矢量动态自校准技术（SV-DSC），在瞬态（短试验时间）气动载荷测量有着明显的优势和应用前景，已应用于激波风洞标准模型的气动力试验中，测力精度和可靠性得到了大幅提升。高精度智能测力系统的研究使得精度高、成本低、发展成熟的应变计天平的设计难度大大降低。

9. 分立悬挂式气动力测量方法

针对大型高焓风洞大尺度、重模型气动力测量问题，中国科学院力学研究所进一步提出分立悬挂式气动力测量方法，通过多点支撑提高测量系统比刚度，克服传统尾部支撑刚度不足、腹部/背部支撑流场干扰大等缺点，使得气动力测量模型长度可达5m、重量可达1t，并通过HB2标模（长度3m、重量390kg）、飞行器/发动机一体化模型（长度4.2m、重量798kg）试验取得了较好的测量效果，重复性误差低于2%。

10. 高超声速动态试验技术

中国航空工业空气动力研究院建成了1m风洞高超声速动导数试验系统，实现俯仰、偏航和滚转三个振动模态。试验机构具有刚强度大、振动稳定性高、自身空振阻尼小的特点。振动频率4~12Hz，直接导数重复性测量精度在10%以内。

中国空气动力研究与发展中心在FL-31中建立了高超声速风洞动态试验技术，具备俯仰/滚转两自由度动态试验能力。在动态机构上装有编码器，用于测量运动过程中的姿态角，通过数据采集和处理软件输出姿态角随时间变化的动态数据。

11. 高超声速激波减阻技术

国防科技大学试验研究了减阻杆对高超声速钝头体的减阻效果，结果表明：加装减阻杆可使得钝头体头部流场重构且对钝头体头部阻力有明显的削弱作用，最大的减阻率可达60%以上；随着减阻杆长度和顶盘半径等的变化，减阻效果会出现饱和趋势。国防科技大学还提出并试验验证了基于等离子体高能合成射流的头部激波控制减阻技术（图2-39），通过在靠近头部位置布置等离子体高能合成射流，利用合成射流进行激波控制来消除或调节激波干扰的方式实现减阻。

12. 燃气舵冷喷流测力试验技术

中国空气动力研究与发展中心于2022年成功建立了燃气舵等比热比冷喷流

 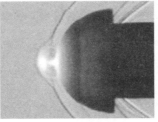 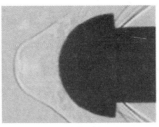

(a) 无控　　　　　　　(b) 放电后35μs　　　　　　(c) 放电后70μs

图 2-39　等离子体合成射流激励器控制 $Ma=8$ 的钝头体头部激波

试验技术（图 2-40），使低成本精准获取大规模燃气舵试验数据成为可能。一是采用等比热比混合气体来模拟高温燃烧气体；二是创研了基于开口式供气桥、双天平支撑的喷管/燃气舵一体化测力试验方法，攻克了喷管/燃气舵一体化测力的技术难题；三是采用专门研制的舵机伺服机构和多台天平实现了燃气舵复杂干扰条件下的精确测力；四是利用 FL-31 风洞的引射系统，实现了不同落压比（小于 1000）的模拟。

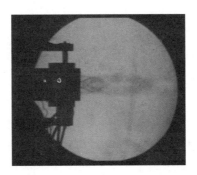

图 2-40　燃气舵冷喷流测力试验技术

13. 基于油膜干涉方法的摩阻测量技术

中国空气动力研究与发展中心针对高超声速风洞高温、高速、低压等应用环境的特点，解决了试验模型表面材料和工艺、油膜温度跟踪测量、油膜干涉图像实时采集以及数据处理软件等关键难题，建立了一套完整的油膜干涉表面摩擦应力测量技术（图 2-41），表面摩擦应力测量精度小于 10%。

2.3.3　气动物理测试技术

1. 高焓设备目标飞行器光电磁特性测试技术

中国航天空气动力技术研究院面向基于 $\varPhi2m$ 高焓激波风洞，突破了辐射热

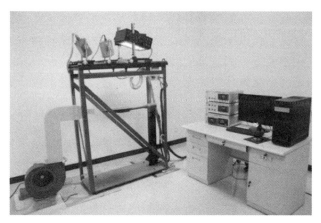

图 2-41 油膜干涉测量设备

流辨识技术、高温湍流与多物理场梯级耦合试验技术、光辐射和电磁散射目标特性试验技术，发展了非接触光谱组分识别及诊断、目标特性定量化测量方法，获取钝头体头部辐射热流、平板模型不同流态的热流和光辐射强度、头部和尾部的高焓流场光电特性数据，为深入认识高焓条件下飞行器辐射及光电特性，研究高温非平衡效应对湍流流动的作用机制，提供了高质量试验数据。

中国空气动力研究与发展中心采用瞬态成像光谱测量方法，发展了瞬态过程的一维空间光谱测试技术，该技术可以获得一维空间上不同位置的辐射光谱（图 2-42），用以分析不同空间位置的光谱辐射强度特征，进而分析得到不同位置的特征辐射组分及其温度分布。

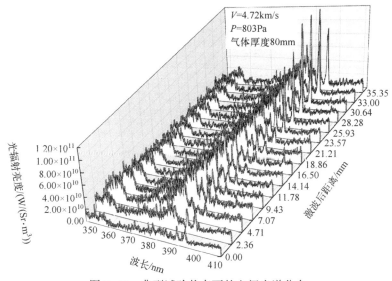

图 2-42 典型试验状态下的空间光谱分布

中国空气动力研究与发展中心开展了超高速流场等离子体电子密度二维分布测量系统研制，解决了弹道靶超高速模型尾迹电子密度径向分布测量、多功能激波管流场二维电子密度分布测量方面的问题，建成了多功能的瞬态阵列静电探针测量系统、应用于瞬态测量环境的七通道微波干涉仪测量系统，满足多功能激波管、高焓膨胀管等设备产生的流场等离子体电子密度分布测量要求，拓展现有的流场电子密度应用范围。

针对超高速飞行器在大气层内飞行时实时通信、目标探测识别问题，中国空气动力研究与发展中心开展了瞬态过程宽频带电磁特性测量技术，解决了瞬时大动态接收机技术、等离子体条件下信道建模等关键问题，完成了宽频带瞬态电磁特性测量系统建设，建立了瞬态过程宽频带电磁特性测量手段，形成了模拟等离子体对常见测控通信信号影响测量能力、超高速目标电磁散射特性测量能力，满足在多功能激波管、弹道靶等瞬态设备中开展通信中断与电磁散射特性试验的要求。

2. 低密度风洞电子束荧光流场诊断技术

中国空气动力研究与发展中心建成的电子束荧光流场诊断系统，适用于低密度风洞稀薄流场显示及参数非接触测量系统（图2-43）。电子束荧光流场诊断系统中电子束能量为$3\times10^4 \sim 7\times10^4 \mathrm{eV}$，束流可达10mA，脉冲频率可达50kHz，光谱仪分辨力为0.01nm。转动温度、振动温度、密度测量的相对不确定度为1%，速度测量的相对不确定度为4%。该系统可用于测量稀薄流场的密度、速度、转动温度、振动温度分布情况，获得流场特性，并显示流场结构。

图2-43 电子束荧光流场诊断技术

3. 聚焦激光差分干涉技术

华中科技大学发展了单测点、多测点的聚焦激光差分干涉技术（Focused

Laser Differential Interferometry，FLDI）以及二维 FLDI 测量技术，适用于尖锥、平板等多种模型的空间点密度脉动测量，测量光路的响应频率可达 100MHz，具备解析亚微秒时间尺度的流动特征的能力。华中科技大学使用 FLDI 技术对高超声速风洞中的裙锥/尖锥边界层剖面进行了测量，捕捉到了高超声速边界层内第二模态不稳定波、第二模态不稳定波谐波以及次谐波特征。

4. 高超声速流场超高帧频流场精细测试系统

国防科技大学开展高超声速流场超高帧频流场精细测试系统（图 2-44）研究，突破高超声速流场超高重频激光照明与超高帧频成像系统关键技术，首创高超声速飞行器非定常流场试验系统，使高超声速飞行器动态演化流场"精确复现，动态可测"，高超声速流场超高帧频精细测试系统测量时间分辨力达纳秒级、空间分辨力达微米级，时间重复频率达兆赫级，测量流场可达马赫数 10（图 2-45）。形成高超声速静音风洞条件下的兆赫超高帧频流场可视化精细测试能力，在试验条件下获得了不同时间间隔下激波发生器产生的入射激波与壁面来流湍流边界层干扰时间相关的流场精细结构图像，观察到来流湍流边界层、分离泡、再附边界层等区域的流动结构动态变化过程。

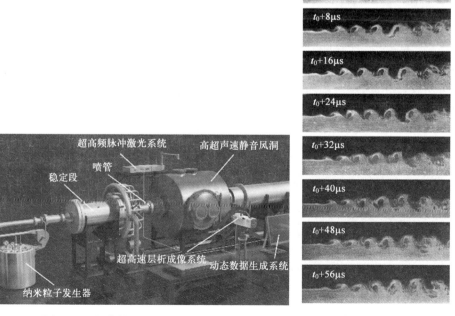

图 2-44 超高帧频流场精细测试系统   图 2-45 混合层 K-H 不稳定涡时间序列

2.3.4 气动推进一体化风洞试验技术

1. 乙烯高马赫数超声速燃烧试验技术

中国科学院力学研究所在高速流动的超声速燃烧组织方面，分别利用JF-12和JF-24爆轰驱动激波风洞，开展了氢及乙烯燃料在飞行马赫数为10条件下的超燃试验（图2-46），获得了稳定的燃烧流场，建立了脉冲风洞超燃试验的时序准则，发展了高速气流中的燃料增混方法，发现了凹腔对高马赫数高焓气流中自点火类型燃烧的强化作用；发展了基于动态分区概念的超燃复杂流场计算平台，数值考察了热化学非平衡对燃烧性能的影响规律。

图 2-46 乙烯高马赫数超声速燃烧试验技术

2. 变马赫数条件下发动机性能演变特性研究

中国科学院力学研究所利用独有的变马赫数高焓推进风洞及直连试验平台开展了变马赫数条件下发动机性能演变特性研究，发现了发动机模态转换过程中的突变现象及路径多样性，揭示了突变与不同稳焰模式（图2-47）间切换的关联机制，并归纳了来流条件、当地释热等驱动因素的影响规律和机理，突破了对于突变与亚燃/超燃转换相关的固有认识。针对稳焰模式切换引发的燃烧效率突变问题，提出并验证了一种多燃烧区的调控方法，通过耦合下游燃烧反压驱动上游稳焰模式切换，实现了抑制发动机性能突变和迟滞，为发动机变工况调控策略的建立提供了技术支撑。

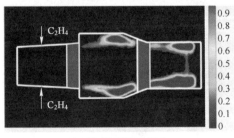
(a) 凹腔剪切层稳焰模式

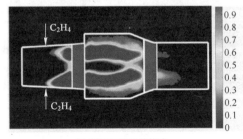
(b) 射流尾迹稳焰模式

图 2-47 发动机的不同稳焰模式（见彩插）

2.4 在国民经济建设中的应用

2.4.1 载人工程

中国空气动力研究与发展中心依托超高速撞击试验能力和测试技术，为我国空间站和新一代载人飞船等的空间碎片防护构型选型与性能评估提供了重要支撑。针对航天器空间碎片撞击易损性评估难题，开展了航天器压力容器、电缆等典型部件/分系统的空间碎片撞击试验，对分系统功能降阶与失效模式进行了研究，完成了功能降阶及失效模式数据库开发与建设，相关成果直接应用于我国空间站的碎片防护设计。依据新一代载人飞船防热结构的空间碎片撞击特性试验研究，获得了新型防热结构的撞击损伤特性以及弹道极限方程，为新一代载人飞船防热结构的抗空间碎片撞击能力评估提供了关键数据，同时，也为飞船防热结构优化设计和持续改进提供了方向。系统开展了梯度型防护结构、填充式防护结构等新型空间碎片防护构型的空间碎片撞击损伤特性试验研究，获得了超高速撞击损伤特性、碎片云形貌及临界弹丸直径，为飞船和空间站新型防护结构设计及工程应用提供了关键数据支持。

2.4.2 深空探测

中国空气动力研究与发展中心在200m自由飞弹道靶设备上开展跨超声速自由飞试验，获得着陆巡视器在火星大气的动态气动特性参数。试验模拟了常规气体环境、火星CO_2大气环境等飞行环境，获得了着陆巡视器模型在跨、超声速典型状态下的关键动态气动力特性参数，为我国火星进入探测任务的成功实施提供了支撑。

行星撞击是影响行星地质形成与演化的重要方面。由中国空气动力研究与发展中心和中国科学院地球化学研究所有关人员组成的联合研究小组，利用弹道靶超高速碰撞试验模拟小天体撞击火星表层岩石过程，探索了冲击变质改造火星表层/次表层物质的作用机制。试验中重点关注黏土矿物、矿物混合物、玄武岩等火星常见矿物/岩石在超高速撞击下的晶体结构和矿物质变化过程。行星撞击模拟研究对理解类地行星的形成和演化机理，凝练行星探测科学目标，牵引国内外行星科学探测计划具有重要意义。

针对小行星、彗星等对地球有潜在危害的小天体，开展超高速撞击试验是探究小天体内核、表层或次表层结构和组成的重要途径之一，也是验证动能撞击偏转地外小天体手段有效性的重要依据。为支撑小天体动能撞击动量传递因子分析研究，中国空气动力研究与发展中心完成了超高速撞击动量增强系数测量关键技术验证试验，实现了对超高速撞击后的类小行星靶标六维运动的观测与分析，获得了典型撞击状态下的动量增强系数。

2.4.3 临近空间环境探测

中国科学院力学研究所于 2022 年 6 月 27 日成功发射临近空间环境探测试验卫星"天行一号"，开展了大气辐射特性等测量任务，获得了临近空间过渡流区大气辐射特性等一系列原始数据。大气辐射广泛应用于大气环境特性等基础科学问题研究，以及新型飞行器的天基红外可探测性研究中，在深空探测中类地行星大气研究也具有重要的科学价值和实用意义。

2.4.4 工业应用

中国航天空气动力技术研究院基于 1MW 高频等离子发生器技术及专利"双旋子兆瓦级高频感应等离子发生器"，开发了 100kW 高频感应等离子球化系统，开发的高频感应等离子球化系统在钛合金（TC4）粉、钼粉、钨粉、钽粉等多种粉体材料的球形化处理中实现应用。目前，高频等离子体球化钼粉、球化钨粉已达到产业化生产水平，为多家单位量产了若干批次的球形钼粉。

中国科学院力学研究所基于超高速离心雾化原理，开发了 $\phi 2.6m$ 的高温金属旋转雾化制粉装置，具备年产 200t 高温金属粉末的能力，攻克了高温旋转盘的工艺制备技术和超高速电机轴承的隔热冷却技术。

参考文献

[1] 黄飞，吕俊明，程晓丽，等. 火星进入器高空稀薄气动特性［J］. 航空学报，2017，38(5)：120457.

[2] 吕俊明，郝景科，程晓丽，等. 高超声速飞行器气体辐射噪声计算方法研究［J］. 强激光与粒子束，2016，28(8)：083202.

[3] LYU J M, HAO J K, CHENG X L, et al. Analysis of Gas Radiation Heating for hyper-velocity reentry vehicles［C］. The 12th World Conference of Computational Mechanics, Seoul, Korea, 2016.

[4] LU Q, HAN H T, HU L F, et al. Preparation and testing of nickel-based superalloy/sodium heat pipes［J］. Heat and Mass Transfer, 2017, 53: 3391-3397.

[5] 史可天，马汉东. 基于波面拟合的可压缩剪切层气动光学效应分析［J］. 空气动力学学报，2013，31(6)：758-762.

[6] 苗文博，罗晓光，程晓丽，等. 壁面催化对高超声速飞行器气动特性影响［J］. 空气动力学学报，2014，32(2)：235-239.

[7] MIAO W B, CHENG X L, AI B C, et al. Surface slip effect on thermal environment of hyper-

sonic Non-equilibrium flows [J]. International Journal of Computational Methods, 2015, 12(4): 1540008.

[8] 陈思员, 陈亮, 苗文博. 高超声速再入飞行器头部辐射加热特性研究 [J]. 空气动力学学报, 2017, 35 (3): 404-407.

[9] YUAN J S, YU S H, CAO L J, et al. Measurement and identification of supersonic stationary crossflow waves based on sublimation method [J]. AIAA Journal, 2023, 61 (6): 2369-2380.

[10] LIU Y, QIAN Z S, LU W B, et al. Numerical investigation on the safe stager-separation mode for a TSTO vehicle [J]. Aerospace Science and Technology, 2020, 107: 106349.

[11] LIU Y, WANG L, QIAN Z S. Numerical investigation on the assistant restarting method of variable geometry for high Mach number inlet [J]. Aerospace science and Technology, 2018, 79: 647-657.

[12] 王璐, 钱战森, 高亮杰. 基于边界层燃烧方法的宽速域飞行器内流道减阻研究 [J]. 推进技术, 2022, 43 (6): 200982.

[13] SHANG J S, YAN H. High-enthalpy hypersonic flows [J]. Advances in Aerodynamics, 2020, 2 (1): 19. DOI: doi.org/10.1186/s42774-020-00041-y.

[14] MIRÓ F M, BEYAK E S, PINNA F, et al. High-enthalpy models for boundary-layer stability and transition [J]. Physics of Fluids, 2019, 31 (4): 044101. DOI: 10.1063/1.5084235.

[15] CHEN X, WANG L, FU S. Secondary instability of the hypersonic high-enthalpy boundary layers with thermal-chemical nonequilibrium effects [J]. Physics of Fluids, 2021, 33 (3): 034132. DOI: 10.1063/5.0045184.

[16] CHEN X L, FU S. Convergence acceleration for high-order shock-fitting methods in hypersonic flow applications with efficient implicit time-stepping schemes [J]. Computers and Fluids, 2020, 210: 104668. DOI: 10.1016/j.compfluid.2020.104668.

[17] MORTENSEN C H. Toward an understanding of supersonic modes in boundary-layer transition for hypersonic flow over blunt cones [J]. Journal of Fluid Mechanics, 2018, 846: 789-814. DOI: 10.1017/jfm.2018.246.

[18] ZHANG C B. Research on nonlinear mode interactions relating to supersonic boundary layer transition (in Chinese) [D]. Tianjin: Tianjin University, 2017.

[19] CHENG C, WU J H, ZHANG Y L, et al. Aerodynamics and dynamic stability of micro-air-vehicle with four flapping wings in hovering flight [J]. Advances in Aerodynamics, 2020, 2 (1): 5. DOI: 10.1186/s42774-020-0029-0.

[20] DONG H, LIU S C, CHENG K M. Review of hypersonic boundary layer transition induced by roughness elements [J]. Journal of Experiments in Fluid Mechanics, 2018, 32 (6): 1-15.

[21] CHEN J Q, TU G H, WAN B B, et al. Characteristics of flow field and boundary-layer stability of HyTRV [J]. Acta Aeronautica et Astronautica Sinica, 2021, 42 (4): 124317.

[22] JIA L C, ZOU T D, ZHU Y D, et al. Rotor boundary layer development with inlet guide vane (IGV) wake impingement [J]. Physics of Fluids, 2018, 30 (4): 040911. DOI: 10.1063/1.5013303.

[23] TONG F L, CHEN J Q, TU G H, et al. Recent progresses on hypersonic boundary-layer transi-

[23] tion [J]. SCIENTIA SINICA Physica, Mechanica and Astronomica, 2019, 49: 114701. DOI: 10.1360/SSPMA-2019-0071.

[24] 黄伟, 赵振涛, 颜力, 等. 基于反设计壁面点的变马赫数"串联"宽速域乘波飞行器设计方法: 202111030116.6 [P]. 2021-11-19.

[25] 黄伟, 赵振涛, 李世斌, 等. 基于吻切锥理论的变马赫数"并联"宽速域乘波飞行器设计方法: 201710871292.X [P]. 2019-05-03.

[26] 丁峰, 柳军, 刘珍, 等. 融合低速翼型的冯卡门乘波体设计方法: 201811233185.5 [P]. 2020-06-30.

[27] 王晓朋, 张陈安, 刘文, 等. 设计参数对幂次乘波体纵向静稳定性的影响 [J]. 宇航学报, 2019, 40 (8): 887-896.

[28] 陆小革. 高超声速边界层转捩及激波湍流边界层干扰的实验研究 [D]. 长沙: 国防科技大学, 2020.

[29] 陈坚强, 涂国华, 张毅锋, 等. 高超声速边界层转捩研究现状与发展趋势 [J]. 空气动力学学报, 2017, 35 (3): 311-337. DOI: 10.7638/kqdlxxb-2017.0030.

[30] 杨武兵, 沈清, 朱德华, 等. 高超声速边界层转捩研究现状与趋势 [J]. 空气动力学学报, 2018, 36 (2): 183-195.

[31] 黄章峰, 肖凌晨, 罗纪生. 超声速边界层转捩预测 e^N 方法及其软件开发 [J]. 空气动力学学报, 2018, 36 (2): 279-285. DOI: 10.7638/kqdlxxb-2018.0023.

[32] 雷娟棉, 曹家伟. 高超声速圆锥边界层转捩反转数值研究 [J]. 北京理工大学学报, 2022, 42 (10): 991-1001. DOI: 10.15918/j.tbit1001-0645.2021.224.

[33] 成江逸, 司马学昊, 吴杰. 粗糙元对零攻角尖锥模型高超声速边界层转捩的影响研究 [J]. 南京航空航天大学学报, 2022, 54 (4): 573-582. DOI: 10.16356/j.1005-2615.2022.04.004.

[34] 孙明波, 王前程, 王旭, 等. 流向弯曲壁超声速湍流边界层研究进展 [J]. 空气动力学学报, 2020, 38 (2): 379-390. DOI: 10.7638/kqdlxxb-2020.0059.

[35] 姜宗林. 高超声速高焓风洞试验技术研究进展 [J]. 空气动力学学报, 2019, 37 (3): 347-355.

[36] 孙学文. 高超声速气动热预测及热防护材料/结构响应研究 [D]. 北京: 北京科技大学, 2020.

[37] 段毅, 姚世勇, 李思怡, 等. 高超声速边界层转捩的若干问题及工程应用研究进展综述 [J]. 空气动力学学报, 2020, 38 (2): 391-403. DOI: 10.7638/kqdlxxb-2020.0041.

[38] 谭杰, 孙晓峰, 刘芙群, 等. 高超声速平板/空气舵热环境数值模拟研究 [J]. 空气动力学学报, 2019, 37 (1): 153-159. DOI: 10.7638/kqdlxxb-2018.0234.

[39] 袁野, 曹占伟, 马伟, 等. 主动引射冷却对空气舵热环境影响的试验研究 [J]. 导弹与航天运载技术, 2021 (6): 48-51. DOI: 10.7654/j.issn.1004-7182.20210610.

[40] 聂亮, 李宇, 聂春生, 等. 一种非稳态情况下飞行器空气舵缝隙的气动热评估方法: 201711117139.4 [P]. 2018-05-01.

[41] 袁震宇, 陈伟芳, 江中正, 等. 稀薄气体流动非线性耦合本构关系研究进展 [J]. 气体物理, 2022, 7 (5): 1-15. DOI: 10.19527/j.cnki.2096-1642.0931.

第 3 章

物理气体动力学

物理气体动力学是相对经典气体动力学而言的，其学科内涵是处理宏观流动现象时必须考虑微观物理特性或者需要用微观理论来分析解释宏观气体流动参数，它是气体动力学与物理力学交叉的技术学科。近代工程技术经常面临着高温、高压、高速等极端条件，如卫星、载人飞船、航天飞机等航天器再入大气层的飞行过程，内爆或惯性约束聚变中氘氚气体汇聚压缩时发生的聚变核反应过程，爆轰发动机中的超声速燃烧过程等。由于高温、高压、高速条件下气体流动的物质特性参数必须通过近代非经典力学进行描述，因此物理气体动力学的基本学科包括高速和超高速气体动力学、分子运动论、统计力学、化学热力学、非平衡运动理论、辐射输运理论、量子力学、原子分子物理以及计算数学等。

从钱学森先生提出物理力学概念后的 70 多年来，我国广大科技工作者在物理气体动力学涉及的等离子体中的原子分子过程、高温气体非平衡模型和物性参数、宽温域气体状态方程、高温高压爆轰精密建模、高温高压计算流体力学、高温高压界面不稳定性与混合理论、气动物理学理论、等离子体理论与技术应用等领域方面取得了长足的进步。特别是近 5 年来，在流变学等新兴国民经济领域方面也进行了有益的扩展与拓宽，推动我国相关行业各学科领域的科学技术进步作出了应有的贡献。

3.1 基础理论与前沿技术研究

3.1.1 等离子体中的原子分子过程研究

原子分子过程广泛存在于大气物理、天体物理、惯性约束聚变等各种等离子体环境中,其参数直接决定了等离子体中物质和能量的转移和转化过程,对相关领域模拟研究和精密化发展具有重要意义。对于等离子体中原子分子过程,特别是高温稠密环境中的原子分子过程而言,环境效应会显著改变等离子体中原子分子态的性质和动力学过程,并进一步影响等离子体的不透明度和状态方程宏观性质。由于涉及复杂多体作用,等离子体中的原子过程研究是当前原子分子物理和高能量密度物理领域的前沿挑战性问题。近年来,国内主要从三方面开展研究:一是利用德拜(Debye)等已有的等离子体屏蔽模型,研究近理想等离子体环境效应对原子结构和各种动力学过程截面的定量影响规律;二是结合分子动力学方法、原子物理和统计理论,构造描述温热稠密强耦合等离子体屏蔽效应的多体作用模型,在此基础上开展谱线移动等计算;三是利用构造的电子态分辨屏蔽模型,开展强耦合等离子体中电离阈值下降模型构建和相关研究。

利用已有的德拜等屏蔽模型,北京应用物理与计算数学研究所系统开展了近理想等离子体中的各种原子分子物理过程研究,解决了定量评估等离子体屏蔽效应对原子结构和动力学过程影响的问题,推动了等离子体中的原子分子物理过程这个新的交叉学科方向发展。同时,通过原子态分辨的电子屏蔽模型和电离势下降模型的研究,提出了适用于温热稠密强耦合等离子体的理论模型,有效考虑目标离子周围电子和离子对目标离子屏蔽效应和电离阈值下降的贡献。与传统模型相比,新发展模型的计算结果在不同温度密度区间能够与最新的试验测量值相符合,并且具有更强的温度依赖性。相比于辐射不透明度等应用建模中经常使用的传统模型,新发展屏蔽理论模型更加完善,能够在更宽的温度密度区间上准确描述强耦合等离子体的屏蔽效应和电离势下降。

1. 近理想等离子体环境中的原子过程研究

弱耦合等离子体中带电粒子的多体相互作用主要使用屏蔽势来近似模拟。由于等离子体中多体相互作用的复杂性以及等离子体温度和密度的巨大范围,一般来说,屏蔽势只能描述局限于特定温度和密度区域的等离子体中粒子的相互作用。通常,选择Debye-Hückel屏蔽势和cosine-Debye-Hückel屏蔽势分别描述弱耦合经典等离子体和量子等离子体带电粒子间的相互作用。

基于这些屏蔽模型,可以从非微扰理论出发,发展各种原子结构和动力学过程计算程序,系统研究近理想等离子体环境中的各种原子分子物理过程。例如,在相对论和非相对论理论框架下,北京应用物理与计算数学研究所基于德拜模型,发展了弱耦合等离子体环境下钨离子韧致辐射截面的计算程序,系统研究了等离子体屏蔽效应对韧致过程的影响,获得高精度的W74+离子的韧致辐射截面参数,并对其背后的物理机制获得深入认识:发现等离子体屏蔽会抑制辐射过程,并将角度分布移到相对较大的角度;发现相对论效应和多极效应对韧致过程截面计算具有显著影响等。

2. 强稠密等离子体屏蔽效应建模研究

等离子体中包含大量带电粒子，离子周围的电子会对其相互作用势产生屏蔽，从而影响离子的电子结构（光谱）以及碰撞动力学性质。但是，对于稠密等离子体，对其电子屏蔽效应的建模涉及非常复杂的量子多体问题，其强关联的性质导致基于准理想等离子体的理论模型不再适用。高温稠密等离子体电子屏蔽效应的理论需要同时考虑强关联和量子效应，目前仍是亟待解决的基础科学问题。

针对这一问题，北京应用物理与计算数学研究所提出了一种适用于稠密等离子体的原子态分辨的电子屏蔽模型。在该模型中，不仅考虑自由电子密度分布产生的屏蔽效应，而且考虑了由自由电子之间的非弹性碰撞产生的负能量电子导致的屏蔽效应。当研究等离子体中具有某个特定电子态的离子时，其束缚态电子和等离子体的环境电子之间的量子简并效应，会导致电子密度分布和屏蔽效应取决于所研究的束缚态。使用经典的分子动力学模拟，比较了非理想等离子体的电子密度分布，验证了该模型的有效性。并且，应用该模型计算了稠密等离子体环境下 $Al^{11+}(1s2p \sim 1s2)$ 跃迁以及 $Cl^{15+}(1s3p \sim 1s2)$ 跃迁的谱线移动。其结果可知，在没有任何可调参数的情况下，理论计算结果与两个试验结果都相符合，解释了此前相关理论和试验不一致的原因。该模型能够精确描述稠密等离子体环境对原子、分子的结构和动力学过程的影响，有助于天体物理、惯性约束核聚变中稠密等离子体的相关研究。

3. 强耦合等离子体中原子电离阈值下降计算

基于原子态分辨的电子屏蔽模型，能够同时考虑等离子体自由电子和三体复合过程产生等负能电子对电离阈值下降的贡献，同时，通过引入内部电离影响，可进一步考虑等离子体中周围离子引起的束缚电子非局域效应，由此建立更精确的电离阈值下降的计算模型。此外，进一步研究发现了负能电子影响导致了稠密等离子体的电离阈值下降具有明显的温度依赖性，并且等离子体的非平衡状态对电离阈值下降有不可忽略的影响。该模型能够为精确计算温、热稠密等离子体中的电离阈值下降提供有效工具，相关结果有助于进一步研究稠密等离子体中的辐射输运和热力学性质。

3.1.2 高温气体多温度非平衡模型和物性参数研究

热化学非平衡是临近空间高超声速流动的重要特征，多温度模型是模拟热非平衡效应的重要手段。中国航天空气动力技术研究院建立了基于 Lee 模型的电子能非平衡效应模拟方法和基于 Parker 模型转动能非平衡效应模拟方法，可实现双温以上考虑电子能非平衡效应和转动能非平衡效应的高温非平衡三维流场数值预测。针对现有高温气体内能数据无法适应双温以上非平衡模型发展的问题，中国航天空气动力技术研究院还开展了基于配分函数的高温非平衡气体内能模型研究，考虑高阶电子能激发、振动转动耦合、离解能约束等高温气体特性，提出了气体电子、转动和振动模态的解耦方法，并建立相应预测模型，实现了对原子、双原子分子和三原子分子非平衡内能的预测。目前，已建成针对空气介质、水和二氧化碳相关产物的多温度热物性参数数据库。

中国工程物理研究院发展了一种高温空气热化学物理计算模型。对于大气层内高速飞行器，其周围空气受到强激波压缩而温度急剧升高，引起空气分子发生激发、离解、电离、复合等作用形成多组元混合气体，这种多组元混合气体的热物性参数是气动力热和电磁仿真的基础。针对空气体系，在局域热动和局域化学平衡假设下，建立了考虑 18 种化学反应 22 组元的混合体系热化学物理计算模型，模拟了高温空气的组分浓度以及焓和比热等热力学性质，研究了高温空气的离解、电离、复合等化学反应以及焓和热容等物性参数随温度和密度的演化规律，发现了空气稀薄程度的增加有利于化学反应的发生以及因高温引起化学反应导致的热容和比热比波动变化现象。这些结果和规律性的认识有助于更好地了解高速飞行器周围稀薄空气因强激波压缩产生高温诱导发生的物理化学反应、现象及作用机理。

3.1.3 宽温域气体状态方程理论研究

通过冲击压缩稠密（为常态密度 200~400 倍）气体氘（D_2）产生高温高密度等离子体，中国工程物理研究院建立了其压力、温度、密度等状态以及瞬态光谱诊断技术，获取了压力在 0~50GPa、温度在 2000~5000K 范围内 D_2 的物态方程，揭示了在冲击压缩下气体原子分子的转动、振动、离解、电子激发、电离，以及强库仑排斥相互作用等物理过程，为建立考虑温致和压致引起的部分离解和电离化学反应的热动力学模型以及微观与宏观量的联系提供依据；同时，其也掌握了稠密气体高压物态方程与特性参数的实验测量与理论计算方法，初步具备开展氘氚混合气体精密物理实验的技术能力。

国防科技大学研究了高温下等离子体的状态方程及其热力学性质在天体物理、可控核聚变中的应用，给出了高温等离子体在不同状态区域下状态方程的理论模型和处理方法。对于理想等离子体，离子之间的相互作用可以忽略，其状态方程较简单，并已趋于完善。在超高温下，原子完全电离，离子和电子都可以采用理想气体状态方程描述；当温度不太高时，离子部分电离，可以采用 Saha 方程及其修正模型描述；原子在高度压缩状态下，其状态方程可以采用 Thomas-

Fermi 模型及其改进模型得到。对于非理想等离子体，离子之间存在强耦合，还没有单一的理论模型能够在任意密度和温度范围内对离子之间的相互作用进行统一描述。量子分子动力学方法原则上可以在较大温度密度范围内给出可靠结果，但由于计算量太大以及高温下的计算存在收敛问题，也较难应用到温度较高的稠密等离子体区域。半经验的经典分子动力学方法虽然简单、计算量小，但只能在一定的区域范围内给出较精确的状态方程结果。在不同温度密度区域内采用不同的计算模型，再在空白区域进行插值，从而得到全局状态方程。这是从目前来看，大家普遍应用的一种简单有效的方法。

3.1.4　高温高压爆轰精密建模

由于凝聚炸药爆轰的各种物理参量具有极端状态，试验设备与测量技术等方面尚有许多限制，因而随着计算机和计算技术的快速发展，数值模拟已成为研究爆轰理论及其应用的一种重要手段。目前，爆轰波数值模拟的研究对象主要是以20 世纪提出的 Chapmann-Jougeut 模型和 Zeldovich-von Neumann Doring 模型为基础建立的爆轰反应流体动力学方程组。由于组成物质的初始成分与细观结构的复杂性，因而对凝聚态爆轰的一些深层次问题的理解还不是很清楚，如爆轰产物状态方程、凝聚炸药反应速率、爆轰真实结构等。

1. 基于概率论的非均质高能炸药的化学反应流动模型研究

基于热点的点火-增长概念，北京应用物理与计算数学研究所提出一种基于概率论的炸药爆轰反应流动模型。在该模型中，爆轰化学反应率由表达热点形成的点火项以及表达热点燃烧的增长项相乘构成，其中点火项依赖于爆轰波前导冲击阵面的压力，增长项依赖于化学反应流场的局域流动压力和气相生成物质量分数，特别地，重点关注的点火项，其表达式根据概率理论来确定。该所提出的爆轰反应流动模型能够考虑非均质炸药的细观尺度和初始状态等因素对炸药冲击起爆过程的影响，也能够自然地描述非均质炸药的冲击减敏效应等复杂非定常爆轰现象。

2. 考虑热学非平衡效应的固体炸药的反应流动模型

北京应用物理与计算数学研究所提出一种考虑热学非平衡效应的反应流动模型来描述固体炸药的爆轰流动现象。该爆轰模型的主要特点是，在反应混合物欧拉方程和固相反应物质量守恒方程基础上，通过附加一套关于固相反应物的组分物理量的流动控制方程来表达固相反应物与气相生成物之间的热学非平衡效应。对所获得的固体炸药爆轰模型方程组采用一个时空二阶精度的有限体积法进行数值求解，典型爆轰问题算例结果表明所提出的固体炸药爆轰模型是合理的。

3. 基于特征理论的模拟凝聚炸药爆轰的单元中心型拉格朗日方法

借助双曲型偏微分方程组的特征理论，北京应用物理与计算数学研究所构造了模拟凝聚炸药爆轰的单元中心型拉格朗日方法的离散网格节点解，这种方式确定的网格节点解考虑了物理量在特征方向上的传播状态，体现了爆轰反应流动控制方程组的"真正多维效应"。数值算例结果显示，构造的数值计算方法具有较好的收敛性，并且容易推广到时空高阶精度数值离散过程。

3.1.5 高温高压计算流体力学方法研究

1. 多流体数值方法研究

中国工程物理研究院建立了可压缩多相流拉格朗日模拟方法。该研究院针对拉格朗日模拟中的网格畸变问题，建立了变拓扑网格动态局域重分重映方法，能够适应于多流体任意大变形运动。针对碰撞问题，该研究院提出在空腔区域填充网格并与网格动态重分相结合的方法，能够实现对物质界面接触的自动识别，并自动保证碰撞点的能量和动量守恒以及对碰撞后物质界面拓扑变化的维持；分析了交错型拉格朗日模拟中与三角形/四面体网格刚度相关的非物理振荡产生原因，并由此发展了一种能够有效缓解振荡的物质通量方法。

厦门大学主要针对激光聚变等领域中的高温、高压、高密度比多介质流体力学问题的数值模拟，研究了高能量密度物理条件下的健壮高精度高效方法；发展了多孔介质中两相流问题质量守恒的算法，利用基于迎风型混合有限元的空间离散算法，将各相流体离散的守恒律方程求后设计算法，和传统 IMPES（IMplicit Pressure Explicit Saturation）算法相比，新算法可使各相流体质量守恒，理论上也可保证离散格式的相容性、各相流体的局部保质量守恒性、离散解的存在唯一性以及各相流体饱和度的保界性。厦门大学还发展了多孔介质中可压缩单相多组分流保各组分质量守恒的算法。

2. 多物理流动数值方法研究

相场模型的算法及应用研究。针对保结构方法的设计、理论与应用进行研究，厦门大学构造了针对一般梯度流耗散系统和哈密顿守恒系统的标量辅助变量方法（Scalar Auxiliary Variable，SAV），相应的数值格式具有无条件收敛特性，并且不受限于特定形式的非线性项，方法具有普适性，且在每个时间步只需求解几个解耦的常系数线性椭圆方程，求解效率大大提高，配合上时间自适应步长，极大地改进了传统相场问题的数值模拟效率和精度。

厦门大学研究了不可压缩流体中的不可伸展浸入式界面问题及其数值计算。

通过引入一个变分框架用于研究沉浸式界面运动模型的弱解问题，这种变分形式的意义在于界面的不可扩展性和流体的不可压缩性得到严格满足。证明了弱问题的适定性。提出并分析一种有效的谱方法，取得了如下重要结果：在一种特殊界面形状下，证明了离散问题满足 LBB（Ladyzhenskaya-Babuska-Brezzi）条件，从而证明了离散问题的适定性。

厦门大学构造了对梯度流的标量辅助变量法。此方法建立在能量不变二次化（Invariant Energy Quadratization，IEQ）方法的基础上，具有如下优越性质：只需要自由能的积分有下界，就可构造无条件二阶能量稳定格式，适用于更广泛的梯度流；极大简化了实现过程及运算量：在 SAV 方案的每个时间步骤，并且仅需要求解完全解耦的具有常系数的线性系统；对具有多组分的梯度流，也仅需要求解完全解耦的具有常系数的线性系统；对具有多组分的梯度流，也仅需要求解完全解耦的具有常系数的线性系统；无须假设一致性 Lipschitz 条件，即可证明收敛和最佳误差估计。由于这些特性，SAV 方法将广泛运用到大量的梯度流计算中。用 SAV 方法求解水动力学耦合相场二嵌段共聚物模型，克服了自由能函数无下界的困难，构造了高效无条件能量稳定格式，运算效率大大提高。

厦门大学分析并证明了相场方程半离散和全离散的一阶稳定因子格式的收敛性。探讨 N-S 方程基于交错网格的几类全离散格式的稳定性分析，其中空间离散采用基于交错网格的差分算法，时间离散分别采用了线性隐式算法、压力校正和压力稳定化算法，在空间离散算法中采用迎风格式处理对流项，可保证全离散算法能量稳定。

3. TPMC 稀薄气体模拟方法研究

针对超低轨道航天器气动设计的需求，中国航天空气动力技术研究院建立了试验粒子蒙特卡罗（Test Particle Monte Carlo，TPMC）方法，实现了气动特性的高效准确预测：与传统的自由分子流面元积分方法相比，TPMC 方法能准确模拟流动遮挡和多次反射效应，结果更准确；与直接模拟蒙特卡罗（Direct Simulation Monte Carlo，DSMC）方法相比，TPMC 方法不考虑气体分子之间的碰撞，仿真分子是按顺序而非同时产生，因此计算速度更快、存储要求更低。TPMC 方法的基本思路是通过跟踪和模拟试验粒子的运动来模拟气体流动，每个试验粒子代表大量的真实气体分子。试验粒子逐个进入计算域，在运动过程中，要么在航天器表面发生碰撞并反射，要么直接飞出计算域。试验粒子在航天器发生反射时，按照给定的气体与表面相互作用模型与表面交换动量和能量。当试验粒子的数量足够大以保证真实物理过程的特征均得到准确模拟后，统计出气动力热等力学宏观量。相较 DSMC 方法，该方法更适用于高空稀薄流条件。

4. 高温高压计算流体力学软件研制

中国工程物理研究院开发了 TriAngels 系列程序，该程序采用交错型拉格朗日有限体积框架，包含变拓扑网格动态局域重分、物质通量等关键技术，能够模拟流体任意大变形运动和流体界面的任意变化。在气流场动态过程分析等领域开展了应用。

5. 烧蚀热防护计算流体力学软件研制

中山大学发展了计算流体力学分形烧蚀理论并形成烧蚀热防护计算软件，开展了复合材料在烧蚀后退前的热解硅基/碳基材料形成多孔结构物内部流动研究以及烧蚀材料界面表征的分形方法研究，提出烧蚀材料内热解面分形重构模型、高温来流和热解气体传热传质耦合模型、烧蚀材料表面后退过程的分形模型等。

3.1.6 高温高压界面不稳定性与混合理论研究

针对高温高压物体表面的微喷射和混合问题，中国工程物理研究院，给出了模拟特定构型加载状态下表面微喷射特征以及喷射物与气体的混合演化过程；给出了透明介质界面不稳定性演化与湍流混合发展的物理过程，初步建立起爆轰加载金属界面不稳定性研究的实验与数值模拟方法；初步认识复杂加卸载动力学条件、材料表面特征、加气压等因素对微喷射的影响规律和机制，建立适用于微喷射、气粒两相流、不稳定性诱发混合等过程的物理模型与数值模拟方法；初步建立微喷射、微喷混合等过程的物理模型与数值模拟方法；发展可模拟球形加载构型中期动力学特点，且适于照相观测的加载-实验装置设计技术；发展适用于上述条件下的"动量传感器-多种照相联合观测技术"；通过模拟材料序列化实验研究及理论分析研究，初步掌握一维条件下微喷场-气体相互作用基本规律，确定球形模型中期微喷混合状态的基本物理图像、主导因素及其作用规律；掌握了微喷射物理机制、主要影响因素和数值模拟方法研究；喷射物的颗粒尺度分布规律研究；材料老化因素对微喷的影响机理研究；描述喷射物总量和分布的唯象模型研究；针对微喷射问题的多尺度建模与数值分析，构建不同金属的原子间相互作用势，发展微观模拟程序及相应统计分析手段；建立适用于模拟金属表面微射流与破碎过程的粒子类方法、欧拉方法的数值模拟程序，发展相应的材料损伤、熔化模型；通过对比不同尺度的物理规律，逐步形成对现象的多尺度分析与数值模拟；在喷射物颗粒度分布的理论建模方面，针对喷射颗粒的产生机制发展相应的唯象模型，基于射流断裂、液体破碎的能量理论等分别对喷射场前端低密度区和尾部高密度区的颗粒尺度分布规律开展理论和数值模拟研究；在微喷混合过程的物理建模和数值模拟技术方面，逐步发展颗粒间碰撞的物理建模与高效算法，颗粒气体间耦合相互作用模型，以及颗粒变形与破碎的物理建模；发展气粒两相流数值模拟程序；结合序列化充气微喷实验结果，检验和标定程序中的可调参数。

针对物质界面的不稳定性问题，中国工程物理研究院建立较强加载下气-液、液-液界面不稳定性的精密实验能力，研制具有较高模拟置信度的高精度高分辨率的三维可压缩多介质黏性和湍流的流体动力学物理模型和计算程序，深入认识透明低密度介质和高密度比可压缩黏性流体的界面不稳定性发生到湍流混合过程的物理机制。根据模型内爆过程的动力学特点和不稳定性发展特征，建立初步的物理模型，获得主要因素对内爆动作过程不稳定性及混合演化的影响规律；初步建立爆轰加载下金属界面不稳定性实验、测试技术和相应的数值模拟方法，为模型内爆界面不稳定性研究提供技术支撑；测量了透明介质界面不稳定性演化过程，给出了流场速度分布、物质浓度分布和混合区宽度演化规律研究；开展了轻介质界面不稳定性及后期混合过程的主要物理影响因素及相关机理的实验研究，如初始扰动、可压缩性、密度比等。根据模型内爆特定阶段流场动力学特点，开展了不稳定性诱发混合过程的物理模型、主要因素对混合的影响规律及相关分解性实验理论研究；开展了不稳定性诱发湍流混合的三维高分辨率计算方法及海量数据场混合特性的量化描述和分析方法研究；开展了初始条件、黏性、湍流模型等影响因素对界面不稳定性特别是后期湍流混合性能影响的数值模拟计算研究；进行了汇聚激波作用下界面不稳定性实验能力研究，包括球形等汇聚形状的设计，初始扰动的预制和测试技术等；进行了两种介质界面不稳定性的演化发展及混合区密度分布的诊断技术研究；进行了适用于混合网格和复杂状态方程的健壮的高置信度离散算法、高效并行技术、网格自适应技术等研究；研制适用于内爆早期 Richtmer-Meshkov 不稳定性和减速阶段 Rayleigh-Taylor 不稳定性及其诱发混合现象的计算程序；通过研究混合区混合特性的量化描述方法和相关特征量的提取、分析方法，研制混合场数据分析软件。

3.1.7 气动物理学理论研究

1. 气动辐射研究

中国空气动力研究与发展中心突破了多组分气体辐射源项及光谱辐射机制处理分析、高温气体非平衡流场与辐射场耦合策略等关键技术问题，建立了高温气体动力学方程与辐射输运方程强耦合/弱耦合数值求解方法，发展了高温气体辐射加热对高超声速飞行器气动热环境影响的数值模拟技术。实验结果证实：飞行器模型及流场的光辐射强度和电磁散射特性强烈依赖飞行速度和流场压力；模型及流场紫外辐射和可见光辐射主要分为头部激波帽辐射、尾迹基本没有紫外辐射和可见光辐射；在飞行器模型飞行速度较低时，模型及流场的电磁散射能量主要集中在有绕流的模型区域；当飞行器模型飞行速度较高时，飞行器模型及流场电磁散射能量分布在有绕流的模型区域和尾迹区域。

北京航空航天大学及山东大学针对典型的高超声速飞行器，联合开展了热化学非平衡流场及耦合热辐射的模拟研究，建立了基于高温空气简化辐射模型的流场辐射场耦合数值模拟技术，掌握了热化学非平衡效应和辐射冷却效应的基本特征及其对飞行器气动热环境的影响规律。他们提出了由离散坐标法、P_1 近似和光学厚度极限近似三类不同层次方法构建热辐射输运解算方法库，同时给出了该方法库的使用原则。该解算方法库可准确求解热辐射输运，能与流场数值格式高效耦合求解，并适合大规模并行计算。相应再入飞行条件下流场与热辐射耦合效应显著，热辐射对流场具有"冷却"作用；流场非耦合与耦合热辐射计算的对流传热接近，但非耦合计算的辐射热流远大于耦合计算值。同时，耦合模拟预测的辐射传热与对流传热水平相当。开展相关模拟研究时，应当考虑流场的热辐射耦合效应。

北京应用物理与计算数学研究所为了研究强激光驱动辐射激波和等离子体喷流的流体演化过程和光辐射特征，建立了辐射流体力学模型及相应的数值模拟方法，构建了气体宽温度和宽压力范围的状态方程与辐射不透明度参数库，给出了辐射效应对激波和喷流演化过程的影响，构造了一种辐射输运隐式蒙特卡罗与拉格朗日（流体力学的整体耦合数值算法。同时，也构造了一种求解二维辐射流体力学方程组的有限体积方法。相较于欧拉 Euler）方程组，辐射流体力学方程组的数值格式设计更为困难，不仅辐射压力与辐射能量的强非线性增加了数值计算的难度，而且求解强激波问题也是一大难点，与此同时，物质量以声速传播，辐射量以光速传播也增加了该系统求解的难度。为了克服这些难点，使用 MUSCL-Hancock 方法求解模型的双曲部分，利用 TR/BDF2（梯形规则结合后向二阶差分方法）的变换格式求解其扩散部分，给出了非平衡扩散模型关于时间的渐近分析，并且研制了二维欧拉辐射磁流体力学程序，确定相应的流体计算方法以及相应程序模块。

2. 气动电磁研究

中国工程物理研究院为了对磁驱动实验提供高置信度的数值模拟，开展了磁流体力学程序的验证与确认研究。该程序正确地表示了磁流体力学模型，其中热扩散、磁扩散的离散格式具有二阶收敛精度。

中国空气动力研究与发展中心创建了一种新的对低磁雷诺数 MHD 方法进行修正的计算方法，更新了"低磁雷诺数假设"在高超声速领域的使用原则，拓展了低磁雷诺数 MHD 方法在高超声速领域适用范围，建立了功能完善和计算高效的复杂外形飞行器高温气体热化学非平衡流场磁流体力学控制并行数值模拟方法和软件体系，可用于高超声速飞行器气动力/热/电子数密度的 MHD 控制、高温气体效应及霍尔效应的数值模拟。同时考察了高温气体效应会严重影响高温气体流场的流动特性。基于低磁雷诺数假设，通过耦合求解带电磁源项的三维 N-S 流场控制方程和电场泊松方程，开展完全气体模型、平衡气体模型、化学非平衡气体模型、热化学非平衡气体模型等条件下的高超声速磁流体控制数值模拟，分析气体模型对磁流体控制的影响，研究高温气体各种非平衡效应及焦耳热振动能量配比等对高超声速磁流体控制的影响规律。研究结果表明：化学非平衡效应对高超声速磁流体控制影响显著，采用化学非平衡气体模型模拟得到的磁控增阻特性介于完全气体模型和平衡气体模型之间，平衡气体和完全气体模型磁控热流变化的定性规律，与非平衡气体模型模拟结果差异很大；热力学非平衡效应对高超声速磁流体控制的影响，与焦耳热振动能量作用比率紧密相关；高温气体效应会极大地降低磁控增阻效果，会明显地增强部分表面区域的磁控热流减缓效果，要准确数值模拟高超声速磁流体控制，必须有效地考虑化学和热力学非平衡效应，同时选用接近实际情况的焦耳热振动能量配比。

国防科技大学采用态-态模型，研究包含振动能级跃迁、化学反应和辐射跃迁的 O_2/O 的非平衡过渡过程，对静止的该气体系统，设定不同的初始条件，数值模拟组元质量分数、振动能级分布和辐射特性随时间的演化过程，分析不同条件下各类过程趋近平衡的松弛时间、稳态平衡结果等特征，以及辐射和热化学非平衡过程的相互影响特点。模拟结果表明，态-态模型得到的振动温度趋近平衡值的特点与双温度模型所描述的不同，有时振动温度随时间甚至出现非单调变化的现象，非平衡过渡过程中的振动能级分布也不满足振动温度下的玻尔兹曼（Boltzmann）分布。

3. 气动光学研究

由于航空航天事业的蓬勃发展，各种光学系统对于信息的获取与处理的精准性与时效性要求越来越高。随着卫星遥感成像和飞行器对高速飞行以及精确探测的追求，飞行器速度越高，导致气动光学效应越严重并影响探测的精度。气动光学效应是指高速飞行器周围绕流流场的空气密度扰动，导致通过绕流流场的光束发生波前畸变，致使远场光斑能量损耗和成像质量变差的现象。气动光学效应包括低频的平均流场效应以及高频的湍流效应，主要的抑制手段包括自适应光学校正和流场控制。发展气动光学研究对于航空航天图像信号处理具有非常重要的意义。

1）数值计算研究

国防科技大学基于气动旋涡窗口的应用背景，通过求解时间平均的 N-S 方程，研究了低速空气和超声速气体混合层的气动光学效应，指出光束会受到射流及剪切层的退化和畸变，产生有序或者随机的相位差。

中国航天空气动力技术研究院给出了适用于复杂窗口外形的三维超声速流场非均匀脉动的光学畸变统计模型，并采用基于大涡模拟（Large Eddy Simulation，LES）的高精度格式计算了 $Re=800$ 对流马赫数 $Ma=0.4$、0.58、1 的混合层流动对气动光学效应的影响，较高的对流马赫数会导致更严重的光学畸变（图 3-1），同时指出流场中大尺度结构的发展演化对气动光学效应有显著的影响，是剪切层流场造成光学传输效应的重要影响因素；在流场的转捩区域，气动光学效应最为严重。航天空气动力研究院基于 ILES（Implicit Large Eddy Simulation）方法的高精度格式给出了混合层的 OPD（Organic Photo Detector）分布，指出高雷诺数下剪切层对光线传输影响明显，湍流涡结构的尺度和强度也将对光学效应影响重大，可见光学视窗位置选择要避开转捩位置。

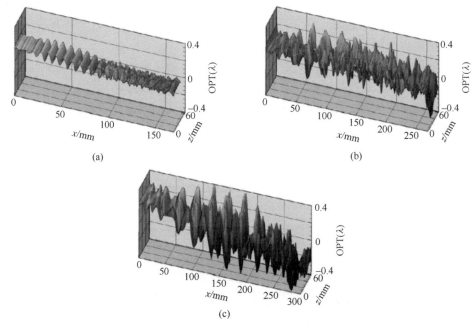

图 3-1 混合层气动光学效应随马赫数变化对比

中国航天科工防御技术研究院利用 LES 方法研究了平板边界层对固定孔径光束畸变的影响，发现了飞行攻角和马赫数与图像畸变程度成正相关，而飞行高度在 50km 以上后，由于空气密度变得稀薄，图像模糊现象将不再明显，湍流对红外制导图像的影响可以忽略。

长春光学精密机械与物理研究所采用基于 k-ε 湍流模型的 Favier 平均的 N-S

方程，模拟 $Ma=3$ 时，0°、5°和 10°攻角飞行工况的流动中三维钝头体附近的流场，其中，光学窗口的位置布置在迎风母线的后段部分。

上海交通大学利用基于 Boltzmann 方程的 DSMC 方法计算了 $Ma=6$ 的二维钝头流场。研究发现，图像位移与飞行器姿态角有关，而 30km 有可能是临近空间气动光学效应的分界点，在此之外空气稀薄，气动光学效应不明显。此外，引入横向喷流会使流动现象更为复杂，导致图像捕捉质量的恶化。

西安卫星测控中心采用 5 阶 WENO（Weighted Essentially Non-Oscillation）格式的 LES/RANS（Reynolds Averaged Navier-Stokes）混合算法，计算了 $Ma=2.92$ 来流中 Settles 凹腔流动的光学传输效应，并采用自适应的光线追迹方法计算了 OPD 分布。凹腔的剪切层流动对光传输影响十分显著，会降低光强并使成像质量下降。在这一流动中，壁面附近剪切层内流场密度显著变化是光线偏折的主要原因。

中国空气动力研究与发展中心利用 DES（Detached Eddy Simulation）方法计算来流 $Ma=3.0$ 中，20°斜坡上长深比为 5% 和 20% 的凹窗内，流动对圆形光孔的气动光学效应。经过 OPD 分布，SR 等量的对比，指出浅窗流场稳定，但激波前倾斜很强，但深窗由于分离剪切层及旋涡等结构导致气动光学效应的非定常性十分明显，校正难度很大。

中国航天空气动力技术研究院采用 RANS 方法求解 Ma 为 2~5，飞行攻角分别为 0°、2°和 14°，海拔 5~30km 的凹窗、凸窗和球头模型的流场，采用点扩散函数、瞄视误差、SR、含能半径等参数描述畸变。飞行高度越低，绕流流场引起的气动光学效应越显著。经比较，常用的凹窗，像偏移度和成像模糊度数值都较大，气动光学效应更为明显。

上海交通大学基于开发的 RADAO 算法，计算了 $Ma=3.5$ 的尖劈模型上流动对长方形光学平窗的影响，将高速流场气动光学效应的综合评价指标分为时均量和脉动量。通过偏折因子分析，得出时均流场影响来自激波，脉动流场影响来自近壁面湍流。综合评价指标分析：取入射光角度为变量，对综合评价函数取极值，得入射光角度为 48.7°时最优。而不同工况下综合指标规律表明入射光与光学窗口成 45°时流场气动光学效应最小。基于对平窗的研究，还计算了超声速凹窗的流场。

国防科技大学研究了 NPLS（Nano Particle Based Laser Scattering）技术，先获得精细的密度场分布，再采用类似计算流体力学方法划分网格进行光路追迹，并论证了五阶精度 WCNS（Weighted Compact Nonlinear Scheme）算法和光线追迹方法在气动光学效应数值模拟中的有效性。对于混合层流动的不同网格尺度，气动光学参数具有明显的网格收敛性。

上海交通大学对斜坡上光学凹窗进行了性能参数分析，取凹窗的拔模斜角、窗口尺寸等几何参数作为设计变量,以窗口流动的综合指标为单一目标,采用基于 Kriging 代理模型的遗传算法进行优化设计,结果使目标提高 15.97%。为便于气动光学效应的校正,可以采取手段对湍流的运动进行主动控制,使关注的光学窗口上的边界层尽量保持层流状态,或阻止湍流涡的衍生。采用吸气技术可以推迟转捩点,使边界层的速度剖面更加丰满,以维持稳定。

上海交通大学简化了在混合层入口处给一面可变形光学镜面对光路进行补偿的方案,在研究入口低速侧为激励信号的混合层气动光学效应时,根据数值仿真获得的波前 OPD 分布,采用正弦形状叠加的方式进行修正,引入假想的可变形镜面补偿光程差,如图 3-2 所示。这一补偿方式是自适应气动光学的基础,但需要预先获得 OPD 分布情况。

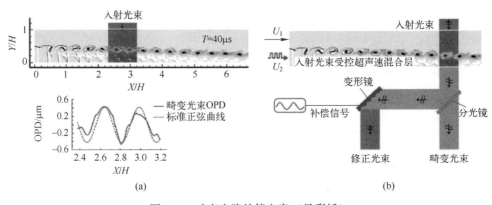

图 3-2 畸变光路补偿方案(见彩插)

上海交通大学法也研究了混合层流动中涡团运动的精细参数,此外,通过脉冲激励的混合层 OPL(Optics Path Length)峰值间隔,提出近似估算涡结构评价半径的方法,这一公式可以预测光学畸变。研究结果还指出,混合层光线 SR 分布正比于混合层厚度的倒数 $1/\delta$,所以可以根据 SR 分布寻找混合层中 Kelvin-Helmholtz 不稳定性涡和黏性耗散涡团起点。

北京应用物理与计算数学研究所基于流场模拟和光学传输计算解耦思想,建立了气动光学效应物理模型和模拟方法。发展了高效高精度 DES/WMLES(Wall-Modelled Large Eddy Simulation)类瞬态可压缩湍流模拟技术,具备了开展气动光学效应时空特性研究的复杂非定常流动精细模拟能力,通过驼峰湍流边界层分离和轴对称凸峰激波-边界层干扰标准算例进行验证。获得了马赫数 0.3~0.7 的定常流场特征和不同发射方向的光学波面分布,以及跨声速的激波-边界层干扰和剪切分离等复杂流场结构,准确捕捉了特征频率,均得到风洞试验验证。

2)气动光学试验研究

中国航天空气动力技术研究院使用 CCD 相机,记录了直径 2.5mm 的光束在混合层流动的对流马赫数为 0.17 和 0.45 流场中圆斑像点的形状和位置的变化（图 3-3）。在较大对流马赫数的流场中，流动结构带着光束移动较小，但光线投影质心的平均摆动幅度大，同时也表明对流马赫数越大，流动三维化程度越高。

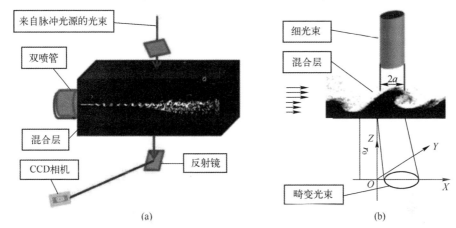

图 3-3 光束在对流马赫数为 0.17 和 0.45 流场中圆斑像点的形状和位置的变化

国防科技大学采用了 NPLS、BOS-WS 等多项技术，对气动光学影响方面试验进行了大量研究。对流马赫数为 0.12、0.24、0.5 的混合层三维密度场的精细结构进行测量，获得光程差分布曲面；又使用 BOS-WS 技术直接获得混合层光程差分布。混合层前端层流段对应光程差变化很小，但后端涡卷起位置后光程差迅速增加，表明层流段光学质量好，但后段不稳定涡结构使光学性能恶化。研究人员测量了主流静止而喷流马赫数为 3.05 的混合层（对流马赫数为 1.14）对气动光学效应的影响，分析推导了雷诺数对于超声速气膜气动光学效应的影响，利用试验装置雷诺数可调范围较大、调整较为方便的特点，获取不同雷诺数下的 OPD 均方根结果，得出 OPD 均方根正比于 $Re^{0.88}$，而理论推导结果为 OPD 均方根正比于 $Re^{0.9}$，两者符合较好。

西北工业大学获得了超声速湍流边界层和激波两类基本流动现象的流动结构特征，如图 3-4 所示，以及气动光学效应波面畸变和光轴抖动定量测试结果，揭示了气动光学效应物理机理，获得了马赫数、湍流边界层厚度、光束角度等参数条件变化对气动光学效应时空特性的影响规律。

后台阶流动是非常重要的流动模型，包含分离、再附、边界层等复杂现象，但目前开展研究不多。利用低噪声风洞，国防科技大学基于背景导向纹影（Background Oriented Schlieren，BOS）技术对后台阶流动对气动光学效应影响进行了观测，如图 3-5 和图 3-6 所示。无喷流时 OPD 曲线逐渐降低，而有喷流时 OPD 曲线向下游逐渐增大。有粗糙带影响时，后台阶下游流场结构迅速增长，不同高度结构的分布更为集中，范围收窄。

图 3-4 二维平面激波纹影测量结果

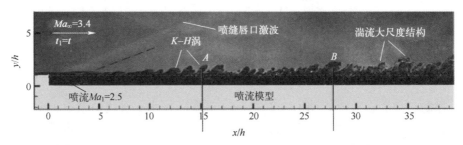

图 3-5 有喷流超声速后台阶流场瞬态 NPLS 图像（无粗糙带）

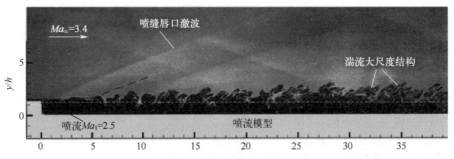

图 3-6 有喷流超声速后台阶流场瞬态 NPLS 图像（有粗糙带）

4. 气动升力研究

北京应用物理与计算数学研究所计算了乘波体穿越空气异常区时气动环境变化，发现 6m 长的高压空气异常区可以对乘波体产生约 $1rad/s^2$ 的俯仰角加速度，在穿越异常区后会产生约 $10rad/s$ 的俯仰角速度，高压空气异常区对乘波体的飞行动力学可以产生显著影响，如图 3-7 所示。

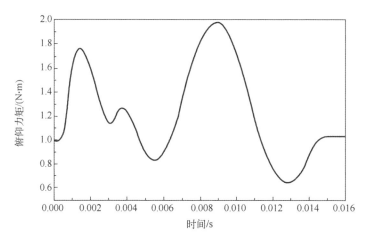

图 3-7 乘波体俯仰力矩穿越空气异常区时随时间的变化

5. 气动物理特性计算软件研制

中国工程物理研究院建立了 MHD 与复杂电路耦合的数值方法，开发了基于场路耦合 MHD 程序计算的气动电磁学软件，能够从试验可表征的参数出发完成磁流体试验的全过程模拟。

中国空气动力研究与发展中心结合前期研制的气动物理流场数值模拟软件（AEROPH_Flow），研发了可进行关于化学非平衡流场快速预测、黑障预测、气光学效应分析评估、磁流体力学（MHD）控制值模拟等一整套气动物理特性计算分析的数值软件。

3.1.8 等离子体理论与技术应用研究

北京应用物理与计算数学研究所在等离子体理论与技术应用方面开展了许多有价值的研究工作。

开展了 α 粒子在温稠密氘等离子体中的能量沉积研究。温稠密氘的温度从 10keV 到 100keV，电子数密度从 $10^{23}/cm^3$ 到 $10^{24}/cm^3$，包含静态/动态局域场修正的 Mermin 节点函数模型以及随机相近似模型。数值计算发现，在入射粒子速度较小的区域，动态碰撞频率比静态碰撞频率带来的修正更加明显。从相对论型的粒子分布出发，重新推导了 BPS（Brown-Preston-Singleton）理论中的能量沉积公式。在低温极限下，这一公式退化到非相对论的 BPS 理论公式。采用相对论 BPS 理论公式，计算了质子在 $T=50$keV 的氘氚等离子体中的能量沉积，并与非相对论 BPS 理论给出的结果进行比较。结果表明，在研究带电粒子在极高温等离子体中的能量沉积规律时，相比于非相对论情形，相对论 BPS 理论给出的结果更为可靠。

结合扩散区等离子体基本参数，对等离子体中电子、离子和中性分子的主要碰撞过程进行了初步分析和计算。所有碰撞参数的计算结果均采用了通用近似公式，随着电子数密度的增加，电子碰撞频率的增加速度比电子振荡频率快，且随电子温度的降低快速增加。由于扩散区存在密度梯度，宽口区和窄口区碰撞频率差别会比较明显。非库仑碰撞中，电子复合频率最低，小于 1Hz。碰撞频率达到 1000Hz 量级的有：电子和中性原子的两种弹性碰撞，离子与原子电荷交换。碰撞频率达到 100Hz 量级的有：电子与中性原子的激发和电离，离子和中性原子的未扰动场的弹性碰撞。

将库仑碰撞截面用于等离子体模拟中，提出了一种基于截面的库仑碰撞模拟方法，给出了库仑碰撞概率的计算公式。该方法通过减少每个时间步长内参与碰撞的粒子数达到降低计算时间，提高计算效率的目的。分别使用截面法和 TA（Takizuka-Abe）模型对不同密度、不同温度的电子气弛豫过程进行模拟并统计模拟时间，验证了截面法的准确性。当模拟时间步长进一步增大时，截面法仍然可以得到与理论解吻合较好的模拟结果，发展了多离化度平均离子碰撞辐射模型（Multi-Average Ion Collisional-Radiative Model，MAICRM），该模型用一个平均离子模拟等离子体中某一离化度所有离子的平均轨道占据数和布居。即每个平均离子的轨道占据数为该离化度所有离子的轨道占据数的平均；平均离子的布居等于该离化度离子的布居和。平均离子的轨道占据数和布居通过迭代求解速率方法得到。用该模型计算了 Fe、Xe 和 Au 非平衡等离子体的离化度分布，计算结果与细致组态和超组态模型以及实验测量符合，而计算量相对于细致组态/超组态大大降低。预期该方法能与辐射流体程序耦合，实现细致非平衡原子模型的在线计算。

发展了混合多组分等离子体高压查尔特鞘层动力学模型，获得了多组分离子入鞘玻姆速度、鞘层厚度、鞘内电势、鞘内场强以及鞘内各组分密度分布的解析表达式。应用建立的混合多组分等离子体高压查尔特鞘层动力学模型，数值研究了氘钛等离子体高压查尔特鞘层特性及其影响因素和相关规律。

3.1.9 流变学理论与数值模拟研究

广州大学流变学研究所从珠簧链分子模型出发，以自洽场统计理论为框架，结合缠结管道模型，提出建立普适性高分子流体本构方程；以双流体模型为基础，构建具有热力学一致性的链分子动力学与宏观流体动力学多尺度耦合模型。通过攻克多尺度耦合大规模并行直接数值仿真技术，结合从微观到宏观多物理实验表征，以理论-计算-实验-数据挖掘"四位一体"的系统流变学方法，从动力学和热力学维度构建了复杂流体动力学相图；研究了多尺度耦合动力学的普遍规律，分析了"弹性湍流"与"湍流减阻"动力学机制的关联性和差异性。

3.2 科研试验基础设备设施

3.2.1 高频感应等离子加热风洞

中国航天空气动力技术研究院建立 1.2MW 高频感应等离子加热风洞，提供了化学纯净、无污染的高温流场，进行真实气体效应和防热材料壁面催化效应试验研究。该风洞可以提供气动热模拟环境。针对高频感应等离子气流测试需求，中国航天空气动力技术研究院系统性地发展了激光吸收光谱和发射光谱融合诊断技术，如图 3-8 所示，实现对飞行器再入过程自由流-激波层/边界层-近壁面的空间分辨定量，建立了高频感应等离子风洞高温流场精细化测量能力，建立了研究高焓非平衡流动辐射特性和防热材料烧蚀-催化特性的光谱在线定量测量方法。

图 3-8　高频感应风洞激光吸收光谱在线诊断系统

3.2.2 流变学多物理实验表征平台

广州大学流变学研究所构建了集成化的多物理实验表征平台，主要设备包括 ARES-G2 高级应变控制流变仪及电/磁流变原位测量模块组件和其他流变测量配件、DHR-3 高级应力控制流变仪与小角光散射原位测量、界面流变测量模块组件和其他流变测量配件、新型 CaBER 拉伸流变仪（包含拉力传感器和高速摄影模块）、JPK 纳米跟踪光镊系统（微流变力学测量）、Nanoscribe 3D 飞秒激光直写系统、台式扫描电镜、扩散波谱仪、自主发明的流变芯片技术与微流控研发平台。这些技术涵盖分子水平上的表征，剪切和拉伸条件下的流变和微观结构动态表征，在复杂黏弹流场下应力场和动态速度场的表征等。除了常规的力学、流变与激光原位测量技术，流变所还拥有基于流变芯片的独特表征技术。

多物理实验表征平台可实现基于系统流变学方法的力学调控、结构调控和大规模制造中的工艺调控，能够有力支撑复杂流体的前沿学术研究。

3.3 在国民经济建设中的应用

中国空气动力研究与发展中心建立的 MHD 磁流体控制技术及气动物理非平衡流动磁流体力学控制数值模拟软件可以实现高超声速流动磁流体力学控制的并行数值模拟，给出复杂外形飞行器气动力、气动热、等离子体分布等参数的磁控变化特性，已应用于航天飞机等升力体表面热流控制等研究；中国空气动力研究与发展中心建立的气动物理黑障预测分析软件可快速预测高超声速飞行器周围等离子体流场对电磁通信的影响，已用于神舟飞船返回舱等航天器再入通信中断问题的预测分析。

参考文献

[1] WU J Y, CHENG, Y J, POŠKUS A, et al. Bremsstrahlung from fully stripped tungsten（W^{74+}）in a Debye-Hückel potential [J]. Physical Review A, 2021, 103（6）：062802.

[2] ZHOU F Y, QU Y Z, GAO J W et al. Atomic-state-dependent screening model for hot and warm dense plasmas [J]. Communications Physics, 2021, 4（1）：148.

[3] 周靖云. 高超声速非平衡流动的数值模拟方法 [C]//北京力学会第 26 届学术年会论文集, 2020：1315-1316.

[4] 杨光, 檀妹静, 聂春生, 等. 高温空气热化学物理计算模型研究 [J]. 原子与分子物理学报, 2021, 38（3）：033002.

[5] 李诗尧, 于明. 固体炸药爆轰的一种考虑热学非平衡的反应流动模型 [J]. 物理学报, 2018, 67（21）：214704.

[6] ZHENG H, YU M. Thermodynamically consistent detonation model for solid explosives [J].

Combustion, Explosion, and Shock Waves, 2020, 56 (5): 545-555.

[7] 李诗尧, 于明. 一种基于特征理论模拟凝聚炸药爆轰的单元中心型 Lagrange 方法 [J]. 计算物理, 2019, 36 (5): 505-516.

[8] 赵海波, 肖波, 柏劲松, 等. 拉氏方法模拟二维多介质可压缩流体的运动 [J]. 高压物理学报, 2018, 32 (4): 50-62.

[9] ZHAO L, XIAO B, WANG G H, et al. Study on a matter flux method for staggered essentially Lagrangian hydrodynamics on triangular grids [J]. International Journal for Numerical Methods in Fluids, 2023, 95 (4): 637-665.

[10] CHEN H X, KOU J S, SUN S Y, et al. Fully mass-conservative IMPES schemes for incompressible two-phase flow in porous media [J]. Computer Methods in Applied Mechanics and Engineering, 2019, 350 (1): 641-663.

[11] HOU D M, AZAIEZ M, XU C J. A variant of scalar auxiliary variable approaches for gradient flows [J]. Journal of Computational Physics, 2019, 395 (1): 307-332.

[12] HOU D M, XU C J. A second order energy dissipative scheme for time fractional L^2 gradient flows using SAV approach [J]. Journal of Scientific Computing, 2022, 90: 25.

[13] LIN S M, AZAIEZ M, XU C J. Using PGD to Solve Nonseparable Fractional Derivative Elliptic Problems [C]//Proceedings of the 11th International Conference on Spectral and High-Order Methods, ICOSAHOM 2016, 2017, 119: 203-213.

[14] TANZI H M, XU C J. High order finite difference/ spectral methods to a water wave model with nonlocal viscosity [J]. Journal of Computational Mathematics, 2020, 38 (40): 580-605.

[15] YAO H, AZAIEZ M, XU C J. New unconditionally stable schemes for the Navier-Stokes equations [J]. Communications in Computational Physics, 2021, 30 (4): 1083-1117.

[16] HOU D M, AZAIEZ M, XU C J. Müntz spectral method for two-dimensional space-fractional convection-diffusion equation [J]. Communications in Computational Physics, 2019, 26 (5): 1415-1443.

[17] HOU D M, XU C J. Highly efficient and energy dissipative schemes for the time fractional Allen-Cahn equation [J]. SIAM Journal on Scientific Computing, 2021, 43 (5): A3305-A3327.

[18] HOU D M, LIN Y M, AZAIEZ M, et al. A müntz-collocation spectral method for weakly singular volterra integral equations [J]. Journal of Scientific Computing, 2019, 81 (3): 2162-2187.

[19] JIN X H, CHENG, X L, WANG B, et al. Predict Aerodynamic Drag of Spacecraft in Very Low Earth Orbit Using Different Gas-Surface Interaction Models [J]. Aerospace China, 2021, 22 (4): 35-41.

[20] 王裴, 何安民, 邵建立, 等. 强冲击作用下金属界面物质喷射与混合问题数值模拟和理论研究 [J]. 中国科学: 物理学 力学 天文学, 2018, 48 (9): 094608.

[21] 邵建立, 何安民, 王裴. 微喷射现象数值模拟研究进展概述 [J]. 高压物理学报, 2019, 33 (3): 030110.

[22] 王嘉楠, 伍鲍, 何安民, 等. 强冲击下金属材料动态损伤与破坏的分子动力学模拟研究

进展［J］．高压物理学报，2021，35（4）：040101．

［23］陈永涛，洪仁楷，陈浩玉，等．爆轰加载下金属材料的微层裂现象［J］．爆炸与冲击，2017，37（1）：61-67．

［24］贺年丰，张绍龙，洪仁楷，等．间隙对金属锡爆轰加载过程的影响［J］．爆炸与冲击，2021，41（1）：012101．

［25］尹传盛．激光准等熵加载下金属界面不稳定性发展的初步研究：GF-A9061704G［R］．2021．

［26］权通，廖深飞，邹立勇，等．扰动激波冲击界面不稳定性：反射激波效应［J］．实验流体力学，2020，34（5）：12-19．

［27］王涛，汪兵，林健宇，等．柱形汇聚几何中内爆驱动金属界面不稳定性［J］．爆炸与冲击，2020，40（5）：052201．

［28］李碧勇，彭建祥，谷岩，等．爆轰加载下高纯铜界面Rayleigh-Taylor不稳定性实验研究［J］．物理学报，2020，69（9）：094701．

［29］肖梦娟，张又升，田保林．界面不稳定性诱导的湍流混合模型研究［C］//中国力学大会-2021+1论文集：上册，2022：796．

［30］李碧勇，彭建祥，谷岩，等．高纯铜界面Rayleigh-Taylor不稳定性扰动增长的数值模拟［J］．兵工学报，2020，41（9）：1809-1816．

［31］王涛．多次冲击作用下界面不稳定性和湍流混合数值模拟研究［D］．南京：南京理工大学，2020．

［32］王涛，汪兵，林健宇，等．"反尖端"界面不稳定性数值计算分析［J］．高压物理学报，2019，33（1）：012302．

［33］马平，石安华，杨益兼，等．高超声速球模型及流场光辐射和电磁散射特性测量［J］．兵工学报，2017，38（6）：1223-1230．

［34］高铁锁，江涛，丁明松，等．高超声速拦截弹绕流红外辐射特性数值模拟［J］．红外与激光工程，2017，46（12）：1204001．

［35］石卫波，孙海浩，于哲峰，等．类HTV-2高超声速滑翔飞行器的本体光辐射特性分析［J］．红外，2022，43（1）：26-34，48．

［36］王京盈，郝佳傲，杜广生，等．再入飞行器流场热辐射输运解算方法库研究［J］．工程热物理学报，2017，38（9）：1972-1979．

［37］施意．辐射输运隐式蒙特卡罗与Lagrange流体力学整体耦合数值模拟研究：GF-A9018889G［R］．2018．

［38］房尧立，王一．一种求解二维辐射流体力学方程组的显隐式格式［J］．计算物理，2021，38（4）：401-417．

［39］孙顺凯．二维欧拉辐射磁流体力学程序的流体计算验证：GF-A9018937G［R］．2018．

［40］阚明先，段书超，张朝辉，等．二维磁驱动数值模拟程序MDSC2的验证与确认［J］．强激光与粒子束，2019，31（6）：065001．

［41］丁明松，江涛，刘庆宗，等．基于电流积分计算磁矢量势修正的低磁雷诺数方法［J］．物理学报，2020，69（13）：134702．

[42] 丁明松,刘庆宗,江涛,等.高温气体效应对高超声速磁流体控制的影响[J].航空学报,2020,41(2):23278.

[43] 郑伟杰,曾明,王东方,等.态-态模型下的O_2/O系统热化学非平衡与辐射过程[J].空气动力学学报,2020,38(3):448-460.

[44] 丁浩林,易仕和.高速光学头罩气动光学效应研究进展[J].气体物理,2020,5(3):1-29.

[45] 孙喜万,刘伟.气动光学效应研究进展[J].力学进展,2020,50(1):202008.

[46] 史可天,马汉东.计算气动光学研究进展[J].空气动力学学报,2019,37(2):186-192.

[47] 陈伟琰,史可天.气动光学效应的数值计算方法研究[C]//北京力学会第二十八届学术年会论文集:上,2022:54-56.

[48] 邢博阳,蔡彬,杨波,等.不同流速比超声速混合层气动光学效应研究[J].飞控与探测,2021,4(2):51-57.

[49] 邢博阳,任大荣,张斌,等.飞行器光学窗口不同喷流冷却方式对气动光学效应影响的研究[C].中国力学大会论文集(CCTAM 2019),2019:753-764.

[50] 王正魁,靳旭红,朱志斌,等.超声速湍流密度脉动预测的神经网络方法[J].航空学报,2018,39(10):122244.

[51] 董航,徐明.转塔气动光学效应时空特性研究[J].光学学报,2018,38(10):1001002.

[52] REN X, YU H H, YAO X H, et al. Passive fluidic control on aero-optics of transonic flow over turrets with rough walls[J]. Physics of Fluids, 2022, 34(11): 115109.

[53] REN X, YU H H, YAO X H, et al. Shock boundary layer interaction and aero-optical effects in a transonic flow over hemisphere-on-cylinder turrets[J]. International Journal of Aerospace Engineering, 2022, 3397763.

[54] REN X, SU H, YU H H, et al. Wall-Modeled large eddy simulation and detached eddy simulation of wall-mounted separated flow via openFOAM[J]. Aerospace, 2022, 9(12): 759-765.

[55] LU D J, DONG H, ZHANG K. Effect of projection directions on the aerooptical effect around conformal turrets[C]//Proceedings of the Sixth Symposium on Novel Optoelectronic Detection Technology and Applications, 2020.4.17, SPIE 11455.

[56] 路大举,张凯,董航,等.共形转塔气动光学效应时空特性研究[J].应用光学,2019,40(6):1022-1032.

[57] 龚安龙,解静,刘晓文,等.近空间高超声速气动力数据天地换算研究[J].工程力学,2017,34(10):229-238.

[58] 李俊红,吕俊明,苗文博,等.真实气体效应对等离子体鞘套及电磁参数的影响[J].航空动力学报,2022,37(8):1579-1586.

[59] 付振国.alpha-粒子在温稠密氖等离子体中的能量沉积:局域场修正:GF-A9018939G[R].2018.

[60] 杨温渊. 等离子体扩散过程中主要碰撞过程分析和截面估算：GF-A9045799G [R]. 2019.

[61] 宋萌萌，周前红，孙强，等. 库仑碰撞截面在等离子体粒子模拟中的应用 [J]. 强激光与粒子束，2021，33（3）：034004.

[62] 韩小英，李凌霄，戴振生，等. 一个快速模拟热稠密非平衡等离子体的碰撞辐射模型 [J]. 物理学报，2021，70（11）：115202.

[63] 沈伯昊，董烨，周前红，等. 氘钛等离子体高压查尔特鞘层特性理论研究 [J]. 强激光与粒子束，2022，34（7）：075011.

[64] 袁学锋，杨文婧，Lanzaro A，等. 弹性湍流的数学建模与计算模拟 [C]//郑强，罗文波，许福，等. 流变学进展：第十四届全国流变学学术会议论文集，2018：58.

[65] 吴文波，袁学锋. 低雷诺数下单点驱动柔性板的自推进行为研究 [C]//中国力学大会（CCTAM 2019），2019：63-69.

[66] 袁学锋. 精准药物设计与输运过程模拟 [C]//2019 中国化学会第十五届全国计算（机）化学学术会议论文集，2019：303.

[67] 易勋，袁学锋. 溶液法制备碳纳米管薄膜分析 [C]//郑强，罗文波，许福，等. 流变学进展：第十四届全国流变学学术会议论文集，2018：158-159.

[68] 曹绪祥，马永洁，杨凯，等. 基于开源平台高效智能仿真优化系统的研究 [C]//第十九届中国空气动力学物理气体动力学学术交流会摘要集，2019：23.

[69] LIU S, ZHU Q Y. Study on heat and mass transfer of power-law nanofluids in a fractal porous medium with complex evaporating surface [J]. Fractals, 2021, 29（7）.

[70] LIU S, ZHU Q Y. Experimental and numerical investigations on combined Buoyancy-Marangoni convection heat and mass transfer of power-law nanofluids in a porous composite with complex surface [J]. International Journal of Heat and Mass Transfer, 2019, 138：825-893.

[71] 杨伟斌，朱庆勇. 分形理论在碳化材料三维烧蚀热防护计算中的应用 [J]. 气体物理，2021，6（4）：19-28.

[72] 朱庆勇，孙俊俊. 多孔介质内复杂界面分形理论在 C/SiC 复合材料烧蚀过程中的应用 [C]//第十二届全国流体力学学术会议，2022.

第4章

计算空气动力学

  计算空气动力学是现代空气动力学的重要分支，是基于流动控制方程，采用数值模拟方法，以电子计算机为工具，对空气动力学的各类问题进行计算机模拟，以研究气体流动和相关物理现象的科学。

  计算空气动力学源于经典流体力学理论，其本质是对流动的质量、动量和能量控制方程进行数值求解。由于 N-S 方程的非线性特征以及边界条件处理较为困难，除极少数简单特殊问题外，获得流动控制方程的解析解是一件极其困难的事情，数值模拟得到流动的近似数值解几乎是唯一可供选择的途径。20 世纪 60 年代以来，随着计算机浮点运算速度的不断提升，计算科学得到了快速发展，涌现出了许多的离散格式和计算方法，为计算空气动力学发展奠定了理论基础。在之后 30 余年里，计算空气动力学经过不断发展，形成了较为完整的理论体系，包括稳定性理论、离散格式耗散和色散频谱分析、网格生成与自适应技术、迭代加速收敛方法；提出了许多有效的格式设计方法，如总变差减小（Total Variation Diminshing，TVD）格式和无波动无自由参数耗散（Non-oscillatory and Non-free-parameter Dissipation，NND）格式、Godunov 格式和加权紧致格式等。进入 21 世纪以来，随着信息技术与计算机技术的飞速发展，计算空气动力学在先进网格生成技术、先进湍流建模理论、高精度格式设计与应用、高性能计算等诸多方面取得巨大发展，极大地拓宽了计算空气动力学研究及应用的深度和广度。在传统基于 N-S 方程的数值模拟技术取得不断进步的同时，当前基于粒子碰撞模型的格子波尔兹曼方法（Lattice Boltzmann Method，LBM）也得到显著发展，也为计算空气动力学研究提供了新的手段。

  计算空气动力学的主要研究范畴包括流动物理建模、数值模拟技术、复杂几何处理与网格生成技术、数据特征提取技术、高性能计算技术等。应用领域以流动速度可划分为低速不可压流动、亚跨声速流动和高超声速流动；以气体介质划分为连续流、稀薄流及过渡流动；以气体组分划分为单介质、单相流动和多介质、多相流动等。同时计算空气动力学与其他学科互相融合，在复杂多物理场的建模与仿真、参数辨识与性能评估、构型优化设计等多个方面得到应用，进一步拓宽了计算空气动力学的研究与应用范围。

4.1 基础理论与前沿技术研究

4.1.1 几何处理和网格生成

网格技术是CFD技术的基础，也是影响CFD计算精度的关键因素之一。当前绝大多数CFD计算都是采用基于网格的离散方法，网格生成过程包括几何数模处理、表面网格划分和空间网格生成三个部分。根据网格拓扑结构，目前发展的网格生成方法分为结构网格、非结构网格和混合网格等。

1. 几何处理技术

不同CAD软件在表征NURBS曲线和曲面时的精度差异导致数模存在各种各样的不封闭缺陷，造成了表面网格生成几何处理难题。中国空气动力研究与发展中心提出了一种虚几何中间层框架，根据用户参数设置、动态建立和更新虚几何与数模之间的映射关系，在虚几何中间层实现了数模点的虚拟融合，数模线的虚拟分割、虚拟合并、虚拟融合操作和数模面的虚拟合并操作，能够适应各种残缺数模面自动修补，最后输出水密的数模。浙江大学采用连续-离散混合曲面表征方法，提出了自动曲面嵌入算法，该算法在离散层面上通过线段-三角形相交计算边界相交图，并通过拓扑操作移除三角形相交问题，完成离散曲面的嵌入。然后根据边界相交图及离散嵌入结果，设计相应的曲线曲面分裂合并等操作，完成连续曲面的自动曲面嵌入，较好地解决了法向错误、穿插、狭缝、贴合等数模不封闭问题。大连理工大学针对装配体的相容曲面网格生成问题，提出了一种基于对齐曲面网格生成的装配体相容曲面网格生成方法，能够处理多条不相容曲线、多个不相容曲面、退化的和不定形状的接触界面等不相容几何特征，该方法生成的网格几乎可以保持所有几何特征。

参数化建模技术是飞行器气动外形优化设计的基础，其目的是为气动外形变化提供设计变量，构造优化设计空间。航空工业西安航空计算技术研究所（简称"航空工业计算所"）从气源系统冷边进气通道（Scoop）设计点出发，发展了面向民机气源系统Scoop进气道的非对称、考虑进气口、出气口约束的进气道参数化建模方法，开发了相应的参数化建模软件，为民机气源系统正向设计能力快速形成提供了关键技术支持。上海交通大学、大连理工大学提出一种基于气动参数的三维叶片参数化方法，该方法通过经验公式将气动参数引入叶片参数化过程，并利用几个重要截面的中弧线和厚度分布曲线实现叶片重构。为了 CFD 表面网格能适应 CAD 模型参数化更改，中国空气动力研究与发展中心提出参数化网格自动生成技术，分析参数化模型的组成零部件几何形体的基本元素和特征，以及各个元素之间的关系，构造出具有模块化性质的参数化网格，以适应 CAD 模型的参数变化。此技术已在压气机叶片、弓形外场等外形上使用，当压气机叶片大小、数量、扭曲度等变化时，也能生成比较好的网格。中国空气动力研究与发展中心基于自由变形方法（Free Form Deformation，FFD），发展了适用于飞行器三维复杂气动外形设计的系列参数化方法。此技术广泛应用于飞翼布局飞行器设计、客机层流短舱优化设计等，为气动外形精细化设计提供了基础支撑。

2. 结构化网格生成技术

结构化网格的"结构"意指网格节点之间的连续关系存在隐含的顺序，其可以在几何空间进行维度分解，并可以通过各方向的指标增减直接得到对应的连接关系。结构网格在近壁面区域能够很好地控制流向分布以及边界层方向的网格正交性，且边界层模拟精度高和计算效率高。随着网格生成技术的进一步发展，一些学者逐步提出了求解微分方程的结构网格生成方法，主要包括求解椭圆型方程、抛物型方程和双曲型方程的网格生成方法。求解微分方程的方法通过引入适当的源项和控制函数，可以得到分布合理和光滑的结构网格，而且物面附近网格的正交性能得到保证。

在多块结构网格中，附面层的质量显著影响复杂几何外形 CFD 仿真的精度。因此，网格生成工程师通常必须花费大量时间来调整附面层网格，以获得更好的质量。为了解决该问题，中国空气动力研究与发展中心提出了一种自动附面层网格生成方法（图 4-1），采用一种由外而内的网格构造生成策略。首先，从作为输入的表面网格中提取所有必要的几何特征；其次，基于几何特征构造附面层的网格框架；最后，附面层网格是在所创建的网格框架的约束范围内通过超限性插值操作生成的。使用构造法推进附面层能降低整个网格生成周期大约 30% 的时间。为了更好地加速结构空间网格的生成，中国空气动力研究与发展中心还提出了多块拉伸技术、网格块自动补齐、"O"型块拉伸技术、弓形激波外形拓扑自动构造等一系列空间网格快速生成技术，有效降低结构空间网格生成难度，大幅提升网格生成效率。

结构自动化生成方面，大连理工大学证明了结构性的六面体网格的存在性理论，其理论基础是流形的叶状结构理论和黎曼面的亚纯微分理论。这一理论给出了复杂拓扑三维流形六面体网格的存在性证明，并给出了网格自动生成算法。如

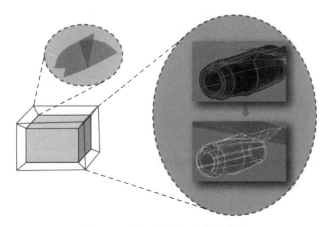

图 4-1 附面层网格生成示意图

图 4-2 所示,六面体网格化是将空间中的区域剖分,每个胞腔都是六面体。大连理工大学还将结构化网格生成与共形几何相联系,揭示了四边形网格和亚纯四次微分之间存在内在联系(图 4-3),全纯线丛的示性类理论来解释网格奇异点构型。通过构建阿贝尔-雅克比方程组,优化奇异点构型,构造曲面上的亚纯四次微分,形成了完整的 T 网格和四边形网格生成的算法,并在理论上证明了从亚纯四次微分到四边形网格构造的充分必要条件。基于前期关于四边形网格生成的基础理论工作,突破了曲面四边形网格奇异点分布自动计算和高质量四边形网格自动生成的难关,为工业软件结构化网格生成提供了有力的自动化工具。北京工商大学在结构网格自动生成的关键算法、杭州电子科技大学在结构化网格拓扑构造与优化的关键算法等都取得了突破,其在几何背景网格构造及共形变换、结构网格拓扑自动构造、基于共形变换/逆变换的全自动表面结构网格生成方面均有重要进展。

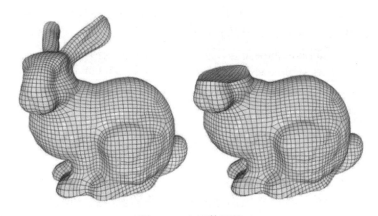

图 4-2 六面体网格

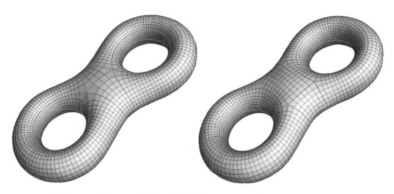

图 4-3 曲面四边形网格等价于亚纯四次微分（见彩插）

南京航空航天大学开展了基于交叉场相关理论的二维多块结构网格自动分块研究。航空工业计算所依托变弯度设计原理和流程，开发了一套大型客机可变弯度机翼设计软件。发展了一种新型的基于区域极值和贪心算法结合的径向基函数（Radial Basis Function，RBF）插值基序列精简算法，并基于该算法开发了网格变形程序，实现基于机翼控制面偏转自动化网格生成。

重叠网格方面，航空工业计算所、西北工业大学与中国空气动力研究与发展中心等科研机构针对各自领域工程问题的需求开发了专业化程度较高的重叠网格计算软件，它们皆以隐式装配为主流，适应分布式内存环境下的并行计算，并具备高度的自动化特征。航空工业计算所研发了适用于任意多面体非结构网格的重叠预处理软件 WiseCFD-PyGAP，重点解决复杂构型的网格狭缝等极限装配问题。中国空气动力研究与发展中心开发了万核、10 亿量级重叠网格并行装配的软件模块，并结合网格变形技术，对大量柔性体绕流问题进行了非定常模拟。中国空气动力研究与发展中心创造了非耦合式挖洞模型，发明了高效的数据打包与跨处理器传输技术，突破了 10 亿量级超大规模重叠网格自动装配的效率瓶颈。

3. 非结构与混合网格技术

非结构网格在网格生成上的自动化程度较高，对于复杂外形具有良好的适应性，同时易于实现基于流场的网格自适应加密。但是非结构网格的离散效率较低，在激波、边界层等大梯度区域的模拟精度略低于结构网格，因此，综合了结构网格和非结构网格优势的混合网格技术是当前和未来的发展趋势。

中国空气动力研究与发展中心提出了一种非结构网格生成的轻交互方式，可在生成过程中尽可能避免模型修复，并提供便捷的交互来调整网格质量，更快地生成质量相当的非结构表面网格。其中提出了多个网格生成和优化的关键技术，为该方式提供了技术支撑。对比试验结果表明，在生成时间和计算精度上，这种轻交互方式对于非结构表面网格生成是可行的。

浙江大学开展了系统性的非结构网格生成研究，在表面网格、附面层网格等方面取得了重要进展。表面网格生成方面，基于前沿推进法的快速曲面网格生成算法解决了曲面正交投影、理想点计算与空间数据结构设计等难点问题，新算法单机 7s 内完成 160 万单元生成。附面层网格生成方面，浙江大学取得三项进展：一是通过优化空间数据结构、相交检测算法，将算法性能提升到每秒完成 14 万三棱柱单元生成；二是通过开发精细的计算几何算法解决了任意角点形态情形下有效多法向生成难题，有效提升了复杂几何情形下附面层网格的质量；三是引入保正体积的刚性映射方法，提出一类新颖的不含过渡单元的全层附面层网格生成方法，确保了附面层网格的结构正交特性，为进一步提升复杂外形附面层模拟精度奠定了基础。

大连理工大学提出高质量、高效率的四面体解耦并行网格生成算法，解决了大规模科学计算中的网格生成与再生成、网格光顺与移动等难点问题。在研究分区算法中，提出了基于 AFT-Delaunay 算法的虚拟界面诱导分区界墙生成方法，实现了子区域间的完全解耦；研究基于节点移动的网格并行优化算法，提出解耦的并行点球弹簧修匀法，实现了网格光顺与移动一体化；研究高时空效率的网格数据结构，提出基于点-单元结构的拓扑信息存储结构，减少了数据冗余，提高了网格拓扑信息的查找、添加、删除和更新操作效率；研究非流形约束的 AFT-Delaunay 网格生成算法，提出基于八叉树背景网格的高效布点算法，提高算法在分区内的生成速度。此外，大连理工大学还发展了对含几何缺陷和许多细小几何特征的复杂 CAD 几何模型的三角形曲面网格生成、四面体实体网格生成以及它们并行化方法，并研究了对薄片曲面（边界曲线相切或重合的狭长曲面）的处理、分离部件构成的装配体的相容曲面网格生成和大规模并行四面体网格生成等关键问题。

4. 直角网格生成技术

直角网格（笛卡儿网格）不依赖物面网格，直接生成空间网格，具有网格生成自动化程度高、复杂外形适应性好、非定常/多尺度等流动结构捕捉能力强等优势，天然适用于复杂外形流动问题的仿真模拟。然而，由于其具有非贴体特性，在模拟黏性流动，尤其处理高雷诺流动问题时，会导致网格规模庞大，进而造成网格生成效率下降、存储量急剧增加，计算成本可能难以承受。为此，中国空气动力研究与发展中心、中南大学、南京航空航天大学等单位从物面网格数据结构、直角网格数据结构、直角网格类型判定、并行加速技术等方面开展了研究，大幅提高直角网格生成技术的鲁棒性、效率，并降低了内存消耗。

在物面网格数据结构方面，中国空气动力研究与发展中心和中南大学建立了基于嵌套包围盒概念的 KDT 数据结构用以存储物面离散单元信息，通过嵌套包围盒实现准确、快速检索和调用物面三角形信息,达到网格生成鲁棒性和高效性的目的。在空间网格数据结构方面,中国空气动力研究与发展中心和中南大学在传统叉树数据结构的基础上,发展了适用于直角网格的成员封装线索指向的FTT数据结构,通过存储邻居关系的方式提高邻居查询效率,并通过消除叶子单元空指针的方式减少内存占用,同时提出了邻居单元需满足的三条准则。在网格类型判定方面,中国空气动力研究与发展中心和中南大学建立了基于分离轴理论的直角网格-三角形相交算法、染色算法、矢量积算法组成的网格类型综合判定方法,实现精准高效地判定相交网格、区分内外网格、确定相交网格的中心位置。为提高刻画几何模型边界信息的保证度,中国空气动力研究与发展中心和中南大学构建了一套包含基于外形自适应加密、基于曲率自适应加密、各向异性自适应加密、添加缓冲层、网格质量检查在内的五步自适应加密流程。对比传统网格生成方法,开展定性分析和定量评价,结果表明,在鲁棒性方面,可基于任意复杂三维外形生成高质量直角网格(图4-4),在网格生成效率方面,每生成百万网格约花费3s,在内存消耗方面,较传统方法减少20%以上内存。在并行加速技术方面,南京航空航天大学基于空间填充曲线(Z形排序是Z曲线,逆时针排序是Hilbert曲线)按照排序规则将所有子节点连接起来形成一维链表型数据结构。然后,采用网格分区软件METIS的思想,直接对一维链表式数据进行分区。在动态分区效果、负载平衡以及并行效率等方面开展的验证中表现良好,为直角网格方法提供了技术储备。

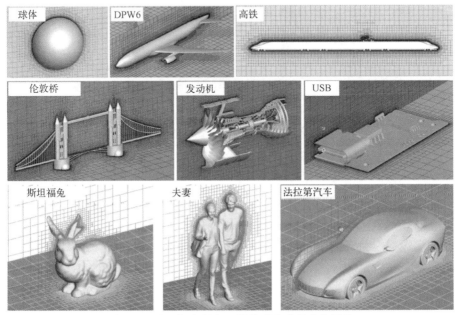

图4-4 基于任意复杂三维外形生成的直角网格

5. 网格自适应技术

自适应网格技术是指在数值计算过程中，可以根据解的变化和需要，计算网格能自动进行调整，以提高数值计算效率和精度的技术。

浙江大学专注于自适应网格基本方法研究，在度量正交各向异性自适应网格生成方法方面沿着两条技术路线开展研究：一是基于边分裂、边叠合、边交换及点移动等局部网格编辑操作的自适应网格生成算法研究，通过引入基于目标矩阵（Target Matrix）的网格优化算法，有效提升了网格的正交特性；二是通过开发有效的几何重建方法在流场内部嵌入流场特征，结合黏性附面层网格生成、局部网格重构等技术实现了高质量正交各向异性网格生成。在自适应误差判据方向，浙江大学利用机器学习方法建立截断误差和多变量因素的映射关系，发展基于智能化误差预估技术的自适应计算新方法。与西安电子科技大学合作，浙江大学已将网格自动化、网格自适应研究成果应用于计算自适应电磁场网格分析，为自主电磁分析软件的研发提供了强有力支撑。

航空工业计算所持续开展网格自适应方法的研究，完成了网格自适应工具WiseGAT的升级，提供交互式及标准化接口功能，有效支持与求解器的有机集成；针对激波、涡的自动探测，建立并完善了多种自适应探测器的构造方法（图4-5）。

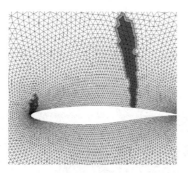 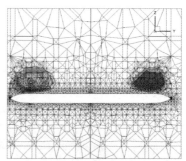

图4-5 激波和涡特征的自动侦测及自适应网格生成

4.1.2 物理建模

1. 湍流模拟新方法

湍流是自然界中非常常见的现象。当考虑实际工程问题时，绝大多数流动也是湍流。因此，精确的湍流模拟对认识自然界中的流动、进行高效高质的工程设计至关重要。然而，N-S方程的数学性质决定了湍流的多尺度性、三维性和非定常性，这三条性质都对准确模拟湍流提出了极大的挑战。湍流模拟方法可大致分为 DNS、LES、RANS 方法和混合方法。由于湍流的多尺度性，DNS 和解析壁面的 LES 方法所需的网格数量分别正比于 $Re^{9/4}$ 和 $Re^{1.8}$，然而，大多数工程实际中的流动，雷诺数都很高，因此 DNS、LES 所需的计算量将会不可接受。例如，对于以 77m/s 起飞的 A350 飞机，流动雷诺数约为 3×10^7，进行解析壁面的 LES 模拟，所需网格数在 1×10^{13} 量级，即便使用天河二号的全部 300 万核进行计算，也需要大约 650 年的时间。在实际流动的模拟中，RANS 方法和混合方法仍然是较为流行的、具有可接受计算量的主要模拟方法。RANS 方法的计算量很小，能够很好地处理无分离流动，但是它预测分离流、非平衡湍流的能力较差，因此应用场景较为局限。RANS/LES 混合方法在近壁面附近使用 RANS 方法计算，而在壁面外涡尺度较大的区域使用 LES 方法模拟。该方法能以可接受的计算量模拟大尺度湍流和非定常效应。然而，RANS 在向 LES 切换的过程中，可能会产生非物理的湍流脉动（灰区问题），影响混合方法对湍流的解析。

RANS 方法计算量较小，非常适合快速评估设计方案的性能，因此在工程设计中具有较大的应用潜力。增强 RANS 方法对分离流、非平衡湍流的预测能力，则能有效增加 RANS 方法的应用场景。清华大学在增强 RANS 模型预测能力方面取得了重要进展。传统 RANS 模型在分离剪切层等湍流非平衡性较强的区域（湍动能的生成与耗散之比 P_k/E 显著大于 1）倾向于低估涡黏性强度，造成动能输运强度低于真实值。这样的误差会使得分离剪切层再附点在流向方向上更加靠后。清华大学为 $k\text{-}\bar{v}^2\text{-}\omega$ 引入了考虑湍流非平衡效应的修正，修正项能够在非平衡湍流区增大湍动能的生成，从而增加涡黏性，弥补传统 RANS 模型的缺陷。该模型命名为 SPF 模型，并成功用于结冰翼型大分离流动和增升装置分离流动。在结冰翼型分离流预测中，相比于目前在航空领域应用广泛的 SST 和 SA 模型，SPF 模型能准确预测翼型的失速攻角和最大升力系数。从压力系数分布形态上看，SPF 模型还十分准确地预测了分离点、再附点。在增升装置分离流的预测中，SPF 模型准确地给出了压力系数和升力系数，且还原了射流周围湍流的强非平衡特性。SPF 模型在复杂三维构型上的计算效果也明显好于 SST、SA 模型，能更加准确地计算最大升力系数和失速攻角。

针对航空叶轮机内三维角区分离和转子叶尖泄漏等复杂大尺度涡旋流动，北京航空航天大学基于湍流非平衡输运和各向异性机理对湍流模型进行了改进，在所提出的 SA-Helicity 湍流模型基础上，研究了考虑旋转/流线曲率的 RC 修正和考虑各向异性的 QCR 修正对于压气机内部复杂流动预测精度的影响。结果表明，RC 修正在湍流模型方程生成项中引入的修正函数 f_{r1} 经常会出现负值，这不仅会造成求解方面的数值问题，还会影响模型的预测精度。需设置下限 0，结合后的模型能够较为准确地预测出叶尖泄漏涡的发展特点；QCR 修正能够在一定程度上改善湍流模型对于三维角区分离流动以及压气机失速裕度的模拟精度，但在这类流动的预测中起关键作用的还是针对湍流非平衡输运机理的 Helicity 修正。北京航空航天大学还研究了 SST 湍流模型及已有常用修正（PL、KL、CC 及组合）对角区分离流动的模拟性能，结果表明，SST 湍流模型及常用修正对高负荷 PVD 叶栅的三维角区分离流动预测偏差依然较大。其又进一步提出了采用螺旋度考虑湍流能量反传的 SST-Helicity 湍流模型，显著提高了 SST 湍流模型对高负荷压气机叶栅三维角区分离的预测精度，对于叶表压力系数、出口气流角、总压损失、相对位移厚度分布等预测结果和实验吻合很好。

脱体涡模拟（Detached Eddy Simulation，DES）是混合方法的一种，它使用 RANS 模化附着湍流，而用 LES 解析分离湍流。DES 方法最早由 Spalart（1997 年）提出，通过 RANS 积分尺度和 LES 亚格子长度尺度的切换实现 RANS/LES 模式的自动切换。然而，这些切换方法都会产生灰区问题，即在 RANS 向 LES 过渡时，湍流脉动不能准确生成。清华大学团队主要研究了两类灰区缓解方法：一是非分区非植入增强型混合方法，即自适应常系数 AC 方法；二是非分区植入型混合方法，即 SPOM（Subyect-Predicate-Obyect Method）（合成粒子组）。在 AC 方法中，在剪切层初始阶段，大幅降低主控参数 C_{DES} 以降低模化涡黏系数，利于解析小尺度湍流结构；在充分发展的分离湍流，模化涡黏系数恢复至较大的、由各向同性湍流衰减获得的系数 C_{DES}。在充分发展的湍流边界层内引入合成粒子组（SPOM），并诱导出符合湍流物理的小尺度结构（图 4-6），可自动引入，极大缩减预测误差，具备推广至复杂外形的潜力。

清华大学还引入了剪切层自适应亚格子尺度 ΔSLA 以减小 RANS/LES 过渡区的 LES 亚格子尺度，从而降低涡黏性，加速湍流脉动生成。ΔSLA 包括涡量方向网格尺度和剪切层识别函数两部分。在此基础上，清华大学引入了各向异性最小耗散亚格子长度尺度。假设亚格子尺度湍流的生成和破坏平衡，使用该尺度的 DES 方法在 LES 区表现为各向异性最小耗散亚格子模型。在层流和二维流动中，该模型计算的涡黏性为零，有利于解决"灰区"问题。对于各向异性网格，该模型能够给出更加合理的涡黏性。图 4-7 对比了不同模型模拟的带冰翼型流动结果，清华大学开发的 SLA-IDDES 和 AMD-IDDES 能够更加准确地预测剪切层区域的湍流。

为了解决在高雷诺数时，LES 方法捕捉近壁面小尺度涡而产生的网格解析度过高问题，在 LES 方法基础上诞生了一系列考虑湍流壁面效应及动量传递作用等效应的混合模型，具有代表性的有局部涡黏度的壁面自适应模型（Wall-Adapting Local Eddy-viscosity，WALE）和代数形式壁面函数模型（Algebraic Wall-Modeled LES Model，WMLES）。WALE 模型下的亚格子涡黏度在纯剪切流动趋于自动取零，保证了对近壁层流区流场模拟的准确性；WMLES 模型在边界层内部区域使

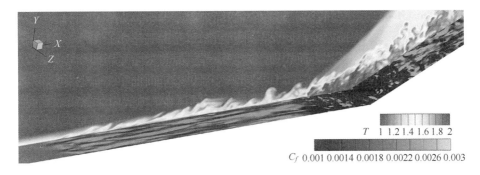

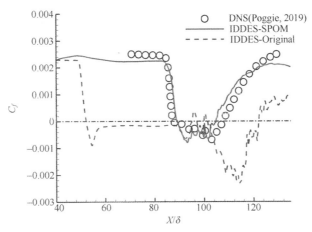

图 4-6 采用 RANS-LES-SPOM 方法预测的激波边界层干扰流动（见彩插）

图 4-7 不同方法模拟前缘带冰翼型流动结果（见彩插）

用雷诺数平均方法，在边界层外使用大涡模拟，并通过引入混合长度尺度，保证了仿真流场在 RANS-LES 交界区域良好的衔接特征，大大降低了高雷诺数时 LES 方法对近壁面网格解析度的要求，可以实现高雷诺数下微肋条湍流减阻数值模拟的工程化仿真。

中国科学院力学研究所针对曲面边界湍流的 WMLES，发展了基于厚边界层方程（Thick Boundary Layer Equation）的近壁流动模型。该模型从曲面坐标系下的厚边界层方程出发，显式地考虑了边界层内法向压力梯度的变化，用局部流场信息以模化小曲率半径壁面或小尺度结构（泰勒微尺度量级）附近的厚边界层对近壁压力和速度的影响，准确刻画了复杂边界流动的近壁流动特征，避免了采用零法向压力梯度假设，并在此基础上发展了适用于大规模并行计算的近壁流动模型，实现了SUBOFF回转体等标模绕流的壁面模化大涡模拟。

北京航空航天大学提出了基于湍流雷诺数改进DDES的方法，提高了SST-DDES对泄漏流动的模拟精度（图4-8）。其还提出了一种基于湍流能谱的网格自适应（Grid-adaptive Simulation, GAS）RANS-LES混合方法，新GAS方法通过湍流能谱积分构造尺度相关函数，进而重构湍流黏性，在周期山、圆柱绕流、转子叶尖泄漏流动模型中进行了校验研究，在使用粗网格时新GAS方法明显优于DDES和SAS方法。

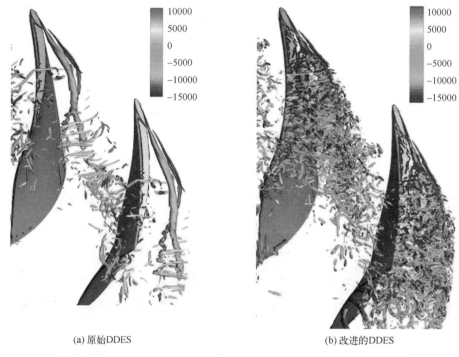

(a) 原始DDES　　　　　　　　　(b) 改进的DDES

图4-8　北京航空航天大学团队对低速台转子叶尖泄漏流动进行预测

航空工业计算所发展了RANS/WMLES方法的工程应用方法。将计算域分为核心区和外部区两部分，核心区采用WMLES方法，需要高分辨率网格以获得精确的流场细节，外部区使用RANS方法以降低计算量，两个区域通过面搭接网格技术连接。由于RANS方法采用的是统计平均方法，而WMLES方法采用的是空间滤波平均，在能谱空间上两者显然是不连续的。解决的办法有两种：一种是交界面处加入衰减函数以对 RANS 模型计算的应力进行衰减来避免应力不连续现象发生；另一种是在交界面增加额外源项以缓冲 RANS 模型应力和 LES 模型应力的"断层"。RANS/WMLES 方法应用到 GLC305 翼型（图 4-9），取得了与试验吻合较好的计算结果。

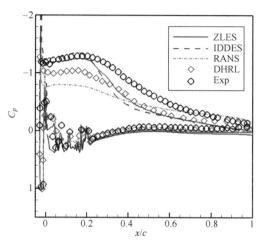

图 4-9　GLC305 平均流场压力分布对比

针对非结构网格上的 DDES 混合方法，中国航大空气动力技术研究院建立了考虑流动旋涡结构影响的自适应网格滤波尺度 Δ_{SLA}；发展了新型的边界层屏蔽函数，在加强附着流边界层保护的同时，促进剪切层的失稳，减小了 DES 类混合方法的灰区；建立了与混合方法相匹配且适用于宽速域流动的低耗散数值格式，提高宽速域下非定常大分离湍流结构的分辨能力（图 4-10）。

(a) 标准DDES方法　　　　　　　(b) 改进DDES方法

图 4-10　不同 DDES 方法的瞬时 Q 等值面（$Q = 2 \times 10^7$）

针对大流量控制喷流强干扰、非线性、多尺度复杂流动的精细化模拟问题，中国航天空气动力技术研究院发展了适用于大流量喷流强干扰流场的 DES 类 RANS/LES 混合数值模拟技术和耦合热喷、稀薄、非定常等复杂物理效应的数值模拟技术，解决了大流量喷流强干扰特性的精细化预示难题，提升了复杂波、涡及其相互干扰的模拟精度，为大流量喷流控制飞行器研制提供了关键技术支撑。

2. 转捩预测方法

边界层转捩一直是流体力学领域的一个前沿和难点问题。稳定性分析是预测边界层转捩的有效手段，然而真实飞行器表面的流动涉及强三维性，传统的基于平行流假设的稳定性分析方法失效，需要发展全局稳定性分析方法。考虑了流动的流向和展向非平行性的全局稳定性分析的雅可比（Jacobian）矩阵维数高，达 $O(10^6 \times 10^6)$ 量级，消耗的计算机内存巨大超出常规计算机的内存瓶颈，给流动的稳定性分析带来了困难。

为了解决这一问题，中国空气动力研究与发展中心发展了隐矩阵投影的全局稳定性分析方法，通过调用现有的 CFD 求解器构造正交的投影子空间，进而将原巨型雅可比矩阵的主要特征值转化为投影矩阵的特征值问题进行求解，大大节省了计算机的内存消耗。所发展的隐矩阵投影方法已在开源不可压缩求解器 Diablo、空气动力学国家重点室高精度数值平台等多个 CFD 求解器进行了集成应用，可移植性好。针对方柱绕流、粗糙元诱导转捩等典型问题开展了应用研究（图 4-11），揭示了尾迹流动的失稳机制，具有很好的计算效率和求解精度。

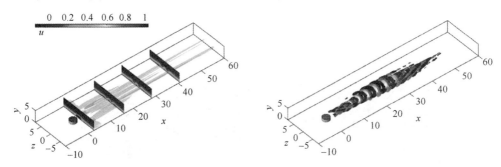

图 4-11　三维粗糙元流动的基本流和全局不稳定模态

三维边界层横流扰动分布区域广，要解析横流模态，传统的全局稳定性分析需要布置大量展向网格，所需计算资源（内存）和计算时长大，制约横流失稳分析。根据横流模态在展向具有相位变化快、幅值变化慢的特点，中国空气动力研究与发展中心建立了约化全局稳定性分析方法，即采用尺度分解将形状函数分解为一个三角函数和一个未知任意函数之积，通过选取合适的波数可使三角函数表征形状函数的快变量部分，而只需求解慢变量部分，显著降低展向网格的分辨需求。图 4-12 对比了传统方法和约化方法的结果对比，可见约化方法准确捕捉了扰动的慢变量特征。中国空气动力研究与发展中心还采用约化方法求解了升力体外形横流区的横流全局模态，并计算了横流模态的流向演化，该结果与 DNS 结果符合较好。

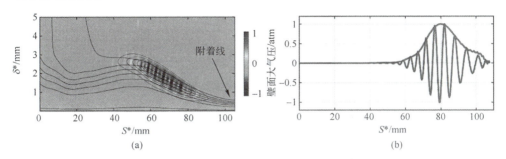

图 4-12　传统全局稳定性分析（云图和蓝线）与约化全局稳定性分析结果（红线）对比（见彩插）

针对三维边界层转捩预测的迫切需求，中国空气动力研究与发展中心在原始 γ-Re_θ 模型的基础上，进行了考虑压缩性的系列修正，结合横流强度与表面粗糙度构造了当地化的横流判据，并通过转捩源项的方式对模型进行了横流拓展，建立了适用于三维边界层转捩模拟的 C-γ-Re_θ 模型。C-γ-Re_θ 模型经过一系列常规风洞、静音风洞试验及飞行试验状态的测试验证，能够预测包括圆锥、椭锥、升力体等在内的典型外形表面的三维边界层转捩，在零攻角及正负攻角下的飞行器全三维转捩阵面均得到较好预测，在考虑表面粗糙度影响的情况下实现了对飞行器三维边界层转捩的精细模拟，如图 4-13 所示。

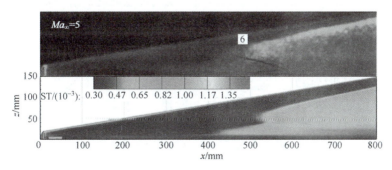

图 4-13　升力体常规风洞试验（上）与 C-γ-Re_θ 模型（下）转捩阵面对比（见彩插）

随着工程实际应用的进步和研究的深入，复杂外形飞行器三维边界层的稳定性分析与转捩预测问题越来越受关注。在真实飞行器三维绕流中，由于存在附着线失稳、横流波失稳、Görtler涡失稳等多种失稳机制，转捩预测的难度增加。将二维边界层转捩预测方法推广到复杂的三维边界层时，会遇到计算量大效率低、人工干预多自动化程度低、三维扰动传播路径难以追踪等很多困难。中国空气动力研究与发展中心与天津大学联合开发了一套基于三维边界层e^N方法的转捩预测软件HyTEN（图4-14），提出了多块网格流场剖面自动提取、非物理特征值自动识别以及N值局部迭代计算等关键技术，提高软件的计算鲁棒性与自动分析能力，并结合风洞试验与飞行试验数据，开展了该软件对圆锥、升力体等高超声速典型标模的转捩预测与分析研究，实现了该软件对第二模态、横流模态、流向涡失稳、附着线失稳等典型转捩机制预测的应用。同时，通过与试验数据对比，获得了更多流动条件下典型外形的转捩判据及规律，丰富了转捩判据知识库，不断提高软件的转捩预测精度。

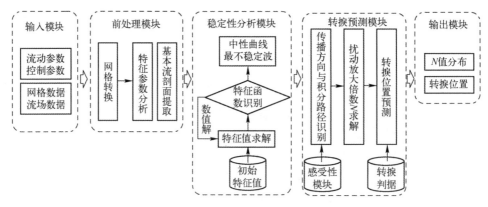

图4-14　转捩预测软件模块组成

天津大学和清华大学建立了体现高温真实气体效应的线性稳定性理论、线性和非线性抛物化稳定性分析方法和二次失稳分析方法等；天津大学团队发现高温真实气体效应使第一模态不稳定区间减小、第二模态最大增长率变大、更高频模态更早出现、超声速模态更不稳定（图4-15）；清华大学团队研究了高超飞行器头部热化学非平衡效应对三维边界层演化的激励机制；在不规则表面，发现了后台阶膨胀波抑制流动失稳与转捩的机理；发现了飞行器凹面流动产生的流向涡，也就是Görtler涡，低速"蘑菇形"转变为高速"铃铛形"的现象和一类新的S-II失稳模态；探索了导致边界层增厚、转捩推迟的模态转换和竞争机制，提出了基于流向涡的转捩控制方法。

清华大学在转捩模式方面，开展了诸多具有创新性的研究，包括引入局部雷诺数与自由来流雷诺数之比考虑头部钝度影响，姿态改变对转捩的影响，粗糙度对边界层转捩的影响，开展机器学习相关的转捩模式参数敏感性分析和机器学习

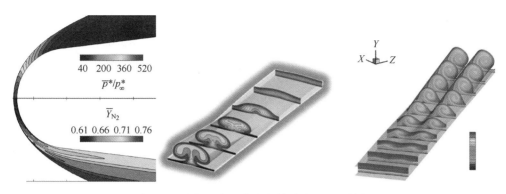

图 4-15 采用 LST 分析的高温真实气体效应、凹面结构（见彩插）

改进转捩模式等。转捩与分离多流态共存时通常难以准确模拟，清华大学团队在模拟方法方面进行了一定探索，通过在混合方法中引入间歇因子，构建了新的长度尺度，建立了宽速域自适应耗散格式，进而提出了转捩预测-雷诺平均-大涡模拟耦合一体的理论方法。

3. 燃烧预测方法

针对航空发动机和燃气轮机的真实燃烧室中的燃烧现象预测，北京航空航天大学在算法、模型和软件等方面都进行了探索。

1）复杂几何结构高保真处理

航空发动机和燃气轮机的真实燃烧室结构复杂紧凑，随着对燃烧组织和控制的精细化，需要对复杂几何结构高保真处理以保证数值模拟的高精度。某些研究中的简化模型与真实燃烧室差异较大，无法直接指导精细化研发。北京航空航天大学将大涡模拟（LES）和概率密度函数输运方程湍流燃烧模型（Transported Probability Density Function，TPDF）与曲线坐标系下的浸没边界方法结合，发展了基于浸没边界方法的几何处理方法和软件，并开展并行研究，提高了复杂几何结构高保真处理能力，采用文献实验数据等检验此方法。基于该方法能够比较准确地模拟燃烧室内的湍流燃烧，并且适合应用于结构复杂的真实航空发动机燃烧室中的两相湍流燃烧高保真模拟（图 4-16），可为航空发动机燃烧室精细化设计提供湍流燃烧场数据参考。

2）高精度两相湍流燃烧模型

概率密度函数输运方程湍流燃烧模型（TPDF）是目前工程可用的能够较好处理湍流和化学反应机理非线性相互作用的湍流燃烧模型，针对燃烧室研究，北京航空航天大学发展了随机场 TPDF 模型、算法和软件，并开展了直流燃烧室、折流燃烧室等模拟。发展包含 SLFM、FPV 等火焰面湍流燃烧模型，兼顾计算精度和计算速度，在多个计算平台上进行了检验和发展。代数二阶矩湍流燃烧模型

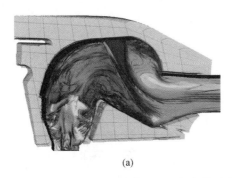 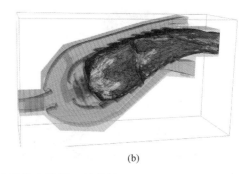

(a)   (b)

图 4-16　复杂构型真实燃烧室模拟（见彩插）

(Algebraic Second-Order Moment Model，ASOM）的计算速度比较快，也得到了针对航空发动机燃烧室的发展。

3）极端条件燃烧模拟

基于 LES-TPDF 等方法，对气相钝体熄火、两相钝体熄火、折流燃烧室热射流点火、气相钝体点火等开展研究，如图 4-17 所示，并经过了实验数据检验。

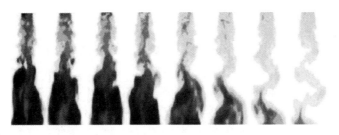

图 4-17　燃烧的熄火过程模拟（见彩插）

4. 稀薄流计算方法

针对四面网格架构下粒子模拟方法所遇到的网格加密、负载平衡及粒子搜索等关键技术问题，中国航天空气动力技术研究院采用基于背景网格任意抛分的自适应加密策略、自适应网格下的动态负载平衡技术及耦合局部距离的搜索技术，突破了四面体网格架构下基于动态负载平衡的三维复杂外形自适应网格的粒子模拟方法，大大降低了 DSMC 方法中网格生成的人工干预，提高了稀薄气体流动的模拟精度，解决了工程上复杂外形稀薄气体流动的高效、高精度模拟问题。

面对高超声速稀薄气体流动模拟应用场景，针对直接模拟蒙特卡罗方法存在的高级弹性碰撞模型计算效率低下、化学反应模型依赖宏观实验反应速率系数等关键技术问题，中国空气动力研究与发展中心计算空气动力研究所通过评估和改进弹性碰撞模型及化学反应模型，开展动理学方法对比计算等手段，进一步发展该方法，提高了其在复杂流动中的计算精度和适应性。在有机结合变径硬球（Variable Hard Sphere，VHS）碰撞模型和广义硬球（Generalized Hard Sphere，GHS）碰撞模型的基础上，提出新的混合硬球（Hybrid Hard Sphere，HHS）弹性碰撞模型，改进了广义硬球碰撞模型计算效率低下的问题，促进了高级碰撞模型在工程实际中的应用；评估并发展了新的量子动理学（Quantum Kinetic，QK）化学反应模型，通过绝热单元热泳测试，验证了该模型良好的性能，并进一步将该模型成功应用于火星再入流动的计算中，相较于总碰撞能（Total Collision Energy，TCE）模型，量子动理学模型不再依赖反应速率系数的实验数据，在深空探测等实验数据缺乏的领域具备优势；开展了统一气体动理学方法（Unified Gas Kinetic Scheme，UGKS）和直接模拟蒙特卡罗方法在全流域不同克努森数下的详细对比研究，取得了大量符合预期的计算结果，为两种方法未来进一步的发展奠定了良好基础。

统计噪声和多尺度高效计算是DSMC方法大规模工程应用的两大瓶颈。在低噪声DSMC算法方面，基于分子携带的宏观信息，中国科学院力学研究所发展了信息速度保存方法（IP-DSMC），并应用到低速、高速稀薄流和湍流计算中。在多尺度DSMC算法方面，上海交通大学发展了具有欧拉方程渐进保持性质的蒙特卡罗方法（AP-DSMC）。华中科技大学进一步发展了具有N-S方程渐进保持性质的时间松弛蒙特卡罗方法（AAP-TRMC），通过对DSMC碰撞项求解的微观-宏观分解，极大提高了DSMC方法在大尺度的计算精度和效率，为多尺度蒙特卡罗方法的发展提供了新的途径。

5. 跨流域计算方法

在火箭发射、飞船再入以及空天飞机等其他天地往返系统中，飞行器历经连续流区、滑流区、过渡区和自由分子流区等不同稀薄程度气体中的持续飞行，由于各流域中表征稀薄非平衡效应的气体间断粒子效应不同，表现出互不相同的流动特征。针对这一问题，除了传统的跨流域N-S/DSMC自适应耦合方法，从玻尔兹曼方程及其模型方程出发，发展跨流域多尺度流动统一计算方法成为新的发展趋势。

在确定论多尺度算法方面，中国空气动力研究与发展中心发展了求解玻尔兹曼模型方程的气体动理学统一算法（Gas Kinetic Unified Algorithm，GKUA）。香港科技大学不断完善统一气体动理学格式（UGKS），发展了气体动理学框架下的高精度格式、辐射输运模型等，同时提出了离散空间直接建模的多尺度、多物理流动的全新CFD格式思想。华中科技大学发展了离散统一气体动理学格式（Discrete Unified Gas Kinetic Scheme，DUGKS），通过不断完善，在理论上，已将其进一步拓展到湍流、多组分、多相流、声子传热、中子输运等复杂流动与多物理过程的应用中；在计算上，开发了 DUGKS 算法的通用求解器 dugksFoam。南京航空航天大学发展了系列显式和隐式改进离散速度方法（Improved Discrete Velocity Method，IDVM），南方科技大学发展了全流域快速收敛的合成迭代格式（General Synthetic Iteration Scheme，GSIS）。华中科技大学发展了动理学格式的内存压缩技术（Memory Reduction），整体提高了动理学格式的计算性能。西北工业大学基于直接建模思想在气体动理学框架下对算法进行了完善和发展，提出了描述高温真实气体效应的模型方程并发展了简化算法及全流域快速收敛的隐式算法；针对确定论多尺度算法发展了非结构速度空间、速度空间自适应等速度空间优化技术，Maxwellian 气体-表面相互作用（Gas Surface Interaction，GSI）模型；将 DUGKS 扩展到任意拉格朗日-欧拉（Arbitrary Lagrangian Euler，ALE）框架，实现了对具有动边界的连续流和稀薄流的流固耦合问题求解。中国空气动力研究与发展中心、华中科技大学、清华大学等也在气体动理学框架下发展完善了气体动理学统一算法及隐式求解方法。国防科技大学将基于格子-玻尔兹曼方法的 CFD 数值模拟推广到并行计算，在"天河二号"平台及最新一代众核处理器平台上进行了测试。

相较于确定论算法，粒子算法可以避免分布函数离散带来的"维度灾难"，尤其在高超声速流动中具有明显优势。在多尺度统计粒子算法方面，华中科技大学通过在算法中耦合分子碰撞和运动过程，发展了基于 Fokker-Planck（FP）和 BGK 模型的高精度随机粒子方法，包括发展了多尺度 FP 模型随机粒子方法（MTD-FP），与北京航空航天大学合作发展了多尺度统一粒子 BGK 方法（USP-BGK），与中国科学院力学研究所合作发展了考虑真实气体效应的统一粒子 BGK 方法及全粒子耦合算法（USPBGK-DSMC）。香港科技大学借鉴 UGKS 使用模型方程解析解耦合连续流和稀薄流的机制发展了统一气体动理学波-粒子方法（UGKWP）。西北工业大学发展了模型竞争机制下的算法层级粒子连续多尺度耦合求解方法，提出了描述单原子/双原子气体的简化统一波-粒子方法（Simplified Unified Wave-Particle，SUWP），推动了统一波-粒子方法的快速发展。西北工业大学发展了直接松弛方法，直接基于宏观松弛率建模，提供了一条向多组分、热化学非平衡的发展途径。

在应用方面，西北工业大学开展了 UGKS、DUGKS 算法的隐式算法、多重网格算法、混合网格技术、离散速度空间优化技术、大规模物理空间-速度空间的 MPI-MPI、MPI-OpenMP 混合以及 X 空间完全混合的并行加速算法等方面的应用拓展研究，具备了求解实际工程应用的能力；同时，开展了多尺度统计粒子算法大规模并行求解器开发，形成了连续-稀薄跨流域数值模拟软件——"九天"求解。中国空气动力研究与发展中心在 MEMS 微尺度流动与传热、航天再入跨流域空气动力学应用方面进行了研究；针对大型航天器陨落格解体非规则物形绕流流场表征的复杂性，构造了求解玻尔兹曼模型方程的隐式气体动理论格式与高阶式，发展了基于玻尔兹曼模型方程两相空间区域分解的多级并行 MPI+OpenACC＊超大规模可扩展并行程序开发架构，建立了可靠模拟大型复杂结构航天器在轨及陨落解体跨流域多体干扰、非定常流动问题气体动理论统一算法应用研究平台。西安交通大学开展了尺度自适应的气体动理学方法与全流域气体动理学浸入边界法的理论研究，提出了浸入边界层与广义浸入边界力密度的概念，并直接从玻尔兹曼方程出发建立了广义浸入边界力密度与浸入边界层两侧的气体速度分布函数间断之间的理论关系。

4.1.3 高精度格式

相较于传统的低阶精度（二阶及以下精度）格式，高阶精度（三阶及以上精度）格式有利于提高 CFD 流场模拟的准确度，在给定物理模型和计算网格的情况下，高阶精度格式能有效降低数值截断误差，拥有精度高、分辨力高、频谱特性好等优点。目前 CFD 模拟存在的难题，如摩擦阻力和热流的高精度模拟、转捩预测、湍流流动模拟、非定常燃烧模拟等，都需要以高精度的精细流场作为研究基础。当前高阶精度格式的主要研究趋势是发展鲁棒的三阶及以上精度格式，解决高阶精度格式在工程复杂外形流动中的计算鲁棒性、精度保持等关键技术问题，推广其在实际工程问题中的应用。在高阶精度有限差分格式、高阶精度有限元/谱元方法、高阶精度有限体积方法和时间高阶精度方法等研究方面均取得了较大研究进展。

1. 高阶精度有限差分方法

与其他离散框架不同，高阶精度有限差分格式基于分维思想以逐维求解的方式实现对实际三维问题的高阶精度模拟，相比于全多维模拟，逐维计算可以大幅减少计算量，尤其是在高阶精度模拟中。

中国空气动力研究与发展中心提出了一种结构/非结构混合高精度格式，可在外形复杂处调用非结构二阶或高阶求解，在复杂流动处调用结构高阶求解；国防科技大学和西北工业大学持续开展了高阶精度有限差分格式研究，进一步发展了紧致/显式、线性/非线性格式，既保持了线性格式的高精度和低耗散特性，同时还可以捕捉激波等流场间断；发展完善了能够完全满足离散几何守恒律的对称守恒网格导数计算方法，离散几何守恒律的解决大幅提升了高阶精度有限差分格式在复杂外形流动模拟中的鲁棒性；基于节点物理通量和半节点数值通量构造系列混合通量差分格式，缩小了计算模板，提高了格式分辨率；基于加权紧致非线性插值格式（Weighted Compact Nonlineav Scheme，WCNS）发展了具有保正性质的高阶精度有限差分格式，能够有效避免高阶精度格式插值过程中的物理量（密度、压力等)出现负值的问题。

国防科技大学和中国空气动力研究与发展中心发展了与内点计算格式相匹配的稳定高阶精度边界格式,采用弱边界条件修正边界及边界附近的离散方程获得了全场一致的高阶精度有限差分格式,并针对线性和非线性标模问题进行了一系列的算例验证;基于高分辨率的 Roe 近似黎曼通量构造了能够有效避免"红玉"现象的鲁棒激波捕捉混合数值通量,并集成到风雷软件开源平台中。目前,基于风雷软件开源平台的高精度模拟软件已经成功应用于复杂外形复杂流动的模拟(图 4-18)。

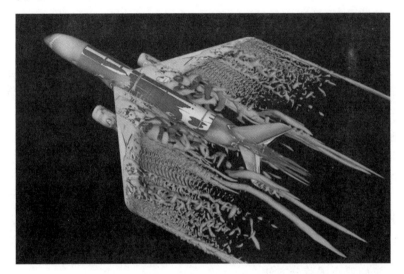

图 4-18 风雷高精度数值模拟大型客机湍流问题

2. 高阶有限元/谱元方法

高阶有限元和谱元方法主要包括连续伽辽金(Continuous Galerkin,CG)、间断伽辽金(Discontinuous Galerkin,DG)、通量重构(Flux Reconstruction,FR)/基于重构的修改正过程(Correction Procedure via Reconstruction,CPR)、谱差分(Spectral Difference,SD)等方法。其特点是在单个求解单元内布置多个求解的自由度,单元内利用多个自由度信息构造高阶多项式分布,从而实现高阶精度离散。该系列方法具有算法紧致、能够适应非结构网格、容易实现自适应等优势,是算法领域研究的热点。针对高阶有限元和谱元方法当前发展存在的激波捕捉、效率提升等问题,开展了系列重要的研究工作。

在激波捕捉方面,北京航空航天大学、中国空气动力研究与发展中心等单位开展了激波侦测方法研究,发展了基于模态能量衰减、基于残差、基于人工智能等激波侦测因子，用于解决激波侦测不准确、激波不收敛、单元界面上的激波无法正确侦测等问题。基于上述研究工作对不同人工黏性激波捕捉进行了研究和发展。厦门大学、南京航空航天大学、中国空气动力研究与发展中心等单位借鉴非线性加权捕捉激波的思想，发展了 WENO 激波限制器。清华大学、中山大学等单位则构造出基于精度加权的激波捕捉策略。中国空气动力研究与发展中心等单位研究发现，需要在插值、积分等各个环节打破高阶有限元和谱元类方法统一多项式的假设才能获得鲁棒的激波捕捉性能，并基于此发展了具有高分辨率和强激波捕捉性能的子单元限制激波捕捉策略。

在效率提升方面，发展隐式时间推进方法是提升强刚性流动模拟效率的重要技术手段。北京航空航天大学、上海大学等单位发展了面向定常流动的隐式时间推进方法，通过降低黏性项刚性、采用精确雅克比矩阵等方式提高了计算效率。中国空气动力研究与发展中心等单位则针对非定常隐式算法时间精度无法保证的问题，提出了基于误差关系的判据和相应的自适应策略，并面向硬件特点发展了低内存消耗的隐式时间推进方法。在黏性项离散方面，中国科学技术大学、北京航空航天大学发展了适用多种方程的黏性项离散策略。北京应用物理与计算数学研究所、中国科学技术大学等单位开展了基于 ALE 策略的动网格 DG 方法研究。中国科学技术大学等单位发展了 DG 方法的保正限制器，提升了计算稳定性。

3. 高阶有限体积方法

高阶精度有限体积方法是二阶精度有限体积方法的进一步发展。非结构网格二阶精度有限体积方法在各类 CFD 软件中得到了广泛应用；高阶精度有限体积方法虽然已经过多年研究，但仍有一些重要的瓶颈问题，严重制约了实用的高精度有限体积方法软件研发。这些问题包括：重构模板过大，并行计算效率低，边界附近精度下降；求解刚性很强的湍流模型方程时对法向网格尺度要求高，计算效率低；计算结果中可能出现负压力、鲁棒性差等。清华大学对这些问题开展了系统深入的研究，提出了独特的解决方案，取得了一系列研究进展：①针对"大模板"问题，提出了"操作紧致性"概念，在此基础上提出了紧致最小二乘重构、变分重构、子网格重构、多步重构等一系列基于紧致模板的高精度重构方法。其中，变分重构方法比传统重构方法更有显著优势，不仅可以在紧致模板上达到任意高阶精度，而且其重构矩阵非奇异，保证了变分重构存在唯一解；另外，变分重构在边界单元上无须降阶，能够达到全场一致高阶精度，并进一步提出了"重构和时间推进耦合迭代方案"来避免重构迭代造成的额外计算开销，将重构迭代和隐式双时间步法的迭代相耦合，在每个虚拟时间步只进行一次重构迭代，从而使计算开销与传统显式重构方法相当。②基于渐近物理分析，发现了雷诺平均湍流输运方程在湍流黏性接近于零时的指数衰减特性，并提出了基于

"指数衰减过程"保证湍流黏性系数非负的算法。该算法可以彻底消除计算过程中出现负湍流黏性系数的可能性,显著提高了算法的鲁棒性,且已经推广到可压缩欧拉和 N-S 方程的数值求解,提出了保证压力、密度非负的保正算法。该方法适用于显式和隐式格式,且不要求存在低阶保正基础格式,是一种具有很强实用性的通用保正算法。③将广义有限元中富集函数的思想推广到高阶精度有限体积方法,构造了由多项式和对数律组成的扩展求解空间,在很粗的法向网格上,实现了雷诺平均方程的精确求解。上述工作标志着紧致模板高阶精度有限体积方法逐渐成熟,初步具备了软件研发的条件。紧致高阶精度有限体积方法的相关研究工作受到了广泛关注。北京航空航天大学将变分重构与间断伽辽金方法相结合,发展了重构间断有限元方法;清华大学将子单元有限体积方法与 GKS 方法相结合,发展了两步四阶子网格有限体积 GKS 求解器。

4. 时间高阶精度方法

在非定常流动的数值模拟中,高阶时间离散不仅影响模拟的效率,更影响模拟的稳定性、置信度等。随着时空关联模型在复杂流动中的应用,需要时空耦合算法与之相适应,从而高精度时间离散显得越来越重要。时间离散一般分为单步泰勒(Taylor)型时间离散、龙格-库塔(Runge-Kutta)型线方法和两步四阶为代表的多步多导数时空耦合方法三大类。①单步泰勒型高阶时间离散,作为最基本的时间高精度方法,泰勒方法比较直接,典型例子是时空二阶的拉夫斯-温德罗夫(Lax-Wendroff)方法。理论上单步时间离散实现的数值方法具有最好的紧致性,它是实现低耗散时空耦合、保持物理性质的最佳途径,实现对复杂流动的数值模拟。但由于流动控制方程的强非线性,流场含有冲击波等间断和湍流等多尺度结构特点,单步高精度时间推进技术工程实现比较困难,制约了它的广泛应用。②多步龙格-库塔型线方法,该类方法依赖控制方程半离散形式,选择合适参数的多步龙格-库塔时间推进,实现时间高精度离散。为了保证稳定性,时间步长需要满足一定的限制,如强稳定性保持(Strong Stability Preserving,SSP)条件等。这类方法可以与高阶有限差分、有限元/谱元、有限体积等方法有效结合,形成相对成熟的算法体系。本质上,该类方法属于时空解耦方法,除了时间步长的限制,算法的紧致性、(湍流等)复杂流动的内在时空关联性、模拟的置信度等都有待进一步发展。③两步四阶类时空耦合方法,近年来,以两步四阶时间推进为代表的多步多导数时间离散方法在高阶时间离散研究方面取得进展,尤其是,该类方法可以看成前两者综合妥协的产物,但具有更好的性质,如计算效率、算法的紧致性、物理性质保持、时空耦合性、保辛结构等。具体来说,该类方法利用 Hermite-WENO 型数据重构,基于拉夫斯-温德罗夫型(即宏观广义黎曼问题(Generalized Riemann Problem,GRP)、微观气体动理学(Gas Kinetics

Subject，GKS)、多矩方法等）通量解法器，使用多步多导数实现高精度时间推进。首都师范大学、北京应用物理与计算数学研究所和香港科技大学等创建此类高精度时间推进技术，构造了一系列时空耦合高效高精度格式，并成功应用于空气动力学问题的数值模拟。

4.1.4 多学科耦合数值模拟

在空气动力学问题当中，很多涉及多学科交叉、耦合问题，如与结构/材料有关的气动弹性问题、与飞行控制有关的气动/运动/控制耦合问题、与目标特性有关的气动噪声及抑制问题等。近年来，基于CFD的多学科耦合数值模拟呈现蓬勃发展的趋势，主要表现在气动/运动/结构/控制耦合、多介质流动、气动噪声、气动力/热/结构耦合等方面。

1. 气动/运动/结构/控制耦合

随着对飞行器机动性和敏捷性的要求越来越高，飞行器研制呈现气动/运动/结构/控制多学科耦合现象，具有强耦合、非定常、非线性以及控制难的特征。多学科耦合处理方法能真实地模拟实际机动飞行过程，捕捉时间方向非常重要的非定常效应，为飞行器动态特性研究、控制系统设计和结构设计提供接近实际的飞行运动轨迹、姿态、结构响应以及丰富的实时流动信息。

目前，中国空气动力研究与发展中心已形成比较完善的气动/运动/结构/控制多学科耦合飞行仿真能力。在时域数值模拟方法的框架下，通过模块化、松耦合等设计思路，有效组织了基于动网格的非定常流场计算、飞行力学六自由度方程求解、飞行控制律和结构场计算等功能。此外，中国航空工业空气动力研究院和南京航空航天大学等也形成了一套面向气动/运动/控制一体化耦合模拟的软件系统，实现数值虚拟飞行模拟功能。

动导数是飞行器动态稳定性分析、弹道设计和控制系统设计的重要参数，从数值计算角度，目前已建立了比较完善的动导数数值求解方法和辨识技术，形成了涵盖精度与效率的动导数完整解决方案。当前，基于时域方法的发展较为成熟，采用自由振动法、强迫振动法发展了可以预测俯仰、偏航及滚转三方向的直接阻尼导数，还可预测加速度导数、旋转导数、交叉导数、交叉耦合导数的数值模拟方法和软件，在高超声速外形的动态特性研究上得到应用。为了提高计算效率，发展基于非定常频域的时间谱预测方法，适用于周期性非定常流场。中国空气动力研究与发展中心、中国航天空气动力技术研究院、国防科技大学等单位分别开展了研究工作，在不损失精度的情况下有效地将动导数计算效率提高了一个数量级，突破了大规模工程应用的瓶颈。

多体分离问题是航空航天领域的关键问题，也是研究热点。数值模拟作为飞行器多体分离预测研究的重要手段,可再现分离过程中复杂非定常、非线性过程,近年来在运动舵面、约束投放与碰撞、带控制率投放以及分离边界预测等方面取得了进展。分离过程中控制时序的确定是分离方案设计的重点与难点。中国空气动力研究与发展中心、中国航天空气动力技术研究院建立了耦合真实飞行控制律的分离投放过程模拟方法,实现了分离过程中舵面闭环控制偏转的实时动态仿真过程。该方法可辅助设计分离过程中的控制时机和控制策略,为分离方案的设计与优化提供研究手段。为了提高模拟效率,基于降阶模型的CFD实时流场模拟中国空气动力研究与发展中心,采用数值虚拟飞行技术,实现了拉起过程的虚拟飞行。

螺旋桨飞机有着非常广泛的应用,如何准确预测螺旋桨滑流对飞机气动特性的影响一直是其设计中亟待解决的问题。当前发展的模拟螺旋桨滑流方法包括作用盘/激励盘模型的定常方法、运用多参考坐标系(Multi-moving Reference Frame,MRF)模型的准定常计算方法和基于双时间推进法的非定常数值模拟。在非定常数值模拟上,西北工业大学、北京航空航天大学等开展了相关算法研究,中国空气动力研究与发展中心发展了较为成熟的螺旋桨/机身流场的模拟方法,在多个螺旋桨飞机的滑流气动特性影响的预测中已得到了应用(图4-19)。

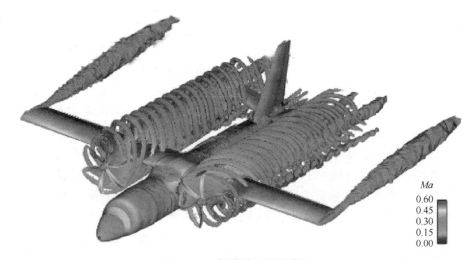

图4-19 螺旋桨的流动模拟

直升机旋翼运动比较复杂,桨叶运动包括了旋转、挥舞、变距、摆振及弹性变形运动,前飞状态下桨叶工作在前行侧与后行侧的非对称气流环境当中,旋翼气动特性具有高度非定常、非线性的特性。南京航空航天大学、西北工业大学、中国空气动力研究与发展中心等单位开展了直升机旋翼流场数值模拟方法研究工作,发展了动态重叠网格算法、网格自适应算法、高分辨率计算格式和高效率的数值配平方法,应用于直升机旋翼的悬停和前飞状态计算。

2. 气动弹性

气动弹性问题是弹性体与空气动力相互作用下产生的流固耦合问题,在飞行器设计和飞行中广泛存在。随着对飞行器性能要求不断增加,飞行器结构在经受更复杂气动载荷的同时,对结构重量的控制越来越严苛,这都导致了在实际应用中会遇到更为复杂的气动弹性问题。随着计算机能力和并行计算技术的快速发展,高可信度的计算流体动力学(CFD)/计算结构动力学(CSD)耦合分析方法已经成为气动弹性力学特性分析的重要手段,已经逐步应用于飞行器的初始和详细设计阶段。

北京航空航天大学、西北工业大学、南京航空航天大学等高校以及中国科学院力学研究所、中国空气动力研究与发展中心等科研院所均对基于 CFD/CSD 耦合的时域气动弹性分析方法开展了比较广泛的研究工作。目前,时域分析方法主要采用分区求解方式,使用松/紧耦合等求解流程,充分利用现有求解器交替求解流体方程和结构方程,通过两相交界面进行数据交换。为提高时域耦合分析方法的计算效率,中国空气动力研究与发展中心开展了超大规模气动弹性数值模拟研究,突破了百亿量级超大规模流场计算网格高效鲁棒变形、海量耦合数据高效高精度传递等技术瓶颈,实现了百亿量级网格规模、60 万处理器核的超大规模静/动气动弹性数值模拟。西北工业大学、北京航空航天大学、南京航空航天大学、西安交通大学等高校以及中国科学院力学研究所等科研院所对基于 CFD 技术的非定常气动力降阶模型开展研究,并在颤振分析、抖振分析、气动伺服弹性问题分析、颤振主动抑制等研究中得到应用(图 4-20)。

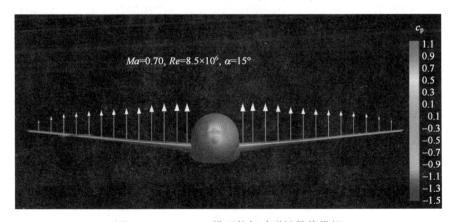

图 4-20 CHN-T1 模型静气动弹性数值模拟

3. 多介质流动

多介质流动是指流体由多种介质组成的流动。多介质界面流作为一门新型的交叉学科，具有大变形、强间断、强非线性以及多物理过程强耦合等特点，需要处理自由面、压力间断面等各种运动界面，是当今计算流体力学领域重要的研究课题之一。气液两相流在多介质界面流动中占有很大的比重，当前针对气液两相流问题的求解方法主要包括界面追踪方法、界面捕捉方法、无网格粒子法和格子波尔兹曼方法等几类。

界面追踪方法以示踪点的连线表示界面，通过示踪点的运动追踪得到界面的运动，在处理复杂界面拓扑结构的运动问题，如界面具有复杂的空间结构，以及界面断裂和界面合并等拓扑结构改变时，易产生拓扑混乱而导致计算失败。界面捕捉方法通过流场特征捕捉界面位置，不需要考虑界面的拓扑结构问题，典型的界面捕捉方法有体积分数法（Volume of Fraction，VOF）、水平集方法（Level Set Method）和虚拟流体方法等。中国空气动力研究与发展中心基于可压缩、均质平衡流假设，开发了基于体积分数变量的混合模型方法，应用预处理技术，可实现气、水蒸气和液态水两相三组分问题的模拟，包括通气条件下的空化现象，使模拟条件与复杂介质飞行器的真实环境状态更加吻合。水平集方法通过求解空间点到自由界面的距离函数场捕捉自由界面的变化，避免了组分变量跨自由界面的不连续问题，对于水平集方法存在的守恒性问题，后续通过耦合体积分数方法加以解决。中国航天空气动力技术研究院对模拟多介质流的"虚拟流体方法"进行了研究，推导了该类方法定义虚拟流体状态需要满足的完备数学条件，为该方法的发展和改进提供了理论基础，针对界面附近在某些极端条件下产生非物理解的现象，设计出一种基于密度的误差修正方式，显著提高了多介质流界面附近的求解精度。针对多介质 Riemann 问题需要隐式迭代求解的问题，提出了界面条件的预测-校正技术，获得了模拟气液问题的显式界面条件定义方式，进一步提高了虚拟流体方法的应用能力，在几乎不损失求解精度的前提下提高了计算效率，有利于虚拟流体方法在大规模科学计算问题中的推广应用。清华大学借助于 NVD 算法的基本概念，开发了一种新型的代数类型 VOF 自由界面捕捉算法 M-CICSAM 算法。相对于现存的同类 VOF 算法而言，M-CICSAM 算法能够在较大库朗数条件下对自由界面产生更为精确的数值预估，能够更有效地保持自由界面的形状和突变特征。

光滑粒子流体动力学（Smoothed Particle Hydrodynamics，SPH）方法的思想是将连续的流体（或固体）用相互作用的质点组来描述，通过求解质点组的动力学方程和跟踪每个质点的运动轨迹，求得整个系统的力学行为。北京理工大学针对传统 SPH 方法的缺点，提出了一种无核梯度的 SPH 方法（KGF-SPH 方法）

及一种迭代粒子均匀化方法，不仅数值模拟的精度更高而且稳定性更好；基于Giles和Thompson的特征边界条件，提出了一种适用于SPH数值模拟外流问题的混合特征边界条件处理方法，能有效地抑制远场边界的反射波对绕流体的干扰。中国空气动力研究与发展中心开展了基于光滑粒子方法的运动界面模拟研究，初步具备了模拟物体出水过程模拟的能力。

格子波尔兹曼方法求解多介质流动是一种新的尝试。最早的格子波尔兹曼方法不能处理大密度比的真实水和气体问题，哈尔滨工业大学基于格子波尔兹曼自由能模型，提出了一种模拟黏性流场中大密度比气液两相流的改进模型。为了提高模型的精度，在原始模型的基础上计入了邻近点间粒子数密度的传递速率控制，考虑了碰撞项的差分松弛；为了避免两相间大密度比造成的数值不稳定问题，分别采用六点和九点差分格式求解哈密顿算子及其衍生形态，实现了由单步碰撞操作到两步操作的转化，具有更高的数值精度，可保证质量守恒和体积不可压缩性，图4-21所示为大连理工大学通过格子玻尔兹曼方法模拟圆柱体入水。海军装备研究院将格子波尔兹曼方法应用于船面流场研究领域的课题，获得较好的并行效率和计算精度，省去了复杂网格生成中的人工作业，提高了前处理效率，减少了网格处理中的不确定性。

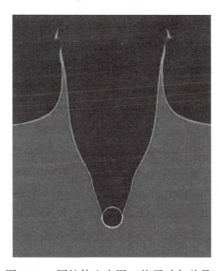

图4-21 圆柱体入水图（格子玻尔兹曼）

4. 气动噪声

气动声学是建立在空气动力学和声学基础上的新型交叉学科，是研究气体与气体或气体与固体相互作用产生噪声的科学。气动噪声在飞行器及其推进系统中广泛存在，如增升装置噪声、起落架噪声、发动机风扇噪声和喷流噪声等。随着国际民航组织不断严苛的噪声适航条例，以及民用飞行器及大涵道比涡扇发动机性能的不断提升，导致气流与物面边界的相互作用更为复杂。在工程应用方面，能够有效抑制噪声的声衬铺设面积也越来越小，这都为新一代的飞行器及推进系统的声学设计带来巨大挑战，直升机装备的噪声水平会极大影响其战场突防能力和生存能力。

当前的噪声预测方法主要包括计算气动声学（Computational Aero Acoustics，CAA）和声学比拟方法两类。CAA 对低色散、低耗散高精度数值离散格式有很高要求。由于 CAA 对数值方法的过高要求，当前更为实用的发展趋势是采用流场和声场分开求解的方法，即采用 RANS/LES 混合方法获得近场流动数值解，通过声学比拟方法或者声传播方程计算远场噪声。

中国空气动力研究与发展中心系统开展了高阶精度数值方法、流动分离与旋涡运动和气动噪声产生机理等方面的研究工作，发现并解决了高阶精度激波捕捉的 WENO 格式对含激波的定常流动不收敛难题。针对计算气动声学，中国空气动力研究与发展中心建立了光滑测试因子设计准则，发展了高阶精度类谱分辨率的紧致格式，提出了非定常分离的判断准则，建立了高机动旋转飞行器多尺度涡非线性理论、高精度计算方法和动力学模型，发展了非定常旋涡运动拓扑分析理论，基于流场的拓扑结构给出了旋涡破裂的一种分类，发现旋涡破裂具有多螺旋结构，给出两个等熵旋涡合并过程产生噪声的精确解，发现激波噪声的多级产生机制，发展了流声分离的非线性动力系统理论。

北京航空航天大学系统地发展了航空发动机噪声预测及控制方法、航空推进系统稳定性预测及控制方法以及燃烧不稳定性理论和控制方法。在波涡相互作用以及多孔板声阻抗模型及其实验测试方面做了系统性的研究工作。提出了通过源与声衬相互作用实现进一步降低噪声的方法，建立了传递单元理论，研究了多叶片排声传播以及转子叶顶声衬设计等问题；在计算气动声学及高精度数值模拟方面也发展出独特方法，提出了一种计算运动边界问题的谱方法，在气动声学问题中得到应用。

西北工业大学在传声器阵列声学试验测试技术方面，发展了可用于静止声源和运动声源识别的传声器阵列测试技术和数据处理方法，针对传统声源识别技术不能测量声源指向性的难题，发展了可用于声源指向性测量的声源识别技术；在大型客机适航噪声预测技术方面，发展了大型客机适航噪声预测方法并开发了相应的预测软件；在大型客机机体表面声载荷预测技术方面，发展了发动机部件噪声预测模型及其引起的机身表面声载荷，并开发了相应的预测软件；在仿生学气动噪声控制理论研究方面，围绕锯齿尾缘、波浪前缘、多孔介质等仿生构型开展了系统的研究工作，深刻揭示了仿生构型的降噪规律和降噪机理；在航空叶轮机气动声学基础理论研究方面，发展了航空发动机热力循环设计过程、通流设计过程以及详细设计过程中的气动声学设计理论和方法，构建了航空发动机气动与声学一体化设计体系。

4.1.5 多学科多目标优化设计

飞行器气动外形优化是针对典型飞行工况，结合 CFD 计算技术与现代数值优化算法，利用计算机自动寻找满足多种约束的最佳气动性能外形的一种设计方法学。在航空航天领域，各学科数值模拟技术日臻成熟，基于高可信度数值模拟的优化设计方法在飞行器的设计中得到越来越广泛的应用。近年来，飞行器气动外形优化相关研究针对解决实际工程设计中的复杂问题，开展包括处理复杂多目标设计空间的减缩、代理模型、稳健性优化设计，以及多学科耦合设计等一系列挑战性的问题。

1. 基于进化算法的优化设计

进化算法擅长处理非连续、多峰值、多约束和多目标优化问题，应用进化算法进行气动优化设计的出发点是认为气动设计是一个多极值优化问题。进化算法直接把 CFD 计算当成黑盒调用，容易实现且适用性强。然而，进化算法也面临计算量大、收敛缓慢的问题，特别是当设计变量和设计目标数目增加时，利用进化算法进行高精度 CFD 的气动设计需要巨大的计算量甚至无法完成。中国空气动力研究与发展中心提出了一种基于流形结构重建的多目标优化方法，利用流形结构重建方法完成解集分布从目标空间到设计空间的映射，建立解集的概率分布，并在目标空间中扩展流形结构，从而借助解集在目标空间的推进来指导优化算法的快速演化。算法对于具有不同特征的 Pareto 前沿具有很好的适应性，能够极大地提高算法的收敛效率。

2. 基于代理模型的优化设计

在实际的工程应用中，由于使用高精度物理模型进行性能分析会带来计算成本过高的问题，代理模型作为学科分析工具和优化算法之间的接口得到了广泛的应用和发展。代理模型是指在性能分析和优化设计中可以"代替"那些计算复杂且费时的数值模拟的数学模型，又称为"近似模型""响应面模型"或"元模型"。代理模型最初仅作为代价昂贵的 CFD 数值模拟的替代模型，以降低计算成本。随着"优化加点准则"和"子优化"的引入，代理模型的作用机制发生了变化，构成了一种可以基于历史数据来驱动新样本的加入并逼近局部或全局最优解的优化算法，这种优化算法称为代理优化算法（Surrogate-Based Optimization，SBO）（图4-22）。

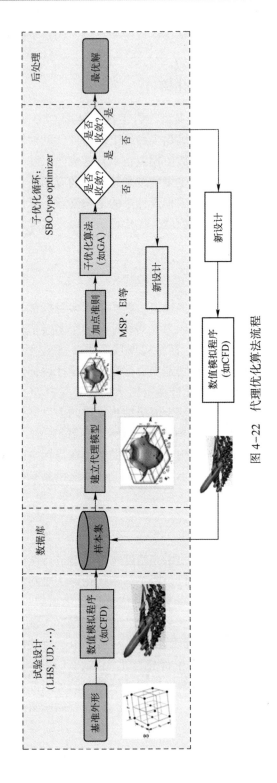

图 4-22 代理优化算法流程

西北工业大学在代理模型理论和算法方面开展了广泛且深入的研究。在 Kriging 模型理论和算法方面，提出了一种结合梯度增强 Kriging 模型和广义混合桥函数的变可信度代理模型，提出了一种分层 Kriging 模型（Hierarchical Kriging，HK），有效解决了 Cokriging 模型中交叉协方差难以计算的问题。目前，HK 模型已成功应用于 DLR F12 翼身组合体气动数据建模、跨声速机翼气动优化设计、直升机旋翼气动/噪声综合优化设计。

中国航空工业空气动力研究院开展了基于代理模型/机器学习模型的优化算法、优化设计平台技术研究，提出了结合 Kriging 模型/RBF 神经网络模型、遗传算法、EI/MSP/基于相似准则加点策略的代理优化算法，可以在保证具有全局优化效果的同时，大幅提高优化设计效率。

3. 基于梯度的高精度多学科优化设计

传统的飞行器设计方法为了降低复杂性，将整个系统依据学科进行解耦，以便各个学科在研发过程中保持相对的独立。随着新一代民用飞机、作战飞机、航天类飞行器的综合性能要求的不断提升，同时各个学科的耦合程度将越来越高，与之而来的是设计与管理的难度急剧增加。航空工业计算所发展了面向工程应用的离散伴随优化设计方法，实现了气动优化设计技术的工程化突破，提出了气动/结构串行优化设计策略，发展了基于梯度的气动结构综合优化设计方法，适用于飞行器前期概念以及后期的详细设计阶段。西北工业大学提出了一种约束累积方法，在优化过程中将所有结构约束按照不同构件（蒙皮、翼肋、梁等）累积成多个，能够有效处理飞行器结构优化设计以及气动/结构综合优化设计中存在的大规模约束，大幅提高了代理优化处理约束的能力。中国空气动力研究与发展中心发展了基于高精度电磁特性分析的电磁离散伴随方程求解，实现了电磁特性灵敏度高效求解，并结合气动伴随方法，能够考虑进气道与气动外形的耦合设计。

4. 稳健优化设计

传统的气动设计属于确定性设计，有可能导致气动性能对不确定因素异常敏感，甚至会带来一定的安全隐患。航空航天领域考虑不确定性的多学科优化设计主要关注的问题包括多源不确定性高效量化方法，以及与不确定性量化方法兼容的高效优化方法等。

不确定性量化是开展飞行器气动稳健优化设计的基础，其目的是为气动稳健设计提供与优化方法体系兼容，适用于多源不确定性问题的高效的不确定性量化模型。西北工业大学、中国空气动力研究与发展中心围绕面向飞行器设计的不确定性量化方法，发展了非嵌入式混沌多项式展开（Polynomial Chaos Expansion，

PCE）方法。通过引入样本梯度信息，建立了梯度增强混沌多项式展开（Gradient Polynomial Chaos Expansion，GPCE）方法，以显著提高 PCE 建模计算效率及预测稳定。西北工业大学发展了适用于二维构型的气动稳健优化设计方法，融合稀疏化 PCE 不确定性量化模型，构建了基于离散伴随理论的高效的气动稳健优化设计方法，实现了针对三维复杂构型的气动稳健设计。

4.1.6 高性能计算

1. 超大规模网格生成

网格生成是数值模拟中非常重要的前处理步骤，通常占据了整个求解过程的大部分人工时间。随着求解问题的复杂程度越来越高、结果精度要求也越来越高，所需网格越来越精细、复杂程度越来越高。因此，大规模并行的计算流体力学已成为现代网格研发的核心手段之一。

中国空气动力研究与发展中心在大规模并行生成方面开展了以下研究。一是针对结构网格大规模可扩展并行算法的网格框架构造技术，提出了满足结构网格生成的框架线体系，并基于框架线的优化实现了并行环境下 320 亿规模结构网格的并行生成；针对大规模非结构网格难以生成的问题，提出了一种基于背景网格加密的大规模网格生成方法，基于背景网格"网格加密-物面投影-空间点变形"的思想，建立一种适应于百亿量级超大规模非结构网格并行生成方法，突破超大规模 CFD 计算的瓶颈问题，可采用万核生成对复杂标模外形 200 亿三棱柱/四面体混合网格（图 4-23），相关代码集成于风雷软件中开源。二是针对非结构网格隐式大规模可扩展并行算法的动态可扩展技术，提出了非结构并行网格生成的"动态墙"方法和区域分解技术，在有效控制信息通信总量的前提下，将全局耦合的非结构网格生成过程有效解耦。使非结构网格生成可以利用 HPC 的巨大并行计算资源快速生成，且网格规模原则上无限制，初步解决仿真计算的前置网格生成的规模瓶颈。三是针对百万核量级并行的动态负载平衡方法研究，提出针对国产 E 级系统体系结构特征和应用特征的多区域多级分解网格数据处理技术，将 E 级计算条件下的超大规模网格高效并行处理和计算负载限制在可控范围内。基于多区域多层结构，研究利用拓扑图论方法进行计算量和通信开销估计，并以此进行百万核条件下网格数据的并行剖分算法，促进 HPC 在科学计算领域的拓展。

浙江大学针对百亿量级四面体网格并行生成问题，提出了基于区域分解并行和细粒度并行的两级方法。基于区域分解的并行方法，提出和实现了基于稀疏体背景网格分解和基于表面网格递归分解的两类方法，该方法适用于分布式内存架构系统，具有较好的可扩展性。对于细粒度并行方法，提出了基于无锁原子操作

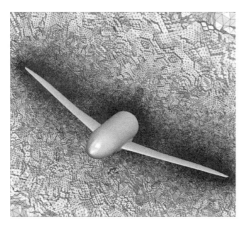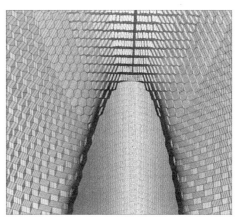

图 4-23　风雷软件并行生成客机百亿量级网格

的并行插点、点优化和拓扑优化算法,该算法适用于共享内存架构系统,在 8 线程下最高达到了 7 倍以上加速。综合上述技术,开发和实现了百亿量级并行四面体网格生成软件。同时还进行了对高可靠、高效率的区域分解方法以及多线程并行 Delaunay 网格生成方法的相关研究。该方法支持 100 亿量级的非结构网格并行生成,生成时间小于 10min。最大测试结果为 200 亿,生成时间在 1024 核下约为 15min,在 4096 核下,生成时间只需要 6min。在千核情况下,单核生成效率约为 2 万单元/s。在 4096 核下,单核生成效率高于万单元/s。

北京应用物理与计算数学研究所针对笛卡儿网格应用的前处理部分,面向上万个处理器核,系统地提出了高效的三维实体建模并行算法、面向特征的复杂外形自适应网格生成并行算法;基于上述理论和技术,研制高效的三维并行前处理软件包,作为共性层面的软件模块服务于若干实际问题的大规模并行数值模拟。

2. CFD 并行加速技术

CFD 的研究和应用正在向前所未有的深度发展,对计算性能的需求越来越高,必须充分利用当前先进的高性能计算机来满足 CFD 计算的需求。从高性能计算机技术发展的角度看,目前正处于 E 级计算(每秒百亿亿次浮点运算)时代,高性能计算系统结构变得越来越复杂,呈现出多层嵌套和异构加速的典型特征,计算性能与访存、通信性能的差距扩大,"存储墙""I/O 墙"问题愈加突出,大大增加了 CFD 大规模并行算法设计和软件研发难度。为使 CFD 软件充分发挥高性能计算机系统的性能潜力,国内各优势单位针对高性能计算机系统体系结构特点,深入开展了工程适用的高效可扩展 CFD 并行技术,增强了多款 CFD 软件的硬件适配性,确保了 CFD 应用软件和高性能计算机的协同发展。

在并行算法研究方面，中国空气动力研究与发展中心针对未来 E 级计算的需求，开展了超大规模高可扩展并行计算方法研究，构建了 MPI+X 多层异构协同并行模型，提出了基于网格单元的细粒度数据并行算法、数据分块和搬运策略、物理特性感知的动态负载均衡方法，设计了数据结构重构、网格重排序、数据软预取、混合精度等离散访存优化方法，支撑了 11 亿量级 66 万核级的大规模 CFD 并行计算，并行效率可达 66.9%（以万核为基准）。此外，中国空气动力研究与发展中心还提出了基于位置空间与速度空间组成多相空间的玻尔兹曼模型方程大规模并行计算数学模型，设计了 GPU 异构细粒度高效并行，建立了多层嵌套并行策略，实现了数十万核并行计算加速，并行效率达 80%以上。国防科技大学与中国空气动力研究与发展中心、中国航天运载火箭技术研究院、四川大学合作，研究了面向典型 CFD 算法的高可扩展多线程并行技术、向量化技术，设计了可扩展的消息传递/共享存储并行算法、面向 CPU+GPU 和 CPU+MIC 异构并行体系结构的高效异构协同并行算法，在天河系列超算上实现了 1220 亿网格规模、59 万核心的超大规模高精度 CFD 数值模拟。国家超级计算无锡中心与中国空气动力研究与发展中心合作，研究了面向国产异构众核架构的 CFD 非结构网格计算并行优化方法，提出了数据重构模型和基于信息关系预存的离散访存方法，实现了 1 亿网格规模、62.4 万核心的超燃冲压发动机燃烧室精细化模拟。国家超级计算广州中心与中国空气动力研究与发展中心合作，研究了面向 CPU-Matrix2000 国产异构平台和 CPU-GPU 通用平台的超大规模异构 CFD 并行计算，建立了多层异构并行计算模型，设计了依据 CPU、加速器性能设置权重的节点内非结构网格弹性动态分配方法、非结构网格 CFD 数值计算方法在加速器上的细粒度优化技术、通信与计算重叠策略，实现了 200 块 GPU 卡的大规模非结构 CFD 异构计算，并行效率为 42%。西安航空计算技术研究所发展了 CFD 计算中的 CPU+GPU 异构多级并行计算、低延迟的 GPU 线程数据访问互斥和 GPU 内存数据精细管理等技术。西安交通大学针对大型流体机械多叶片排、多叶道、多区域计算模型，提出了适合于大型流体机械并行计算的软件框架，设计了四大类（分层弹性映射、通信、异构加速、访存）共 16 项并行软件优化方法，并在神威太湖之光、天河系列超算上开展了性能测试与优化，并行规模达 85 万核，以 10.6 万核心为基准的并行效率达到 88.6%。

在并行软件研发方面，中国空气动力研究与发展中心以风雷软件、FlowStar 通用流体仿真软件、非结构计算软件 AHL3D-UNS 为基础，持续开展了百亿量级超大规模网格并行生成、并行计算预处理、离散访存优化、MPI+X 混合并行等工作。风雷软件在"太湖之光"上实现了实际复杂飞行器 105 亿网格、100 万核异构并行计算，在天河二号开展 26 万 CPU 核、200 块 GPU 卡并行计算，在山河计算机开展 30 万 CPU 核并行计算，获第九届全国并行应用挑战赛冠军。航空工业计算技术研究所开发了多 CPU+GPU 异构多级并行计算求解器,并在天河-1A 上完成了软件系统的移植。中国航天空气动力技术研究院开展了同构及异构体系下的计算软件研发,并将软件移植到 CPU+GPU 异构平台。中国航空工业空气动力研究院基于自主高性能计算系统开展 MPI、MPI+OpenMP 等多种并行技术研究,并结合自主 CFD 软件开展软硬件适配研究,完成了自主 CFD 软件并行架构优化设计,实现亿级网格万核规模高效并行。

3. 量子 CFD 技术

量子计算技术发展最早可以追溯到 1982 年,物理学家理查德·费曼(Richard Feynman)首次提出量子模拟的概念,由此,量子计算技术研究被提上了科学发展的历程。相比于经典计算机,量子计算机具有两个显著优势:第一,量子计算机信息存储量随比特数呈指数级增长,理论上当比特数足够大(如比特数达到 250 个)时,量子计算机能够存储的数据量比宇宙中所有原子的数目还要多;第二,量子计算机是对量子比特构成的整个复合系统进行操作,可以将其理解为一种原理上的"并行计算",这在经典计算机上是无法实现的。

现阶段量子 CFD 技术主要基于量子-经典异构计算框架进行实现,其核心思想是利用量子计算技术加速 CFD 全流程中某些关键的、高复杂度的子流程,具体加速的子流程与选取的基础 CFD 方法有关。2021 年,中国科学技术大学基于经典的同伦摄动法提出量子同伦摄动法,相比于经典同伦摄动法,量子同伦摄动法在参数个数和精度上都具有指数级的加速效果。2022 年,上海交通大学则利用 Level-Set 水平集方法将非线性偏微分方程映射为线性偏微分方程,并基于此提出一种新型量子非线性算法。2022 年,中国科学技术大学提出了针对稳态计算的量子有限体积法,通过其自主设计的量子随机存储器数据结构,搭配 CKS 算法和 l_∞ 量子态层析算法,给出了包含经典-量子数据互转过程的完整求解框架,对 ONERA-M6 翼型绕流和超声速斜劈激波问题上开展了量子有限体积法虚拟机模拟(图 4-24)。中国科学技术大学在其提出的量子有限体积法框架中对包含数据互转的完整过程的时间复杂度进行了分析,受限于量子态层析过程,量子 CFD 算法很难实际应用于高精度求解,因此能否提出更高效的量子态层析算法,或者减少量子态层析次数,是量子 CFD 技术走向实际应用需要解决的重要问题。

整体而言,目前量子 CFD 领域正在高速发展中。国内进行量子 CFD 领域探索的代表单位有中国科学技术大学、合肥综合性国家科学中心人工智能研究院、合肥本源量子计算科技有限责任公司等。其中,本源量子在近年发布了第一款基于量子有限体积法的量子计算流体动力学模拟软件——"本源量禹",该软件能够在经典计算机上模拟实现 HHL、VQLS 等关键量子线路，并实现多种流动问题的数值模拟。

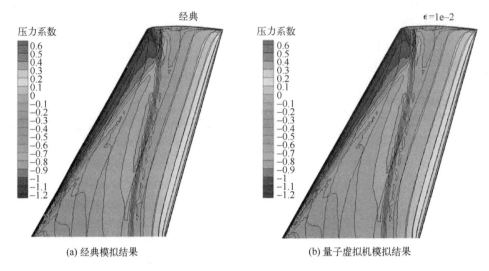

图 4-24 ONERA-M6 翼型绕流问题的经典模拟结果与量子虚拟机模拟结果对比

尽管已经存在一些瞩目的研究成果，不可否认的是目前量子计算在 CFD 领域的应用探索依然处于起步阶段，距离实际落地还需要更多的研究。

4.1.7 气动建模与参数辨识

1. 气动力建模

气动力建模是飞行器仿真、控制系统设计、性能评估与分析的基础，近年来，国内气动力建模方法研究的热点方向和问题主要集中在大迎角非定常气动力建模和多可信度气动数据融合方法研究等方面。

准确建立非定常气动力数学模型，是飞机大迎角飞行控制律设计、飞行动力学分析和飞行仿真的基础和前提。近年来，国内大迎角非定常气动力建模研究的方法主要分为数学建模方法和人工智能建模方法。在数学建模方法方面，南京航空航天大学建立了基于两步回归法的状态空间模型，并通过与飞机模型的小振幅动态试验数据的比较验证了模型的准确性；中国空气动力研究与发展中心在状态空间模型基础上建立了微分方程模型，直接用微分方程描述由涡破裂和恢复迟滞引起的非定常气动力增量，在工程上取得了比较好的应用效果；清华大学提出了飞行数据多重分区方法、通用气动模型和模块化级联模型，克服了迎角分区方法的局限性；上海飞机设计研究院结合飞行试验和工程应用特点，建立了民机纵向气动参数非线性辨识模型及方法，为民机飞行品质鉴定及工程飞行模拟器的建立提供了依据。在人工智能建模方法方面，中国空气动力研究与发展中心、南京航空航天大学均对神经网络建模方法进行了研究，根据先验信息的利用程度分别发展了非定常气动力的多种神经网络模型；中国空气动力研究与发展中心利用风洞试验数据开展了最小二乘支持向量机建模方法的应用研究。

气动数据的生产主要有飞行试验、风洞试验和数值计算三种手段，其数据可信度、生产效率和成本差异较大，探索如何快速获取高质量、低成本的气动数据具有重要现实意义。中国空气动力研究与发展中心发展了基于Kriging、径向基函数、支持向量机和分类决策树等响应面模型和深度神经网络模型的多可信度气动数据融合方法，充分利用大量低可信度数据用于预测全局趋势，少量高可信度数据用于提供更准确的值和修正全局趋势，二者融合得到期望的数据集这一思路，通过对关键测试点上高可信度与低可信度之间的差异量建模，修正原始数据，提升了数据的可信度。目前已用于某飞行器的气动数据天地相关性修正，为飞行器的气动性能评估提供了有力保障。

2. 气动力参数辨识

基于飞行试验数据的气动力参数辨识是飞行器系统辨识中发展最为成熟的一个领域。近年来，国内气动力参数辨识方法研究的热点主要集中在输入设计方法研究、辨识方法研究、辨识结果准度分析研究和辨识方法的新应用等方面。

在输入设计方法研究方面，中国空气动力研究与发展中心开展了多通道输入频域设计方法研究，采用该方法设计的输入信号频带较宽，对动力学模态不确定性的鲁棒性较高，并且在频域和时域上各通道信号相互正交，适用于飞行器的任何飞行状态，增加了试验数据的有效信息量，提高了气动参数的可辨识性和辨识准度，具有实际应用价值。

在辨识方法研究方面，北京航空航天大学在预测制导法中引入气动参数的在线估计与修正环节，保证了制导精度，提高了高超声速飞行器再入过程中的抗气动扰动能力。空军航空大学通过固定翼飞机飞行数据，详细对比分析了扩展卡尔曼滤波（Extended Kalman Filter，EKF）和无迹卡尔曼滤波（Unscented Kalman Filter，UKF）的在线辨识性能。南京理工大学提出了一种新的自适应混沌变异粒子群算法，求解最大似然准则下的高速旋转弹丸气动参数辨识问题。华中科技大学提出了一种基于粒子群优化算法的带遗忘因子的最小二乘时变气动参数在线辨识方法，并通过仿真分析验证了方法的有效性。天津大学和北京宇航系统工程研究所利用气动特性的先验知识，将传统的参数估计问题转化为有约束的优化问题，解决了小迎角下有控飞行器气动参数辨识误差大甚至无法辨识的难题。中国空气动力研究与发展中心将在线辨识技术应用于飞机结冰气动特性研究，在结冰气动特性建模基础上，利用辨识方法获得结冰前后飞机气动参数的变化；基于极大似然估计和修正牛顿-拉夫逊（Newton-Raphson）迭代法开发了飞机大导数辨识软件，并成功利用该软件平台辨识得到了大飞机的稳定和控制大导数，分析了飞机的操纵性和稳特性，为飞机控制系统设计、飞行品质评估和一体化设计提供了有力的数据支持。

在辨识结果准度分析研究方面，中国空气动力研究与发展中心发展了一种修正协方差方法，解决了测量数据被有色噪声污染下的参数估计准度评估问题。

在气动参数辨识方法的新应用方面，中国航天空气动力技术研究院从提升试验对实际飞行状态模拟能力的角度出发，将双平面拍摄技术应用于风洞自由飞试验，采用三周期法辨识得到了简单锥模型的气动导数及运动稳定性判据；采用一种基于混合遗传算法的参数辨识方法获得了飞艇的气动特性。南京理工大学在改进弹道靶试验进程和数据传输的基础上，建立了弹丸的气动参数辨识工程算法，在保证结果精度的前提下缩短了数据处理时间。中国空气动力研究与发展中心利用低速风洞带动力自由飞试验，开展了气动力建模和参数辨识研究。

3. 气动热参数辨识

气动热参数辨识是一类热传导逆问题，主要是通过测量结构内部温度，辨识出结构受热面的表面热流或者结构热物性参数。中国空气动力研究与发展中心建立了二、三维表面热流辨识方法，并将此方法应用于飞行器表面热流辨识，辨识结果为确定转捩位置提供了数据支撑；基于热解面、热解层烧蚀模型建立了考虑烧蚀热解表面热流辨识方法，并将其用于钝头型碳酚醛材料试件在陶瓷加热风洞中的试验结果分析；从无量纲分析和仿真辨识出发，总结出了表面热流辨识问题的相似参数，初步建立起了表面热流可辨识性的准则和分析方法，给出了与测量误差相对应的表面热流辨识的截止频率；建立了一种基于贝叶斯推理和马尔可夫链蒙特卡罗（MCMC）加速抽样的辨识方法，并应用于表面热流辨识，计算结果从概率分布的角度给出了表面热流辨识的截止频率和精度；基于超声波脉冲回波法，建立了超声测量各向同性均匀介质结构内部瞬态温度分布的理论模型，发展了预测结构内部非均匀温度场的灵敏度法和共轭梯度法。

4.2 计算空气动力学软件建设

4.2.1 CFD 软件研制

1. 网格生成软件

近年来兴起的网格技术将高性能计算机、数据源、互联网三种技术有机组合，正形成网格技术研究热潮。因此，网格软件也得到了空前发展。其中，具有代表性的有以下几种软件：

中国空气动力研究与发展中心开展了结构网格生成软件 NNW-GridStar.SG 的研制，并于 2019 年 11 月面向全国免费发布。该软件定位于计算流体力学（CFD）网格生成领域，软件汇集了国内网格技术方面的顶尖研究成果，形成了"展示算法的力量"的独特设计理念，有效降低了网格生成工作强度、大幅度提升了网格生成效率，是一款具有鲜明技术特点的国产自主可控品牌软件。两年后，中国空气动力研究与发展中心在 2021 全国网格生成与应用研讨会上面向全国免费发布了非结构网格生成软件 NNW-GridStar.UG，打造非结构网格轻交互、高自动生成模式，提升网格生成效率，满足航空、航天、航海、轨道交通等领域的非结构网格生成需求。

上海交通大学和中国船舶及海洋工程设计研究院针对豪华游轮，开发了结构化网格自动生成软件 SUGOT-LCS。航空工业计算所在网格生成软件具有诸多研制成果：一是依托变弯度设计原理和流程，开发了一套大型客机可变弯度机翼设计软件。二是研发了适用于任意多面体非结构网格的重叠预处理软件 WiseCFD-PyGAP，重点解决复杂构型的网格狭缝等极限装配。该软件兼容了多种网格分区策略，支持多部件多层网格的并行组装，具备向第三方求解器移植的基础。三是完成了网格自适应工具 WiseGAT 的升级，提供交互式及标准化接口功能，有效支持与求解器的有机集成。

在基础理论和算法研究成果基础上，浙江大学开发了国内首款网格生成算法库软件 TiGER（Trustworthy Intelligent GriddER）。当前版本的 TiGER 包含了 10 余个核心应用程序接口（Application Programming Interfaces，APIs）函数，封装了非结构网格生成、几何处理、尺寸函数处理（生成、插值与优化等）等前处理关键算法。针对流体、结构、电磁等领域的网格生成需求，浙江大学与应用单位合作，利用 TiGER 算法库完成了多个定制网格生成软件开发项目，初步验证了算法库的能力和可靠性。

2. 流场软件

1）NNW-FlowStar（流动之星）软件

NNW-FlowStar 软件是中国空气动力研究与发展中心计算空气动力研究所自主开发的工业级通用流体仿真软件。该软件的核心求解器基于非结构混合网格技术，采用二阶格心型有限体积方法，专注于打造面向航空航天复杂问题流动模拟功能，能够准确开展飞机、直升机、再入飞行器及其他飞行器低、亚、跨、超声速定常以及非定常气动力、多体运动、进气道内流、喷流流场等应用场景模拟。软件以多体运动模拟为特色，涵盖了网格处理、数值解算及工程化数据处理等典型 CFD 流程；软件基于各类标模开展了大量的验证与确认工作，其预测结果与试验具有良好的一致性，具备便捷的后处理数据分析功能，提供批量数据处理、气动特性数据一键生成、气动载荷插值、进气道性能分析、监测点流场提取、轨迹动画制作等定制化功能。

2）NNW-HyFLOW（风雷高超）软件

NNW-HyFLOW 软件是中国空气动力研究与发展中心计算空气动力研究所自主开发的高超声速流动模拟软件。中国空气动力研究与发展中心基于风雷软件（PHengLEI）开源框架，集成了已发展数十年的 AEROPH_Flow、CHANT 和 OneFLOW 三款软件功能，研发了自主可控的国内首款面向高超领域的 CFD 仿真软件——风雷高超（NNW-HyFLOW）软件。该软件专注于地球再入、火星进入等大气环境下各类高超声速飞行器热化学非平衡流动模拟，并开展相关气动力、气动热、气动光学/电磁/辐射效应等气动物理特性的综合计算分析与工程应用。流场解算器采用基于 MPI 并行的结构网格有限体积方法，结合完全气体模型、一/两/三温度模型、多振动温度模型等构造了一体化计算体系，集成了空气 Dunn-Kang/Gupta/Park、火星大气 Park/McKenzie，以及空气/C—C 烧蚀混合化学反应模型等常用化学动力学模型，可模拟地球再入、火星进入等大气条件下的热化学非平衡定常/非定常流动问题。此外，包含等温壁、绝热壁、辐射平衡壁、空气有限催化壁、碳基材料烧蚀壁、稀薄滑移等多种壁面条件，支持壁面催化、表面微烧蚀和稀薄滑移等效应模拟（图 4-25）；可选 S-A、SST 两类湍流模型，支持 RANS 湍流模拟；支持与气体物理软件包的耦合模拟，可开展辐射加热效应预测、飞行器目标特性分析、通信中断评估等研究。

3）NNW-PHengLEI（风雷软件）

NNW-PHengLEI（风雷软件）是中国空气动力研究与发展中心研发的一款同时适合于结构网格、非结构网格，具备多学科计算扩展能力和超大规模并行能力，应用范围涵盖低速、亚跨超、高超声速的通用 CFD 软件。软件具备结构/非

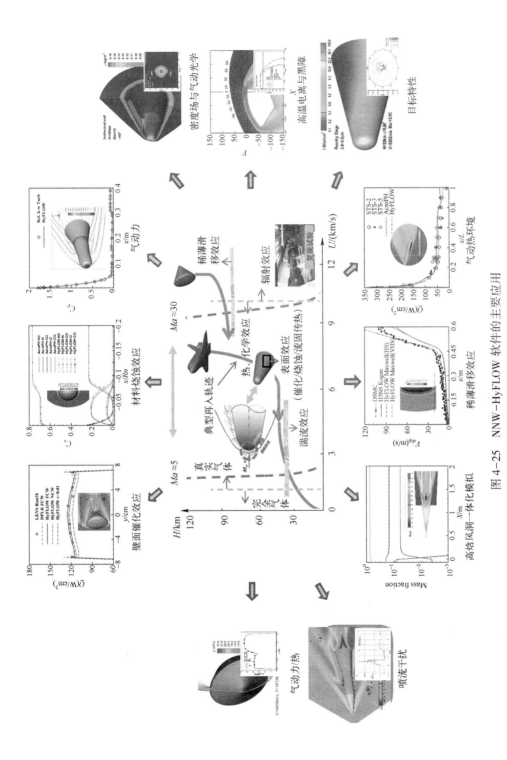

图 4-25 NNW-HyFLOW 软件的主要应用

结构求解器混合计算、重叠网格计算、大涡模拟、多组分气体扩散模拟等特色功能（图4-26），具备百亿网格百万核并行、200亿混合网格自动并行生成等能力，以高效并行计算为特色获全国并行应用挑战赛冠军。风雷软件于2010年开始研发，2016年面向全国发布通用软件，2020年12月面向全国开源，在互联网"红山开源平台"开放代码，是国内首款工业级CFD开源软件。截至2022年，已有100余家单位申请使用，21家单位基于风雷软件产生36项应用与二次开发成果，同时孵化形成了多款工业定制化软件，构建起了蓬勃发展的生态，促进了国内CFD软件的整体发展。

图4-26 NNW-PHengLEI软件的主要功能

4）飞廉软件

飞廉软件早期主要是为中国航空工业空气动力研究院的高低速风洞试验群提供CFD辅助分析工具，近年来通过在核心功能算法、输入输出接口、用户交互等方面持续开发和拓展，完成多次较大幅度的版本迭代更新，最新版本为V2.0。飞廉软件采用面向对象分层式架构设计，兼容任意多边形/多面体非结构网格，适配国产硬件及多种操作系统，支持亿级网格万核大规模高效并行，软件架构及计算效率达到国内领先水平。同时，飞廉软件深度利用中国航空工业空气动力研究院风洞试验数据进行验证与确认，能够对航空航天飞行器设计阶段全飞行包线范围的全机或部件开展数值仿真评估。

5）穿云软件

中国航空工业空气动力研究院集成以往研究成果，开发了结冰软件穿云（ChuanYun），并于2022年11月发布了V1.0版本。穿云软件主要面向航空飞行器结冰特性分析与防除冰系统设计，并全覆盖适航规章结冰条件标准，为航空飞行器结冰适航取证提供支持。穿云软件具备基于欧拉法和拉格朗日法的水滴运动与撞击模拟功能，基于 Messinger、Extended Messinger、Myers 等国际主流结冰模型的结冰生长模拟功能，具备 SLD、冰晶等结冰条件模拟功能，具备针对防除冰系统设计的结冰数据处理与分析功能。与典型状态下试验冰形相比，最大冰厚误差能达到 15% 以内。

6) 寻珠软件

寻珠软件是中国航空工业空气动力研究院研发的飞行器气动外形优化平台。该软件具有完全自主知识产权、实用性较强、适应性宽广，具备梯度优化、全局进化优化算法、全局代理优化算法等功能。寻珠软件可完成单/多目标的单独学科或跨学科任意多约束的优化设计任务，提供高效全局优化设计能力，匹配国产超级计算机系统及绝大部分国产软件，可在 48h 内完成复杂优化设计任务。

7) 气动噪声高精度计算软件

中国航空工业空气动力研究院研发了民机典型部件气动噪声高精度计算软件，针对民机典型部件湍流宽频噪声计算，采用稀疏非结构网格隐式大涡模拟与通量重构方法相结合实现湍流噪声源的直接计算，空间离散格式达到 5 阶精度，提高了增升装置、起落架等复杂构型湍流噪声源数值模拟保真度；结合隐式时间离散、MPI 高性能并行，提高了计算效率；采用核心求解程序、界面库、图形库和科学计算中间件相集成方法，开发了自主可控的气动噪声高精度计算软件；采用模型-视图-控制器的软件架构，解决了跨平台软件开发难题；软件界面友好、功能可靠，通过中国软件评测中心的测评；软件具有气动噪声从生成、传播到辐射的全声场高精度计算能力，起落架气动噪声预测特征频率的计算误差不超过 3.5%，峰值频率的幅值误差不超过 3dB。

8) HAiSP 软件

中国航天空气动力技术研究院在气动总体团队自主知识产权软件 GiAT 软件基础上集成稀薄流模拟模块，开发完成自主可控的空气动力通用软件平台——HAiSP。HAiSP 具备常规定常气动力/热预测能力，具备湍流/转捩、高温热化学平衡/非平衡、燃烧、稀薄气体流动等复杂流动物理预测能力，具备动导数、脉动压力等非定常气动特性预测能力，具备多体分离、直升机下洗流模拟等子母体/部件运动与复杂干扰流动仿真评估能力。

9) WiseCFD.HyperFlow 软件

"十三五"期间，航空工业计算所针对机体推进一体化气动力数值模拟，以及复杂外形气动热高精度数值模拟等实际工程突出的应用需求，研究探索了高速飞行器全场一致高精度气动计算方法，研制了一套基于结构网格策略和

"分区域、全场统一计算"思路的高速飞行器内/外流耦合计算软件 WiseCFD.HyperFlow，以内/外流耦合计算为核心，集成网格策略、物理模型改进、计算方法等相关技术研究成果，提供气动力/热、真实效应等具体功能，支持 RANS 和基于壁面模化 LES（WMLES）的计算。软件采用分层模块化思路研发，主要功能模块包括预处理模块、输入/输出模块、气动力/热模拟模块、真实气体效应模拟模块、分区计算模块等，实现了在复杂构型冷、热态一体化计算。

10) WiseSAC 软件

中国航空研究院、航空工业西安飞机设计研究院、中国航空工业气动院、浙江中航通飞研究院有限公司（简称通飞研究院）、南京航空航天大学等单位联合研制了适用于民机概念设计阶段使用的操稳特性和飞控系统设计评估软件集成平台 WiseSAC。其设计理念是将 CFD 技术引入民机概念设计阶段，建立多种保真度层次的气动模型，开发基于先进 CFD 技术的飞机操稳特性快速计算和精确计算软件，搭建适合在概念设计阶段对操稳特性和飞控系统设计进行评估的软件平台，用于支持顶层设计中的技术决策，降低设计更改风险。基于国际通用的飞机构型参数化定义共用规范 CPACS，集成了飞机概念设计、飞机几何建模、计算网格自动生成、气动数据生成、结构和气动弹性分析、飞行性能计算评估、操稳特性计算评估和飞行控制系统设计评估等功能模块。

11) ARCMA-CFD 软件

上海大学现代飞行器空气动力学研究中心近 5 年来，开发了多套通用、专用计算软件，分别为三维非结构流固热耦合计算软件（ARCMA-FSTC3D），航空飞行器可压缩三维流动全局高阶间断伽辽金数值模拟软件（ARCMA-LFDG3D），直升机旋翼悬停与前飞流场模拟求解器（ARCMA-HelicFH3D），基于物理模型的飞机气动声学快速评估软件（ARCMA-AirNoise）。

ARCMA-FSTC3D 软件为一款基于非结构网格的三维流动与对流换热数值模拟软件，支持航空发动机流动与对流换热数值模拟、复杂飞行器复杂流场气动特性数值模拟等功能。该软件所有算法均为自主开发，未调用开源库。软件开发的初衷是为求解航空发动机涡轮盘和旋转盘腔叶片的流动与对流换热，可通过多重坐标系法、冻结转子法和滑移网格方法实现旋转部件的数值模拟。在软件开发过程中考虑专用性的同时也考虑了软件的普适性，能够实现复杂飞行器复杂流场气动特性数值模拟等功能。软件在集成国内外常用数值算法的基础上，融合了开发团队自身特色算法，提高了计算的鲁棒性和准确性，可实现内/外流流场、固体导热以及流固热耦合的定常/非定常计算。

ARCMA-LFDG3D 软件是基于间断伽辽金方法开发的高精度航空气动力模拟软件。软件支持非结构网格以保证对复杂几何外形的兼容，内置的无黏、层流和湍流模型可以满足不同飞行器设计阶段对气动力的需求。高阶间断伽辽金方法使得软件在相同流场网格上可以得到比有限体积法更准确的数据，避免了在复杂外形区域的求解精度下降问题，更好地捕捉流场的精细结构。

ARCMA-HelicFH3D 是一款面向工程应用开发的直升机旋翼悬停与前飞流场模拟软件，适用于三维直升机旋翼的悬停和前飞流场求解。软件极大地提高了网格处理效率，解决并满足了旋翼的低阶和高阶流场求解的计算中对网格适应性高要求的问题，还使用了时间谱算子和双时间方法来满足直升机旋翼计算中的周期性非定常流场的计算特点。本软件内置了多种湍流模型来模拟计算湍流问题，适用于不同工况下的湍流特点。程序使用涵盖了用于复杂流动计算的多块重叠网格技术来加速计算收敛，以及结合了时空耦合算法等前沿方法来提高计算精度。

ARCMA-AirNoise 软件是一款自主开发的基于物理模型的飞行器部件及全机气动噪声快速预测软件，可应用于解决航空飞行器设计和优化改形过程中亟待解决的噪声快速预测问题。该软件所有算法均为自主开发，未调用开源库。软件基于飞机部件几何参数和噪声源特征，通过相关性分析，结合风洞试验和数值计算结果，形成了飞机部件和整机噪声的快速预测方法，可实现真实飞行环境下大型客机部件噪声（起落架、增升装置、发动机）的远场噪声频谱、噪声指向性等结果的快速输出。

3. 可视化软件

随着计算机软硬件性能的快速提升以及计算机图形技术的广泛应用，采用图形图像直观展示数值模拟结果的可视化技术已成为领域特征捕获、过程机理分析与科学规律发现的重要手段。伴随着国产 CAD/CAE 软件建设的蓬勃发展，国产流场可视化技术应用也进入一个快车道，在软件研制方面有了跨越性的进步，相继推出了 NNW-TopViz、GPVis、SVIP、TeraVAP、XField 等软件。

由中国空气动力研究与发展中心研制的国产软件 NNW-TopViz，可满足 CFD 用户可视分析应用需求。NNW-TopViz 依据面向对象的思想进行设计和实现，具有可靠性高、可扩展性好等特点。同时，基于自主可控优势打造了大规模流场数据并行高效处理、沉浸式自然人机交互、原位可视分析等特色功能。软件具有丰富的表达手段和可视化算法，能够为湍流转捩、流动分离、气动噪声等一系列流体力学问题提供分析及性能评估，可广泛应用于航空、航天、能源、交通和环保等各个领域。以图 4-27 中的客机为例，可以使用等值面来表达涡结构，展示起落架附近的气动噪声；在机翼的翼根部位使用粒子动画来展示大攻角流动分离；在发动机部位，使用体绘制来展示燃烧的内部细节；通过数据图表功能，可以方便用户进行数据关联性分析。

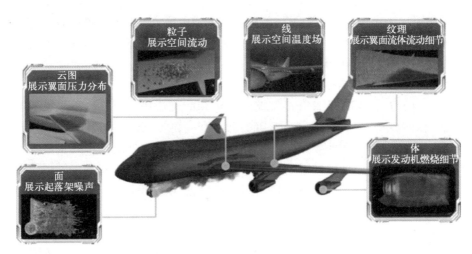

图 4-27　NNW-TopViz 重点功能应用场景

GPVis 是中国科学院计算机网络信息中心研发的一款面向科学数据的可视分析平台，该平台将数据解析、统计处理、可视化计算、图形交互等诸多环节进行模块解耦，并采用基于微服务的消息驱动的分布式架构，提升了整体系统的灵活性、稳定性、可移植性以及可维护性。

SVIP 是中国科学院针对各种大规模复杂数据场设计的集成可视化分析平台，软件支持各种常规可视化操作，提供各种高级可视化功能，已成为科学计算结果等数据的重要分析手段。

TeraVAP 是中国工程物理研究院高性能数值模拟软件中心研发的面向大规模复杂模拟数据场的后处理软件，该软件基于并行可视分析流程，通过优化数据读入、数据处理、图像绘制三个阶段，实现数据场的交互可视分析，提供了丰富的可视化、数据操作和定量分析方法，支持用户绘制物理图像、制作视频动画、挖掘蕴含数据中的物理规律和科学知识。

XField 是一款三维流场可视化展示软件，能满足物理风洞试验数据、CFD 解算数据的流场处理，具有简便的交互操作及特殊的渲染方式，让用户可以快速获得可视化效果，同时可用大屏/AR/VR 方式展示三维流场、激波/涡、湍流等特殊场景。

4.2.2　CFD 软件的验证与确认

验证（Verification）与确认（Validation）是保证 CFD 软件可信度的主要途径，不确定度量化（Uncertainty Quantification）和误差估计是验证与确认的核心工作。验证是确定计算模型精确实现数学模型的过程，确认是确定模型在预期用途内表征真实流体系统或过程准确程度的过程。当前，CFD 软件的验证与确认研究和进展可以归纳为标准和方法的建设、标模建设、验证与确认工具平台开发三个方面。

1. 标准和方法的建设

中国空气动力研究与发展中心与北京应用物理与计算数学研究所、航空工业计算所和中国航空研究院推动了国内 CFD 验证与确认术语和概念的统一与规范，在此基础上，联合电子科技大学、北京理工大学、国防科技大学、西北工业大学、南京航空航天大学制定了国家标准《空气动力数值模拟验证与确认》（6 个部分），分别为总则、定常气动力、非定常气动力、动态气动力、气动热和气动弹性。标准立足于国内 CFD 验证与确认的研究和建设成果，借鉴了国外验证与确认标准，规定了空气动力数值模拟验证与确认的任务、目的、原则、流程、方法，规范了定常气动力、非定常气动力、动态气动力、气动热和气动弹性数值模拟的验证与确认指标体系，为 CFD 软件的验证与确认活动的实施提供指导。

CFD 软件验证与确认的实施依托于验证、确认和不确定度量化方法。验证又分为代码验证和解验证，内容包括软件质量保证、数值算法验证、数值误差估计等。中国空气动力与发展中心和西北工业大学使用 Richardson 外推法和 GCI 方法开展了翼型的离散误差分析研究，南京航空航天大学开展了非定常流动、气动热和化学反应模拟的误差分析研究。

确认过程包括确认试验的设计与实施、确认模拟、确认度量、模型修正等。中国空气动力研究与发展中心和北京应用物理与计算数学研究所基于 AIAA 指南中的确认试验指导意见，进一步归纳总结了确认试验和确认模拟的原则。电子科技大学归纳了确认度量的性质，并发展了适用于概率盒的面积度量方法。国防科技大学为了解决小样本和考虑试验认知不确定度时的模型确认问题，发展了区间面积度量方法。在模型修正和参数校准问题中，国内直接应用于 CFD 的研究比较缺少，电子科技大学、南京航空航天大学、国防科技大学等开展了基于贝叶斯方法模型确认和模型参数校准研究，在可靠性评估等问题的应用中显示了良好的性能。

不确定度量化包括不确定度的识别和表征、不确定度的传播、敏感性分析等内容。近年来，伴随国家数值风洞工程的建设，CFD 不确定度量化工作有了长足的进步。

1) 不确定度的识别和表征

西北工业大学和中国空气动力研究与发展中心针对 CFD 系统特点，充分研究 CFD 建模和模拟过程，将复杂流动 CFD 模拟的不确定度来源分类为输入参数、数值求解、模型形式三类，通过概率分布、区间和概率盒的方式进行数学表征。

北京理工大学提出了一种基于拟合优度检验的不确定度分类表征方法，建立不确定度分类表征的定量评价准则。

2) 不确定度传播

不确定度传播问题从试验设计和代理模型构建两个角度展开。国防科技大学整理了一系列试验设计方法，研究了各种方法的优缺点和在 CFD 问题中的适用性，并开展了序贯试验设计和嵌套空间填充设计的研究。华北电力大学在 CFD 模拟中应用了分层采样、拉丁超立方采样方法，并进行了比对。

国防科技大学和中国空气动力研究与发展中心研究和整理了各种代理模型方法，并在翼型绕流问题、烧蚀热响应问题上进行了不确定度量化研究，建立了基于代理模型的 CFD 不确定度量化分析框架，比较了不同代理模型的精度及适用性。北京理工大学、华北电力大学、中国空气动力研究与发展中心、国防科技大学等深入研究了混沌多项式（Polynomial Chaos）方法，引入数据驱动、多元素建模、稀疏效应、多可信度建模、概率包络等方法理念，发展适合 CFD 特点的高效、高可信度的参数不确定度量化方法，突破高维不确定度量化的"维数灾难"难题，显著提升 CFD 参数不确定度量化的效率和精度。中国空气动力研究与发展中心和西北工业大学采用代理模型方法对翼型绕流问题研究了湍流模型系数的不确定传播问题，获得了流场的不确定分布云图，结合 Sobol 指标方法，识别了不同区域对不同计算结果产生重要影响的敏感性参数。南京航空航天大学通过建立非定常 Kriging 模型，研究了机翼下外挂投放分离问题的不确定度量化问题。北京应用物理与计算数学研究所通过建立 Kriging 模型和 PC 模型，研究了爆轰流体力学模拟中的参数不确定度量化问题。电子科技大学研究了基于概率盒的多元不确定度量化方法，发展了外层对随机不确定度参数样本域采样、内层用有约束优化方法处理认知不确定度的双层嵌套不确定度传播方法。南京航空航天大学、中国空气动力研究与发展中心发展了同时考虑参数不确定度、数值不确定度以及模型形式不确定度的概率盒方法，建立了 CFD 模拟综合不确定度量化的初步框架。

3) 敏感性分析

通过敏感性分析方法可以筛选出重要的不确定性因素，滤除不重要因素，降低模拟问题的复杂性。国防科技大学和中国空气动力研究与发展中心整理了各种敏感性分析方法，结合试验设计和代理模型方法，研究了 CFD 模拟中各种敏感性因素的大小。电子科技大学在概率盒框架下提出了对混合不确定度中随机不确定度和认知不确定度的解耦方法，并在此基础上分别构建了两类不确定度的灵敏度指标。西北工业大学和中国空气动力研究与发展中心针对数值模拟中不确定性变量多且往往呈现相关性的特点，开展了多维不确定相关变量的不确定度传播、敏感性分析研究。

2. 标模建设

标模建设为 CFD 软件验证与确认提供了高可信的对比数据。根据层次分析理论，确认试验应分层分类进行，用于比对 CFD 计算结果的数据应从简化到真实，从简单到复杂，从理论到试验的多角度多方面。中国空气动力研究与发展中心和航空工业计算所收集整理了 69 个数值模拟方法验证与确认标模，43 个典型流动特征验证与确认标模，29 个工程问题验证与确认标模。中国空气动力研究与发展中心联合国内多家单位开展了 14 项特种需求验证与确认标模的试验，包括大展弦比翼身组合体标模（即 CHN-T1 标模，见图 4-28）、小展弦比飞翼标模（即 CHN-F1 标模）、高升力布局标模气动力试验，开展了平板-楔模型和锥-柱-裙模型气动热试验，开展了典型压缩楔气动力/热/结构多场耦合标模试验，获得了各种测力、测压、热流数据以及流场结果，为 CFD 确认提供了大展弦比、小展弦比、高升力布局飞行器气动力数据、气动热数据、气动力/热/结构多场耦合数据。

图 4-28 CHN-T1 标模安装及油流试验结果

中国空气动力研究与发展中心和中国航天空气动力研究院开展了 TSTO 空天飞行器级间分离试验，获得了超/高超声速并联分离过程中的流动特征、复杂气动干扰效应和动态分离轨迹。

中国空气动力研究与发展中心与航空工业空气动力研究院哈尔滨空气动力研究所联合开展了大展弦比运输类飞机低速增升装置标模雷诺数影响试验，获得大展弦比运输类飞机低速构型不同雷诺数下气动力、机翼变形量、典型站位压力系数等。

中国空气动力研究与发展中心与南京航空航天大学联合开展了典型入射激波附面层干扰试验，采用皮托管模型、钝前缘平板模型、钝头锥模型和升力体模型开展了高超声速三维边界层转捩试验，开展了旋转飞行器与舵面振荡耦合试验，获得了定常、非定常流场数据。此外，其还通过模拟飞行数据和真实飞行数据建立了典型飞行器气动数据库，并采用参数辨识方法获得了气动力系数。

中国空气动力研究与发展中心、中国科学院力学研究所和中南大学联合开展了高速列车动模型试验，测量列车在不同速度时的明线运行、明线交会、隧道通过和隧道交会等运行工况下的气动性能。中南大学开展了高速列车大风影响试验，主要进行了变风速试验、无侧风环境的阻力特性和升力特性，以及有侧风环境下对列车气动特性的影响试验。

中国空气动力研究与发展中心、西北工业大学和清华大学采用旋成体模型，开展高速入水过程中入水空泡形态的研究，以及入水和水下航行过程中模型运动状态和姿态的研究，获得了可用于水气两相流数值模拟软件验证与确认的试验数据。

西南科技大学建立典型的结构传热与舱内对流/辐射耦合换热试验模型，并进行红外加热试验，其外形、试验数据和研究结果可用于舱内热管理耦合传热分析软件的验证与确认。

中国航空研究院和中国航空工业空气动力研究院联合开展了RAE2822翼型风洞确认试验研究（图4-29）。制作了200mm和300mm弦长两副机翼，在风洞进行了确认试验研究，获得了压力分布、升力系数、阻力系数、俯仰力矩系数、边界层速度剖面等试验数据，搞清了大堵塞翼型风洞试验的最佳洞体条件；300mm模型在马赫数、迎角与原始文献完全相同时，翼型压力分布与文献数据基本吻合，边界层速度剖面测量技术尚有待改进。

图4-29　RAE2822翼型在风洞中

中国航空研究院系统研究了 RAE2822 翼型原始风洞试验情况和试验数据，指出了采用该翼型风洞试验数据进行 CFD 确认计算研究过程中一些需要注意的问题，包括计算网格、几何处理、中弧线修正、风洞试验数据修正、边界层速度剖面和摩擦阻力系数数据转换等；给出了一种稳健的翼型风洞试验数据自动修正方法，通过拟合升力和阻力系数，或拟合压力分布试验数据，可以利用数据融合、计算寻优等方法自动获得马赫数和攻角修正值；鉴于翼型风洞试验的升力系数一般通过压力分布积分获得这一通常实践，采用 CFD 定升力系数计算技术只针对马赫数修正，而攻角修正通过定升力系数计算自动获得，减少了计算量或采样数量，方法也很稳健；利用 RAE2882 翼型典型工况试验数据，采用本征正交分解（Proper Orthogonal Decomposition，POD）方法建立压力分布代理模型对马赫数进行修正，并与采用模式匹配算法获得的修正结果进行了比对，确认了方法的有效性。

中国航空研究院研发了专用的空气动力学验证模型（CAE-AVM），在第一期风洞试验和第一届 CAE-DNW CFD 与风洞试验相关性研讨会研究成果的基础上，于 2018 年在荷兰 DNW-HST 风洞开展了第二期风洞试验（图 4-30），主要补充了全机构型试验、阻力发散试验和升降舵偏转试验，采集了马赫数 0.2~0.9 的同步测力、测压、测变形和转捩数据，以及彩色油流等流动显示试验结果，形成了包含几何数模、CFD 网格、风洞试验模型、试验数据、相关性研究在内的 CAE-AVM 模型数据库，目前已在 CFD 软件验证、相关性研究、风洞试验能力建设和民机设计技术研究等方面得到了多项应用。

图 4-30　CAE-AVM 模型在 DNW-HST 风洞中的油流试验

中国航空研究院在 CAE-AVM 的基础上研发了采用前缘连续变弯、前缘缝翼、单缝后缘富勒襟翼组合式增升装置的空气动力学验证模型高升力构型（CAE-AVM-HL），于 2018 年在荷兰 DNW-LSF 风洞开展了风洞试验研究（图 4-31），风洞试验内容包括同步测力、测压、测机翼和襟翼变形，以及丝线、彩色油流、PIV 流谱等流动显示试验，并在风洞试验中调整襟翼位置，验证了缝道参数达到最优。针对前缘连续下垂和前缘缝翼交界处存在的流动干扰现象，提出了一种抗流动分离的设计方案。

图 4-31　CAE-AVM-HL 模型在 DNW-LSF 风洞

3. 验证与确认工具平台开发

中国空气动力研究与发展中心在标模建设基础上，完成了数据规范制定、数据库平台架构设计、数据库软硬件环境搭建、数据库平台的开发实现、标模数据入库、数据库维护和调优各项工作，建立了一个系统、完整、可扩充的专用标准算例数据库平台。平台能够存储和管理风洞试验与数值计算得到的完整标模算例数据集，具有数据装入、数据管理、数据应用、文件在线展示、质量检验、元数据管理、接口管理、系统管理等功能，能为用户提供标模算例的查询、展示和下载服务，并通过接口为 CFD 软件自动化测试和可信度评价平台提供数据支撑。目前，数据库已部署到国家空间科学数据中心（National Space Science Data Center，NSSDC），实现了全国范围内的共享共用。

中国空气动力研究与发展中心开发了 CFD 软件自动化测试平台，平台通过建立规范统一算例数据库输入和输出标准，研制在 CFD 软件代码更改的情况下，利用交互式 GUI 操作界面，自动进行代码编译，自动对指定算例和备选算例实时远程计算，自动收集计算结果并对计算结果进行对比分析，并将该信息反馈给开发人员。目前，通过平台管理，提升了软件的开发、测试效率，助力了开发团队打造规范化、可视化、自动化的软件研发体系。

中国空气动力研究与发展中心联合航空工业计算所基于 CFD 软件验证与确认指标体系理论，开展了一致性度量方法和指标赋权方法研究，在标模数据的支撑下，建立了支持气动力、气动热、多体分离、动态特性等类型的 CFD 软件可信度评价平台。该平台立足于解决 CFD 软件应用问题及具体工程问题，围绕软件集成、数据集成、评价流程集成的核心任务，建立起一套整合学术理论、可信度评估工具、不确定度量化工具、常规业务流程和结果报告的系统框架。

航空工业计算所研制了具有完全自主知识产权、面向 Web 应用和云技术开发应用的气动数值模拟软件可信度分析平台。平台以安全保密条件下的高性能计算环境为部署安装环境，采用 B/S 软件架构和 Docker 技术实现应用部署开发，提供开放式数值模拟软件管理、评价指标管理、评测项目组织管理、计算项目组织管理、算例数据管理、计算作业管理、数据分析和比较以及自动化报告生成、用户管理等实用功能，为支持气动力、气动热、多体分离、动态特性、超燃发动机燃烧等类型软件的可信度分析和评价提供了有效的支持工具，实现了可信度综合评价全过程的流程化和自动化。航空工业计算所还持续开展了验证确认数据库的开发及标模的梳理工作，确立了验证确认算例收集、整理和入库标准，以及质量保证程序。以支持分布式存储及面向网络共享为目标，建立基于 Web 方式的 CFD 验证确认数据库，既可作为可信度平台的配套支持工具，也可作为独立数据库应用系统的产品应用。

航空工业计算所基于 Wiki 技术，初步建立了一套 CFD 软件最佳实践知识库原型软件系统，提供知识分类管理、知识内容管理、知识版本追踪、知识检索、知识图谱展示、用户及权限管理、系统管理等实用功能，集成全套气动力/热 CFD 软件可信度评价知识库知识档案。中国航空工业空气动力研究院针对目前 CFD 的自动化和智能化程度低等问题，以大数据分析和机器学习算法为核心，实现 CFD 计算流程的自动优化、物理和数学专业模型的自动进化，实现机器根据任务需求的上下文自动完成网格生成、解算和数据处理能力，提高 CFD 效率和置信度（图 4-32）。

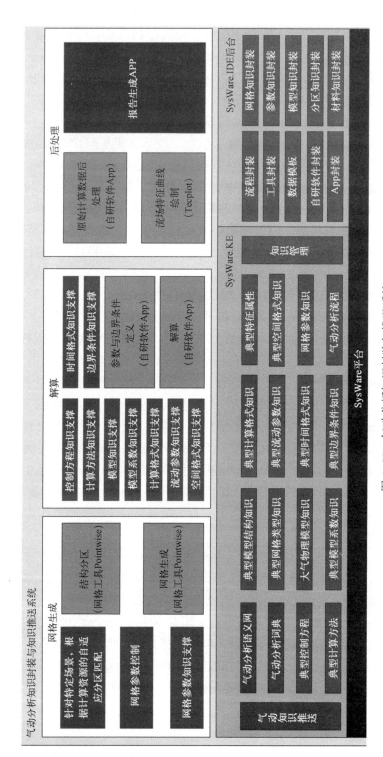

图 4-32 气动分析知识封装与推送系统

4.3　大型计算机及附属设施

为了支撑 CFD 数值模拟不断向前发展，持续发展建设超级计算机系统非常必要。目前，国内主要的 CFD 研究与应用机构均建设了大规模超级计算集群，高性能计算能力得到显著提升。

4.3.1　中国空气动力研究与发展中心计算中心

中国空气动力研究与发展中心计算中心目前拥有多套高性能计算集群，能够有效满足计算流体力学应用的计算需求，可高效支撑大规模并行仿真应用程序的开发和业务运行。该中心新建成的新一代高性能计算集群，能开展超大规模网格高保真 CFD 数值模拟任务，进一步提升数值仿真运算能力。同时配置有三维可视化系统，具备对 CFD 大规模三维网格和流场数据进行网格可视化和流场可视化的能力。

4.3.2　航空工业计算所计算中心

航空工业计算所于 2018 年正式建成航空工业计算所大型计算中心。该计算中心面向航空航天领域，提供了资源共享、设施一流、功能齐全的高性能计算专业服务平台，配备包括计算流体力学、计算结构力学、电磁仿真、结冰模拟等丰富的科学和工程计算软件，具备了提供高端工程（气动、结构、热、隐身）计算服务的软硬件能力，以及支撑机载计算技术验证、高性能计算与工程咨询服务的能力。

4.3.3　中国航空工业空气动力研究院高性能数值模拟集群

中国航空工业空气动力研究院于 2018 年新建成 1000 万亿次浮点运算能力的高性能计算集群系统，具备多个超大内存的计算胖节点和远程图形处理节点。

4.3.4　西安交通大学高性能计算中心

西安交通大学高性能计算中心是由学校网络信息中心统筹规划建设并管理运行的校级平台。且平台于 2021 年 4 月上线，采用液冷服务器集群。目前平台已部署各类开源、商业软件 10 余套，可满足各类高性能计算需求。

4.4 在国民经济建设中的应用

4.4.1 大型客机层流短舱设计

大型客机普遍采用大尺度、大涵道比的发动机，使得随着涡扇发动机的尺寸增大，发动机短舱的气动阻力明显增大，加之其与机翼、吊挂等部件的近距耦合，给减阻工作带来了更大的压力，设计者不得不考虑除了尽可能地减小耦合效应，还应考虑如何减小发动机短舱本体阻力，如通过应用层流控制（Laminar Flow Control，LFC）等新型技术，可以使短舱摩阻降低 50%，等同于飞机总阻力减少 2%，所以发动机短舱层流化设计逐渐成为热点。

为了实现层流短舱优化设计自动化，中国空气动力研究与发展中心发展了一种基于机器学习技术的压力分布反设计方法，即利用生成拓扑映射（Generative Topographic Mapping，GTM）模型建立气动外形及其压力分布组合数据和低维隐空间变量的映射关系，并利用遗传算法在隐空间寻优，同时得到最优压力分布与对应气动外形。该方法在设计过程中不需要流场解算参与迭代，极大提高了优化设计效率，并且目标压力分布形态设定灵活，不要求具有实际物理意义，减小了对设计经验的依赖程度。

利用压力分布反设计方法解决了三维流动效应下自然层流（Natural Laminar Flow，NLF）短舱设计困难的问题，基于大型客机短舱，运用该方法设计所得三维短舱外表面的自然层流区最大长度达当地弦长的 40.5%，比优化前延长了 12.2%。

4.4.2 民机典型气动数据库构建

为提高民用飞机设计技术及评估能力，突破先进流动控制方法，建立健全验证模型动力影响、增升装置设计、层流化设计、雷诺数效应预测与评估、飞行雷诺数下抖振边界预测等技术，开展干、支线民机气动验证模型基础及特色主题数据库研究，并建立民机气动主题数据库软件系统，存储和管理相关数据。

首先，开展民机气动主题数据库需求分析和数据应用方法研究，提出主题数据库总体要求及功能定义，制定民机气动主题数据规范。其次，开展软件应用系统架构设计、功能设计、接口设计、界面设计和数据结构设计，开发数据入库、数据管理、数据展示、系统管理四大功能模块。最后，实现民机气动主题数据科学、高效存储和共享，规范不同数据之间的传输方法和格式，解决跨地域、多用户、多任务对数据应用的需求,达到气动数据的全面、系统、有效管理和应用的目的。

民机气动主题数据库软件系统能够存储 CHN-T2 以及 CAE-AVM 两类民机系列验证模型基础数据和特色数据,架起民机气动设计评估技术与世界先进水平接轨的桥梁,为我国先进民机产品设计技术验证、CFD 设计工具校验、风洞试验技术研发、流场品质检查、试验质量控制、先进技术可靠性及效果评估以及科研试飞和适航取证提供基准依据和数据支持(图 4-33)。

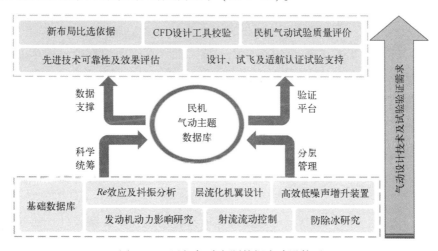

图 4-33　民机气动主题数据库建设体系

4.4.3　海上风力机

中国空气动力研究与发展中心与国家能源集团联合动力技术有限公司合作,基于国家数值风洞 NNW 平台内核,针对海上风力机开发了一套大型柔性叶片气动/结构耦合高效高保真度动态数值模拟软件,采用 RANS/LES 混合方法,结合气动特性计算与结构变形仿真,对大型柔性叶片的旋转及叶片变形动态响应过程进行数值模拟。目前,该软件已应用于国能联合动力的一款 110m 级大型海上风力机研发设计过程,取得了良好的应用效果,通过大尺寸旋转风轮气动性能高效高保真模拟,有效提高风能利用率(达到 49%)。开展百米以上叶片颤振特性研究,为大型海上风电机组高可靠安全稳定运行提供技术保障。

4.4.4　高铁

列车高速运行时,空气动力环境特性十分复杂。CFD 技术作为空气动力研究的主要手段,对于优化高速列车空气动力设计,提升列车安全性、舒适性、环保性和经济性具有重要作用。在高速列车建设需求"交通强国"国家战略的牵引下，中国中车集团有限公司（简称中车）、中国空气动力研究与发展中心、中国科学院力学研究所、中南大学、同济大学、上海交通大学、西南交通大学等单位通过大量计算工作，为高铁的高速运行、提速发展提供了重要的技术支撑。

中南大学、西南交通大学、中国空气动力研究与发展中心等单位针对高速列车研发了相关软件，完成了"和谐号""复兴号""京张智能动车组"等高铁气动特性评估任务以及高速管道磁悬浮列车的预先研究工作空气动力学计算任务。针对各型高铁，CFD 开展的主要工作包括头型减阻设计、气动外形优化、列车常规/横风/高架桥空气动力学气动特性评估、横风下气动特性、高架桥上气动特性、明线交会/列车进隧道/隧道交会压力波特性计算（明线交会、列车进隧道、隧道交会）、高寒车车体表面积雪收集率计算预测、列车高速受电弓气动优化/阻力评估/噪声特性计算等。与试验相比，CFD 目前的气动力阻力计算误差精度可以保持在 2% 以内，非定常压力波计算误差精度在 50Pa 以内，通过 CFD 技术评估优化，实现了国产高速列车头型、车体、车底、受电弓等减阻降噪设计，大大提高整车运行的稳定性和舒适性。车型比引进车型减阻 5% 以上。

4.4.5 深空探测

在月球探测方面，CFD 技术为探月返回器研制过程中方案设计、初样设计、正样设计等不同阶段面临的气动力、气动热、热防护等问题提供了分析手段。通过研究不同布局方案的气动性能，获得改善飞行稳定性的返回器外形，并对优化外形进行全弹道的气动特性分析，为再入弹道分析和六自由度制导控制仿真分析提供了气动数据；结合初步弹道数据进行沿弹道的再入热环境预测，为防热材料筛选提供数据输入，为返回器外形的可行性评估提供了依据。

在整个火星着陆探测任务中，火星大气进入-下降-着陆（Entry Descent Landing，EDL）是任务最为关键、难度最大的环节。而利用着陆巡视器气动外形进行气动减速是火星 EDL 过程重要的减速方式之一，其承担着将着陆巡视器的速度从约 4.8km/s 降低到每秒几百米的任务要求。由于火星大气的稀薄特性以及气体组分与地球大气的差异等特点，火星进入采用的气动外形、在不同进入区域所呈现的气动特征等与地球再入不同，因此在任务方案阶段开展了大量深入研究。

在火星探测方面，针对火星大气环境，现有 CFD 软件在经过算法改进和适应性改造之后，开展了多种初选着陆巡视器外形的气动力特征和气动热环境计算，为筛选确定着陆器基本外形奠定了基础。针对终选外形，通过对不同尺寸参数组合下的气动力热特性进行分析，获得了全迎角压心系数、升阻特性以及表面热流分布，为外形优化提供了支撑；开展了超声速和高超声速阶段静态气动力计算,获取了不同高度、马赫数和迎角下的气动力数据,为再入方式选择和轨道设计提供了支撑;同时,分析了气体模型、高度偏差、配平翼打开等对气动特性的影响,以及热化学非平衡效应、表面催化效应和湍流效应对气动热计算的影响,获得了不同高度和迎角下的对流气动热数据,同时开展了辐射热环境评估。综合以上工作,现有 CFD 软件获得了火星着陆巡视器气动布局优化方案及相关的气动力热关键数据。

4.4.6 火箭垂直回收

可重复使用火箭能够显著降低进入空间成本,对实现航班化天地往返、一小时全球抵达的下一代航天运输系统具有重要意义。可重复使用火箭根据子级回收方式,可分为伞降返回方式、垂直返回方式和带翼水平着陆返回方式三种。相比于有翼重复使用火箭水平着陆方式,垂直可重复使用技术对火箭外形及总体布局影响较小,成为近些年可重复使用火箭技术研究的热点。可重复使用火箭的回收过程包含大气再入、动力下降、垂直着陆等飞行阶段,发动机和栅格舵是整个垂直回收过程中进行减速和姿态控制的主要执行机构,CFD 技术在火箭垂直回收气动特性研究中发挥了重要的作用。

中国空气动力研究与发展中心针对火箭垂直回收问题,开展了系统的研究工作。针对关键气动部件栅格翼,其发展了基于混合网格技术的栅格翼宽速域模拟方法,提出了一种栅格翼大尺度缩比气动特性等效模拟方法。针对火箭子级返回再入落区控制问题,其采用 CFD 手段模拟了火箭子级非规则钝头体亚声速和超声速的绕流特性,取得了与风洞试验吻合较好的仿真结果。针对火箭垂直回收中的逆向喷流问题,其以典型栅格舵和矢量发动机复合操控的垂直重复使用火箭子级构型为研究对象,完成了典型动力下降过程喷流气动干扰效应研究,结合数值仿真流场,分析了发动机不同工作模式、来流马赫数、喷流压比、矢量偏角等因素的影响规律,量化了逆向喷流对栅格舵控制效率的影响,可为我国垂直可重复使用火箭气动设计提供参考依据。

 参考文献

---

[1] 黄江涛, 周铸, 余婧, 等. 考虑飞行器动力系统进排气效应的设计参数灵敏度分析研究 [J]. 推进技术, 2019, 40 (2): 250-258.

[2] 刘红阳, 宋超, 罗骁, 等. 考虑三维流动效应的自然层流短舱压力分布反设计 [J]. 航空学报, 2023, 44 (5): 126862.

[3] 齐龙, 卢风顺, 庞宇飞, 等. 复杂曲面数模线预处理方法: 201710774411.X [P]. 2018-

01-09.

[4] 刘智伟, 杨洋, 陈建军, 等. 面向错位装配体的自动曲面嵌入算法[J]. 空气动力学学报, 2022, 40 (5): 166-174.

[5] 卢风顺, 庞宇飞, 齐龙, 等. 一种结构网格附面层网格自动生成方法: 201711018209.0 [P]. 2018-03-13.

[6] 庞宇飞, 卢风顺, 刘杨, 等. 网格之星: 国家数值风洞的通用型结构网格生成软件[J]. 空气动力学学报, 2020, 38 (4): 677-686.

[7] 庞宇飞, 刘杨, 胡月凡, 等. 一种基于全局映射变换的表面结构网格自动生成方法: 202011546577.4 [P]. 2021-03-26.

[8] 胡月凡. 基于计算共形几何的飞行器表面结构网格生成技术研究[D]. 绵阳: 西南科技大学, 2019.

[9] 孙岩, 江盟, 孟德虹, 等. 交互式棱柱网格生成中翘曲现象形成机制及消除算法[J]. 航空学报, 2021, 42 (6): 380-388.

[10] 郭永恒, 江雄, 肖中云, 等. 一种自动化并行重叠网格隐式装配方法[J]. 航空学报, 2021, 42 (6): 312-330.

[11] 郭军, 陈作钢, 于海, 等. 针对豪华游轮船型结构网格自动生成技术研究[J]. 中国造船, 2019, 60 (3): 131-138.

[12] 王硕, 庞宇飞, 肖素梅, 等. 基于网格框架的非结构附面层网格生成技术[J]. 计算力学学报, 2021, 38 (6): 819-824.

[13] 刘杨, 陈浩, 齐龙, 等. 一种非结构附面层网格交叉处理方法及装置: 202210754383.6 [P]. 2022-07-29.

[14] 余飞. 复杂集合和装配体的并行三角形/四面体网格生成[D]. 大连: 大连理工大学, 2021. DOI: 10.26991/d.cnki.gdllu.2021.004703.

[15] 常兴华, 马戎, 王年华, 等. 非结构重叠网格并行化隐式装配技术研究[C]//第四届全国非定常空气动力学学术会议, 论文集, 2018: 151-152.

[16] 常兴华, 张来平, 马戎, 等. 基于辅助网格的超大规模重叠网格并行装配方法: 201910191527.X [P]. 2019-06-21.

[17] 邓思强, 王逸斌, 覃宁, 等. 二维多块结构网格自动分块算法研究[C]//第十一届全国流体力学学术会议论文摘要集, 2020: 692. DOI: 10.26914/c.cnkihy.2020.035828.

[18] 陈浩, 袁先旭, 王田天, 等. 国家数值风洞 (NNW) 工程中的黏性自适应笛卡尔网格方法研究进展[J]. 航空学报, 2021, 42 (9): 625732.

[19] 肖中云, 郭永恒, 张露, 等. 旋翼流动的块结构化网格自适应方法[J]. 空气动力学学报, 2022, 40 (5): 158-165.

[20] 唐静, 张健, 李彬, 等. 非结构混合网格自适应并行技术[J]. 航空学报, 2020, 41 (1): 123202.

[21] 曹建, 曾丽娟, 陈建军. 面向粘性绕流计算的二维混合网格生成算法[J]. 计算机工程, 2013, 39 (10): 290-293.

[22] 唐静, 崔鹏程, 贾洪印, 等. 非结构混合网格鲁棒自适应技术[J]. 航空学报, 2019,

40（10）：122894.

[23] 刘智伟，杨洋，陈建军，等. 面向错位装配体的自动曲面嵌入算法［J］. 空气动力学学报，2022，40（5）：166-174.

[24] 胡月凡，庞宇飞，肖素梅，等. 一种新的准结构网格生成方法［J］. 计算力学学报，2019，36（2）：213-218.

[25] 赵钟，张来平，何磊，等. 适用于任意网格的大规模并行 CFD 计算框架 PHengLEI［J］. 计算机学报，2019，42（11）：2368-2383.

[26] CHEN J J, XIAO Z F, ZHENG Y, et al. Automatic sizing functions for unstructured surface mesh generation［J］. International Journal for Numerical Methods in Engineering, 2019, 109（4）：577-608.

[27] FENG Q W, PANG Y F, XIAO S M, et al. A Smoothing method of triangular surface mesh based on filtering［C］//Proceedings of 2022 Chinese Intelligent Systems Conference，2022：255-268.

[28] LI F F, PANG Y F, XIAO S M, et al. Research on automatic generation technology of surface structured mesh based on template［J］//Proceedings of 2022 Chinese Intelligent Systems Conference，2022：393-406.

[29] HE Y Y, PANG Y F, XIAO S M, et al. Automatic boundary layer mesh generation technology based on construction method［C］//Proceedings of 2022 Chinese Intelligent Systems Conference，2022：239-250.

[30] CHEN X H, GONG C Y, LIU J, et al. A novel neural network approach for airfoil mesh quality evaluation［J］. Journal of Parallel and Distributed Computing, 2022, 164：123-132.

[31] LU F S, JIANG X, BAO X B, et al. Domain decomposition strategies for developing parallel unstructured mesh generation software based on padMesh［C］//Proceedings of 2022 Chinese Intelligent Systems Conference，2022：194-205.

[32] LU F S, QI L, JIANG X, et al. NNW-GridStar：Interactive structured mesh generation software for aircrafts［J］. Advances in Engineering Software, 2020, 145：102803.

[33] HUANG W F, REN Y X, TU G H, et al. An adaptive artificial viscosity method for quintic spline reconstruction scheme［J］. Computers & Fluids, 2022, 240：105435.

[34] XIANG X H, CHEN J Q, YUAN X X, et al. Cross-flow transition model predictions of hypersonic transition research vehicle［J］. Aerospace Science and Technology, 2022, 122：107327.

[35] 袁先旭，陈坚强，杜雁霞，等. 国家数值风洞（NNW）工程中的 CFD 基础科学问题研究进展［J］. 航空学报，2021，42（9）：625733.

[36] 向星皓，张毅锋，袁先旭，等. $C\text{-}\gamma\text{-}Re_\theta$ 高超声速三维边界层转捩预测模型研究［J］. 航空学报，2021，42（9）：625711.

[37] 陈坚强，涂国华，万兵兵，等. HyTRV 流场特征与边界层稳定性分析［J］. 航空学报，2021，42（4）：124317.

[38] 涂国华，万兵兵，陈坚强，等. MF-1 钝锥边界层稳定性及转捩天地相关性研究［J］.

中国科学: 物理学 力学 天文学, 2019, 49 (12): 124701.

[39] TU G H, YANG Q, CHEN J Q, et al. Preliminary conception and test of global stability decomposition for flow stability analysis [C]//Proceedings of 10th International Conference on Computational Fluid Dynamics, Barcelona, Spain, July 9–13, 2018: ICCFD10-107.

[40] 黄章峰, 万兵兵, 段茂昌. 高超声速流动稳定性及转捩工程应用若干研究进展 [J]. 空气动力学学报, 2020, 38 (2): 368-378.

[41] CHEN X, DONG S W, TU G H, et al. Boundary layer transition and linear modal instabilities of hypersonic flow over a lifting body [J]. Journal of Fluid Mechanics, 2022, 938: A8. DOI: 10.1017/jfm.2021.1125.

[42] LI J, GENG X R, CHEN J Q, et al. Novel hybrid hard sphere model for direct simulation Monte Carlo computations [J]. Journal of Thermophysics and Heat Transfer, 2018, 32 (1): 156-160.

[43] LI H R, ZHANG Y F, CHEN H X. Aerodynamic prediction of iced airfoils based on modified three-equation turbulence model [J]. AIAA Journal, 2020, 58 (9): 3863-3876.

[44] XIAO M C, ZHANG Y F, ZHOU F. Enhanced prediction of three-dimensional finite iced wing separated flow near stall [J]. International Journal of Heat and Fluid Flow, 2022, 98: 109067.

[45] 田增冬. 基于分区大涡模拟方法的双角冰翼型气动特性分析 [J]. 电子测试, 2020 (5): 70-71.

[46] GAO X L, LI Z H, CHEN Q, et al. Prediction of orbit decay for large-scale spacecraft considering rarefied aerodynamic perturbation effects [J]. International Journal of Aerospace Engineering, 2022: 8984056.

[47] 许丁, 孙祥, 刘欣. 尺度自适应的离散统一气体动理学格式及在可压缩流动中的应用 [J]. 空气动力学学报, 2020, 38 (2): 232-243.

[48] XU D, HUANG Y S, XU J L. Particle distribution function discontinuity-based kinetic immersed boundary method for Boltzmann equation and its applications to incompressible viscous flows [J]. Physical Review E, 2022, 105: 035306.

[49] PAN J H, WANG Q, ZHANG Y S, et al. High-order compact finite volume methods on unstructured grids with adaptive mesh refinement for solving inviscid and viscous flows [J]. Chinese Journal of Aeronautics, 2018, 31 (9): 1829-1841.

[50] ZHANG Y S, REN Y X, WANG Q, Compact high order finite volume method on unstructured grids Ⅳ: Explicit multi-step reconstruction schemes on compact stencil [J]. Journal of Computational Physics, 2019, 396: 161-192.

[51] HUANG Q M, REN Y X, WANG Q, et al. High-order compact finite volume schemes for solving the Reynolds averaged Navier-Stokes equations on the unstructured mixed grids with a large aspect ratio [J]. Journal of Computational Physics, 2022, 467: 111458.

[52] LI J Q, Two-stage fourth order: Temporal-Spatial coupling in computational fluid dynamics (CFD) [J/OL]. Advances in Aerodynamics, 2019, 1 (1). https://doi.org/10.1186/

s42774-019-0004-9.

[53] 牟斌, 江雄, 王建涛. 空化流动隐式求解方法研究 [J]. 空气动力学学报 2017, 35 (1): 27-32.

[54] 许亮, 冯成亮, 刘铁钢. 虚拟流体方法的设计原则 [J]. 计算物理, 2016, 33 (6): 671-680.

[55] 宋超, 李伟斌, 周铸, 等. 基于流形结构重建的多目标气动优化算法 [J]. 航空学报, 2020, 41 (5): 623687.

[56] 韩忠华, 许晨舟, 乔建领, 等. 基于代理模型的高效全局气动优化设计方法研究进展 [J]. 航空学报, 2020, 41 (5): 623344.

[57] HAN Z H, XU C Z, ZHANG L, et al. Efficient aerodynamic shape optimization using variable-fidelity surrogate models and multilevel computational grids [J]. Chinese Journal of Aeronautics, 2020, 33 (1): 31-47.

[58] BU Y P, SONG W P, HAN Z H, et al. Aerodynamic/Aeroacoustic variable-fidelity optimization of helicopter rotor based on hierarchical kriging model [J]. Chinese Journal of Aeronautics, 2020, 33 (2): 476-492.

[59] HAN S Q, SONG W P, HAN Z H, et al. Hybrid Inverse/optimization design method for rigid coaxial rotor airfoils considering reverse flow [J]. Aerospace Science and Technology, 2019, 95: 105488.

[60] 赵欢, 高正红, 夏露. 高速自然层流翼型高效气动稳健优化设计方法 [J]. 航空学报, 2022, 43 (1): 124894.

[61] 陈艺夫, 马宇航, 蓝庆生, 等. 基于多项式混沌法的翼型不确定性分析及梯度优化设计 [J]. 航空学报, 2023, 44 (8): 127446. DOI: 10.7527/S1000-6893.2022.27446.

[62] 高震, 杨武兵. 可压缩平面混合层的并行计算 [C]//北京力学会第二十四届学术年会会议论文集, 2018: 842-845.

[63] 叶靓, 张颖, 杨硕, 等. 旋翼流场计算嵌套网格并行装配方法改进研究 [J]. 空气动力学学报, 2018, 36 (4): 585-595.

[64] 周磊, 谭伟伟, 牛俊强. 航空 CFD 流场计算多 GPU 并行加速技术研究 [J]. 航空计算技术, 2018, 48 (5): 1-4.

[65] 刘安, 琚亚平, 张楚华. 多块多重网格法及其跨声速转子内流并行模拟 [J]. 航空动力学报, 2018, 33 (7): 1705-1712.

[66] 肖兮, 刘闯, 何锋, 等. 面向流体机械仿真的层次化并行计算模型 [J]. 西安交通大学学报, 2019, 53 (2): 121-127.

[67] 王年华, 常兴华, 赵钟, 等. 非结构 CFD 软件 MPI+OpenMP 混合并行及超大规模非定常并行计算的应用 [J]. 航空学报, 2020, 41 (10): 123859.

[68] 徐传福, 车永刚, 李大力, 等. 天河超级计算机上超大规模高精度计算流体力学并行计算研究进展 [J]. 计算机工程与科学, 2020, 42 (10): 1815-1826.

[69] 陈鑫, 李芳, 丁海昕, 等. 面向国产异构众核架构的 CFD 非结构网格计算并行优化方法 [J]. 计算机科学, 2022, 49 (6): 99-107.

[70] 乔龙,李艳亮,杨思源,等.基于面向对象的非结构航空 CFD 软件体系结构设计[J].航空科学技术,2022,33(7):66-72. DOI:10.19452/j.issn1007-5453.2022.07.008.

[71] 张曦,孙旭,郭晓虎,等.面向 GPU 的非结构网格有限体积计算流体力学的图染色方法优化[J].国防科技大学学报,2022,44(5):24-34.

[72] DENG L, ZHAO D, BAI H L, et al. Performance optimization and comparison of the alternating direction implicit CFD solver on multi-core and many-core architectures[J]. Chinese Journal of Electronics, 2018, 27(3): 540-548.

[73] CHE Y G, YANG M F, XU C F, et al. Petascale scramjet combustion simulation on the Tianhe-2 heterogeneous supercomputer[J]. Parallel Computing, 2018, 77: 101-117.

[74] YUE H, DENG L, MENG D H, et al. Parallelization and optimization of large-scale CFD simulations on sunway taihulight system[C]//Proceedings of the Conference on Advanced Computer Architecture. Springer, Singapore, 2020: 260-274.

[75] LI Z Q, CHE Y G. Parallelization and optimization of a combustion simulation application on GPU platform[C]//Proceedings of the 2020 4th International Conference on High Performance Compilation, Computing and Communications. 2020: 50-55.

[76] DAI Z, DENG L, WANG Y Q, et al. Performance optimization and analysis of the unstructured discontinuous galerkin solver on multi-core and many-core architectures[C]//Proceedings of the HPCC/DSS/Smart City/DependSys, 2022: 993-999.

[77] WAN Y B, HE L, ZHANG Y, et al. An efficient communication strategy for massively parallel computation in CFD[J]. The Journal of Supercomputing, 2023, 79(7): 7560-7583.

[78] 陈呈,赵丹,王岳青,等.NNW-TopViz 流场可视分析系统[J].航空学报,2021,42(9):625747.

[79] FAN L, CHEN C, ZHAO S R, et al. Multi-threaded parallel projection tetrahedral algorithm for unstructured volume rendering[J]. Journal of Visualization, 2021, 24(2): 261-274.

[80] CHEN H, CHEN C, LI X J, et al. A parallel streamline visualization algorithm based on dynamic node tree[C]//Proceedings of the 2021 International Conference on High Performance Computing and Communication, HPCCE 2021, 2021: 121620Z.

[81] DENG L, WANG Y Q, CHEN C, et al. A clustering-based approach to vortex extraction[J]. Journal of Visualization, 2020, 23(3): 459-474.

[82] WANG F, DENG L, ZHAO D, et al. Acceleration of PDE-based FTLE calculations on intel multi-core and many-core architectures[C]//Proceedings of the 2015 4th International Conference on Computer Science and Network Technology (ICCSNT), 2015: 178-183.

[83] WANG Y Q, DENG L, YANG Z G, et al. A rapid vortex identification method using fully convolutional segmentation network[J]. The Visual Computer: International Journal of Computer Graphics, 2021, 37(2): 261-273.

[84] SU C Y, YANG C, CHEN Y H, et al. Natural multimodal interaction in immersive flow visualization[J]. Visual Informatics, 2021, 5(4): 56-66.

［85］ LUO Y T, LONG P C, WU G Y, et al. SVIP-N 1.0: An integrated visualization platform for neutronics analysis. ［J］. Fusion Engineering and Design, 2010, 85 (7-9): 1527-1530.

［86］ XUE C, WU Y C, GUO G P. Quantum homotopy perturbation method for nonlinear dissipative ordinary differential equations ［J］. New Journal of Physics, 2021, 23 (12): 123035.

［87］ JIN S, LIU N N, Quantum algorithms for computing observables of nonlinear partial differential equations ［J］. arXiv preprint arXiv: 2202.07834, 2022.

［88］ CHEN Z Y, XUE C, CHEN S M, et al. Quantum approach to accelerate finite volume method on steady computational fluid dynamics problems ［J］. Quantum Information Processing, 2022, 21 (4): 137.

［89］ 单桂华, 刘俊, 李观, 等. 面向大规模数据的科学可视化系统GPVis ［J］. 数据与计算发展前沿, 2019, 1 (5): 46-62.

［90］ 陈海, 钱炜祺, 何磊. 基于深度学习的翼型气动系数预测 ［J］. 空气动力学学报, 2018, 36 (2): 294-299.

［91］ 何磊, 钱炜祺, 汪清, 等. 机器学习方法在气动特性建模中的应用 ［J］. 空气动力学学报, 2019, 37 (3): 470-479.

［92］ CHEN H, HE L, QIAN W Q, et al. Multiple aerodynamic coefficient prediction of airfoils using convolutional neural network ［J］. Symmetry, 2020, 12 (4): 544.

［93］ 何磊, 张显才, 钱炜祺, 等. 基于长短时记忆神经网络的非定常气动力建模方法 ［J］. 飞行力学, 2021, 39 (5): 8-12.

［94］ ZHAO T, CHEN G, WANG X, et al. Aerodynamic modeling using an end-to-end learning attitude dynamics network for flight control ［J］. Acta Mechanica Sinica, 2022, 37 (12): 1799-1811.

［95］ 何磊, 钱炜祺, 柴聪聪, 等. 基于深度学习的翼型结冰气动特性建模研究 ［J］. 航空学报, 2022, 43 (10): 126434.

［96］ 张天姣, 钱炜祺, 何开锋, 等. 基于最大似然法的风洞自由飞试验气动参数辨识技术研究 ［J］. 实验流体力学, 2015, 29 (5): 8-14.

［97］ 丁娣, 车竞, 钱炜祺, 等. 基于H_∞算法的飞机机翼结冰气动参数辨识 ［J］. 航空学报, 2018, 39 (3): 121626.

［98］ 刘向阳. 几种典型非线性滤波算法及性能分析. 舰船电子工程 ［J］. 2019, 39 (7): 32-36.

［99］ ZHOU Y, QIAN W Q, SHAO Y P. Application of an adaptive MCMC method for the heat flux estimation ［J］. Inverse Problems in Science and Engineering, 2020, 28 (6): 859-876.

［100］ 钱炜祺, 周宇, 邵元培. 表面热流辨识结果的误差分析与估计 ［J］. 空气动力学学报, 2020, 38 (4): 687-693.

［101］ 陈坚强, 吴晓军, 张健, 等. FlowStar: 国家数值风洞 (NNW) 工程非结构通用CFD软件 ［J］. 航空学报, 2021, 42 (9): 625739.

［102］ 张健, 周乃春, 李明, 等. 面向航空航天领域的工业CFD软件研发设计 ［J］. 软件学报, 2022, 33 (5): 1529-1550. DOI: 10.13328/j.cnki.jos.006547.

[103] 赵钟,何磊,何先耀. 风雷(PHengLEI)通用CFD软件设计[J]. 计算机工程与科学, 2020, 42(2): 210-219.

[104] 赵钟,张来平,何磊,等. 适用于任意网格的大规模并行CFD计算框架PHengLEI[J]. 计算机学报, 2019, 42(11): 2368-2383.

[105] 陈坚强,马燕凯,闵耀兵,等. 国家数值风洞(NNW)通用软件同构混合求解器设计[J]. 空气动力学学报, 2020, 38(6): 1103-1110, 1102.

[106] 张子佩,赵钟,陈坚强,等. 风雷软件LES开发设计与验证[J]. 航空学报, 2023, 44(6): 127171. doi: 10.7527/S1000-6893.2022.27171.

[107] 陈坚强. 国家数值风洞工程(NNW)关键技术研究进展[J]. 中国科学: 技术科学, 2021, 51(11): 1326-1347.

[108] 李鹏,陈坚强,丁明松,等. LENS风洞试验返回器模型气动热特性模拟[J]. 航空学报, 2021, 42(增刊1): 726400.

[109] 李鹏,陈坚强,丁明松,等. NNW-HyFLOW高超声速流动模拟软件框架设计[J]. 航空学报, 2021, 42(9): 625718.

[110] 赵炜,陈江涛,肖维,等. 国家数值风洞(NNW)验证与确认系统关键技术研究进展[J]. 空气动力学学报, 2020, 38(6): 1165-1172.

[111] 何磊,郭勇颜,曾志春,等. 国家数值风洞(NNW)软件自动化集成与测试平台设计与研发[J]. 空气动力学学报, 2020, 38(6): 1158-1164.

[112] 陈江涛,章超,吴晓军,等. 考虑数值离散误差的湍流模型选择引入的不确定度量化[J]. 航空学报, 2021, 42(9): 625741.

[113] 夏侯唐凡,陈江涛,邵志栋,等. 随机和认知不确定性框架下的CFD模型确认度量综述[J]. 航空学报, 2022, 43(8): 025716.

[114] 张保强,苏国强,展铭,等. 概率盒框架下多响应模型确认度量方法[J]. 控制与决策, 2019, 34(12): 2642-2648.

[115] 陈鑫,王刚,叶正寅,等. CFD不确定度量化方法研究综述[J]. 空气动力学学报, 2021, 39(4): 1-13.

[116] WANG B L, DUAN X J, YAN L, et al. Dynamic evolutionary metamodel analysis of the vulnerability of complex systems[J]. Chaos: An Interdisciplinary Journal of Nonlinear Science, 2020, 30(3): 033127.

[117] WANG B L, YAN L, DUAN X J, et al. An integrated surrogate model constructing method: annealing combinable gaussian process[J]. Information Sciences, 2022, 591: 176-194.

[118] 张立,陈江涛,熊芬芬,等. 基于元学习的多可信度深度神经网络代理模型[J]. 机械工程学报, 2022, 58(1): 190-200.

[119] REN C K, XIONG F F, MO B, et al. Design sensitivity analysis with polynomial chaos for robust optimization[J]. Structural and Multidisciplinary Optimization, 2021, 63: 357-373.

[120] 于佳鑫,王晓东,陈江涛,等. 基于稀疏网格法的随机方腔流数值模拟研究[J]. 工程热物理学报, 2020, 41(12): 2982-2991.

[121] 赵辉,胡星志,张健,等. 湍流模型系数不确定度对翼型绕流模拟的影响[J]. 航空

学报，2019，40（6）：122581

[122] 陈江涛，赵娇，章超，等．数值模拟方法对 NASA CRM 外形阻力预测的影响［J］．航空学报，2020，41（4）：123383．

[123] ZHOU H, WANG G, MIAN H H, et al. Fluid-Structure coupled analysis of tandem 2D elastic panels［J］. Aerospace Science and Technology, 2021, 111（3）：106521.

[124] TIAN S L, FU J W, CHEN J T. A numerical method for multi-body separation with collisions［J］. Aerospace Science and Technology, 2021, 109：106426.

[125] TIAN J W, LI R J, FU J W, et al. Uncertainty quantification of store separation simulation using a monte carlo statistical approach with kriging model［J］. Advances in Applied Mathematics and Mechanics, 2022, 14：622-651.

[126] ZHANG J, YIN J P, WANG R L, et al, Model calibration for detonation products: A physics-informed, time-dependent surrogate method based on machine learning［J］. International Journal for Uncertainty Quantification, 2020, 10（3）：277-296.

[127] 梁霄，陈江涛，王瑞利．高维参数不确定爆轰的不确定度量化［J］．兵工学报，2020，41（4）：692-701．

[128] 刘深深，陈江涛，桂业伟，等．基于数据挖掘的飞行器气动布局设计知识提取［J］．航空学报，2021，42（4）：524708．

[129] 吴沐宸，陈江涛，夏侯唐凡，等．非参数化概率盒下随机与认知不确定性分离式灵敏度［J］．航空学报，2023，44（1）：226658．

[130] 颜来，张海西，曾维平．CHNF-1 小展弦比飞翼标模静动态气动特性研究［C］．第八届近代实验空气动力学会议，2021．

[131] 胡守超，李贤，庄宇，等．高超声速气动热标模 HyHERM 研究进展［C］．第十届进入、减速、着陆与上升（EDLA）技术全国学术会议，2022．

[132] 杨亚琪，王亚萍，朱言旦，等．飞行器设备舱内外耦合热效应研究［J］．西南科技大学学报，2020，35（3）：50-59．

[133] 孙肖元，邓枫，刘学强，等．某型双机身飞机水上迫降数值模拟［J］．兵工学报，2023，44（7）：2066-2079．

[134] XUE L S, CHENG C, WANG C P, et al. Oblique shock train motion based on schlieren image processing［J］. Chinese Journal of Aeronautics, 2023, 36（3）：30-41.

[135] LIU S C, WANG M, DONG H, et al. Infrared thermography of hypersonic boundary layer transition induced by isolated roughness elements［J］. Modern Physics Letters B, 2021, 35（36）：2150500．

[136] 刘是成，姜应磊，董昊．高超声速圆锥边界层不稳定性及转捩实验研究［J］．实验流体力学，2022，36（2）：122-130．

[137] SHI N X, GU Y S, ZHOU Y H, et al. Experimental investigation on the transient process of jet deflection controlled by passive secondary flow［J］. The Visualization Society of Japan, 2022, 25：967-891.

[138] LI Y, SI H Q, ZONG Y T, et al. Application of neural network based on real-time recursive

[139] 左玲玉,司海青,李耀,等.基于 Richardson 外推法的 CFD 离散误差分析 [J]. 指挥控制与仿真, 2022, 44（1）: 58-62.

[140] 袁绪龙,栗敏,丁旭拓,等.跨介质航行器高速入水冲击载荷特性 [J]. 兵工学报, 2021, 42（7）: 1440-1449.

[141] 李春鹏,张铁军,钱战森,等.多用途无人机模块化布局气动设计 [J]. 航空学报, 2022, 43（7）: 125411.

[142] 王帅,董金刚,张晨凯,等.高速风洞投放试验弹射机构及试验研究 [J]. 实验流体力学, 2021, 35（6）: 73-78.

[143] 白文.经典跨声速翼型 RAE2822 数据分析 [J]. 空气动力学学报, 2023, 41（6）: 55-70. DOI: 10.7638/kqdlxxb-2022.0027.

[144] 白文.一种稳健的翼型风洞试验数据自动修正方法 [J]. 气动研究与试验, 2022（5）: 94-101.

[145] 李立,曹平宽,成水燕,等.基于指标体系的数值风洞软件可信度评价技术研究, 航空计算技术, 2021, 51（6）: 55-59, 64.

[146] 肖维,赵娇,陈江涛,等.CFD 软件可信度评价原型系统 [C]. 第十九届全国计算流体力学会议, 2021

[147] 王运涛,刘刚,陈作斌.第一届航空 CFD 可信度研讨会总结 [J]. 空气动力学学报, 2019, 37（2）: 247-261, 246.

[148] 张培红,贾洪印,郭勇颜,等.基于 FlowStar 软件的栅格舵气动特性模拟 [J]. 计算力学学报, 2022, 39（4）: 531-538.

[149] 贾洪印,张培红,赵炜,等.火箭子级垂直回收布局气动特性及发动机喷管影响 [J]. 航空学报, 2021, 42（2）: 623995.

[150] 李鹏,陈坚强,丁明松,等.LES 风洞试验返回器模型气动热特性模拟 [J]. 航空学报, 2021, 42（增刊1）: 726400.

[151] 刘庆宗,董维中,丁明松,等.火星探测器表面材料催化特性数值模拟研究 [J]. 宇航学报, 2018, 39（8）: 926-934.

[152] 杨小川,孟德虹,王运涛,等.高尖速比下风力机塔影效应及叶片载荷特性研究 [J]. 中国电机工程学报, 2018, 38（9）: 2649-2656, 2833.

[153] 赵凡,齐琛,李伟斌,等.高速列车不等速明线交会时压力波幅值与车速之间的关系研究 [J]. 铁道机车车辆, 2021, 41（4）: 15-20.

[154] 赵凡,王跃军,马洪林,等.高速列车进隧道时编组长度对压力波最大值的影响研究 [J]. 应用力学学报, 2021, 38（4）: 1326-1332.

第5章

风工程与工业空气动力学

风工程与工业空气动力学研究的是大气边界层内的风、人类在地球表面的活动及人所创造物体间的相互作用。风工程与工业空气动力学是经典空气动力学与气象学、气候学、结构动力学、建筑工程、桥梁工程、车辆工程、能源工程和环境工程等相互渗透促进而形成的。其主要内容包括大气边界层内风特性、风对建筑物和构筑物作用、风引起的污染扩散和质量迁移以及非航空器和非航天器空气动力特性等方面的研究。

在过去5年内,我国在结构风工程领域取得了丰硕的成果,在特异风作用下基础设施抗风理论和性能评价方面,聚焦龙卷风与台风等恶劣气候,建立的新数学模型使得分析与评估更为精准;在大跨梁抗风理论与控制技术方面,主要研究被动吸吹气套环控制对拉索与大跨度桥梁的影响以及耦合模型建立、桥梁自激研究以及构件设计优化技术等,基于大跨度梁抗风理论提升了相关控制技术,为后续方法改进与工作开展提供了技术支撑;创新非平稳风-车-桥耦合振动分析方法,考虑多重因素,通过精细化与拓展化分析,减少危害;综合利用数值流体计算和风洞试验的研究手段,提出优化风环境的建议,对体育场地防风结构进行设计,在防风效果、视觉效果、力学性能、张开和回收便捷性方面得到称赞;提出了许多新型模拟技术及识别方法等,应用广泛,具有现实意义。

在环境风工程的风特性研究方向,我国通过实地踏勘和声雷达探测实验,结合数值模拟和气象站材料,对仅次于沿海特强压区与内蒙古、松花江等强压区等风能较丰富区的青藏高原,进行了全面、细致的研究与评价,评估出青藏高原的年均风能资源技术开发总量高达全国总量的26%,同时给出了西藏、青海、新疆、甘肃、四川和云南所属地区的技术开发量,为青藏高原风能资源的发展规划和合理运用奠定了坚实基础,西藏风能开发进度得到突破性进展。"FGOALS-f2季节内-季节预测系统"作为核心系统在北京冬奥会、冰上丝绸之路、全球农情监测等业务起到重要作用,为助力"一带一路"高质量发展提供支持。地球系统数值模拟装置已成为我国开展大气、海洋、环境、计算科学等研究的重要基础研究平台,为实现"双碳"战略和"美丽中国"等目标提供重要科技支撑。

在车辆空气动力学方向,我国提出了高速列车顶层气动设计方案,建立顶层设计指标-反设计-优化设计-美工设计-试验评估-样车试制-方案定型的一体化设计流程,并开发了轨道车辆空气动力学计算软件;开展了时速600km下高速磁浮列车气动研究:气动阻力降低17%,升力降低21%,气动噪声降低3dB(A),隧道交会压力波降低3.5%,微气压波降低14%,时速600km高速磁浮成套系统于2021年7月成功下线。新建了时速600km等级高速轮轨列车/高速磁浮列车动模型空气动力实验平台、轨道车辆转向架积雪结冰风洞、高速列车客室工程试验平台、基于高速列车动模型平台的横风装置等科研试验基础设备设施,进一步完善了对不同速度等级、不同环境下的试验条件。更优的技术指标为国内轨道交通等的发展提供了科学依据和工程技术支持。

下面从基础理论与前沿技术研究、科研试验基础设施、试验测试技术及在国民经济建设中的应用和贡献等几个方面就我国风工程和工业空气动力学研究单位近几年在该领域取得的重要进展进行介绍。

5.1 基础理论与前沿技术研究

5.1.1 结构风工程

1. 特异风作用下基础设施抗风理论和性能评价

同济大学团队系统开展了龙卷风对大跨度桥梁气动力作用的物理和数值模拟实验,以及龙卷风对高速列车气动力作用的物理和数值模拟实验,获得了大跨度桥梁断面和高速列车在龙卷风气流作用下的风荷载时空分布特征,明确了结构气动力与常规边界层强风下的差异,揭示了最不利龙卷风中心位置、龙卷风气流涡流比、龙卷风移动速度等关键参数对桥梁和列车气动力影响的机理(图5-1)。

同济大学研发了功能齐全的全天候多效应追风观测车,实现了台风风场动态追踪,采用多普勒激光雷达测得离地高度1.0km范围内强/台风等特异风剖面;探明了台风平均风速剖面的时变异型曲线特征,量化了其高紊流强度、大积分尺度和非平稳等特性;构建了适用于西北太平洋沿岸台风登陆衰减效应的径向气压场模型，提出了气压场随高度变化和湍流黏性系数空间差异性的大气边界层台风三维风场模型，有效改善了近地面台风风速场的预测精度，实施了台风作用下大跨桥梁风振易损性评估。

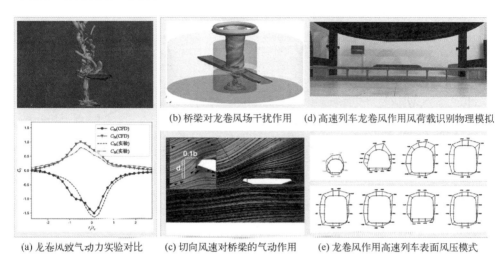

图 5-1　龙卷风荷载对列车、桥梁的影响

台风的数值模拟一直是土木工程防灾领域十分关注的难题，浙江大学开展了区域中尺度风气象和建筑尺度台风风场的模拟分析，建立了台风风场多尺度耦合数值模拟方法。该方法应用气象领域中尺度天气研究预报（Weather Research and Forecasting，WRF）模式再现台风风场，其移动路径、最大近水面风速和最小中心气压的模拟结果与实测结果吻合较好；通过移动网格、嵌套网格和入口降尺度等多尺度耦合技术，可获取目标场地台风下局部湍流的瞬态风场数据，为工程结构的抗风分析和评估提供了新的模拟手段；提出了基于机器学习的西北太平洋台风全路径模拟方法，能很好地重现西北太平洋历史台风关键参数的统计特征，可应用于中国沿海区域及近海海域的台风危险性高效分析。

东南大学提出了实测强/台风非平稳度量化评价方法，实现了强/台风数据平稳度量化分析；引入二维降阶 Hermite 插值，建立了模拟精度可保持的演变谱密度矩阵简化表达形式，降低了大跨桥梁风场模拟过程的复杂性与变量总数；建立了强/台风三维脉动风场精细高效反演技术，在大规模模拟点条件下可提升模拟效率 200 倍以上；基于准定常理论推导了大跨桥梁非平稳风荷载的时频表达，建立了大跨桥梁非平稳风荷载精细时域模型（图 5-2）。

中国空气动力研究与发展中心和重庆大学等发展了多种风况的下击暴流稳态风、突风和运动风物理模拟和数值模拟研究；揭示了下击暴流平均风剖面随径向距离、射流速度、移动速度等的变化特征,明确了风暴移动速度与气流下沉速度之比是影响近地风场结构的关键因素;揭示了矢量叠加原理在移动下击暴流风场中的适用范围;基于信号处理方法,提取了下击暴流脉动风分量,对紊流强度、功率谱和概率密度函数等湍流特征进行了量化评估。

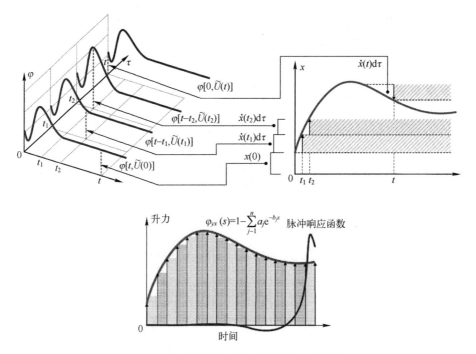

图5-2 大跨桥梁非平稳风荷载精细时域模型

2. 大跨桥梁抗风理论与控制技术

哈尔滨工业大学发明了被动吸/吹气套环的控制方法,研究了有无被动吸/吹气套环控制下拉索表面压力分布、尾流特征、涡激振动响应等;得到不同外套方式的套环在不同布置间距下对拉索涡激振动的控制效果;外套式控制方法的套环间距为 $1.5D$~$3.0D$,内嵌式的套环间距为 $1.15D$~$2.69D$。改进了 van der Pol 方程(VDPE),新型 IVDPE 耦合方程能较为准确地预测拉索结构在不同参数下涡激振动特性。基于流场可视化技术与振动采集系统,同步测量弹簧悬挂的节段模型涡激振动中流场状态与结构响应,从涡动力学的角度揭示被动吸/吹气方法对主梁涡激振动的三维流场模式的调制机理,深入阐释被动吸/吹气方法对大跨度桥梁涡激振动起到显著控制效果的内在原因。

同济大学系统性地开展了典型钝体断面驰振、涡振、颤振自激力非线性多项式数学模型及相应的参数识别方法研究。其提出矩形断面驰振自激力模型可以精确反算并解释包括极限环振动和振动分岔现象在内的驰振非线性机理；首创性地提出的索流场涡振自激力模型经与实桥监测数据对比证实，其显著提高了实桥涡振振幅预测准确性；提出的基于每周期自激力做功、做无功的参数识别方法可以精确区分多项式模型中的同阶项，继而解释了竖弯和扭转涡振自激力非线性机理的区别；提出的两自由度耦合颤振非线性自激力模型可以反算和解释流线型箱梁断面在大攻角、大振幅下复杂的颤振非线性现象（图5-3）。

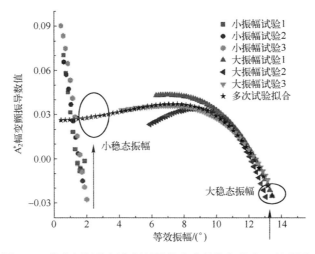

图5-3　分岔颤振的幅变颤振导数变化趋势与拟合（见彩插）

针对气动外形与桥梁气动性能关系难以解析描述、气动外形优化工作依赖于大量试错试验的问题，重庆大学提出了基于深度卷积神经网络的桥梁气动性能智能预测框架，可以在不限制外形参数数量的情况下实现任意形状的气动性能预测。针对传统被动气动控制措施难以满足超大跨度桥梁气动稳定性需求的问题，建立了适用于钝体桥梁断面的智能主动抑振方法。

石家庄铁道大学风工程团队针对大跨度桥梁索、杆气动力计算中参数考虑不全面、取值单一等问题，详细研究了雷诺数、风场参数、表面状态和损伤、截面形状畸变、降雨状态等条件下各类主梁和索杆的气动力特性，提出了考虑各类因素影响的气动力精确计算方法，编制了专用软件，可分参数、分雷诺数区域进行准确计算。该团队明确了桥梁索杆类细长构件风振的影响规律，阐明了水线摆动对斜拉索振动的影响，从雷诺数效应和水线等多角度揭示了斜拉索风雨振和干索驰振的机理；从流固耦合和能量传递的角度揭示了椭圆形断面细长索结构的驰振稳定性机理；提出了经济性和安全性均佳的双螺旋线等多种风振控制技术。

3. 高层建筑抗风

中国建筑科学研究院提出采用脉动系数和同步系数分别量化风压梯度变化和风压相关性对柔性围护结构设计风荷载的影响,解释其作用机制。发现折减系数随风向变化的结果呈现周期性变化;折减系数与脉动系数和同步系数呈幂函数关系。在实际工程应用中计算柔性围护结构的等效设计风荷载时,应综合评估脉动系数和同步系数,以优化抗风设计。同步系数对设计风荷载的影响不如脉动系数显著。

中国建筑科学研究院基于非线性随机振动理论,提出一种与响应统计特性相关的非线性气动阻尼解析模型,强调在每个风速下建立独立的气动阻尼模型。构建大长细比建筑结构非线性气动阻尼识别方法及响应预测的理论分析框架,明确了来流特性、顺风向振动对横风向气动阻尼和响应的影响规律,以及随机减量技术在提取大长细比建筑结构气动阻尼的适用性问题(图 5-4)。

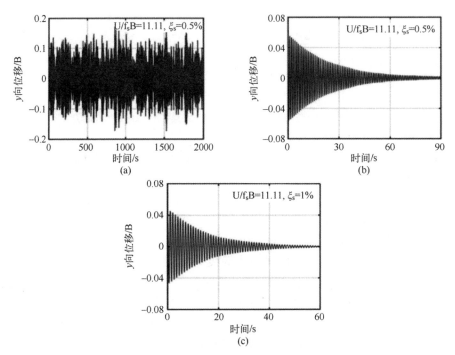

图 5-4 基于随机减量技术得到的衰减位移

重庆大学提出了准确描述自激力的广义范德波尔振子气动阻尼模型,建立了准确、完备和高效评估高层建筑涡激振动的非线性等价分析方法。其明确了高层建筑顺-横风向耦合涡振现象,量化了高层建筑涡振状态下顺风向与横风向振动的相互影响；建立了考虑顺-横风向耦合涡振的气动自激力模型，开发了基于卡尔曼滤波技术的非线性气动自激力及抖振力识别方法。

华南理工大学依托珠三角地区超高层建筑风效应实测基地的实测结果，对近10年几个影响较大的强台风观测数据进行详细的分析。结果显示，在台风影响下，超高层建筑的最大振动多出现在南-北或者其附近的方向，珠三角地区的强风主导风向为东南-东北风向；通过参数识别发现建筑的模态参数的变化规律；采用优化气动外形和合理朝向有利于建筑结构抗风，对位于珠三角地区的矩形或接近矩形平面的超高层建筑在规划设计时应避免使其窄边面向东风及其附近风向。

传统抗风设计思想是"以不变应万变"的被动方式抵抗罕见自然灾害，而适风设计思想则旨在赋予建筑物以自然界生命体的智慧，提出采用应变性地临时改变建筑物气动外形的方式使之适应外部环境的变化，从而在不改变整体建筑外形的前提下降低结构设计风荷载。浙江大学建立了基于可靠度的二阶段适风设计方法，完成了基于可调导流板控制技术的适风设计实例研究。

4. 大跨空间和屋盖结构抗风

大型屋盖及其围护体系的风致破坏已成为公共安全领域全社会的重大关切之一。重庆大学基于单样本风压系数时程不能准确估计风压系数极值的情况，提出了前四阶矩显式表达的非高斯风压系数极值计算公式；根据大型屋盖风压极值的空间衰减规律，采用聚类分析理论，确定了具有客观定量指标的屋面风荷载分区方法；给出了平面网架、平面桁架、张弦桁架、柱壳、球壳5类体型8类结构形式的等效静风荷载计算图表，制定和发布实施了行业标准JGJ/T 481—2019《屋盖结构风荷载标准》。

薄膜结构轻质柔性的特点使其成为典型的风敏感结构，在强风作用下容易产生大幅度的振动和变形，流固耦合效应不可忽略。重庆大学提出了结构表面旋涡运动与结构振动耦合引起负气动阻尼是导致结构失稳的主要原因，建立了非线性自激气动力模型和薄膜结构动力响应计算的非线性广义范德波尔振子模型，该模型的解析解针对全风速区间内的薄膜结构响应均具有很高的预测精度（图5-5）。

浙江大学针对国内外大量出现的大跨复杂屋盖风致破坏现象的突出问题，对风致内压动力荷载、外压非高斯效应、试验技术和等效静力风荷载4个涉及大跨屋盖结构抗风安全的关键核心问题进行了长期深入的系统研究：阐明了开孔建筑风致内压响应及其对屋盖结构的作用效应，提出了不同开洞情况下建筑风致内压响应的理论预测公式；揭示了非高斯风压随机作用过程的时域内非平稳本质，得到了计算威布尔（Weibull）型和硬化型风压随机过程极值的理论公式。

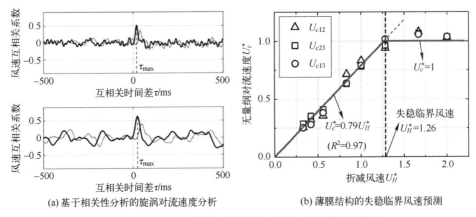

(a) 基于相关性分析的旋涡对流速度分析　　(b) 薄膜结构的失稳临界风速预测

图 5-5　基于非定常气动绕流模型的临界失稳风速预测

石家庄铁道大学针对目前大跨度结构缺乏准确的雪荷载取值依据的问题，给出了用于设计高低屋面、双坡屋面、拱形屋面和球形屋面等不同类型大跨度结构的积雪分布系数，揭示了雪荷载的空间分布特征和时间演化规律，大幅提高了雪荷载设计取值的准确性。

5. 输电塔线体系抗风

浙江大学联合广东省电力设计研究院有限公司、南方电网有限责任公司电力科学研究院、国网河南省电力公司电力科学研究院、中国能建浙江省电力设计院有限公司、国网浙江省电力公司经济技术研究院等单位，对输电塔线体系的风荷载及气动效应进行了深入研究。先后完成"世界第一输电高塔"舟山 500kV 联网输变电工程西堠门大跨越 380m 输电塔（2018 年）和江苏凤城-梅里 500kV 江阴长江大跨越 385m 输电塔（2022 年）的气动弹性模型风洞试验；补充了输电线路现行规范中不考虑但对部分杆件起控制作用的 75°风向角下角度风分配系数取值；得到了丘陵地貌下风压不均匀系数取值的经验公式；建立了输电线路动力风效应和荷载参数的贝叶斯评价方法；提出了基于杆件阻力系数的钢管塔和角钢塔风荷载精细化计算方法，其计算结果与试验和各国规范结果吻合较好；建立了雷暴风、强风等不利气候条件下多塔多线三维抖振响应及等效静力风荷载精细化理论分析方法，提出了输电线路风偏响应的频域分析方法，给出风偏计算实用方法和防风偏措施；研发了三自由度频率可调的多分裂导线舞动节段模型气弹试验装置，以及由覆冰导线模型、大比例输电塔模型和舞动激励加载装置组成的覆冰舞动输电塔线体系受力性能试验装置；建立了三维瞬态风场下适用于单导线和任意分裂导线舞动响应分析的高效降维数值仿真方法，自主开发了一整套不同冰形、不同输电线路参数的舞动判定、起舞风速以及舞动响应计算软件 ICEG。对扰流防舞器、新型液体阻尼器、回转式间隔棒、失谐间隔棒、黏弹性阻尼相间间隔棒等防舞装置的适用性进行了大量的风洞试验和理论仿真研究，建立了防舞装置的优化设计方法，部分成果已应用于实际工程。

6. 高速列车风效应及车桥耦合振动

中南大学研发了一套弹射移动列车–基础设施气动特性研究试验系统，揭示了列车速度、桥梁子结构以及尾部形状对列车风的影响机制，建立了可用于横风作用下的高速列车–基础设施的气动特性研究的试验装置与方法，拓展了高速列车与基础设施气动耦合机理研究的新领域，提出了一种基于虚拟激励法的有效分析框架，研究了随机非平稳风和轨道不平顺激励下的列车桥系统振动，以典型 7 跨连续梁高铁为研究背景，验证了该框架的可靠性和高效性。

7. 风致多灾害模拟与设计优化技术

中国建筑科学研究院应用 DPM 方法，模拟了建筑周边的雨滴在不同风力工况条件下的飘落轨迹、汇水总量及汇水分布信息。针对汇水较为集中的高层建筑坡屋面采用 VOF 两相流数值模拟，针对汇水较为分散的大跨屋面采用迹线分析法，获得屋面的汇流水量统计值，并已成功应用于实际工程领域中大跨、高层建筑的屋面汇水排水分析。

石家庄铁道大学通过气象分析、数值计算、风洞试验和现场测试相结合的方法，研究了蠕移、跃移、悬移三类风致雪漂移的现象，建立了不同高度路堤、不同坡率路堑在不同风速环境下的积雪分布和过程演化模型，揭示了路堑设置不同宽度积雪平台条件下的风积雪分布规律，掌握了桥梁、路堤及涵洞周围不同风速条件下的积雪分布特征，深入分析了防雪栅栏的防风阻雪机制与效果，给出了铁路风吹雪灾害的防治措施及建议。以上成果在新疆克塔铁路上得到了成功应用（图 5-6）。

8. 防风环境研究与控制

石家庄铁道大学研发了北京冬奥会场地防风网并成功应用。针对冬奥会场地防风网技术被欧洲公司垄断、北京冬奥会张家口赛区云顶滑雪公园的空中技巧和 U 型技巧场地防风网建设遇到的关键技术问题，研发了纯国产的防风网（图 5-7），在防风效果、视觉效果、力学性能、张开和回收便捷性方面超过了现有技术。仅用现有方案 1/5 的造价和 1/4 的工期建成了防风网，受到国际雪联、国际奥组委的高度认可。

(a) 铁路应用

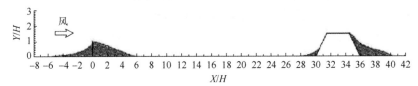

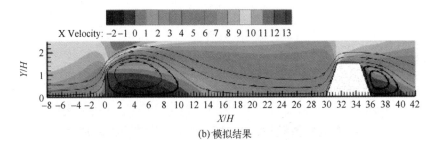

(b) 模拟结果

图 5-6　铁路防风雪措施

图 5-7　北京冬奥会场地防风网

5.1.2　环境风工程

1. 复杂风资源特性及风能评估技术

国家在"十三五"期间启动了重点研发项目"风力发电复杂风资源特性研

究及其应用验证",由国家气候中心负责,中国空气动力研究与发展中心、中国科学院工程热物理研究所、中国气象局上海台风研究所、龙源电力集团股份有限公司、中国科学院大气物理研究所、华北电力大学、中投电力工程公司等多家单位协作。其针对我国复杂地形和台风影响的特点,为满足风电机组大型化发展和设计需求,重新构建300m高度内的风和湍流特性理论体系,并揭示复杂风资源特性形成机理;建立典型地形和台风影响地区的湍流风特性分类指标库及其测量与计算方法;发展从中尺度环流、风电场湍流到风力机尾流的非定常风场多尺度耦合数值模拟方法,并开发典型地形风电场选址风资源评估软件;发展台风影响下的风电场极端风况CFD数值模拟和风电机组风险评估方法,并开发风电机组风险评估软件。图5-8是台风大气涡旋CFD模拟,该模式主要通过施加科氏力、台风压差梯度力和向心力于CFD模式的控制方程,以得到台风影响下的旋转风场CFD数值模拟。

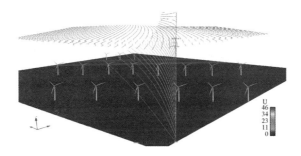

图5-8 台风大气涡旋CFD模拟

2. 地球系统数值模拟装置

为了深入认识地球环境复杂系统基本规律,中国科学院大气物理研究所与清华大学共建地球系统数值模装置,该装置集模式、数据、计算三位一体,主要包括地球系统模式数值模拟系统、区域高精度环境模拟系统、超级模拟支撑与管理系统、支撑数据库和资料同化及可视化系统、面向地球科学的高性能计算系统、土建工程及相关配套设施等,其耦合圈层多、功能齐全、规模大、技术水平先进,可为大气、海洋、环境、计算科学等研究领域提供重要基础平台,装置试运行期间促进了气候变化国际合作、为国家减灾防灾措施提供科技支撑、为多类重大活动建立保障,使我国地球系统数值模拟能力得到大幅提高。

3. 建立全球大尺度到局地微尺度大气扩散数值预报系统

为满足2022年北京冬奥会和杭州亚运会对"百米级、分钟级"精细化预报的需求，中国气象局地球系统数值预报中心开发了基于 CMA-MESO 的风场动力降尺度预报技术、小尺度烟花扩散预报和微尺度大涡模拟技术，以满足预报员对于精准预报的需求。风场动力降尺度技术是基于 CMA-MESO 1km 高分辨力模式开展的风场诊断模型，根据冬奥会复杂山地条件实际，通过求解质量守恒方程，对不同高度层的风场进行降尺度，得到崇礼和延庆赛区范围分不同垂直高度上 100m 分辨力、逐 10min 级别的风场格点预报产品，为预报员提供更高时空分辨力的预报产品。小尺度的非稳态拉格朗日扩散预报技术基于风场动力降尺度技术，开发了快速并行的小尺度拉格朗日扩散模型，能实现三维流场中污染物在大气环境中的输送、转化和清除等物理过程模拟，为冬奥会开、闭幕式提供了 100m 分辨力烟花扩散颗粒物浓度范围预报产品，并获得了认可和好评。为提高环境应急重大活动保障需求，开发了基于 CMA-MESO 的微尺度大涡模拟技术，以及图像自动识别和提取三维建筑物信息快速建模的技术方法。目前，已开展了国家奥体中心 5m 分辨力的烟花扩散模拟。

5.1.3 车辆空气动力学

1. 轨道车辆空气动力学计算软件开发

中南大学开发了高精度、高效率的轨道车辆风雪多相流仿真软件，针对风雪天气和线路积雪两种运行环境，研究了转向架、受电弓等典型区域积雪堆积、结冰、融化的过程和机理，完成了转向架、受电弓区域的防冰雪方案设计和优化。中南大学联合中国科学院力学研究所，基于替代模型技术开发了高速列车气动力快速计算软件，计算精度满足工程设计要求；仅需对高速列车头型进行表面网格划分，无须进行 CFD 计算便可快速获取高速列车的气动力，计算效率显著提升，且随着训练数据的不断丰富，计算精度也会逐步提高；可应用高速列车头型方案的工程化设计和评估。

2. 轨道车辆空气动力学技术开发和应用推广

中国科学院力学研究所融合大规模流场数值计算技术、风洞试验技术、动模型试验技术和实车测试技术，建立了高效的高速列车气动外形工程化设计流程与高速列车气动设计指标综合评价体系，建立顶层设计指标-反设计-优化设计-美工设计-试验评估-样车试制-方案定型的一体化设计流程。结合自主开发的启发式优化算法程序、复杂曲面参数化设计程序、替代模型程序、采样程序、实车气动力计算程序，形成具有自主知识产权的专业化高速列车气动外形设计及优化软件，是国内第一款基于智能化优化算法的高速列车气动外形设计及优化软件。软件搭建了全场景轨道交通装备空气动力学数值仿真平台，实现长大编组轨道车辆复杂气动外形的空气动力性能仿真评估。软件还建立了高速列车明线运行、横风运行、明线交会、隧道运行、隧道交会等典型运行工况及风雪、风沙、风雨等极端环境下的多相流流动仿真体系，具备典型部件（如受电弓、转向架、设备舱等）区域的复杂流场仿真评估能力，可提升设计效率 2 倍以上。

3. 时速 600km 高速磁浮列车气动设计

中车联合中南大学、中国科学院力学研究所、中国空气动力研究与发展中心、中国航空工业空气动力研究院，系统研究时速 600km 高速磁浮列车面临的气动阻力、气动升力、气动噪声、侧风效应、压力波及微气压波等方面的巨大挑战，建立了车-轨-隧系统耦合模型，正向设计车体断面、头型、气隙、局部流场等，确定了高速磁浮列车气动设计方案，相比于上海磁浮线 TR08 车型，气动阻力降低 17%，升力降低 21%，气动噪声降低 3dB（A），隧道交会压力波降低 3.5%，微气压波降低 14%。时速 600km 高速磁浮成套系统于 2021 年 7 月成功下线（图 5-9）。

图 5-9　高速磁浮列车

4. 低真空管道超高速磁浮交通系统初步探索

中南大学、中国科学院力学研究所等单位，完成低真空管道环境下车隧耦合气动性能及系统热平衡研究，探明低真空管道工况下的流场特性及气动阻力、气动升力、气动噪声源、交会压力波、列车风、系统热平衡与真空度、管道面积及列车速度的关系，提出列车速度-真空度-管道面积的匹配关系；完成低真空管道环境下车体气密强度与气密性研究，根据车隧耦合气动性能确定车辆设计边界条件，提出车体气密强度及气密性设计方案；完成低真空管道环境下生命保持系统研究，提出基于冲压进气和车载供氧的可行性设计方案。

5.2 科研试验基础设备设施

5.2.1 结构风工程试验设备

1. 边界层风洞

重庆大学多功能大气边界层风洞试验系统于2021年5月在重庆开工建设，计划于2024年12月投入使用。该风洞具备模拟稳态强风、龙卷风、下击暴流、波浪，及其联合作用的功能。风洞由立式回流风洞洞体、转盘系统、流场特性调节系统、高速段模块化设备、移测架、动力系统、波浪水槽、龙卷风/下击暴流发生装置、测控系统等组成。其中，立式回流风洞包括低速段（8m宽×4m高，风速范围1~18m/s）与高速段（4m宽×3m高，风速范围2~48m/s）；流场调节装置可实现粗糙元自动升降；龙卷风/下击暴流模拟器可独立运行，也可在风洞中移动以模拟背景风作用；波浪水槽可实现水深自动调节（0.2~3m）、造波（常用频谱以及自定义频谱所描述的不规则波）、造流（最大流速0.7m/s）的功能，并可与风洞联合试验以模拟风-浪-流耦合效应（图5-10）。

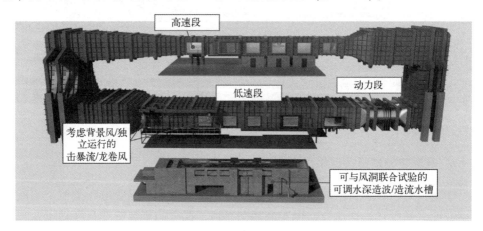

图5-10 重庆大学多功能大气边界层风洞

2. 特异风实测与模拟设备

同济大学研发了传感器快速布设的车载移动勘测测试平台。该平台具有灾害气候实时追踪、测控设备便于携带和可快速布置、长时间野外现场驻守、灾后现场快速测量评估及调查4个方面的能力。改装现有中型客货车，形成具有快速移动能力、全路况条件的测试移动载体;设计、加工车载的可折叠液压式高空风参数探测支架;在车辆顶部和折叠探测支架加装高空风廓线探测多普勒激光雷达、三维超声风速仪、机械式螺旋桨测风设备和数字化雨量计等设备,形成可方便移动探测范围较宽的风环境测试试验平台,可探测近地面200~1000米高度内高分辨率平均风速和紊流度剖面、局部风环境扰流约+10m范围脉动风分布形式和伴随强风而来的强降雨观测结果;发展现有超远距离动态激光测位移系统,形成具有高频动态采集测试能力的监测系统,结合GPS动态位移测量系统等形成具有快速布设能力、非接触式的全方位结构响应监测系统(图5-11)。

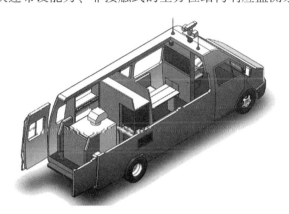

图5-11 追风车设计图与现场工作示意

华南理工大学在华南地区10余座超高层建筑上建立软硬件一体化的超高层建筑风效应远程实时监测平台,逐步实现了对广州西塔、深圳京基100、鹏瑞深圳湾1号、深圳汉国中心等超高层结构振动的远程实时同步监测。这是我国受台风影响显著的华南地区当前最大规模的超高层建筑现场实测平台。

3. 风致多灾害实测与模拟设备

中国建筑科学研究院研发的风雪耦合试验平台包括定量降雪装置与精密测控平台两部分。在不破坏现有风洞结构的基础上,同时实现了较高的风品质、精准定量的降雪、高精度高效率的测量等目标,突破了传统风洞降雪装置风品质难以保证、控制精度低、测量效率低下等技术瓶颈,并成功应用于多项大跨复杂屋面结构的雪荷载工程研究。

浙江大学在绍兴雾荡岗的国网输电线路防冰减灾实验基地与国网公司开展合作研究,在实际输电线路上建立了集观冰、测风、输电结构响应等多元化全景状态信息监测系统。系统可以获取线路自身结构的张力、变形及覆冰、脱冰、风速风向、温度湿度等环境动态信息,计算机视觉技术对视频记录覆冰和脱冰过程信号进行图形识别处理，获取冰形参数。利用现代互联网和云端技术解决海量传感信息的传输储存问题，实现了恶劣冰风、台风等风灾条件下传感器群的同步协调工作和多维数据的实时可靠传输及安全存储。

5.2.2 环境风工程试验设备

中国科学院大气物理研究所（Institute of Atomspherie Physics Chinese Academy of Sciences，IAPCAS）温室气体卫星模拟和反演系统是国家"十三五"科技创新成果，该系统支撑了我国首颗二氧化碳监测卫星（中国碳卫星）的研制和科学应用，2017年利用碳卫星数据反演获得了我国首个全球二氧化碳浓度分布数据，2020年将该数据精度提升到 $1.5×10^{-6}$ 的水平，同时利用物理算法反演获得了陆地生态系统太阳诱导叶绿素荧光数据产品，2021年计算获取了中国碳卫星首个全球碳通量数据产品，标志着我国成为国际上第三个具备空间碳监测能力的国家。

5.2.3 车辆空气动力学试验设备

1. 时速 600km 等级高速轮轨列车/高速磁浮列车动模型空气动力试验平台

中南大学试验平台是时速 600km 等级大型空气动力学动模型试验系统，最高试验速度达 680km/h，车速控制精度达±1%，交会位置控制精度达±0.5m，可开展线间距 4.4~6.0m 连续变化的线路模拟，具备分布式储能时序释放无瞬变冲击平稳加速与多级蝶阀缩阔口串联摩擦无损制动功能。本成果形成了具有完全自主知识产权的时速 600km 等级高速列车空气动力学性能试验系统及评估技术。

2. 轨道车辆转向架积雪结冰风洞

中南大学自主研建了世界唯一的轨道车辆实物转向架积雪结冰风洞试验装置，攻克了列车/转向架/空气/雪/水/冰多元耦合系统多运动耦合、多相变等低温试验难题。该风洞于 2020 年 9 月底竣工，整体采用立式结构，布局紧凑，节省占地面积。

3. 高速列车客室工程试验平台

中南大学高速列车客室工程试验平台包括中国标准动车组中的中间车（CR400BF）、公务车（CR400AF）和头车（CR400BF）。该平台拥有多项测试能力，包括：高速列车客室固态颗粒物检测与流场内传播特性试验，可以实时监测环境中的温湿度、TVOC 浓度以及 PM2.5、PM10、TSP 浓度等数据，其分别放置在客室内上游、中游、下游的座位上；用于研究不同工况下客室内颗粒物的扩散规律，并对比分析了不同循环模式、送风模式、过滤模式下过滤客室内颗粒物的效率；高速列车客室飞沫传播示踪试验，依据激光诱导荧光技术原理对物表进行定量检测并确定不同位置飞沫沉降与附着情况，在不同人体条件下对持续呼气、间歇呼气、持续呼吸、咳嗽、打喷嚏等人体呼吸活动进行检测，应用试验技术并探寻流场内飞沫分布特征；高速列车客室流场显示试验，利用激光诱导荧光技术对颗粒物进行示踪，采集颗粒物在空间中剖面的颗粒物浓度、速度等数据，结合图像处理技术在空间中实现颗粒物的二维示踪，整个流场进行重构（图5-12）；高速列车客室舒适性试验，探究列车客室内环境的影响以及不同客室环境下能满足人体舒适性体验的环境参数，涉及客室温度、空调送风模式、环境噪声等因素；高速列车客室火灾模拟，分析车厢火灾试验的重复性，对比火源参数（火源功率和火源位置）和通风模式（不通风、顶部通风和底部通风）对火焰形态和车厢顶棚烟气温度横纵向分布影响规律；高速列车噪声试验，掌握不同情况下高速列车的车内设备、风道噪声以及客室噪声特性；高速列车客室内病原体传播试验，通过空气采样、沉降采样和物面沉降的方法，测试病原体在客室流场的传播规律和车辆内装物表面典型位置的分布浓度；分析病原体污染物在客室内的传播特征和浓度分布规律。

图 5-12　高速列车客室内平面颗粒物示踪图像

4. 基于高速列车动模型平台的横风装置

中国科学院力学研究所于 2021 年建成了基于高速列车动模型平台的横风装置，可满足不同条件下高速列车横风模拟的要求，横风产生装置主要包括动力系统、洞体回路系统、横风装置测控系统，试验段尺寸为 3m×15m×1.2m，最大风速 50m/s，流速稳定性小于 0.5%，流速均匀性小于 4%，湍流度小于 0.2%。该动模型横风试验平台可以复现平地横风、隧道入口横风、出口横风、峡谷风等在我国客运专线上出现的典型大风工况（图 5-13）。

图 5-13 横风环境模拟试验装置

5.3 试验测试技术

5.3.1 结构风工程试验技术

1. 竞技体育风洞试验技术

在科技部、国家体育总局的支持下，我国竞技体育风洞技术研究实现了从"0"到"1"的飞跃，在北京 2022 年冬奥会备战中发挥了重要作用。北京交通大学、重庆大学等单位建立了完整的冰雪运动项目风洞应用技术体系，推动我国体育科技多学科、跨领域发展。一是创新研发风洞模拟训练体系，突破将大型跑台、六自由度系统等训练装备与风洞融合应用的系列关键技术创新性接入风洞，开发形成了包括冰上、雪上、车橇等项目的风洞模拟训练体系，可模拟短道速滑、速度滑冰、越野滑雪、高山滑雪、钢架雪车、雪橇雪车等项目的高速运动场景，协助运动员开展模拟训练。二是打破技术壁垒，建立研发了运动姿态风阻优化技术、运动队列风阻优化技术，成功开发可实时反馈风速、风阻力、姿态、重心位置、测试指令等数据的测试系统。三是坚持核心技术自主研发，建立了运动装备风阻影响评测标准化技术，开发了从材料优选到部件优化的全链条气动减阻技术，支撑国产高性能低风阻运动装备的研发。四是进行开创性学科交叉，建立了运动场地赛时环境风评估技术，对重点项目进行技术诊断和战术推演，利用体工融合的科技手段协助国家队提升环境应对适应能力（图5-14）。

图 5-14　国家雪车队人车工程风洞测试和国家钢架雪车队姿态优化风洞测试

建成体育专业风洞集群，成功构建竞技体"训练-科研"一体化平台。在二七厂国家冰雪运动训练科研基地建成体育综合风洞，该风洞实现了冰雪运动项目全覆盖，兼具训练与测试功能（图5-15），在涞源国家跳台滑雪训练科研基地建设了跳台滑雪专业风洞，加上规格齐全的跳台滑雪赛道群，涞源基地成为先进的雪上项目训练科研基地之一。

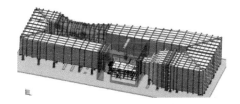

图 5-15　二七基地体育综合风洞和涞源基地跳台滑雪专业风洞

2. 气动力高精度识别技术

动态测试技术是认知、分析复杂物理过程的基本手段，而动态校准技术是动态测试技术的基础。华南理工大学研究团队提出针对高频底座力天平的动力校准问题，并通过此类问题的不同特征和需求开展了系统性的研究，提出了基于复模态二阶盲辨识和改进贝叶斯谱密度参数识别的频域校准方法、基于变步长等变自适应分离（Equivariant Adaptive Separation via Independence, EASI）算法进行振型识别的时域校准方法、基于小波包分析方法适用于欠定系统的动力校准方法，以及基于小波包变换适用复杂天平模型模态耦合和环境干扰影响的全频段信号时频模式通用校准方法。

3. 高精度标定风试验技术

石家庄铁道大学风工程团队针对国内缺乏专用高精度标定风洞的状况,研发建成了专用于边界层风洞测试设备的标定风洞,试验段湍流度、速度场不均匀性、动压稳定性均小于或等于 0.1%,气流方向场小于或等于 0.1°。该团队研发了 10 余套高精度测试设备,并开发了多功能高精度探针等系列测试设备,把现有的只能进行单点、风速测试的技术,提升为能进行多点风速、风向同步测试的技术,测试精度提高了一个数量级,测试效率提高到原来的 5 倍以上。

5.3.2 环境风工程试验技术

2021 年 9 月 16 日,中国科学院大气物理研究所无人艇试验团队抵达青海湖,参加由国家卫星气象中心牵头的"风云三号 03 批气象卫星工程大型试验系统 2021 年外场专项试验"项目,开展了太阳能无人艇载红外设备的青海湖星地同步观测试验,为在轨业务运行的风云三号 D 星和刚发射的风云三号 E 星提供辐射定标检验。此次青海湖观测试验从 9 月 19 日开始,到 24 日结束,无人艇在青海湖上稳定、持续工作长达一周,期间经历了雷电、冰雹、降雪、龙吸水等天气过程。依靠太阳能无人艇搭载 CE312 获得 5 次以上的星地同步观测(图 5-16),尤其获得风云三号 E 星晨昏时段过境的观测,提供稳定科学的水表红外观测数据集。通过无人艇搭载仪器进行全天候、全自动观测,能够获取多颗卫星过境的观测数据,为星地同步定标试验节省了人力和物力,极大提高了工作效率。

图 5-16 太阳能无人艇搭载 CE312 热红外辐射计

5.3.3 车辆空气动力学试验技术

1. 600km 等级高速轮轨列车/高速磁浮列车动模型空气动力试验平台技术

针对试验平台"多场景模拟、精准控制、精确测量、高效评估"四大关键技术难题,中南大学解决了以下 7 个关键问题:高速列车模型试验车速及交会位置的精准控制难题;高速列车模型短距无损制动难题;高强度轻量化高速列车模型设计难题;高适应性无级连续短时变轨距难题;高速列车模型运行平稳性保障难题;高精度阻力测试及流场可视化难题,即如何通过机器视觉技术和 PIV 技术分别精确捕捉高速运行中的模型列车气动阻力和流场结构特性;发射装置释放的压力扰动和强爆破声抑制技术。中南大学还研建了时速 600km 等级高速列车动模型试验系统,实现包含 400km 等级高速列车和 600km 等级高速磁浮列车的全速度等级、全部类型车辆空气动力学动模型试验;创建时速 600km 等级高速列车大型等效缩比动模型试验技术;提出时速 400km 以上等级高速列车空气动力安全技术,使气压爆波减小 80%、瞬变压力降低 30%~50%,完成我国所有时速 400km 高速列车、时速 600km 高速磁浮列车气动外形性能评估及车隧耦合气动性能评估动模型试验。

2. 高寒轨道列车转向架和设备舱积雪结冰试验技术

中南大学轨道车辆转向架低温积雪结冰风洞冰雪试验段技术指标领先,具体表现如下:空间尺寸大,可开展典型轨道列车实物转向架冰雪试验;流场品质优、试验风速高;试验温度 -20~$+50$℃连续可调;模拟最大降雪强度大于 1cm/h,远高于暴风雪降雪强度(0.1~0.15cm/h);持续风雪试验时间可达 4h;轮对驱动系统可复现启动-匀速-制动状态下转向架/轮对之间的相对运动状态;完成了我国主要车型高寒轨道列车转向架和设备舱积雪结冰试验评估以及我国首台防冰雪城轨列车转向架基础研发工作。

5.4 在国民经济建设中的应用

5.4.1 结构风工程

1. 重大桥梁工程抗风

狮子洋通道主桥主跨跨径 2180m,是世界首座跨径超 2000m 的双层悬索桥，挑战极限长度，并将承受登陆强/台风极端环境的艰巨考验，相关抗风研究大幅提升了桥梁的颤振性能。同济大学、西南交通大学、湖南大学、长安大学等对港珠澳大桥西拓通道重要组成部分黄茅海跨海通道中央开槽箱梁断面的涡振性能及控制问题进行了深入研究，解决了原始断面显著涡激共振问题，并节约了造价。

甬舟铁路西堠门公铁两用大桥主跨为1488m，主梁采用双开槽流线断面（梁宽68m、梁高5m）方案，桥梁涡振气动效应突出。同济大学通过同步测压和测振试验并且逐一添加附属构件（轨道、栏杆、风障等）判断出槽间涡强化了风障规则性尾涡导致强烈的幅值超限涡振，由此开展了2×3直到10×10交错布置的槽间隔涡板，证明了扰乱槽间涡的有效抑振策略，进而消除了原设计方案中存在的严重涡振（图5-17）。

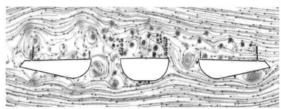

图5-17　西堠门公铁两用大桥涡振抑振控制与数值模拟研究

目前正在建设的黄茅海跨海通道是港珠澳大桥西拓通道的重要组成部分，地处超强台风频发登陆区域，为提高结构抗强风性能，主桥和中引桥采用中央开槽箱梁。为保证建设期及运营期的结构安全性和耐久性，同济大学、西南交通大学和长安大学等对该桥中央开槽箱梁断面的涡振性能及控制问题进行深入研究。最终得到的风嘴断面优化方案结合了中央水平隔涡板、检修轨道位置优化和中央竖向稳定板，可以基本消除两座通航孔桥和中引桥的涡振。此外，还针对连续梁桥涡振控制的特点，确定了中引桥TMD涡振控制措施方案，减少了中引桥总体造价。

规划设计中的张靖皋过江通道工程南京航空航天大学道桥主跨达2300m，建成后将为世界悬索桥之最，其最长吊索的长度更是达265m，远超世界上既有的悬索桥吊索长度，东南大学等针对性地提出了长吊索减振设计方案，保障吊索在复杂环境中的长期服役安全。

2. 重大建筑结构抗风

近年来，浙江大学、华南理工大学等多家单位参与了国内许多重要高层建筑项目的风工程研究，而且也为海外多项重要高层建筑项目（如高达570m的柬埔寨金边双子大厦世贸中心）提供风工程技术咨询与服务。大跨屋盖抗风研究成果已在杭州奥体中心和广州新白云机场等全国各地百余项重点工程实践中得到应用，相关成果写入国家行业标准 JGJ/T 481—2019《屋盖结构风荷载标准》和 JGJ/T 338—2014《建筑工程风洞试验方法标准》，获得了多项发明专利，取得了较好的推广应用价值。

5.4.2 环境风工程

1. 海上风能资源评估

海上风场站位资料匮乏、遥感资料丰富，采用多种方式技术融合更有利于开展海上风能资源评估，针对南澳洋东海上风电场台风影响评估和风能资源评估，中国气象局上海台风研究所为三峡集团上海勘测设计研究院提供了技术咨询服务，并研发了一种海上风电场无测风塔风能资源评估技术，解决了复杂地形区域建设站点的困难，降低成本，给予技术支持，提升了我国海上风电场无测风塔阶段的风能资源评估水平。

2. 特定台风机型特征参数

海上风电机组在台风等恶劣气候条件下需要精密的风险评估特征参数，针对特定台风机型，中国气象局上海台风研究所为中国船舶重工集团海装风电股份有限公司提供了技术咨询服务，设计了所需的台风风险评估特征参数，指导海上风电机组的抗台风设计，减少海上风电场的经济损失，为进一步研究抗台风措施提供参考。

3. 沿海和海上风电场台风风险评估

在"十三五"重点研发计划"风力发电复杂风资源特性研究及其应用验证"项目支撑下，中国气象局国家气候中心、上海台风研究所、华北电力大学、中电投电力工程有限公司协作研究沿海和海上风电场台风风险评估技术，在计算流体力学 CFD 模式的控制方程中增加科氏力、台风压差梯度力和向心力，创建了台风大气涡旋 CFD 模式；基于中尺度 WRF 台风模式的数值模拟结果建立全厚度台风大气边界层入口廓线模型，模拟台风影响下的沿海和海上精细化风场；基于70年历史台风资料和改进的工程台风模型，为 CFD 计算提供大样数的本台风风场输入；通过以上成果研发风电场台风风险评估软件系统，可计算海上风电场区50年一遇最大风速，预期台风影响过程最大风速计算准确率高于10%，解决了海上因缺乏长期测风资料而无法进行近海或沿海风电场台风风险概率评估的问题。

4. 北京冬奥会

中国气象局地球系统数值预报中心通过无缝隙预测系统为延庆和崇礼山地赛区提供了 100m 分辨力、逐 10min 的高分辨力风场预报产品，为预报员提供了山地赛区复杂地形高分辨力的风场预报数据支撑，还为冬奥烟花扩散方向和影响范围提供了准确及时的预报服务产品。致力于通过从天气到气候的"一带一路"防灾服务中长期天气气候预测网络（ANSO-MISSPAD），以中国科学院大气物理研究所的"FGOALS-f2 季节内-季节预测系统"为核心预测系统，实现业务化运行，除 2022 年北京冬奥会服务保障外，还包括斯里兰卡海域游轮失火、尼泊尔冬季大旱预测、冰上丝绸之路、全球农情监测、中亚地区防灾减灾与可持续发展等业务，助力"一带一路"建设的高质量发展（图 5-18）。

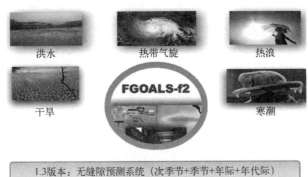

图 5-18 中国科学院大气物理研究所 LASG 无缝隙预测系统 FGOALS-f2

5. 青藏高原风能资源

通过对青藏高原风能资源的实地考察，第二次青藏高原可靠风资源评估取得阶段性成果，中国气象局国家气候中心、青海和西藏气候中心、三峡集团通过对青藏高原典型地形的实地踏勘和声雷达探测试验，采用中尺度数值模拟技术和 GIS 技术，评估得到青藏高原属于我国风能资源丰富区，100m 高度、年平均风功率密度 $400W/m^2$ 及以上的风能资源技术开发总量为 10.2 亿千瓦，占全国总量的 26%，同时给出了各地市的风能资源技术开发量。该成果对青藏高原风能资源特性、形成机理和开发潜力进行了全面、细致的研究与评价，提升了对青藏高原风能资源的科学认识，为高原上开发利用清洁能源和开展可行性示范项目研究提供科学依据，奠定青藏高原清洁能源发展规划和科学布局的基础，随着高原风电开发技术的不断进步，青藏高原丰富的风能资源将会造福人类。

6. 陆地大风风能利用和风机安全

南京大学、深圳国家观象台、国电环境保护研究院有限公司联合开展了强风速下大气边界层湍流特征的研究，基于深圳国家观象台石岩基地的 360m 铁塔、南京大学 SORPES 基地铁塔和激光雷达测风数据，揭示了台风、寒潮等强风速过程下的地表动力学特征参数随风速的变化规律，并给出机制解释，相关工作对陆地大风天气过程中的风能利用和风机安全具有重要参考价值。

5.4.3 车辆空气动力学

1. 京张智能动车组、京雄动车组气动性能动模型试验评估

基于中南大学时速 600km 等级高速列车空气动力特性动模型试验平台，开展京张智能动车组、京雄动车组项目的车型明线交会和隧道空气动力效应动模型试验（图 5-19），揭示了各自 3 种车型、6 种车型的动车组明线交会压力波特性、穿越隧道和隧道内交会过程中的列车表面与隧道表面压力波传播规律。上述试验结果为我国智能动车组的设计和运营提供科学依据，进而为服务北京冬奥会的重要干线提供重要技术保障。

图 5-19 A1-V3 头型动模型

2. 时速 600km 高速磁浮列车动模型试验研究

基于中南大学时速 600km 等级高速列车空气动力特性动模型试验平台，开展 8 种不同头型高速磁浮列车明线运行、交会、单车通过隧道和隧道内交会等工况进行动模型试验测试研究，得到并分析不同头型列车明线运行阻力、列车风、交会压力波特性、穿越隧道和隧道内交会时列车表面与隧道表面压力波传播规律，

并分析了列车单车通过隧道时导致的微气压波传播特性（图5-20）。通过上述试验研究，得到了气动性能最优的高速磁浮列车头型，为时速600km高速磁浮列车的气动外形设计和顺利研制提供重要试验数据支撑，同时对600km高速磁浮列车运行时安全运行、减小能耗以及乘员舒适性方面发挥重要作用。

图5-20　高速磁浮列车8种头型试验模型

3. 转向架积雪结冰试验

在中南大学积雪结冰风洞开展了我国所有城轨列车转向架积雪结冰试验，模拟了在4h内启动、制动、运行等实际工况，验证了提出的"疏绕"防积雪结冰技术、防水飞溅技术、融雪融冰等综合防治手段的可靠性。结果表明，积雪结冰大幅度减少，经过称重对比，上述技术至少能够减少50%的积雪结冰总量，进而为减小列车轴重、减轻列车振动、提高乘员舒适性、提高铁路运输效率、提高列车行车安全性能提供技术保障。

4. 高寒动车组设备舱积雪试验

冬季高速列车在丰雪线路运行时，除了转向架区域严重积雪结冰，轻质雪粒子极易透过设备舱裙板格栅和滤网，沉积黏附于设备舱内，融水后造成短路等故障。因此，于中南大学积雪结冰风洞开展高寒动车组设备舱积雪试验，试验采用液氮二次降温技术调节了雪粒子的粒径及黏性，再现了干雪沉积。通过优化防雪透气裙板格栅和滤网形式，减少设备舱内积雪70%以上，试验结果为我国哈大线、兰新线等高寒高速铁路动车组高速、高密度、长距离运行提供了技术保障。

5. 研制时速 600km 高速磁浮列车

中国科学院力学研究所、中南大学与中车积极合作，有效服务于时速 600km 高速磁浮列车气动研制。基于高精度数值仿真平台和高效率气动外形优化平台，确立了时速 600km 高速磁浮的最优外形，在气动阻力、升力以及噪声性能方面相对于国内上海磁浮列车均具有大幅提升，气动阻力相对于原型车降低约 18.9%，气动升力最大可以降低约 22.7%，气动噪声降低约 3.9%。时速 600km 高速磁浮列车成功研制，填补了航空和轮轨高铁之间的速度空白。

参考文献

[1] YANG M Z, ZHONG S, ZHANG L, et al. 600km/h moving model rig for high-speed train aerodynamics [J]. Journal of Wind Engineering and Industrial Aerodynamics, 2022, 227: 105063. DOI: 10.1016/j.jweia.2022.105063.

[2] TAO Y, YANG M Z, QIAN B S, et al. Numerical and experimental study on ventilation panel models in a subway passenger compartment [J]. Engineering, 2019, 5 (2): 329-336. DOI: 10.1016/j.eng.2018.12.007.

[3] LU Y B, WANG T T, ZHANG L, et al. Aerodynamic loads of trains with different formations passing through and intersecting in tunnels at 400km/h [J]. Journal of Central South University: Science and Technology, 2022, 53 (5): 1855-1866. DOI: 10.11817/j.issn.1672-7207.2022.05.030.

[4] WANG J B, GAO G G, ZHANG Y, et al. Anti-snow performance of snow shields designed for brake calipers of a high-speed train [J]. Proceedings of the Institution of Mechanical Engineers, Part F: Journal of Rail and Rapid Transit, 2019, 233 (2): 121-140. DOI: 10.1177/0954409718783327.

[5] GE Y J, XIA J L, ZHAO L, et al. Full aeroelastic model testing for examining wind-induced vibration of a 5,000m spanned suspension bridge [J]. Frontiers in Built Environment, 2018, 4: 20. DOI: 10.3389/fbuil.2018.00020.

[6] GE Y J, CHANG Y, XU L S, et al. Experimental investigation on spatial attitudes, dynamic characteristics and environmental conditions of rain-wind-induced vibration of stay cables with high-precision raining simulator [J]. Journal of Fluids and Structures, 2018, 76: 60-83. DOI: 10.1016/j.jfluidstructs.2017.09.006.

[7] 葛耀君. 桥梁工程：科学、技术和工程 [J]. 土木工程学报, 2019, 52 (8): 1-5.

[8] 龚玺, 朱蓉, 李泽椿. 我国不同下垫面的近地层风切变指数研究 [J]. 气象, 2018, 44 (9): 1160-1168. DOI: 10.7519/j.issn.1000-0526.2018.09.004.

[9] 曾佩生, 朱蓉, 范广洲, 等. 京津冀地区低层局地大气环流的气候特征研究 [J]. 气象,

2019, 45 (3): 381-394. DOI: 10.7519/j. issn. 1000-0526. 2019. 03. 008.

[10] LIU S H, SONG Y, ZHANG M Y, et al. An identity authentication method combining liveness detection and face recognition [J]. Sensors (Basel, Switzerland), 2019, 19 (21): 4733. DOI: 10.3390/s19214733.

[11] LIU S H, BAN H, SONG Y, et al. Method for detecting chinese texts in natural scenes based on improved faster R-CNN [J]. International Journal of Pattern Recognition and Artificial Intelligence, 2019, 34 (2): 2053002. DOI: 10.1142/S021800142053002X.

[12] LIU S H, WANG L, WANG L. Deterioration characteristics of cement–fly ash paste under strong ultraviolet radiation and low temperature conditions [J]. Journal of Wuhan University of Technology-Mater. Sci. Ed., 2018, 33: 1092-1098. DOI: 10.1007/s11595-018-1940-7.

[13] 赵林, 刘丛菊, 葛耀君. 桥梁结构涡激共振的敏感性 [J]. 空气动力学学报, 2020, 38 (4): 694-704. DOI: 10.7638/kqdlxxb-2020.0105.

[14] ZHAO L, CUI W, ZHAN Y Y, et al. Optimal structural design searching algorithm for cooling towers based on typical adverse wind load patterns [J]. Thin-Walled Structures, 2020, 151 (11/12): 106740. DOI: 10.1016/j. tws. 2020. 106740.

[15] 赵林, 李珂, 王昌将, 等. 大跨桥梁主梁风致稳定性被动气动控制措施综述 [J]. 中国公路学报, 2019, 32 (10): 34-48. DOI: CNKI: SUN: ZGGL. 0. 2019-10-004.

[16] ZHAO L, MENG W H, ZHENG Z Q, et al. Nonlinear dynamics behavior of tethered submerged buoy under wave loadings [J]. International Journal of Nonlinear Sciences and Numerical Simulation, 2019, 21 (1): 11-21. DOI: 10.1515/ijnsns-2018-0009.

[17] ZHAO L, ZHAN Y Y, GE Y J. Wind-induced equivalent static interference criteria and its effects on cooling towers with complex arrangements [J]. Engineering Structures, 2018, 172: 141-153. DOI: 10.1016/j. engstruct. 2018. 05. 117.

[18] MA C M, PEI C, LIAO H L, et al. Field measurement and wind tunnel study of aerodynamic characteristics of twin-box girder [J]. Journal of Wind Engineering and Industrial Aerodynamics, 2020, 202 (2): 104209. DOI: 10.1016/j. jweia. 2020. 104209.

[19] MA C M, LIU Y Z, YEUNG N, et al. Experimental Study of Across-Wind Aerodynamic Behavior of a Bridge Tower [J]. Journal of Bridge Engineering, 2019, 24 (2): 04018116. DOI: 10.1061/(ASCE) BE. 1943-5592. 0001348.

[20] 马存明, 段青松, 廖海黎, 等. 横向紊流风作用下桁架梁上高速列车抖振力空间相关性试验研究 [J]. 土木工程学报, 2018, 51 (4): 69-76, 86. DOI: 10.15951/j. tmgcxb. 2018. 04. 008.

[21] 马存明, 段青松, 廖海黎. 横风作用下钢桁梁桥上列车气动导纳的风洞试验研究 [J]. 振动与冲击, 2018, 37 (2): 150-155. DOI: 10.13465/j. cnki. jvs. 2018. 02. 022.

[22] MA C M, DUAN Q S, LI Q S, et al. Buffeting forces on static trains on a truss girder in turbulent crosswinds [J]. Journal of Bridge Engineering, 2018, 23 (11): 04018086. DOI: 10.1061/(ASCE) BE. 1943-5592. 0001305.

[23] 杜雁霞, 肖光明, 张楠, 等. 过冷水滴凝固机理及凝固组织特征 [J]. 航空学报, 2019,

40（7）：122627. DOI：10.7527/S1000-6893.2018.22627.

［24］ZHOU X P, YUAN S, ZHANG G. Eccentric disks falling in water［J］. Physics of Fluids, 2021, 33（3）：033325. DOI：10.1063/5.0045163.

［25］林官明, 蔡旭晖, 胡敏, 等. 大气气溶胶干沉降研究进展［J］. 中国环境科学, 2018, 38（9）：3211-3220. DOI：10.19674/j.cnki.issn1000-6923.2018.0343.

［26］LIU Q K, CHEN Z H, ZHENG Y F, et al. Effect of the upper rivulet on the aerodynamic forces and vibration of stay cables in the critical Reynolds number range［J］. Journal of Wind Engineering and Industrial Aerodynamics, 2023, 240：105473. DOI：10.1016/j.jweia.2023.105473.

［27］刘庆宽, 王晓江, 张磊杰, 等. 非圆截面斜拉索气动性能风洞试验研究［J］. 土木工程学报, 2019, 52（8）：62-71. DOI：10.15951/j.tmgcxb.2019.08.005.

［28］刘庆宽, 卢照亮, 田凯强, 等. 螺旋线对斜拉桥斜拉索高雷诺数风致振动影响的试验研究［J］. 振动与冲击, 2018, 37（14）：175-179. DOI：10.13465/j.cnki.jvs.2018.14.024.

［29］XU F Y, GE X M, ZHANG Z B, et al. Experimental investigation on the responses of bridge aeroelastic models subjected to wind-rain actions［J］. Journal of Bridge Engineering, 2021, 26（2）：06020003. DOI：10.1061/(ASCE)BE.1943-5592.0001679.

［30］XU F Y, MA Z Y, ZENG H, et al. A new method for studying wind engineering of bridges: Large-scale aeroelastic model test in natural wind［J］. Journal of Wind Engineering and Industrial Aerodynamics, 2020, 202：104234. DOI：10.1016/j.jweia.2020.104234.

［31］XU F Y, YU H Y, ZHANG M J, et al. Experimental study on aerodynamic characteristics of a large-diameter ice-accreted cylinder without icicles［J］. Journal of Wind Engineering and Industrial Aerodynamics, 2020, 208（4）：104453. DOI：10.1016/j.jweia.2020.104453.

［32］XU F Y, YU H Y, ZHANG M J. Aerodynamic response of a bridge girder segment during lifting construction stage［J］. Journal of Bridge Engineering, 2019, 24（8）：05019009. DOI：10.1061/(ASCE)BE.1943-5592.0001446.

［33］SUN Y, LI Z Y, SUN X Y, et al. Interference effects between two tall chimneys on wind loads and dynamic responses［J］. Journal of Wind Engineering and Industrial Aerodynamics, 2020, 206：104227. DOI：10.1016/j.jweia.2020.104227.

［34］孙瑛, 武涛, 武岳. 带抗风夹的直立锁边屋面系统抗风性能的参数研究［J］. 工程力学, 2020, 37（2）：183-191. DOI：10.6052/j.issn.1000-4750.2019.05.0136.

［35］SUN Y, SU N, WU Y. Engineering model of wind pressure spectra on typical large-span roof structures［J］. Journal of Building Structures, 2019, 40（7）：23-33. DOI：10.14006/j.jzjgxb.2018.0057.

［36］LI Z G, PU O, PAN Y Y, et al. A study on measuring wind turbine wake based on UAV anemometry system［J］. Sustainable Energy Technologies and Assessments, 2022, 53（Part B）：102537. DOI：10.1016/j.seta.2022.102537.

［37］LI Z N, PU O, GONG B, et al. A new method of measuring sand impact force using piezoelectric ceramics [J]. Measurement, 2021, 179 (7): 109390. DOI: 10.1016/j.measurement. 2021.109390.

[38] 李正农, 范晓飞, 蒲鸥, 等. 建筑物风沙流场与荷载的风洞试验研究 [J]. 工程力学, 2020, 37 (1): 152-158, 182. DOI: 10.6052/j.issn.1000-4750.2019.02.0067.

[39] 李正农, 李枫, 陈斌等. 树木风荷载与流场特性的风洞试验 [J]. 林业科学, 2020, 56 (8): 173-180. DOI: 10.11707/j.1001-7488.20200819.

[40] 李正农, 张梦宇, 胡耀耀. 典型风场的分形特征及分形模拟 [J]. 地震工程与工程振动, 2019, 39 (1): 18-26. DOI: 10.13197/j.eeev.2019.01.18.lizn.003.

[41] LI Y L, XIANG H Y, WANG Z, et al. A comprehensive review on coupling vibrations of train-bridge systems under external excitations [J]. Railway Engineering Science, 2022, 30 (3): 383-401. DOI: 10.1007/s40534-022-00278-x.

[42] LI Y L, YU J S, ZHANG M J, et al. Wind characteristics of a bridge site and wind-resistance key technology in complex mountains [J]. Scientia Sinica Technologica, 2020, 51 (5): 530-542. DOI: 10.1360/SST-2020-0151.

[43] LI Y L, FANG C, WEI K, et al. Frequency domain dynamic analyses of freestanding bridge pylon under wind and waves using a copula model [J]. Ocean Engineering, 2019, 183: 359-371. DOI: 10.1016/j.oceaneng.2019.04.089.

[44] LI Y L, YU C J, CHEN X Y, et al. An efficient Cholesky decomposition and applications for the simulation of large-scale random wind velocity fields [J]. Advances in Structural Engineering, 2019, 22 (6): 1255-1265. DOI: 10.1177/1369433218810642.

[45] 李永乐, 房忱, 向活跃. 风-浪联合作用下大跨度桥梁车-桥耦合振动分析 [J]. 中国公路学报, 2018, 31 (7): 119-125. DOI: 10.3969/j.issn.1001-7372.2018.07.010.

[46] LI S Y, LI Y F, WANG J Z, et al. Theoretical investigations on the linear and nonlinear damping force for an eddy current damper combining with rack and gear [J]. Journal of Vibration and Control, 2022, 28 (9-10): 1035-1044. DOI: 10.1177/1077546320987787.

[47] 李寿英, 黄君, 邓羊晨, 等. 悬索桥吊索尾流致振的气弹模型测振试验 [J]. 振动工程学报, 2019, 32 (1): 10-16. DOI: 10.16385/j.cnki.issn.1004-4523.2019.01.002.

[48] LI S Y, DENG Y C, LEI X, et al. Wake-induced vibration of the hanger of a suspension bridge: Field measurements and theoretical modeling [J]. Structural Engineering and Mechanics, 2019, 72 (2): 169-180. DOI: 10.12989/sem.2019.72.2.169.

[49] LI Q L, LI Z M, OUYANG M H, et al. Coherence and reduced order analyses of flow field and aerodynamic noise for full-scale high-speed trains pantograph [J]. Applied Acoustics, 2022, 193: 108777. DOI: 10.1016/j.apacoust.2022.108777.

[50] LI Q L, DAI W T, ZHONG L Y, et al. Effects of reinjection on flow field of open jet automotive wind tunnel test section [J]. Journal of Applied Fluid Mechanics, 2018, 11 (1): 43-53. DOI: 10.18869/acadpub.jafm.73.244.27715.

[51] HE X H, YU K H, CAI C Z, et al. Dynamic responses of the metro train's bogie frames: Field tests and data analysis [J]. Shock and Vibration, 2020, 2020: 1484285. DOI:

10.1155/2020/1484285.

[52] HE X H, XUE F R, ZOU Y F, et al. Wind tunnel tests on the aerodynamic characteristics of vehicles on highway bridges [J]. Advances in Structural Engineering, 2020, 23 (13): 2882-2897. DOI: 10.1177/1369433220924791.

[53] 汪之松, 思建有, 方智远, 等. 考虑时空变化的雷暴冲击风风场特性 [J]. 东南大学学报 (自然科学版), 2019, 49 (2): 348-355. DOI: 10.3969/j.issn.1001-0505.2019.02.021.

[54] 汪之松, 唐阳红, 方智远, 等. 山脉地形下击暴流风场数值模拟 [J]. 湖南大学学报 (自然科学版), 2019, 46 (3): 90-98. DOI: 10.16339/j.cnki.hdxbzkb.2019.03.012.

[55] 汪之松, 江鹏, 武彦君, 等. 地表粗糙度对高层建筑下击暴流风荷载特性影响的试验研究 [J]. 振动与冲击, 2019, 38 (9): 184-191, 230. DOI: 10.13465/j.cnki.jvs.2019.09.024.

[56] SHEN G H, YAO J F, LOU W J, et al. An experimental investigation of streamwise and vertical wind fields on a typical three-dimensional hill [J]. Multidisciplinary Digital Publishing Institute, 2020, 10 (4): 1463. DOI: 10.3390/app10041463.

[57] 沈国辉, 姚剑锋, 王昌, 等. 双山情况下水平风的加速效应 [J]. 空气动力学学报, 2020, 38 (2): 274-280. DOI: 10.7638/kqdlxxb-2018.0109.

[58] CHEN J, YUE X, LIU G, et al. Relationship between the thermal condition of the Tibetan Plateau and precipitation over the region from eastern Ukraine to North Caucasus during summer [J]. Theoretical and Applied Climatology, 2020, 142 (3/4): 1379-1395. DOI: 10.1007/s00704-020-03377-z.

[59] ZHOU X P, XU Y Y, ZHANG W Q. Formation regimes of vortex rings in thermals [J]. High Power Laser Science and Engineering, 2020, 885: A44. DOI: 10.1017/jfm.2019.1036.

[60] 郑朝荣, 张侃, 刘昭, 等. 千米高度偏转风场风洞模拟技术研究 [J]. 哈尔滨工业大学学报, 2019, 51 (12): 71-78. DOI: 10.11918/j.issn.0367-6234.201902072.

[61] 郑朝荣, 王洪礼, 李胤松, 等. 某摩天大楼室外平台行人风环境数值研究 [J]. 工程力学, 2018, 35 (1): 118-125. DOI: 10.6052/j.issn.1000-4750.2016.08.0649.

[62] CAO S Y, WANG M G, CAO J X. Numerical study of wind pressure on low-rise buildings induced by tornado-like flows [J]. Journal of Wind Engineering & Industrial Aerodynamics, 2018, 183: 214-222. DOI: 10.1016/j.jweia.2018.10.023.

[63] CAO S Y, WANG M E, ZHU J W, et al. Numerical investigation of effects of rotating downdraft on tornado-like-vortex characteristics [J]. Wind and structures, 2018, 26 (3): 115-128. DOI: 10.12989/was.2018.26.3.115.

第6章 风能空气动力学

面对日益严峻的生态与环境危机问题，大力发展风电已成为全球共识。为了加快风能的高质量发展，各主要国家和地区根据自身特点，制定了积极的纲领性行业政策。为了"30·60"碳排放目标，在2020年10月北京国际风能大会（CWP2020）上，来自全球400余家风能企业的代表联合发布了《风能北京宣言》，呼吁制定与碳中和目标相对应的规划；为达到与碳中和目标实现起步衔接的目的，需保证我国年均新增风电装机5000万千瓦以上；2025年后，中国风电年均新增装机容量应不低于6000万千瓦；到2030年至少达到8亿千瓦；到2060年至少达到30亿千瓦。然而，根据国家能源局统计，截至2020年底，我国风电累计并网装机容量只达到2.81亿千瓦，与拟定目标还有相当大的差距。为了确保风电产业的健康持续发展及上述愿景的顺利实现，应对现有技术进行革新。

风力机技术涉及力学、机械工程、材料科学、电气、控制、生产和工艺等方面，是一个多学科高度交叉融合的技术。其中，风力机空气动力学决定着风力机的性能、效率、稳定性和安全性等方面的性能，是发展风力机技术中首要面临和亟须解决的关键问题，也是风力机理论研究的重大领域。然而，风力机运行在高度复杂的气流环境中（如大气湍流、机组尾流及复杂地形绕流等），运动形式也相当复杂（涉及旋转、静动部件耦合、柔性变形），面临空气动力学领域复杂的现象和问题（如强非定常、非线性、多尺度、流动分离及气动弹性效应等）。尽管学者们已进行了大量探索并取得了一定的进展和研究成果，但仍有一些基础科学问题亟待解决，风力机技术仍存在广阔的研究空间。另外，近年来风电行业发展迅速，大型化（达到多兆瓦级甚至10MW级，风轮直径100~200m量级）、海洋化（从陆地扩展至海上）、智能化（新型机组结构形式，辅以智能化结构、材料和控制策略）、数字化（达到精准预测和实时状态感知调控）是未来风电发展的大趋势。现代化风力机发展所面临的空气动力学问题更加突出，在技术需求上达到新的高度，同时也提出了巨大的挑战。

6.1 基础理论与前沿技术研究

6.1.1 风力机复杂流场的建模与数值仿真方法

数值仿真技术在风力机空气动力学研究和设计领域的广泛应用，对风力机设计有着越来越重要的影响。风力机自身有着旋转流场和复杂涡系，而在大气边界层运转时，其性能和表现还受到复杂风环境的影响，使得复杂流场建模和数值仿真技术难度大大增加。为此，需要探索风力机及其周边流场参数变量的时空分布规律，并对相关典型流动结构进行数值捕捉和辨识，在此基础上发展高精度、高效的数值计算方法，满足相关研究和设计工作的需要。

在大气边界层复杂风环境研究方面，一般比较关注湍流风速度特性（包括平均风特性和脉动风特性），因其对风力机的输出功率和机械载荷预测具有直接影响。对湍流风的日变化规律影响的研究较少。据研究，轮毂高度处的平均风速在日周期内的差距达19%，相应的风力机发电功率相差将达47%。此外，湍流功率谱密度是计算风力机叶片疲劳特性的重要参数，不稳定大气条件下的脉动速度能量远高于稳定条件下的数值，差异高达两个量级。若忽略大气稳定度因素的影响，必然会造成一定的风力机结构设计误差。此外，由于风能开发规模化、单机大型化，风力机与大气边界层之间的相互作用不可忽略，开展相关研究首先需要对尾流区域进行精确识别和准确判定。

风力机组尾流流动中一方面存在显著确定性的尾涡系结构，其近尾流区域对风力机叶片流动的诱导会直接影响机组的能量转化效率；上游机组的尾流特征会对下游机组入流条件的预测和建模产生一定影响。由于大气边界层和非定常湍流的存在，中远尾流呈现显著的流动不稳定性特征，从而使风力机下游的流动结构具有明显的非定常和湍流特征，并对风场环境中下游机组性能的预测产生直接问题。

此外，风力机叶片剖面会经常处于大攻角下，非线性的静态失速和非定常的动态失速之间会存在相互作用，使得非定常风力机空气动力学变得尤为复杂，动态载荷难以准确预测已经成为阻碍风力机有效设计的重要原因。除了经典的半经验模型方法，高精度的气动力预测仍然依赖于风洞试验与数值模拟。而这两类方法成本高、周期长，较多的技术细节尚不成熟。因此，亟需发展低成本、高效、高精度的预测方法。

南京航空航天大学选用大尺度风力机（NREL5MW）作为研究对象，并通过串列及错列两种形式，对其不同的尾流叠加效应开展数值研究。采用两种湍流模拟方法（LES、RANS）与四种湍流模型/亚格子模型（Smagorinsky-likemodel、k-ω SST、RSM、OEEVM）、三种风轮模拟方法（广义AD、简单AD、AL）形成组合计算方案，比较了不同计算方法组合对于风力机尾流叠加效应的数值模拟效果，获得了混合尾流速度、湍流强度分布，并分析了湍动能（Turbulent Kinetic Energy, TKE）各贡献作用项。研究表明，CFD方法为风力机尾流数值模拟研究提供了多样化的选择，可以结合实际科研目的选择合适的计算方法进行尾流研究。

上海交通大学提出了基于流场速度分量二阶导数分析的新尾流识别方法，该方法能够在保证高精度的同时维持极低的计算资源消耗，并将速度场按照叶片随体坐标系拆分为轴向、径向、切线分量，再根据各分量的径向变化率，即速度分量曲线的极值点和拐点来确定尾流边界。频域分析结果显示，尾流边界处、尾流区内、尾流区外，不同速度分量对速度变化的敏感性存在着显著的差异。

河海大学开展大气稳定度对风力机功率和尾流影响研究，提出了基于FullRF相似性函数的湍流模型。研究表明，随着大气稳定度的增加，风力机尾流效应更加显著，由风加速因子不同造成的来流风速每改变1%可引起功率改变约3%；大气稳定度主要通过湍流强度影响风力机尾流的恢复速度，湍流强度对功率的影响比风切变指数更大，在不稳定条件下功率降低显著可达到8%。结合格子玻尔兹曼方法和大涡模拟方法形成LBM-LES耦合方法，通过数值模拟值与实验研究验证了该方法用于计算风力机非定常尾流结构具有较高的可靠性；采用LBM-LES方法对轴向入流工况和偏航工况下的尾流特性进行研究，揭示了偏航角对风力机尾流恢复和尾迹偏转的影响机理，以及风力机尾流膨胀规律。此外，河海大学改进了β-Vatistas湍流涡核模型，预估的叶尖涡量与实验值更吻合，且叶尖涡量耗散速度比层流模型慢，更能体现尾流大湍流度的特征。

近年来，基于机器学习与数据驱动的智能流体力学得到了广泛的关注。西北工业大学开发了一种数据驱动的风力机动态失速快速预测新方法。其中的数据融合神经网络新架构（Data Fusion Neural Network, DFNN）分为半经验模型模化、实验数据模化、融合步骤三个部分。通过将输入迎角信号与B-L模型结果分别进行非线性变换，再把变换后的结果进行耦合，得到融合模型输出的气动力。其中，利用人工延迟来模拟流动的非定常效应。结果表明，所提出的DFNN数据融合架构仅使用1/10的风洞试验数据，便可以实现对于S809动态失速气动力的高精度预测。预测结果与风洞试验保持一致，最大相对误差在10%左右。另外，与不融入半经验模型与物理信息的神经网络架构相比，DFNN可以实现对于动态失速的攻角以及减速频率泛化。在目前国内外机器学习非定常动态失速建模方面极少见到相关报道。

兰州理工大学结合多相质点网格模型MP-PIC（Multiphase Particle-in-Cell）和致动线模型，嵌入OpenFOAM形成了风沙两相流求解功能，可结合大涡模拟实现高精度计算，明显降低了风沙和风力机耦合模拟的计算资源需求。兰州理工大学还开展了基于WFP-WRF方法的中尺度模式仿真技术研究，利用风电场参数化模型（Wind Farm Paramerization，WFP）耦合中尺度天气预报模型（WRF）预测研究风沙环境中的风电场与环境的相互影响。结果显示，风电场区域出现了明显的升温效应，在风电场区域以外主要呈现为降温效应；风电场的存在导致尾流区域出现沙尘浓度减小的现象，且越靠近地面，浓度减小幅度越大；风电场的存在导致沙尘沉降率的减少，也会导致风电场区域和尾流区域沙尘起沙量的减少。

6.1.2 风力机尾流工程模型

在选取合适的湍流模拟方法与风轮模型前提下，CFD方法能够提供较高精度的风力机尾流场计算结果。但在实际工程应用中，风力机尾流场的研究常常涉及数十甚至数百上千台的风力机，即使是RANS方法，网格量也在千万级别以上，对计算量的需求同样很大，更重要的是其冗长的计算时间无法匹配时效节点。因此，实际工程应用中需要采用基于简单数学公式的尾流工程模型。这类模型普遍具有结构简单、计算精度可接受、计算时间较短等特点，主要研究方向是在此前提下进一步提高模型和计算方法的可靠性。

经典Jensen尾流模型仅考虑尾流速度随流向距离的变化，在水平径向方向简单认为速度是常数，这种"高帽型"分布有悖于试验测量中反馈的"高斯型"分布。南京航空航天大学通过修正水平径向速度型，提出了2D_kJensen尾流模型（图6-1）。该模型水平径向的二维cosine型速度分布与试验和高精度数值模拟结果更为相符；考虑入流大气湍流及尾流区附加湍流效应，在经典Jensen尾流模型基础上提出了动态变量型尾流膨胀系数。通过与其他学者外场实测、风洞试验及数值计算结果的对比分析，该模型表现出良好的计算精度和通用性。

受湍流切变效应（包括风速与湍流强度）的影响，大型风力机风轮平面内的入流输入差别巨大，其对应的风轮后方的尾流分布也将更加复杂。南京航空航天大学基于2D_kJensen尾流模型引入了大气湍流风的平均风速及脉动风强度的影响，提出一种新型三维尾流速度（3D-U）模型（图6-2）。研究表明，3D-U模型在轮毂中心速度大小预测准确，随着往下游发展，3D-U模型的预测效果与

AD/RANS（RSM）方法数值结果及 AL/LES、AD/LES 数值结果相当；错列布局下，近尾流区 3D-U 模型在轮毂中心的预测结果与 AL/LES 数值结果接近，略小于 AD/RANS（RSM）及 AD/LES 数值结果。往下游发展 3D-U 模型的多数预测结果偏小，但整体预测精度可接受。考虑多参数耦合作用，南京航空航天大学提出了一种高效且普适性较强的新型三维风力机尾流湍流强度（3D-TI）模型。尾流区的湍流强度计算由三部分组成，即大气入流湍流强度、附加湍流强度及用于近地面风切变影响下垂直方向不对称性修正的"抑制"湍流强度。

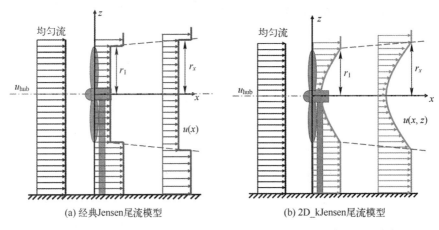

图 6-1 经典 Jensen 尾流模型及 2D_kJensen 尾流模型垂直向速度分布

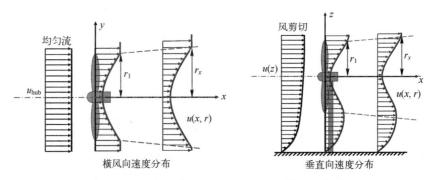

图 6-2 新型三维尾流速度（3D-U）模型示意图

6.1.3 风力机专用翼型族及叶片设计

近年来，风力机大型化进程加快，单叶片长度已经超过 100m，对翼型和叶片的设计技术提出了新的要求。翼型方面的研究重点方向包括翼型在高雷诺数（如 10^7）条件下的气动特性、大迎角下翼型气动特性评估的平板假设替代方法、大厚度翼型计算与试验数据偏差的分析和数据应用方法等。

风力机叶片主要由叶素动量（Blade Element Momentum, BEM）理论提供设计指导，但叶片存在典型的展向流动和大分离等问题无法通过传统的 BEM 获取流场现象和准确的气动力特性，故需要借助高精度的 CFD 方法来支撑设计。此外，随着风力机叶片的大型化，叶片表面的分离区域扩大和叶片后掠预弯越发显著，需要更加重视叶片预弯后掠几何参数对风机气动力的影响。

西北工业大学自主开发的兆瓦级风力机翼型族（NPU-WA）和多兆瓦级风力机翼型族（NPU-MWA），如图 6-3 所示，助力兆瓦级和多兆瓦级叶片的完全国产化。NPU-MWA 多兆瓦级翼型应用于吉林重通公司"90m+"陆上最大量级风力机叶片，是我国自主翼型在该量级风力机叶片上的首次成功应用；NPU-WA

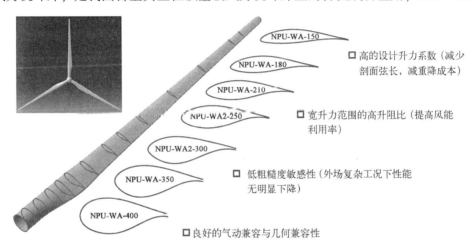

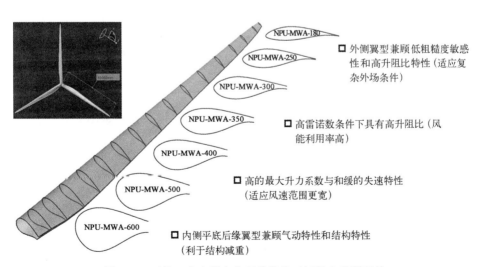

图 6-3　西北工业大学自主开发的兆瓦级风力机翼型族

兆瓦级翼型应用于上海致远 100kW、150kW 和 400kW 等多款风力机叶片设计，装机运行实测风能利用率优于同类产品。翼型族的应用，充分验证了 NPU 翼型族在高雷诺数下具有高升阻比、低粗糙度敏感性等技术特点。

经典的线性无黏理论、新兴的解析-数值耦合方法和部分实验研究尚未充分考虑涡旋脱落和动力响应的关系。为了揭示涡旋脱落机制对动力响应的影响，上海交通大学设计制作了集运动控制、动力测量和锁相粒子图像测速 PLPIV 为一体的测控系统，对围绕 1/4 弦长进行正弦俯仰振动的 NACA0012 翼型进行了实验研究，识别到蜿蜒尾流（Undulating Wake，UW）、反卡门涡街（Reverse von Karmn Vortex Street，RvKVS）和前缘涡（Leading Edge Vortex，LEV）三种涡旋脱落机制，发现基于振动幅值的 Strouhal 数能够很好地描述从 UW 到 RvKVS 的变化，以及翼型流向力从阻力到推力的变化。研究表明：线性无黏理论在攻角幅值小于 12°时能够准确预测翼型非定常效应，但随着幅值增大对动态幅值响应的偏差越来越大，且无法捕捉阻力和转矩的相位响应；对于 LEV 机制，在低缩减频率和高攻角幅值条件下，转矩高频脉动与前缘涡的产生、输运和脱落有明显的对应关系；在 RvKVS 控制的参数范围发现了转矩相位差与攻角幅值的线性关系；UW 和 RvKVS 尾涡脱落机制能够有效地延迟失速。该项研究为风力机翼型动态特性优化提供了重要的参考。

南京航空航天大学开展了风力机翼型湍流模型优化和叶片气动性能的几何敏感性分析。基于传统的 RANS 方法分别构建了适用于翼型和叶片的流场数值模拟方法，经多种湍流模型的翼型设计计算，发现 GEKO 湍流模型在保留 SST 模型计算适当逆压梯度时的准确性的同时，提供了很多灵活的模型参数用以针对分离流优化湍流模型；在三维叶片的研究中，发现默认的 GEKO 湍流模型同样无法准确预测流动分离，体现了优化湍流模型的必要性。此外，针对二维翼型大攻角分离流动计算精度较低的问题，构建了一套基于 GEKO 的湍流模型优化方法，耦合了 GEKO 湍流模型、伴随方程以及神经网络技术，优化后湍流模型不仅可以准确地预测分离流动现象且具有普适性。最后，基于优化后的湍流模型，研究了存在于预弯后掠叶片的三个几何参数——叶尖偏移量、型线指数和起始位置对风力机气动性能的影响。结果表明，不同几何参数的变化对风力机气动性能的影响存在一定规律，几何参数存在对叶片气动性能的敏感区域，为叶片预弯和后掠相关增功降载设计提供了参考。

传统叶片优化设计的 BEM 方法不考虑尾涡对叶片载荷的影响。南京航空航天大学建立了基于升力线模型的风力机叶片优化设计技术，构建了基于升力线自由涡尾迹模型（LLFVW）的风力机气动性能分析方法，并与风洞试验、FAST 计算、基于 RANS 的数值仿真等结果进行了对比验证，证明了 LLFVW 方法的准确性与可靠性；通过迭代优化确定叶片附着涡环量的最佳分布，添加二阶导数保证环量分布光顺，环量的光顺保证了气动力的均匀分布，优化后的 IEA15MW 叶片相比原叶片具有更光顺的环量分布，C_p 提高 4.5%。

6.1.4 风力机非线性气动弹性分析与优化方法

伴随风电机组单机大型化，叶片的形状越发细长。采用气动/结构一体化方案是现代叶片设计技术的特点。由于气动要求而造成的各个截面的扭角不同，由于减重要求而引起的叶片的柔性和前弯，从而形成了具有现代弯扭细长结构体特征的叶片。这类叶片虽然增加了风能捕获量，但随之而来的是叶片刚度和强度的问题，叶片气弹稳定性问题尤为突出。

目前，风力机气动弹性相关的难题体现在两个方面：一是超长轻质叶片的柔性无法忽略，其气动、结构特性呈现强烈的非线性；二是环境的复杂与结构的非线性耦合导致超长柔性叶片的气弹机理越发复杂，气弹稳定性难以预测。未来风力机的设计理念已由载荷驱动转变为稳定性驱动，如何提高风力机运行可靠性和风能转化效率以降低风力发电成本是大型风力机总体设计的关键问题所在。

针对大型风力机超长柔性叶片大柔性，相关的基础研究主要集中在风力机动态空气动力学、结构动力学及其相互耦合、新翼型和柔性智能叶片、柔性叶片的气弹剪裁设计等方面。对于更大容量和更优性能的机组设计、气动弹性稳定性和寿命评估、控制系统和控制律设计而言，研究风力机非线性的气动弹性及其耦合的动态响应特征是不可或缺的关键基础。

汕头大学研究沿海风场的频率特性并进行功率谱分析，得到最吻合的功率谱密度模型，完成台风风场模型搭建，实现了三维湍流风场及台风模型的数值模拟，将风速分解为梯度风速和边界层内摩擦引起的衰减风速。建立大变形结构的柔性叶片模型并进行气动弹性分析，利用非线性大变形梁模型进行离散化建模；并结合叶素动量理论，进行动态气动模型的时域仿真，研究失速特性和气动阻尼模型，研究考察挥舞、摆振及扭转模态的相互耦合对振动模态和气动阻尼的影响；运用正交变换矩阵精确描述入流风速和叶片变形修正 BEM 模型。集成三维湍流风场模型、动态气动模型、超长柔性叶片非线性结构动力学模型，实现叶片气弹载荷分析，实现时域仿真过程中动力学方程的流固耦合求解。

西北工业大学与金风科技有限公司合作开发面向复杂风力机叶片、全工况覆盖的 CFD/CSD 耦合仿真平台。面对强非定常工况下叶素动量理论精度较低、静止叶片的流固耦合问题经验模型失效的困境，开发了一种基于 N-S 方程求解器与非线性梁模型耦合的风力机 CFD/CSD 数值模拟平台。针对多类型混合气动网格，实现梁节点与网格控制点的映射关系。通过高阶插值方法，实现两个时刻间一维梁模型变形与叶片表面气动网格之间的映射变换，并利用插值技术实现全场的气动力网格转换，保证了网格质量。利用该平台实现了对于风力机叶片在某些工况下结构失稳的仿真计算，分析了异常振动诱发机理，为更深入的气动弹性稳定性分析与抑振消振提供了研究思路。

南京航空航天大学构建了一套风力机风轮气弹稳定性优化方法。在截面模型方面，其通过扩展的多闭室剪切流理论补充经典层合板理论优化截面特性计算方法，并在基础截面模型中增加任意扭转的腹板结构，改进复合材料叶片截面特性模型，综合考虑其剪切腹板效应与翘曲效应，其结果表明该方法精度可靠，特别是扭转刚度精度提升明显。在气弹模型方面，其综合基于叶素动量理论并采用Glauent 修正和 Beddos Leishman 动态失速模型的气动模型并耦合铁木辛柯梁模型，通过多叶片坐标变换，建立风力机风轮整体气弹耦合方程，并根据多体动力学方法，建立完整风力机气弹模型，进行气弹稳定性分析。在稳定性优化方面，其构建了一套新型优化方法，以气弹阻尼比和叶片质量为目标函数，以叶片扭转刚度和挥舞刚度分布为自由变量，并将气弹模型与多目标优化算法相耦合进行优化计算。将构建的优化方法运用于上述风力机叶片，结果表明：优化后叶片气弹稳定性得到大幅提高。

6.1.5　海上风力机特有的空气动力学相关问题

海上风力机除了具有陆上风力机的非定常气动和气动弹性等共性问题，海上运转环境还带来其特有的力学问题。海上风力机运动和风、浪、流等是相互作用相互耦合的，恶劣海况下海上风力机将处于大幅度运动中，旋转风轮又对塔架和漂浮结构的运动产生极大影响。这种运动是一种多自由度（甚至是超过10个自由度）的运动。海上风力机系统是一个极其复杂的气动-气动弹性-水动载荷与结构响应的多学科耦合问题，恶劣海况下甚至会造成结构的迅速破坏。

上海交通大学以一种5MW的三浮筒型半潜式风力机为研究对象，开展了海上漂浮式风力机相互干扰特性研究。利用非稳态的分离涡模拟方法、重叠网格方法及动态的流体固体相互作用模型等，分别对单个孤立的风力机和近场两个风力机的气动载荷及结构运动响应问题进行了一系列数值模拟研究。通过与意大利米兰风洞模型试验气动载荷数据的对比，分别验证了风力机在底部固定和发生纵荡运动时的叶轮气动推力和转轴扭矩数值模拟结果的有效性；通过与在荷兰MARIN的海洋水池进行了半潜式风力机的自由衰减试验及风浪耦合试验数据的对比，验证了漂浮式风力机在静水及规则波工况下的平台六自由度运动响应数值模拟结果的有效性。在单风力机数值模拟研究方面，研究了浮式风力机相较于固定式风力机在气动载荷响应方面的差异、波浪对浮式风力机叶轮气动载荷以及平台六自由度运动响应的影响、平台六自由度运动对风力机叶轮气动载荷响应的影响;对双浮式风力机相互干扰下的叶轮气动载荷及平台六自由度响应问题进行了数值模拟研究;通过对一般布局形式下的 98 组不同布局的同向旋转的两台浮式风力机叶轮气动推力及功率输出的数值模拟研究,获得了功率及推力特性随布局参数变化的一般规律。

在海上风电机组长期极端响应分析方面,上海交通大学基于预测海上结构长期响应的环境轮廓法(Environmental Contour Method,ECM),考虑海上风力发电机的空气动力学特性提出了改进的 MECM 方法,并进一步加入了风湍流强度(Turbulence Intensity,TI)作为环境变量。对 NREL 5MW 单桩式风机 50 年一遇的极端响应研究结果表明,新方法的预报结果与完全长期分析法(Full Long-Term Analysis,FLTA)几乎完全相同,波浪占主导作用的极端响应预报值差异为 7.88%,以风占主导作用的极端响应预报值差异小于 4.00%,明显提高了预测可靠性。

6.1.6 风力机气动噪声的产生机理与降噪策略

风力机气动噪声是一种典型的由旋转叶片绕流产生的宽带气动噪声,随着叶片转速或来流风速的提高而增加。尾缘噪声是气动噪声源中高频段的主要声源。叶尖噪声因其在风力机的气动总噪声级中占有重要的分量而备受关注,但由于叶尖区流动的复杂性其发声机理尚未完全清楚。

近年来,用于风电场气动噪声研究的矢量抛物线方程(Vector Parabolic Equation,VPE)是基于非均匀介质中的线性流体动力学方程组,适用于非均匀大气湍流中的声传播问题;VPE 模型使用计算流体动力学结果作为输入,用以精确预测尾流等复杂流动环境中的声传播;传统的 PE 方法广泛应用于大气声传播计算及海洋声学计算。但是,采用传统 CFD/CAA 方法难以开展对风电场噪声源和噪声传播计算问题的研究。无论是基于贴体网格方法或是致动线方法的简化网格措施,应用 CFD 进行几十平方千米区域内数十台风力机的流场计算都是不实际的,更无法开展气动声源及更大范围的声传播计算。除湍流环境以外,风电场噪声传播受地形地貌特征影响显著,同时对地面声阻抗也比较敏感。风电产业的良性发展需要解决环境影响问题,风电场噪声传播预测技术受到了更多的重视。

扬州大学进行了风电场气动噪声数值方法的融合与创新,相关的研究贯穿于三个主题:流场域→气动噪声源→风电场远场噪声。流场域的解决方案中全面考虑了大气湍流边界层中环境湍流与风力机尾迹涡的相干作用;声源的求解采用耦合声类比与致动线的新思路,解决传统 CAA 方法计算量庞大的问题;时域计算的瞬态流场解提供远场声传播的流动环境,以此为基础,求解矢量抛物线方程,实现近场(时域)和远场(频域)耦合计算。其中,三维流场计算程序 EllipSys3D 采用有限体积差分格式，动量方程的求解基于速度-压力耦合方法，各源项的体积力计算基于同样耦合方式，每个时间步长产生力的变化表现为流场速度的更新，采用 SIMPLEC 算法，速度变化再次耦合压力变化。研究表明，风力机在大气分层比较明显的早晚时间形成更强的传播能力，即相应的传播衰减较弱。对于需要进行风力机噪声控制的区域来说，这个现象不利于夜晚风资源相对充足的时间高负荷发电。

上海交通大学开展了风力机叶片翼型噪声生成机制研究。通过恒定雷诺数条件下的变风速实验，其探讨了在不可压缩的流动状态下马赫数对 NACA 0012 翼型气动噪声产生的影响，特别是对噪声频带、频率、振幅的影响。研究表明，0°攻角时雷诺数域的音调噪声对马赫数敏感，在非零攻角下噪声主要由压力侧分离泡上的旋涡脱落引起，分离泡和脱落过程的细节取决于马赫数；主音的频率和音间的频率间隔随着马赫数的增加而增加；相比于马赫数，音调噪声对层状分离气泡和涡流脱落过程的细节有更复杂的依赖。

6.1.7 风力机结冰问题

风力机结冰后，改变了叶片的气动外形，破坏了风力机的流场特性，使风能利用系数降低，减小出力；同时，结冰会增加额外的过载和振动，冰载荷的不平衡会加剧机组部件的疲劳，造成风力机的非正常停机，甚至引发倒塌事故。鉴于风机结冰的危害严重，近年来，人们越来越重视这方面的研究。典型研究方向包括风场结冰评估、风力机结冰机理与分布规律研究、结冰危害评估及控制策略、防/除冰技术等。

TURBICE 和 LEWINT 是目前广泛适用于风力机覆冰计算的二维求解模型，其中 LEWINT 的核心模块为 NASA 开发的 LEWICE 模型。当流场中存在较严重流动分离情况时，该数值模型会带来较大的计算误差。中国空气动力研究与发展中心提出了基于致动及浸入边界理论的风力机准三维覆冰计算模型，基于黏性无黏耦合模型，构建风力机三维改进致动面模型，利用致动模型的三维流场快速计算特性，为结冰计算提供三维流场信息，如图 6-4 所示。与传统 CFD 方法相比，模型控制方程为添加了表征叶片对流体作用体积力源项的 N-S 方程。利用结冰风洞的翼型试验结果，验证了结冰计算模型的准确性。

金风科技有限公司、中国空气动力研究与发展中心联合开展了大型风力机防/除冰多模式分区耦合电热结冰防护系统关键基础问题研究。基于数字全息技术的真实风场环境结冰云雾参数的研究表明，风力机结冰环境下 MVD 分布差异显著，普遍高于典型航空结冰条件下的 MVD 量值（20μm 左右）；LWC 随时间的变化更加剧烈，在不到 10min 内由 $7.585 g/m^3$ 降低至 $0.130 g/m^3$；按照 LWC 和 MVD 的测量阶段对风速及温度进行划分及滤波，可知风力机结冰过程中的风速和温度变化均呈现显著的动态特征。开展复杂地表结冰环境下风力机叶片高效热载荷计算模型研究，其提出基于自由尾涡升力线模型的气动计算模块并以 NREL 5MW 风力机验证了准确性，引入了复杂风剪切条件下的模拟能力；基于拉格朗日方法开展液态水收集系数计算模型研究，研究了额定工况下 NREL 5MW 风力机叶片展向不同位置的液态水收集系数分布；研究了考虑粗糙度、对流换热系数影响的热载荷计算模块，并完成了 NACA0012 翼型典型结冰环境下的热载荷计算。合作开展对复合多层材料结构及附着冰层的传热计算模型的研究及计算分析，基于金风科技有限公司的电热单元结构构建了一维传热计算模型，基于复合多层材料的 NREL 5MW 风力机开展热载荷计算分析，建立了复杂作用力下附着冰层剥离临界判据。其提出并评估了展/弦向双自由度功率可调、防/除冰多模式分区耦合的新型风力机结冰防护系统。当开启 Heating Type Ⅱ模式后，除了靠近叶尖区域存在一定的吸力面残留冰外，整体上新型风力机结冰防护系统能够较好地除去叶片表面所有积冰。

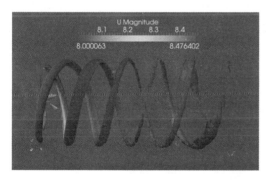
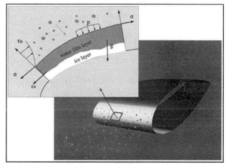

图 6-4　基于致动模型的三维流场解及结冰过程中的液膜动力学特性

6.1.8　直线翼垂直轴风力机气动性能

城市地区和海上的风能利用为垂直轴风力机的应用带来了新的可能，同时噪声小、外形美观、重心低以及不受风向影响的优势也使垂直轴风力机获得了更多的关注。结构参数是决定垂直轴风力机气动性能优劣的关键因素之一，然而部分参数的作用尚不完全清楚，仍需要大量的研究验证。尽管一些研究已经证明了垂直轴风力机风电场的发电效率远高于水平轴风力机风电场，但就单台风力机而言，垂直轴风力机的效率仍低于水平轴风力机，主要归因于垂直轴风力机流动的复杂性。对垂直轴风力机流场的优化以及辅助装置的研发始终是其研究中的热门话题。

在直线翼垂直轴风力机的设计过程中，实度是决定其气动性能优劣的主要结构参数之一。实度由叶片数、叶片弦长以及转子直径三个变量组成，以往的研究多以调整叶片数和叶片弦长的方式进行，而对转子直径的讨论较少。研究发现，叶片数的改变对风力机流场的影响是巨大的，同时由于垂直轴风力机的运行特点，上游叶片的尾流会影响下游叶片的运行环境，因此可以认为在改变叶片数的同时也改变了垂直轴风力机的类型。在不同类型的风力机中讨论结构参数的作用难以得到有说服力的结果，因此在讨论转子直径和叶片弦长的作用时，叶片数应被当作定量而不是变量。针对直线翼垂直轴风力机叶片弦长和转子直径的作用效果，东北农业大学采用 N-S 方程和 $k\text{-}w$ SST 湍流模型，通过固定叶片弦长改变转子直径的方法以及固定转子直径改变叶片弦长的方法，分别研究了叶片弦长以及转子直径的作用。总结叶片弦长与转子直径的关系，得到了直线翼垂直轴风力机的结构参数 RCC，并证明了 RCC 在风力机设计过程中的重要性，分析并总结了多个尺度的风力机结构参数与气动性能的关系。当 RCC 较小时，叶片表面涡的生成和脱落速度加快；当 RCC 较大时，风力机内部压力和速度明显降低。

为了改善低风速条件下直线翼垂直轴风力机的启动性能，东北农业大学开发了在竖直方向工作的直线型、曲线型以及凸线型集风装置，结合风洞试验和数值模拟，研究了集风装置的半径比、入口角、出口角以及上下距离对其集风效果的影响，集风装置的安装使风力机的平均静力矩系数提升了 38.8%，最大静力矩系数提升了 31.2%。针对低风速条件下直线翼垂直轴风力机气动性能稍低以及集风装置流动分离的问题，开发折线型装置缓解了集风装置上沿流动分离，进一步明显提升了风力机的效率。

6.1.9　双风轮风力机气动性能

对旋技术是叶轮机械的高新技术之一，对提高叶轮力学性能有极大潜力。双风轮机组可实现单机成本降低 10%，风能利用率提高 15%，风轮尺寸缩小近一半。经测算，在同样面积风电场，双风轮机组的使用，可将机位数和发电量大幅提升 50% 以上。韩国在 2009 年推出兆瓦级对旋风力机产品，美国和日本开展了大量的实验研究。2022 年，中国华能集团的 2.7MW 对旋风轮风电机组整机下线，即将在风电场并网发电。此外，双风轮能够吸收更多的风能，同时也会减小风轮直径、降低整机的不平衡负载，因此其空气动力学特征也是研究的重点。目前未解决的问题是双风轮流动干扰机理不明确，桨叶气动性能预测和设计方法误差较大。

西北工业大学首创了前后风轮气动耦合设计方法。该设计方法采用双制动盘理论，引入了上下风轮的干扰，协同设计上下风轮弦长和安装角，将采用传统设计方法设计对旋风轮的误差由 30% 降低到 10%。经过风洞流场测量实验和非定常流动仿真，分析了前后桨叶相互干扰、风速、转速、级间距等对风轮性能影响的规律，如图 6-5 所示。试验证明，利用该方法设计的 600W 对旋风力机功率系数为 0.339~0.412，较单级提高 5.3%~28.9%。

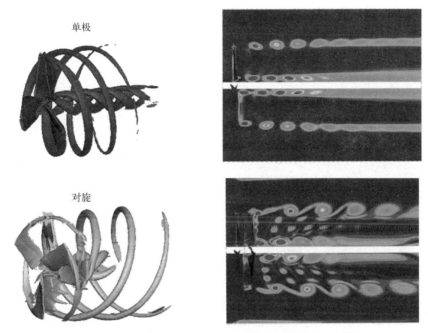

图 6-5　单级和对旋风力机瞬态桨尖涡涡量对比（见彩插）

兰州理工大学开展了双风轮风力机气动特性试验研究，获得了双风轮几何参数、位置参数和运行参数对气动特性的影响规律。结果表明，随着后风轮叶尖速比的增长，前后风轮的总功率呈下降趋势；随着面积比的增长，双风轮风力机的功率占比向前风轮转移；风力机功率随着前后风轮间距的增长，在前后风轮间距在 0.2D 附近功率达到最大；前风轮叶尖速比升高对后风轮功率均有抑制作用；面积比为 64% 时，后风轮叶尖速比增长对前风轮功率有促进作用，而面积比为 56% 和 87% 时则主要起到抑制作用。

6.2　科研试验基础设备设施

6.2.1　风沙两相流风洞

我国西北地区风力机常年运行在风沙环境中，风力机运行致使局地风速降低,同时风力机运行对风沙输运直接造成影响,风沙环境使得风力机空气动力学研究变得更为复杂。兰州理工大学风洞实验室于 2022 年将 2m×2m "U" 型边界层风洞改造为风沙两相流风洞,如图 6-6 所示。该风洞最高风速 20m/s,配备沙粒播撒装置,可开展单相和风沙两项条件下的复杂大气湍流边界层模拟、翼型气动性能实验、风力机流场特性研究、风力机气动特性研究以及风电场布局等研究。

图 6-6　兰州理工大学风沙两相流风洞

6.2.2　风浪流港池系统

河海大学 2022 年建成了 L 型风浪流港池系统,具有同时造风、造浪、造流功能,系统包括港池、造波系统、造流系统、造风系统等主要部分。港池长 84m、宽 70m、深 1.5m,中部布置长 5m、宽 5m、下沉 2m 的局部深井;L 型造波系统的造波机总长 120m,可模拟规则波、常用频谱以及自定义频谱的不规则波、斜向波、孤立波及聚焦波等,且具有主动式二次反射吸收功能,吸收率大于 80%;生成的规则波最大波高可达 0.5m,不规则最大有效波高为 0.25m,周期范围为 0.5~5s;造流系统采用池底循环双向造流型式,可形成在 0.5m 水深工况下的最大流速为 0.2m/s;造风系统采用 44 台风机的风阵结构,可生成试验区域 3m 以内 10.0m/s 的风场,能准确模拟自然定常与非定常风谱以及人造风谱。该系统针对目前的海上风能开发重大需求建设，通过该系统可以开展近海风力机气-液-固综合力学特性基础研究，以及各种系泊装置的优化研究。

6.3 试验测试技术

6.3.1 风力机翼型低速风洞二元翼型性能高精准度试验技术

该项技术主要由尾流三维移测技术、壁压信息采集及洞壁干扰修正技术两部分构成。

尾流移测技术通过沿风洞轴向移动装置整体，可以调节尾流耙与翼型尾缘的距离；通过尾流耙装置两端的电机，可驱动尾流耙整体沿风洞侧壁导轨实现翼型展向移测；通过电机驱动探针沿尾流耙本体长度方向运动，可以在尾流区内获取足够的数据样木，解决"削峰"和"修形"问题，尾流动量损失轮廓曲线的捕捉更完整可信。

现行基于镜像法的洞壁干扰修正法已能很好地进行风力机翼型高速风洞试验洞壁干扰修正，但要进一步提高修正准度，需加深对洞壁干扰修正的认识，促使洞壁干扰修正准度进一步提高。中国空气动力研究与发展中心基于 1.8m×1.4m 风洞壁压测量装置，建立了 1.8m×1.4m 风洞洞壁干扰效应修正方法。壁压条共使用两根，分别安装于风洞左右侧壁或者上下壁中间，每根壁压条上沿风洞流线方向布置 23 个壁压孔，为避免壁压条长度影响迎角修正量和速度修正量的准确度，壁压条最前端的壁压测量点应位于风洞轴向压力梯度接近于零的位置，最后端的壁压测量点应延续到模型后缘约两倍弦长处。

6.3.2 沿海气候条件下中小型风力机检测与认证技术

为引导中小型风力发电机企业的产品在系统安全、运行功能及性能、制造能力方面达到国际认证的水平，顺利进入国际市场，汕头大学提出了沿海气候条件下中小型风力机载荷计算及结构强度分析方法，搭建了沿海气候条件下的中小型风力发电机组野外测试平台（图 6-7）；摸出了检验风电机组气动设计水平及测试标准风况下风电机组的尾流结构特性的风洞试验方法，编制了适用于我国沿海气候条件下的测试认证规范。

在技术创新方面，针对 FAST 与 GH Bladed 软件不支持三叶片以上风电机组计算的局限，基于等效圆盘理论提出了适用于多叶片机组的计算方法；对简化载荷法的保守性进行系统性的评估；针对风洞试验中不方便安装传统电机测控系统的问题，提出可靠的风洞环境下风电机组转速控制与机械扭矩标定方案；提出转矩误差前馈与桨距角随动复合控制策略，实现了考虑动态过程的最大功率点跟踪（Maximum Power Point Tracking，MPPT）；通过风洞试验测量尾流沿下游衰减速度及各截面的尾流结构；提出适用于复杂沿海地形条件的场地标定方法，解决了小型风力机在不满足现有标准中标定要求的地形下无法进行场地标定的问题。

图 6-7　中小型风力发电机组野外测试平台及测试环境

6.3.3　风力机叶片气动弹性试验技术

风洞试验是研究强非线性运动机理及能量集聚特性的最有效手段之一，但是由于风力机叶片翼型不规则，其截面、刚度、剪心等沿展长不规则分布使弹性模型设计难度大，大缩尺比带来测点布置难、采集干扰性强、测量精度低等试验困难，导致国内外较少开展超长柔性叶片三维颤振弹性模型试验研究。

在一个大型风力机的全生命周期中，停机状况是不可避免的。因此，对现代大型风力机停机状态下进行准确的气弹分析是风电叶片研发技术和确保风力机运行稳定性的关键一环，也是风力机技术发展过程中必须要解决的一个重点问题。南京航空航天大学与河海大学合作，西北工业大学与明阳智慧能源有限公司合作，分别基于运动等效提出了风力机超长柔性叶片合理简化相似准则，基于变分渐进梁截面法设计了新型超长柔性叶片气动-刚度-质量映射一体化三维弹性模型，采用高速摄像技术和高频六分量天平进行了同步测振、测力风洞试验，分析了风力机叶片颤振敏感风向区间与临界风速组合规律。

旋转状态下的风力机柔性叶片的气动弹性特性及颤振预报、边界预测等是研发大型风力机超长柔性叶片必须面对的问题。为了验证相关的预测、评估及优化设计软件的计算和设计方法，中国空气动力研究与发展中心使用 DDTS 动作捕捉系统测量叶片动态变形，通过分组分区域监测、多视场拼接方案突破一般视场面积和分辨率限制，实现了风轮扫掠范围内叶片测点的全程跟踪和数据采集，如图 6-8 所示；试验观测了柔性叶片大变形、强烈振动和断裂破坏等现象，获得了位移、速度、加速度等动态数据；针对反射角度、照射强度、边缘区域等原因造成的测点数据飘移情况，编制了数据整理归集和后处理程序；通过在风洞横截面、试验段侧面设置防护网，控制系统中采用抱闸制动、大负载切换降速等方式保证了试验安全性。

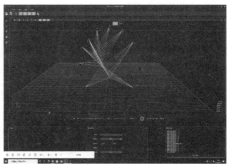

图 6-8　DDTS 系统及其监控界面

6.4　在国民经济建设中的应用

中国空气动力学会成员单位先后为全国风电骨干企业开展了近百项技术服务和咨询业务。例如，中国空气动力研究与发展中心为上海电气等企业提供翼型族性能测试服务，为通达电气等提供小型风力机性能评估和设计优化服务，为小型企业提供新型风能利用装置研发技术咨询等；南京航空航天大学为全国主要风电整机企业金风科技、海装风电，叶片生产商连云港中复连众、双瑞风电等提供设计服务和咨询业务；兰州理工大学为企业提供外场测试技术咨询服务等；东北农业大学为陕西辰玛风力发电有限公司提供聚风型垂直轴风力机咨询和技术服务等。

西北工业大学自主研发的风力机翼型助力实现"双碳"目标。翼型、叶栅空气动力学国家级重点实验室充分发挥在航空翼型设计技术方面的优势，自主研发了具有完全知识产权的两个风力机专用翼型族，即兆瓦级风力机翼型族（NPU-WA）和多兆瓦级风力机翼型族（NPU-MWA）。NPU 翼型族在大雷诺数下具有高升阻比、低粗糙度敏感性等技术特点，升阻比等关键性能指标优于目前国内普遍采用的 DU 翼型族。翼型族的高设计升力系数有利于减小叶片弦长实现减重，高升阻比有利于提高发电量；NPU-MWA 内侧翼型采用平底后缘，具有更好的结构特性。NPU-MWA 多兆瓦级翼型应用于吉林重通公司"90m+"陆上最大量级风力机叶片，是我国自主翼型在该量级风力机叶片上的首次成功应用；NPU-WA 兆瓦级翼型应用于上海致远 100kW、150kW 和 400kW 等多款风力机叶片设计，装机运行实测风能利用率优于同类产品。

参考文献

［1］ 黎作武，贺德馨．风能工程中流体力学问题的研究现状与进展［J］．力学进展，2013，43（5）：472-525．

［2］ MATHEW S, PHILIP G S (Eds). Advances in wind energy and conversion technology [M]. Berlin: Springer, 2011.

［3］ LEISHMAN J G. Challenges in modelling the unsteady aerodynamics of wind turbines [J]. Wind Energy, 2002, 5 (2/3): 85-132.

［4］ 李德顺，林伟杰，马高生，等．风力机运行对稀相颗粒输运特性的影响［J］．农业工程学报，2022，38（4）：92-98．

［5］ 郭林峰．风力机的风速诱导区流动特性及气动性能研究［D］．兰州：兰州理工大学，2022. DOI: 10.27206/d.cnki.ggsgu.2022.001422.

［6］ 刘磊磊．双风轮风力机性能及其尾流演变特性试验研究［D］．兰州：兰州理工大学，2022. DOI: 10.27206/d.cnki.ggsgu.2022.000765.

［7］ 林伟杰．风沙环境下风力机尾流特性及其对沙尘输运的影响研究［D］．兰州：兰州理工大学，2022. DOI: 10.27206/d.cnki.ggsgu.2022.000901.

［8］ 李德顺，梁恩培，李银然，等．风力机叶片涂层风沙冲蚀磨损特性的风洞试验研究［J］．太阳能学报，2022，43（6）：196-203. DOI: 10.19912/j.0254-0096.tynxb.2020-1032.

［9］ TONG G Q, LI Y, TAGAWA K, et al. Effects of blade airfoil chord length and rotor diameter on aerodynamic performance of straight-bladed vertical axis wind turbines by numerical simulation [J]. Energy, 2023, 265: 126325. Doi: 10.1016/j.energy.2022.126325.

［10］ LI Y, ZHAO S Y, TAGAWA K, et al. Starting performance effect of a truncated-cone-shaped wind gathering device on small-scale straight-bladed vertical axis wind turbine [J]. Energy Conversion and Management, 2018, 167, 70-80. DOI: 10.1016/j.enconman.2018.04.062.

［11］ LI Y, ZHAO S Y, QU C M, et al. Aerodynamic characteristics of straight-bladed vertical axis wind turbine with a curved-outline wind gathering device [J]. Energy Conversion and Management, 2020, 203: 112249. Doi: 10.1016/j.enconman.2019.112249.

［12］ LI Y, TONG G Q, ZHAO B, et al. Study on aerodynamic performance of a straight-bladed VAWT using a wind-gathering device with polyline hexagonal pyramid shape [J]. Frontiers in Energy Research, 2022, 10: 790777. DOI: 10.3389/fenrg.2022.790777.

［13］ VEERS P, DYKES K, LANTZ E, et al. Grand challenges in the science of wind energy [J]. Science, 2019, 366 (6464): eaau2027. DOI: 10.1126/science.aau202.

［14］ 王同光，田琳琳，钟伟，等．风能利用中的空气动力学研究进展Ⅱ：入流和尾流特性［J］．空气动力学学报，2022，40（4）：22-50．

[15] 王同光，田琳琳，钟伟，等. 风能利用中的空气动力学研究进展Ⅰ：风力机气动特性 [J]. 空气动力学学报，2022，40（4）：1-21.

[16] ZHENG X B, PRÖBSTING S, WANG H L, et al. Characteristics of vortex shedding from a sinusoidally pitching hydrofoil at high Reynolds number [J]. Physical Review Fluids, 2021, 6 (8): 084702. DOI: 10.1103/PhysRevFluids.6.084702.

[17] 郑小波，王红亮，徐文浩，等. 不同涡脱落模式下垂直轴风力机叶片的气动响应 [J]. 空气动力学学报，2023，41（6）：26-34. DOI：10.7638/kqdlxxb-2022.0040.

[18] YANG Y N, PRÖBSTING S, LIU Y, et al. Effect of dual vortex shedding on airfoil tonal noise generation [J]. Physics of Fluids, 2021, 33 (7): 075102. DOI: 10.1063/5.0050002.

[19] WANG S M, DUAN W Y, XU Q L, et al. Study on fast interference wave resistance optimization method for trimaran outrigger layout [J]. Ocean Engineering, 2021, 232: 109104. DOI: 10.1016/j.oceaneng.2021.109104.

[20] ZHANG L J, LI Y, XU W H, et al. Systematic analysis of performance and cost of two floating offshore wind turbines with significant interactions [J]. Applied Energy, 2022, 321: 119341. DOI: 10.1016/j.apenergy.2022.119341.

[21] 柴子元，朱才朝，谭建军，等. 基于环境等值线法的海上浮式风机长期极限响应预测 [J]. 重庆大学学报，2022，45（10）：11-24. DOI：10.11835/j.issn.1000-582X.2021.116.

[22] 陈晓璐，毋晓妮，蒋致禹，等. 风湍流强度对 Spar 型海上浮式风机极端响应的影响 [J]. 舰船科学技术，2020，42（15）：120-126.

[23] 宋垫雷，田琳琳，赵宁. 风力机三维尾流模型的提出与校核 [J]. 太阳能学报，2021，42（2）：129-135. DOI：10.19912/j.0254-0096.tynxb.2018-0912.

[24] 钱晓航，邰志腾，王同光，等. 百米级大柔性风电叶片非线性气弹响应分析 [J]. 空气动力学学报，2022，40（4）：220-230.

[25] 韩星星. 大气稳定度对风力机功率和尾流影响研究 [D]. 常州：河海大学，2020.

[26] 韩星星，许昌，Shen W Z, et al. 大气稳定度对山地风力机功率影响研究 [J]. 工程热物理学报，2021，42（7）：1733-1742.

[27] HAN X X, LIU D Y, XU C, et al. Atmospheric stability and topography effects on wind turbine performance and wake properties in complex terrain [J]. Renewable Energy, 2018, 126: 640-651. DOI: 10.1016/j.renene.2018.03.048.

[28] HAN X X, LIU D Y, XU C, et al. Monin-Obukhov Similarity Theory for Modeling of Wind Turbine Wakes under Atmospheric Stable Conditions: Breakdown and Modifications [J]. Applied Sciences, 2019, 9 (20): 4256. DOI: 10.3390/app9204256.

[29] RULLAUD S, BLONDEL F, CATHELAIN M. Actuator-line model in a lattice Boltzmann framework for wind turbine simulations [J]. Journal of Physics: Conference Series. IOP Publishing, 2018, 1037 (2): 022023. DOI: 10.1088/1742-6596/1037/2/022023.

[30] 李林敏，黄海琴，薛飞飞，等. 基于 LBM 方法的风力发电机尾流结构仿真 [J]. 工程热物理学报，2020，41（1）：141-146.

[31] 许昌,黄海琴,施晨,等. 基于LBM-LES方法的典型复杂地形作用下风力机尾流数值模拟[J]. 中国电机工程学报, 2020, 40 (13): 4236-4244. DOI: 10.13334/j.0258-8013. pcsee. 191941.

[32] LI L M, XU C, SHI C, et al. Investigation of wake characteristics of the MEXICO wind turbine using lattice Boltzmann method [J]. Wind Energy, 2021, 24 (2): 116-132. DOI: 10.1002/we.2560.

[33] 薛飞飞,许昌,黄海琴,等. 基于格子玻尔兹曼方法的风力机尾流特性研究[J]. 中国电机工程学报, 2022, 42 (12): 4352-4363. DOI: 10.13334/j.0258-8013. pcsee. 213152.

[34] 黄海琴. 基于LBM-LES方法的风力机非定常尾流特性研究[D]. 常州:河海大学, 2021.

[35] XUE F F, XU C, HUANG H Q, et al. Research on unsteady wake characteristics of the NREL 5MW wind turbine under yaw conditions based on a LBM-LES method [J]. Frontiers in Energy Research, 2022, 10: 819774. DOI: 10.3389/FENRG.2022.819774.

[36] XU B F, FENG J H, WANG T G, et al. Application of a turbulent vortex core model in the free vortex wake scheme to predict wind turbine aerodynamics [J]. Journal of Renewable and Sustainable Energy, 2018, 10 (2): 023303. DOI: 10.1063/1.5020200.

[37] 许波峰,刘冰冰,冯俊恒,等. 自由涡尾迹方法中涡核尺寸对风力机气动计算的影响[J]. 力学学报, 2019, 51 (5): 1530-1537.

[38] 许波峰,朱紫璇,戴成军,等. 风剪切对风力机叶片气动性能及尾迹形状的影响[J]. 力学学报, 2021, 53 (2): 362-372. DOI: 10.6052/0459-1879-20-289.

[39] XU B F, LIU B B, CAI X, et al. Accuracy of the aerodynamic performance of wind turbines using vortex core models in the free vortex wake method [J]. Journal of Renewable and Sustainable Energy, 2019, 11 (5): 053307. DOI: 10.1063/1.5121419.

[40] ZHAO Z Z, JIANG R F, FENG J X, et al. Researches on vortex generators applied to wind turbines: A review [J]. Ocean Engineering, 2022, 253: 111266.

[41] 赵振宙,严畅,王同光,等. 考虑叶片相互影响风力机涡流发生器参数化建模[J]. 机械工程学报, 2018, 54 (2): 201-208. DOI: 10.3901/JME.2018.02.201.

[42] CHEN M, ZHAO Z Z, LIU H W, et al. Research on the parametric modelling approach of vortex generator on wind turbine airfoil [J]. Frontiers in Energy Research. 2021, 9: 726721. DOI: 10.3389/fenrg.2021.726721.

[43] 赵振宙,苏德程,汪瑞欣,等. 涡流发生器参数化建模方法的PIV实验研究[J]. 工程热物理学报, 2019, 40 (9): 2021-2026.

[44] 赵振宙,苏德程,王同光,等. 风力机涡流发生器参数化模型涡模拟方法研究[J]. 太阳能学报, 2021, 42 (5): 415-422.

[45] 赵振宙,孟令玉,苏德程,等. 涡流发生器形状对风力机翼段动态失速的影响[J]. 工程热物理学报, 2021, 42 (8): 1989-1996.

[46] 赵振宙,孟令玉,王同光,等. 涡流发生器对风力机翼段动态失速影响[J]. 哈尔滨工

程大学学报，2021，42（2）：233-239.

[47] 赵振宙，苏德程，王同光，等. 涡流发生器对动态失速影响的模拟研究［J］. 机械工程学报，2019，55（24）：203-209.

[48] JIANG R F, ZHAO Z Z, LIU Y G, et al. Effect of vortex generator orientation on wind turbines considering the three-dimensional rotational effect［J］. Ocean Engineering，2023，267：113307. DOI：10.1016/J.OCEANENG.2022.113307.

[49] ZHAO Z Z, CHEN M, LIU H W, et al. Research on parametric modeling methods for vortex generators on flat plate［J］. Journal of Renewable and Sustainable Energy，2021，13（3）：033301. DOI：10.1063/5.0030143.

[50] 李爽. 风力机翼型动态失速的模型及流动控制机制研究［D］. 北京：中国科学院大学（中国科学院工程热物理研究所），2021.

[51] ZHANG W W, NOACK B R. Artificial intelligence in fluid mechanics［J］. Acta Mechanica Sinica，2022，37（12）：1715-1717. DOI：10.1007/s10409-021-01154-3.

[52] KOU J Q, ZHANG W W. Data-driven modeling for unsteady aerodynamics and aeroelasticity［J］. Progress in Aerospace Sciences，2021，125：100725. DOI：10.1016/j.paerosci.2021.100725.

[53] MILLER M, LEE SLEW K, MATIDA E. The development of a flatback wind turbine airfoil family［J］. Wind Energy，2018，21（12）：1372-1382. DOI：10.1002/we.2260.

[54] FAISAL M, ZHAO X KANG M H, et al. Aerodynamic performance and flow structure investigation of contra-rotating wind turbines by CFD and experimental methods［C］. 4th International Conference on Advanced Technologies in Design, Mechanical and Aeronautical Engineering（ATDMAE），2020. DOI：10.1088/1757-899X/926/1/012017.

[55] MA X W, CHEN Y, YI W W, et al. Prediction of extreme wind speed for offshore wind farms considering parametrization of surface roughness［J］. Energies，2021，14（4）：1033. DOI：10.3390/en14041033.

[56] YI W W, LU Z Q, HAO J B, et al. A Spectrum Correction Method Based on Optimizing Turbulence Intensity［J］. Applied Sciences，2021，12（1）：66. DOI：10.3390/app12010066.

[57] 王泽栋. 考虑大变形的超长柔性叶片及其动态响应分析［D］. 汕头：汕头大学，2022.

[58] WANG Z D, LU Z Q, YI W W, et al. A study of nonlinear aeroelastic response of a long flexible blade for the horizontal axis wind turbine［J］. Ocean Engineering，2023，279：113660. DOI：10.1016/j.oceaneng.2023.113660.

[59] 陈逸. 基于致动线模型的风力机尾流数值模拟研究［D］. 汕头：汕头大学，2019.

[60] 刘荞. 串列风力机尾流影响发电效率风洞试验研究［D］. 汕头：汕头大学，2018.

[61] 王泽栋，郝俊博，易文武，等. 尾流对串列式风力机性能影响的风洞试验研究［J］. 机械工程学报，2022，58（12）：237-249.

[62] QI L W, ZHENG L M, BAI X Z, et al. Nonlinear maximum power point tracking control method for wind turbines considering dynamics［J］. Applied Sciences，2020，10（3）：811. DOI：10.3390/app10030811.

[63] 唐彬, 陈严, 陈琴. 粤东海岛近地风场风特性研究 [J]. 可再生能源, 2019, 37 (11): 1726-1731. DOI: 10.13941/j.cnki.21-1469/tk.2019.11.024.

[64] 何宇豪. 复杂海岛环境下中小型风力机的功率特性测试方法及实验研究 [D]. 汕头: 汕头大学, 2018.

[65] 刘乐. 沿海气候条件下中小型风力机组噪声评估理论研究及其分析系统设计 [D]. 汕头: 汕头大学, 2018.

[66] 白兴之. 基于 Labview 的中小型风电机组性能测试及监测系统研究 [D]. 汕头: 汕头大学, 2020.

[67] KAMINSKI M, NOYES C, LOTH E, et al. Gravo-aeroelastic scaling of a 13-MW downwind rotor for 20% scale blades [J]. Wind Energy, 2021, 24 (3): 229-245.

[68] ZHAO X, ZHOU P, LIANG X, et al. The aerodynamic coupling design and wind tunnel test of contra-rotating wind turbines, Renewable Energy, 2020, 146: 1-8. DOI: 10.1016/j.renene.2019.06.118.

[69] KANG M H, ZHAO X, GE M W, et al. Study on unsteady flow field structure and tip vortex evolution of contra-rotating wind turbines [C]. AIAA Propulsion and Energy Forum, Indianapolis, US, 2021. DOI: 10.2514/6.2021-3367.

第 7 章

气动弹性力学

气动弹性力学（又称空气弹性力学）是一门典型的交叉学科，经典意义上的气动弹性现象是由系统的惯性力、弹性力和气动力之间相互作用引起的。随着航空航天科技的发展，现代气动弹性问题包含的领域更广泛，气动伺服弹性、主动气动弹性控制、热气动弹性等也成为重要的研究方向。

气动弹性学科的发展伴随飞行器的研制进程，一直紧密围绕工程中出现的各类问题，至今已有 100 多年的历史。近 5 年来，随着国防和经济建设的发展，我国气动弹性力学的研究和应用也得到了快速发展。

在基础理论和前沿技术方面，气动弹性工程分析方法的非定常气动力模型得到进一步发展，发展了结构非线性气动弹性稳定性和载荷工程分析技术；CFD/CSD 时域耦合仿真的耦合和插值算法更加高效，同时并行技术的发展使得 CFD/CSD 耦合仿真技术在飞行器设计中得到广泛应用；线性、非线性非定常气动力降阶模型不断发展，同时机器学习也应用到非定常气动力的辨识过程中；随着变体飞行器、高超飞行器等结构减重导致的弹性效应增大，飞控系统通频带变宽，结构的非线性因素等给气动伺服弹性建模和分析工作带来了新的挑战，气动伺服弹性分析也有新的发展；颤振主动抑制和阵风减缓主动控制方面先进控制律设计方法、阵风减缓技术得到发展并通过风洞试验、飞行试验的验证；多场耦合分析得到了进一步发展，从冻结热模态状态的热气动弹性分析向流-固-热时变气动弹性分析方向发展。

在科研试验基础设备和试验技术方面，国内的大型低速风洞相继建立部件、半模、全模颤振试验能力和阵风试验系统；国内 2.4m 大型连续式风洞投入使用，并已具备静气动弹性、颤振和抖振试验能力；全模支持技术、阵风模拟技术、静气动弹性试验技术、亚跨超颤振试验技术、亚临界颤振试验技术、气动阻尼试验技术、抖振动载荷试验技术、高超声速颤振试验技术、气动弹性飞行试验技术等均得到发展和突破。

7.1 基础理论与前沿技术研究

7.1.1 复杂气动弹性力学机理研究

1. 跨声速气动弹性问题

西北工业大学紧密围绕我国重大航空航天飞行器研制面临的飞行器跨声速气动弹性动力学机制与控制这一关键问题开展应用基础研究。突破了跨声速分离流建模难题，建立了跨声速气动弹性稳定性问题和响应问题的统一分析模型。其次在气动弹性研究领域提出了气动模态的概念，揭示了气动模态耦合下的跨声速单自由度颤振（嗡鸣）以及抖振锁频问题的动力学机制。嗡鸣本质都是亚稳定的流动模态和结构模态耦合诱发结构失稳，其触发条件为流动的稳定裕量足够低，同时结构频率在开环伯德图的零极点频率之间，该研究有助于对嗡鸣物理更深入的理解以及提出新的嗡鸣抑制方法。研究发现，抖振锁频现象的本质是失稳的流动模态诱发结构模态失稳导致的单自由度颤振现象。针对AGARD445.6机翼跨声速颤振边界的分散性诱发机理进行了分析，发现该状态下颤振模式与亚声速下机翼的弯扭耦合颤振不同，存在一个对颤振边界有明显影响的流动模态。流动模态的阻尼显著影响着颤振速度，甚至会改变颤振失稳分支，是上述分散性的主导诱因。针对跨声速自由间隙翼型的非线性气动弹性行为进行了研究，发现空气黏性的影响随着马赫数的增加逐渐增加。

北京航空航天大学针对空间充气式返回器在跨声速流场下的气动弹性动响应问题研究发现。飞行器的剧烈振动本质为大尺度湍流尾迹作用下的抖振效应，有诱发结构产生低频共振的风险。中国航天空气动力技术研究院针对某带助推的捆绑式运载火箭模型开展了跨声速气动弹性实验研究，发现一阶弯曲模态的气动阻尼受马赫数影响，并在马赫数0.90附近出现跨声速凹坑现象；减缩频率对气动阻尼有影响，在马赫数0.70~0.90范围内和马赫数1.00之后，气动阻尼随着减缩频率的增加而降低，在马赫数0.92~0.98范围内，气动阻尼随着减缩频率的增加而增加。浙江工业大学针对CHN-T1民机标模研究了翼梢小翼对机翼跨声速颤振特性的影响，发现小翼重量可以降低临界动压，而翼尖形状几乎没有影响；验证了具有质量效应的小翼效应，而不是颤振的气动效应。

在航空涡轮发动机跨声速压气机叶片气动弹性问题方面，中国科学院大学研究了叶尖间隙对宽弦高速跨声速风扇转子气动弹性稳定性的影响。结果表明，随着叶尖间隙的增大，失速裕度和总压比减小。上海交通大学研究了周向槽对跨声速风扇气动弹性稳定性的影响，与光滑壳体相比，周向槽的安装降低了气动弹性稳定性，尽管增加了失速裕度。槽从叶片压力侧输送的高速流改善了叶尖在失速点附近存在的低速堵塞，从而延缓了失速。北京航空航天大学研究发现，随转速升高，叶片变形对上半叶高区域的总压比和总温比的影响较显著，叶片变形主要集中在上半叶高，以弯曲变形为主导。中国科学院力学研究所针对跨声速叶片在不同工况下的一阶弯曲模态颤振行为开展研究，揭示了不同叶间相位角（Internal Blade Phase Angle，IBPA）下流动结构与叶片颤振稳定性之间的关系：当叶片IBPA较小且为正时，吸力侧的冲击和分离区域会降低叶片的颤振稳定性。西北工业大学研究跨声速压气机叶片颤振发现排间压力波反射对振荡叶排压力脉动特性的影响是造成转子颤振特性差异的主要原因。上、下游静叶对转子气动弹性稳定性恶化程度并不相同，且不符合线性叠加原理。对于近失速工况，非定常压力波反射导致转子叶片气动阻尼系数减小75%，定常/非定常混合预测方法可能导致颤振特性预估过于乐观。

2. 钝体流致振动问题

同济大学针对虎门大桥振动机理开展研究，发现虎门大桥的第一次涡激振动（Vortex-Induced Vibration，VIV）的突然发生是由于临时安装了水马，从而改变了箱梁的气动结构引发的。随后的二次VIV是由结构阻尼的减小引起的，已通过连续安装调谐质量阻尼器补偿桥梁阻尼。同时，针对采用附加小型构件抑制流线型封闭箱梁涡激振动的机理开展了研究，发现由主要屏障和主要维修通道处的气流分离产生的大规模涡流，分别称为分离涡流和二次涡流，统称为"双涡流模式"，是流线型封闭箱梁VIV的主要原因。当设置扰流器时，"双涡流模式"被打破，导致VIV消失。

西北工业大学从钝体绕流的仿真和降阶建模出发，基于CFD/CSD时域模拟和线性稳定性分析，建立了适用于多种流致振动问题的统一分析方法。其具体研究了涡致振动、横风驰振的诱发机理，发现低雷诺数下，锁频根据诱发机理可分为"共振型"和"颤振型"两种模式。其中，结构模态和流动模态耦合作用导致的颤振是促发锁频的主要原因之一。圆柱的亚临界 Re 下仅有结构模态失稳，涡致振动实质上是一种分离流动诱发的单自由度颤振；而超临界 Re 下两锁频模式同时存在。研究发现，结构模态失稳是导致驰振现象的根本原因，驰振的起始速度则取决于结构模态与流动模态之间的相互竞争。驰振本质上是一种单自由度颤振，叠加一个由自然涡脱导致的强迫振动。

天津大学研究了低雷诺数下 D 形断面的流致振动机理，发现随着攻角的增加，断面振动类型从典型的涡致振动发展到涡振与驰振共存，最后变为纯驰振。天津大学研究了层流中三个串联圆柱的涡激振动机理，发现随着间隙的增加，存在两种不同的振动模式：间隙圆柱直径比小于 1.2 时为尾流诱导驰振，大于 1.5 时涡致振动。针对海洋立管振动问题，其研究了并列双三维长圆柱体振动机理，发现振动中的最大主导模态为横流第四和直列第六模态。并且，直列方向的振动横流方向复杂得多，有许多高频成分。

哈尔滨工业大学针对串列双圆柱的流致振动开展了研究，结果表明，斯特劳哈尔数随折减风速的变化曲线相比振幅更能恰当地区分不同的分支，并且间隙对振动响应有显著影响，导致尾流圆柱不存在驰振，分支属性随着雷诺数和间隙大小变化。根据圆柱驰振的特点和产生机理，确定了 4 种振动类型。首先，圆柱体的初始状态（振动或固定）可能会对另一个圆柱体的振动产生显著影响。其次，上下间隙剪切层的交替再附着、分离、卷起和脱落都有助于振动。再次，上游圆柱基面周围的间隙涡流对圆柱产生正功，维持上游圆柱的振动。最后，间隙剪切层的重新附着、分离和转换在很大程度上对下游圆柱体产生了正向作用，在维持其振动方面发挥了重要作用。

北京航空航天大学研究了柔性分流板圆柱降噪中的流固声相互作用，结果表明，分流板显著延长了回流区长度，并确定噪声主要是由近尾流区域的波动引起的。分流板有效地抑制了尾流中旋涡脱落引起的整体波动，从而成功地降低了噪声。南京航空航天大学对方柱驰振开展研究，发现方柱的驰振没有临界质量比，质量比的降低只会增大驰振的起始风速。重庆大学对自由旋转圆柱的流致振动问题开展研究，发现由于马格努斯效应，观察到振动在横流方向上的偏斜，其振动频率和运动轨迹与非旋转圆柱体的情况截然不同。上海交通大学研究了柔性隔板圆柱的涡激振动与结构失稳问题，发现当板长圆柱直径比小于 1.1 时，圆柱涡激振动可以得到很好的控制。而大于 1.1 时会出现严重的驰振，振幅高于裸圆柱体。西南石油大学研究了均匀流作用下海洋黏弹性立管的非线性三维动力学，黏弹性系数对所研究的隔水管的固有频率有显著影响。研究还表明，适当的黏弹性系数对于有效地抑制最大位移和应力是非常重要的。西南交通大学对方柱横向驰振开展研究，发现传统的时均流型方法不足以解释横向驰振物理机制，提出了一种新的时变流型方法，间歇性再附着流发生率的定量变化导致时变流型的定性变化，是某静态和横向驰振的产生机制。

3. 大迎角失速颤振问题

北京航空航天大学基于模态叠加的流固耦合方法，计算 AGARD445.6 机翼在不同初始迎角、马赫数的气动弹性时域响应，分析随着迎角增加颤振临界马赫数的变化规律,研究了超高速飞行器平尾大迎角气动弹性特性,发现平尾存在弯曲/扭转耦合现象,结构变形导致表面压力分布发生变化,使得整体压力减小、升力系数降低,迎角越大现象越明显。

西南交通大学开展了不同攻角下薄平板断面颤振机理研究,结果表明:薄平板颤振是以扭转主导的弯扭耦合颤振,在5°和7°攻角下,非耦合气动力提供的气动正阻尼显著减小,而耦合气动力提供的气动负阻尼增强,因而直接导致了大攻角下薄平板颤振临界风速的显著降低。同时,在7°攻角前后,振动曲线由扭转运动滞后于竖向运动转变为了竖向运动滞后于扭转运动。研究成果揭示了薄平板在大攻角下颤振性能弱化的气动弹性力学机理,为工程薄平板的颤振设计提供了参考。

西北工业大学航空学院和中航工业空气动力研究院研究了分离流动诱发的失速颤振和锁频现象,发现在失速颤振中前缘旋涡的产生和尾涡脱落是一种能量转换和注入机制,用以维持翼型的等幅振荡。同时,失速颤振中出现的锁频现象是导致翼型颤振频率突然降低的主要原因。上海交通大学研究了存在动态失速时翼型气动弹性响应和气动刚度效应的表征,发现对称LCO与非对称LCO的转换模型及流动影响因素,并研究了不同响应下的气动刚度特性。

在风力机大柔性大攻角叶片气动弹性问题方面,扬州大学开展了柔性风力机叶片气弹响应试验研究,发现最不利桨距角为$-120°\sim-105°$和$45°\sim105°$,在此区间内发现当风速接近激励风速时,叶片挥舞方向发生大幅度的锁频振动,涡激振动对叶片挥舞方向的影响相当显著。南京航空航天大学试验发现,超长柔性叶片在$93°\sim96°$和$284°\sim287°$的桨距角范围内颤振。在颤振范围内,颤振临界风速随桨距角的增大先减小后增大,在94°时达到谷值(5.4m/s)。叶根反作用力与叶尖挠度具有一致的发散性和较强的相关性。建议当叶根反作用力的颤振指数$\Delta>2\%$时,风机叶片进入颤振临界状态。

7.1.2 CFD/CSD 耦合仿真方法

1. 动气动弹性问题仿真

西北工业大学为了研究间隙非线性对颤振特性的影响,采用基于非定常雷诺平均方程的非定常气动力求解方法,耦合结构运动方程建立了时域气动弹性分析系统,并运用该系统计算三自由度无间隙二元翼段构型的颤振速度。采用描述函数法对间隙问题进行处理,得到了间隙非线性所带来的极限环振荡现象,并分析亚跨声速阶段间隙大小对颤振特性的影响。通过研究预加载对颤振特性的影响,得出预加载能够减弱间隙非线性影响,有效提高系统颤振速度。南京航空航天大学为了更真实地模拟叶轮机叶片受扰动情况下的振动响应,发展了一种基于

CFD/CSD 耦合的颤振计算时域法。非定常气动力计算基于前述的 CFD 方法，结构运动方程求解基于模态法，采用一种杂交预估校正方法确保每一物理时间步流场和结构场的高效精确推进。四川大学以航空发动机中的钛合金压气机叶片为研究对象，对目前国内外关于叶片的气动弹性问题研究进展进行了阐述，然后用 CFD/CSD 方法研究了叶片的气动弹性响应问题，主要对叶片进行了强度、振动模态和谐响应三方面的分析。

上海机电工程研究所基于 Generalized-α 算法，结合计算流体力学（CFD）方法和松耦合求解策略发展了薄壳结构非线性气动弹性求解方法。上海交通大学为研究柔性螺旋桨的气动弹性效应和推进性能，以成熟的计算流体力学和计算固体力学软件为平台，由虚位移原理辅助完成载荷传递的螺旋桨气动弹性分析框架。四川航天系统工程研究所研究某大展弦比无人机机翼在大攻角下的流固耦合特性，基于计算流体力学（CFD）和结构有限元模型（Finite Element Model，FEM）建立了复合材料机翼单向及双向流固耦合分析方法。

合肥工业大学完成了马赫数为 5 的高超声速舵面颤振试验，在风洞中完整再现了从稳定到发散的颤振过程，在试验过程中还发现了高超声速颤振特性对结构模态振型异常敏感的现象，同时针对所开展的高超声速舵面颤振风洞试验模型进行了数值仿真研究。西北工业大学利用 URANS 对高超声速进气道进行了流固耦合模拟，探究气动弹性对高超声速进气道的影响，仿真中发现，由于模态耦合，广义位移出现了拍现象。研究结果表明，气动弹性对于进气道出口处的激波结构有显著影响。结合非定常 N-S 方程，采用计算流体力学/计算结构动力学（CFD/CSD）双向耦合方法，研究了超声速双翼飞机的流固耦合动力学系统。上海飞机设计研究院针对飞行器全动平尾的流固耦合现象，基于 CFD/CSD 耦合的方法建立了气动力和结构模型，给出了平尾的气动力和结构响应曲线。

2. 静气动弹性问题仿真

西安交通大学提出了一种适用于有限元精细化建模的流固耦合插值点选择方法，通过 RBF 方法实现流固耦合面的数据交换，实现了基于 CFD/CSM 耦合的通用非线性静气弹分析方法。空军工程大学针对多控制面对弹性前掠翼静气弹响应的影响，提出了基于 CFD/CSM 的松耦合静气动弹性数值计算方法，研究了不同控制面偏转方式对弹性前掠翼静气弹特性的影响。成都飞机工业（集团）有限责任公司针对某中等展弦比飞翼布局无人机，采用耦合流体控制方程和结构动力学方程（CFD/CSD）的静气弹松耦合计算方法，分析弹性变形对无人机气动特性的影响。北京宇航系统工程研究所基于 N-S 方程三维有限元静力学分析方法发展了一套针对细长体的运载火箭在大攻角飞行时流固耦合仿真分析方法。

第 7 章　气动弹性力学

中国科学院力学研究所发展了一种考虑间隙非线性的三维计算 CFD/CSM 耦合气动弹性算法,在跨声速条件下开展了对三维全动舵面气动弹性响应研究。其推导了结构模态方程的精细积分法（Precise Integration Method，PIM）公式,并提出了基于 PIM 的 CFD/CSD 耦合方法。该方法可以克服静态气动弹性系统中的刚性问题,特别是当阻尼比较大时,比传统的基于龙格-库塔方法的耦合方法更有效。针对大展弦比柔性飞行器利用 CFD/CSD 耦合方法研究了不同攻角的跨声速状态下的线性和非线性静态气动弹性。通过比较线性和非线性结构的气动弹性行为,表明几何非线性对承受较大静态气动弹性变形的柔性大展弦比飞行器起着重要作用。

中国空气动力研究与发展中心针对大型飞机跨声速静气动弹性问题,基于 CFD/CSD 流固耦合方法开展了数值模拟应用研究。通过数值模拟结果,分析了跨声速时静气动弹性对典型大型飞机机翼的几何变形、表面压力及气动性能的影响特性。基于自主研发的大规模并行结构化网格雷诺平均 N-S（RANS）求解器 PMB3D 以及流固耦合代码 FSC3D 建立了飞行器静气动弹性数值模拟技术,为柔性机翼飞行器气动/结构多学科优化设计提供研究基础与技术平台。依托 NNW-FSI 流固耦合模拟软件平台,设计和实现了一种静气动弹性耦合加速策略,通过松弛因子对耦合迭代的收敛过程进行调整。

海军工程大学为研究压气机转子叶片弹性变形对气动特性和结构性能影响,通过流固耦合的数值计算方法,研究跨声速转子叶片在考虑气动载荷和离心载荷共同作用下的静气动弹性变形,分析不同材料属性对叶片静气动特性的影响。陕西理工大学采用 CFD/CSD 双向松流固耦合的计算方法,对相同厚度的复合材料机翼和铝合金机翼的非线性静气动弹性特性进行了研究。沈阳飞机设计研究所采用基于 CFD/CSD 的流固耦合方法,完成了非线性静气动弹性设计建模及仿真计算方法研究,开展了阻力方向舵弹性效率的计算分析。

北京机电工程研究所采用曲面涡格法对柔性飞机进行曲面气动力建模,结合结构几何非线性分析与插值计算,完成了柔性飞机几何非线性静气动弹性分析。上海飞机设计研究院通过对载荷设计中的静气动弹性分析方法进行研究,发展了一种基于外部刚性气动力数据和改良片条理论修正的弹性载荷修正方法。航空工业第一飞机设计研究院为研究某大展弦比桁架支撑布局飞机的静气动弹性问题,采用基于面元法的静气动弹性分析法,依据估算刚度建立了其静气动弹性计算模型。中国空气动力研究与发展中心基于 $2.5D$ RANS 数据和 VLM 耦合的方式,发展了一种考虑非线性流动效应的混合型涡格法 HVLM,与悬臂梁有限元求解耦合,实现了一种面向三维机翼的快速静气动弹性数值模拟技术。上海飞机设计研究院将基于外部刚性气动力数据的静气弹修正方法向干扰体细长体模型进行扩展,提高了弹性压力分布及气动力系数的分析精度和效率。

7.1.3 非定常气动力建模与流动降阶方法

1. 系统辨识类气动力建模

系统辨识是指根据系统的观测量得到系统数学模型的理论,是进行模型控制、仿真和分析的基础。在气动力建模中,输入数据通常为流动状态量(如马赫数、雷诺数、平均迎角等描述定常流动,运动位移描述非定常流动),输出数据通常为集中的气动力,如升力阻力系数。目前发展了许多不同的辨识方法,如动力学线性模型主要包括特征系统实现算法(Eigensystem Realization Algorithm,ERA)、带外输入的自回归(Auto Regressive with Extra Input,ARX)模型和单位阶跃函数等;动力学非线性模型包括非线性Volterra级数、Kriging模型等。

西北工业大学基于ARX模型提出一种任意振型的气动力模型,实现了变结构振型的颤振分析;得到了低雷诺数下柱体绕流模型,并分析了涡致振动和驰振两种典型的流致振动现象;得到了跨声速抖振流动中的非定常流动模型,并进行了跨声速VIV分析和抖振控制研究;发展了基于多小波的Volterra级数的非定常气动力建模方法。以一种分段二次多小波为基函数将Volterra核展开,求解一个高维病态方程组来计算展开系数,利用小波的多分辨分析在时间和频率两个维度的分解特性将方程降维,最终将问题转化为求解一个低维方程组得到稳定解。通过对NACA0012翼型在跨声速下做沉浮运动时升力系数、阻力系数和俯仰力矩系数的预测,验证了Volterra级数对非线性非定常气动力的描述能力。

南京航空航天大学利用Kringing模型预测了大迎角,轻失速环境下NACA0012翼型的非定常气动力。预测结果与通过高保真CFD求解器在选定的马赫数范围内获得的结果非常吻合。

北京航空航天大学为准确预测几何非线性气动弹性变形,构造适用于结构大变形的前馈神经网络预测模型,验证了将神经网络应用到结构大变形预测的可行性,为以后机器学习技术与气动弹性分析结合的研究提供思路和方法。

中北大学基于谐波平衡法,对尾流激励下的叶片周围流场进行了研究,提出了尾流激励的叶片气动力降阶模型方法,并结合叶片质心结构运动方程,建立了尾流激励下的叶片流固耦合分析方法。中航工业陕西飞机工业公司设计院针对间隙结构的气动弹性系统非线性颤振问题,发展了降阶模型研究方法基于最小状态拟合方法获得时域降阶气动力模型,并通过Lagrange方程获得系统非线性气动弹性方程。

2. 特征提取类流动降阶

由于非定常流动本身的高维、非线性、多尺度特征，复杂流动分析需要提取流动主要特征，这些特征结构本身构成的子空间同时是构成低维流动模型的关键，特征提取的基本手段是模态分解，即将高维数据分解成若干子空间和模态。目前，常用手段有 POD 和动力学模态分解（Dynamic Mode Decomposition，DMD），两种方法分别从能量和频率入手，能够得到具有流动主要能量的主导动力学成分，或者具有流场特征频率的主成分。

西北工业大学提出了一种柔性飞机非线性气动弹性与飞行动力学耦合建模与分析框架。该框架可用于在概念和初步设计阶段快速分析柔性飞机，包括线性和非线性配平、气动载荷估算、稳定性评估、时域仿真和飞行性能评估。通过将高阶动态 DMD 与有效模式选取准则结合，改进了基于 DMD 的降阶模型性能，并在 NACA0012 翼型抖振算例中进行了验证。采用基于组件模态综合技术的建模方法，研究了具有控制翼自由间隙的三维超声速飞机的非线性气动伺服弹性行为。该方法最显著的特点是结构非线性可以在降阶气动伺服弹性模型中明确表达。

北京航空航天大学为了探究阻力舵开裂状态下的流场形态和流固耦合运动机理，采用计算流体动力学（CFD）方法开展了不同开裂角下的二维阻力舵的流场计算，并基于动力学模态分解方法对各流场进行模态分解，分析了各个模态的流动特征及频率变化。北京航空航天大学发展了基于计算流体力学与模态叠加的并行流固耦合方法，建立了考虑初始迎角输入的非定常气动降阶模型，预测机翼不同初始迎角的颤振特性。

西安交通大学建立了气动伺服弹性降阶模型。该模型利用了两个关键方面：通过适当的正交分解降维，通过平衡截断进一步增强，以及通过分析推导机制在降阶模型中再现阵风效应，然后将由此获得的状态空间形式的紧凑模型用于控制设计综合。西安交通大学研究了高效气动弹性降阶模型在跨声速气动弹性结构全局优化中的应用。中航工业沈阳飞机工业有限公司将 POD 降阶的非定常涡格法与结构动力学方程耦合，构造出一种高效的气动弹性计算模型。中国电子科技集团有限公司为了解决 CFD/CSD 计算效率低的问题，基于 CFD 技术，构造降阶的非定常气动力模型，并耦合结构运动方程，建立频域/时域气动弹性系统降阶预测模型。

3. 机器学习

根据实验和数值模拟等方法得到非定常气动力和流场数据，通过模仿人脑神经系统工作原理的数学模型，在一定条件下可以逼近任意光滑函数，实现对非线性气动弹性相应的精准预测。目前，主要使用的深度学习模型有多层感知器、

BP 神经网络、径向基函数（RBF）神经网络、长短时记忆神经网络（Long Short-Term Memory，LSTM）等。

中国航天空气动力技术研究院基于机器学习思想，建立了一种大空域、宽速域的气动力建模方法。该方法利用飞行仿真弹道数据辨识的气动力数据，采用人工神经网络技术，实现了对高度、速度、姿态和舵偏角等多维度强非线性特性的全弹道气动力数据的高精度逼近。该项研究可以为基于飞行试验数据的气动建模提供新的方法，并且能为飞行器气动力数据挖掘、飞行仿真和总体性能分析提供参考。

中北大学针对发动机内部尾流激励下的叶片气动弹性振动高性能数值模拟计算耗时久、耗费大的问题，建立了基于神经网络尾流激励的叶片气动力降阶模型，为研究上下游干涉作用中的下游叶片气动弹性振动提供了快速计算方法。山东科技大学针对风力机叶片经典颤振问题，采用 RBF 神经网络补偿滑模控制来控制风力机叶片的变桨运动。

西北工业大学基于径向基函数神经网络（Radial Basis Function Neural Network，RBFNN）和遗传算法（Genetic Algorithm，GA），开展了考虑材料取向、厚度和铺层的气动弹性裁剪技术对静气弹扭转发散影响的研究。同时提出了一种基于递归神经网络的对不同马赫数鲁棒的非线性气动降阶模型。该方法精确预测了极限环振荡随马赫数或结构参数变化的趋势，发展了一种基于 LSTM 的非定常气动力降阶模型，并通过非定常气动力仿真与非线性气动弹性仿真算例，验证了该方法能够准确把握不同流动和结构参数下，气动力和气动弹性响应的动态特征。哈尔滨工业大学基于长短时记忆神经网络（LSTM）提出了一种数据驱动的自激力模型，准确预测了变来流攻角下的桥梁断面涡激颤振气动弹性响应历程。

南京航空航天大学为了进一步降低直升机的振动水平，建立了直升机旋翼气弹动力学综合模型，并以此作为控制对象，分析二阶谐波对桨毂垂向振动载荷的影响，并采用模糊神经网络 PID 控制技术来抑制桨毂垂向振动载荷。南京航空航天大学提出了一种基于非线性状态空间辨识的跨声速气动弹性模型降阶方法，该方法可实现对飞行器跨声速气动弹性力学行为的高效预测。通过高超声速非定常气动力的参数化降阶、气动加热影响下的热模态重构，建立了高效且准确的高超声速热气动弹性分析方法。基于改进的非线性状态空间建模方法的非线性气动系统辨识，以预测飞机结构的跨声速气动弹性行为。

中国飞行试验研究院为预测颤振边界，针对湍流激励下的结构响应数据，采用遗忘因子最小二乘法建立时序预测模型。合肥工业大学针对现有的非定常气动力建模方法对气动弹性预测的准确性和效率问题，将随机森林算法引入非定常气动力建模研究领域，构建了基于随机森林算法的非定常气动力降阶模型。浙江大学针对大展弦比机翼的结构轻量化优化设计，在 CFD/CSD 气动弹性计算的基础上，对不同的结构变量进行统一编码，使用一维卷积神经网络建立代理模型，并使用松鼠优化算法建立了混合优化模型进行搜索寻优。

北京航空航天大学对气动力降阶方法及其在飞行动力学仿真中的应用进行了进一步的探索，以二维翼型为例，BP、RBF 神经网络和支持矢量回归方法建立了非定常气动力降阶模型，并比较了上述几种模型的收敛性及泛化能力。在此基础之上综合 ARX 和神经网络方法的优点提出了一种计算精度高，收敛性、泛化能力较强的 ARX-BP/RBF 组合建模方法。然后将基于 ARX-RBF 的组合气动力降阶方法和弹性飞机刚弹耦合动力学方程相结合，建立了基于气动力降阶的弹性飞机飞行动力学仿真模型。

7.1.4 气动伺服弹性分析与设计

气动伺服弹性（Aero-Servo-Elasticity，ASE）研究弹性飞行器的结构、气动及控制之间相互耦合作用，它是现代飞行器设计中的重要问题之一。自 20 世纪 50 年代起，自动控制技术大量应用于飞行器，气动弹性与控制系统之间的耦合问题开始浮现。20 世纪 70 年代末，航空界首次提出了气动伺服弹性概念。此后，主要针对飞行控制系统引起的气动弹性失稳、刚弹耦合动力学、颤振主动抑制和阵风载荷减缓等问题进行了研究，对于飞行器的气动伺服弹性问题，建模和分析方法的研究都已经相对成熟，理论方法日渐丰富。

近年来，随着变体飞行器、高超声速飞行器、长航时无人机等先进飞行器的出现，追求结构减重导致的飞行器弹性效应增大，飞控系统通频带变宽，飞行器结构的非线性因素等给气动伺服弹性建模和分析工作带来了新的挑战，气动伺服弹性分析也有新的发展。

1. 气动伺服弹性分析

由于弹性飞机飞行仿真需要对刚弹耦合方程进行研究，这增加了建模和验证工作的难度。北京航空航天大学提出了一种适用于弹性飞机飞行仿真的补丁方法，即通过广义气动力的拆分和测量信号弹性增量的叠加构成"补丁模块"，将该模块置入六自由度全量方程的刚性飞机飞行仿真中，实现弹性飞机的飞行仿真。该方法能够充分利用原有刚性飞机飞行仿真模型，简化了弹性飞机的建模过程，有利于后续工作的开展。

西北工业大学针对大展弦比弹性飞行器传感器位置对气动伺服弹性的影响，在现有传感器设置方法的基础上，提出了一种新的优化设计准则。证明了能观测 Gramian 矩阵的迹代表弹性振动能量，并引入椭圆容积作为特征值的几何平均值，给出了高效的简化计算方法；通过 H_2 范数分析各阶模态以及传感器的权重影响，既平衡了低阶模态的主导特性，又防止了高阶模态的溢出。

南开大学针对弹性高超声速飞行器的气动伺服弹性问题,提出一种结合线性自抗扰和自适应陷波器的综合控制方案。针对强耦合和强不确定性问题,采用线性自抗扰控制对总扰动进行快速估计和补偿。为了在最小化对刚体控制性能影响的同时实现对频率未知且时变的弹性模态的抑制,采用能够在线估计弹性频率的自适应陷波器,设计了参数单独自适应和同时自适应两种基于递推最大似然法的多频率直接辨识方案。为了提高辨识算法在各种随机扰动下的鲁棒性,在此基础上又提出一种在线有效性监督机制。

中航工业第一飞机设计研究院为解决飞机气动伺服弹性耦合频率低且随飞机重量构型变化大,使用结构陷幅滤波器改善飞机气动伺服弹性稳定性易于影响飞机操稳特性的问题,建立了一种基于多目标遗传算法的结构陷幅滤波器优化设计方法。以气动伺服弹性系统的弹性模态频响峰值最小作为优化目标,刚体模态频响特性作为设计约束,通过设计罚函数修正个体适应度对陷幅滤波器的频率与阻尼参数进行优化。

哈尔滨工业大学首先针对未来采用大长细比、轻质新型复合材料的飞行器结构模态频率进一步降低、气动伺服弹性问题更加严峻的问题,采用智能变结构控制方法,将广义坐标作为反馈量,并针对静不稳定弹性飞行器设计了纵向姿态控制器。其次,基于李雅普诺夫(Lyapunov)稳定性理论分析了闭环系统的稳定性。最后,通过定点仿真检验了所设计控制器的时域响应特性和对扰动的鲁棒性。

跨声速流固耦合控制是气动弹性研究领域备受关注的研究分支,然而,由于锁频现象耦合模式的复杂性,针对该条件下的行之有效的流固耦合控制方法目前还不多见。考虑抖振中锁频状态本质上为流动模态与结构模态的失稳,难以通过单一的控制律进行抑制。因此,西北工业大学提出了一种多反馈回路的无模型自适应控制方法,通过引入结构位移与气动力响应数据,结合无模型自适应控制方法,对马赫数 0.7、迎角 5.5°这一典型抖振状态下的流固耦合模型进行仿真状态下的闭环控制研究。

2. 颤振主动抑制

颤振是气动力、弹性力和惯性力耦合作用发生的一种自激振动,会导致飞行器结构短时间内破坏,造成灾难性后果,现代飞行器设计由于采用了轻柔结构,并且追求高速、高机动性,颤振问题显得愈加突出。因此,颤振主动抑制是未来弹性飞行器设计中的一项关键技术。主动控制方法是伴随现代控制理论发展起来的,它的基本思想是闭环控制,利用系统的状态和输出反馈,调节系统的零、极点配置,使原来处于不稳定的系统转为稳定系统。具体的实施方法是在飞行器结构表面布置若干个操纵面和传感器,将测量得到的结构振动信号经过处理后按照预先设计的控制律指令驱动操纵面的偏转，改变机翼表面的气动载荷，从而改变系统的稳定性，实现主动调节气动弹性效应的目的。

在 20 世纪 50 年代末形成体系的经典控制理论是基于频率概念来进行控制系统的分析和设计，特别是 PID 控制原理得到广泛应用，现在依然是工程领域主流的控制技术。60 年代以来，随着现代控制理论的发展，以状态空间法为主，研究控制系统状态的运动规律，并实现最优化设计，最优控制理论逐步应用于颤振主动抑制技术研究，主要包括线性二次高斯（Linear Quadratic Gaussian，LQG）控制和线性二次调节控制（Linear Quadratic Regulator，LQR）。进入 80 年代以后，关于控制系统的鲁棒性研究引起了高度的重视，以基于使用状态空间模型的频率设计方法为主要特征，提出了从根本上解决控制对象模型不确定性和外界干扰不确定性问题的有效方法，不仅能够用于单输入单输出反馈控制系统的鲁棒性分析和设计，而且可以成功地应用到多输入多输出的场合，能够设计出性能更优、鲁棒性更好的反馈控制系统。

近年来，面向工程实际，不可避免地存在被控对象模型不确定性和外界干扰不确定性的问题。实际气动弹性系统复杂，非线性特征普遍，结构和气动的精确建模困难，模型必然存在不确定性；实际控制回路中，数字模拟转换过程，信号的采集与传输，控制器对数据的处理、计算，作动器实施控制指令的过程等都会引入时滞，时滞的出现会降低控制系统性能，甚至导致控制系统失效，从而影响系统稳定性；由于飞行环境变化的影响、零部件磨损老化等因素都有可能导致传感器等部件性能变化、故障或失效，导致系统状态不可测。聚焦于这些不确定性因素，提高控制系统的稳定性和鲁棒性，应用先进控制律设计方法是目前的研究热点。近年来，国内主要针对二元机翼气弹系统开展了大量先进控制律设计方法的研究，二元机翼系统相对简单，有较为精确的理论模型，非常适用于机理、方法研究，同时二元机翼也便于开展风洞试验，因此针对二元机翼开展颤振主动抑制方法研究的成果较为丰富。

北京航空航天大学针对具有后缘和前缘控制面的非线性气动弹性翼面，设计了两种基于神经网络的高性能控制器。第一种方案是基于系统模型的自适应补偿控制，使用径向基函数（RBF）神经网络识别建模误差。第二种方案不需要考虑真实系统的内部信息，而由神经网络在线全局识别，并通过在自适应控制律中增加额外的项来抵消近似误差，以提高控制系统鲁棒性。仿真结果表明，尽管存在较大的不确定性和未建模的非线性，但控制器对颤振的抑制效果良好。

西北工业大学采用了能考虑系统参数时变特性的线性变参数（Linear Parameter Varying，LPV）控制，设计了一种 LPV 颤振主动抑制控制器，该方法针对原始气动弹性模型阶次偏高的问题，采用 LPV 斜投影法建立了低阶 LPV 模型，在离散网格法基础上设计了 LPV 控制器，二元机翼的数值仿真主要结果如图 7-1 所示，所设计的 LPV 控制器能够保证较宽飞行包线范围内颤振的有效抑制。

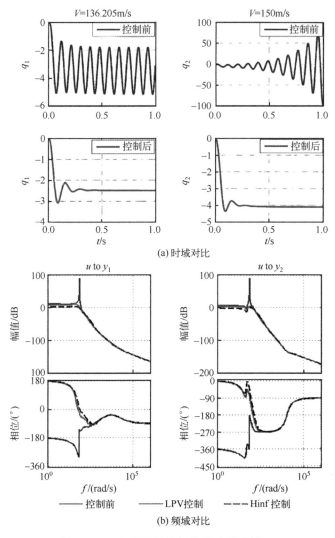

图 7-1 LPV 控制器控制效果（见彩插）

南京航空航天大学通过建立高超声速非定常气动力的参数化降阶方法、气动加热影响下的热模态重构方法，探索高效且准确的高超声速热气动弹性分析方法，同时研究基于非定常气动力的参数化降阶方法的高超声速气动伺服弹性现象，把最小二乘支持向量机嵌入经典自抗扰技术中，设计了支持向量机-自抗扰控制器，提高标准自抗扰控制器的控制品质和鲁棒性。南京航空航天大学还提出了一种基于神经网络辨识算法的非线性气动弹性系统极限环颤振模糊控制方法（Neuro-Fuzzy 控制），以主翼后缘单一控制面、俯仰自由度具有对称自由运动的非线性二维翼面为例,对所提方法进行了建模,利用神经网络从已有的 LCO 输入和输出数据中识别模糊控制规则,通过对模糊控制参数的调整,得到了一种新的非线性气动弹性系统模糊控制律,控制效果如图 7-2 所示,数值仿真验证了该方法的有效性。

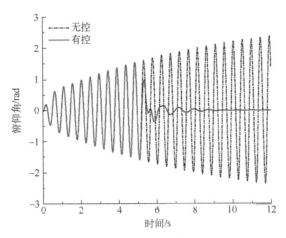

图 7-2　来流速度 12.0m/s 时 Neuro-Fuzzy 控制效果（见彩插）

上海交通大学研究了基于部分状态反馈的时滞次优控制方法,并与基于全状态反馈的最优控制方法进行了有效性比较,仿真结果表明,延时次最优控制器的控制效果与延时最优控制器相当接近,如图 7-3 所示,而所设计的时滞次优控制器阶数较低,具有较强的工程意义。上海交通大学还设计了一种再入飞行器翼型颤振的有限时间自适应容错控制,系统建模不确定性、外部干扰、执行器和传感器故障都被考虑在内。

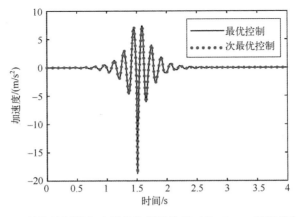

图 7-3　最优控制器与次最优控制器效果对比（1.5s 开启控制器）

天津大学等设计了一种数据驱动的最优控制器，利用输入输出数据，在不依赖非线性系统动力学模型的情况下，设计最优控制器，这种无模型方法避免了建模误差和系统不确定性的影响。

北京航空航天大学采用了基于线性二次高斯（LQG）控制、基于线性二次调节（LQR）控制和基于广义预测控制（Generalized Predictive Control，GPC）三种控制律设计方法，实施了体自由度颤振主动抑制数值验证，并开展了半模飞翼模型的体自由度颤振及其主动抑制风洞试验。

南京航空航天大学在飞翼飞机体自由度颤振主动抑制技术方面，考虑受控对象不可避免的建模不确定性以及外界干扰的不确定性，为了提高颤振主动抑制系统的稳定性和鲁棒性，研究了鲁棒控制、结合机器学习自动调优控制器参数的鲁棒控制、多输入多输出自抗扰控制等，数值验证了这些控制方法的有效性。

西北工业大学采用线性变参数（LPV）框架建立飞翼飞机体自由度颤振模型，开展了考虑作动器饱和的颤振主动抑制研究；谷迎松等还设计研制了飞翼体自由度颤振飞行试验平台，在低速飞行试验中观察到了明显的体自由度颤振现象，但在试验中未使用颤振主动抑制技术。

从近年来国内开展的研究可以看到，飞翼飞机体自由度颤振主动抑制系统建模、设计与验证在国内而言还基本上是一个新问题，主要集中于理论和数值仿真研究，风洞试验与飞行试验仍处于起步阶段。

随着 MFC 压电纤维复合材料的发展，通过将压电陶瓷材料与其他结构材料的优异特性复合的方式，形成一个整体的驱动器或传感器，成为近年来国内超声速壁板颤振主动抑制技术研究的主流驱动器技术。

哈尔滨工程大学联合德国达姆施塔特工业大学和意大利都灵理工大学提出了一种基于遗传算法的复合材料层合板在超声速气流中的热颤振主动抑制方法，根据遗传算法获得 MFC 驱动器的最优反馈控制增益，利用最优控制增益将颤振边界抑制到任意期望值，研究过程中气动力计算采用超声速活塞理论，采用位移反馈设计控制器，分析了压电片的放置对颤振主动控制效果的影响。

西北工业大学以简支和固支的超声速壁板为例，采用模态跟踪技术避免了传统颤振边界判断方法对模态"窜支"（模态交叉）等现象的误判，基于线性二次调节理论，设计了一种主动颤振抑制的最优控制方法，研究了不同压电作动器的布置位置对颤振临界点的影响，使颤振速度达到理想范围。

跨声速流动的复杂非线性和非定常特征，其失稳行为与任何亚声速颤振都有很大的不同。西北工业大学从跨声速复杂流动的精细模拟和建模出发，基于 CFD/CSD 时域仿真和降阶模型方法，建立了适用于气动弹性稳定性问题和响应问题的统一分析方法，并针对跨声速复杂气动弹性问题的诱发机理及其控制进行研究，开展了跨声速抖振的主动控制，采用后缘舵面作为控制机构，在降阶模型基础上，建立了升力和力矩系数输出反馈的闭环控制模型，并分别通过极点配置和 LQR 方法开展控制律设计，流动很快稳定并收敛。

采用变体机翼结构技术提高飞机结构的功能性和智能化，从而显著提高飞机结构效率、气动效率、降低油耗和噪声等，已成为飞机新概念结构发展的热点。西北工业大学采用非定常气动降阶模型对连续变弯度翼型进行高精度建模，研究了变弯度后缘弧度对机翼颤振边界的影响，设计了一种线性二次高斯（LQG）控制器，以探索通过变弯度后缘主动偏转来抑制颤振的潜力，仿真结果表明，翼型的临界颤振速度和颤振频率随变弯度后缘弧度的变化而变化，与传统舵面相比，变弯度后缘具有较高的控制效率和较少的偏转角要求。北京航空航天大学研究了带有时间延迟的连续变弯度翼型失速颤振主动抑制，发展了一种基于 CFD 的时域流-固-控耦合仿真方法，控制器采用带有时间延迟的比例-微分（PD）控制器，并采用动网格技术计算后缘偏转引起的边界变形，运动求解器和控制器均已植入 CFD 源码中实现耦合仿真，研究了不同时间延迟对翼型失速颤振抑制效果的影响。

北京航空航天大学从流固耦合系统之间的能量传递和流动动力学模态的角度对层流分离颤振内在物理机理产生新的认识，发展了考虑翼型俯仰运动的在线动力学模态分解方法，并建立了能量图拓扑分布与流场动力学模态之间的联系，利用转捩模型对俯仰运动 NACA0012 翼型的流场和气动特性进行数值模拟，采用图 7-4 所示蒙皮主动振动的方式对层流分离颤振进行抑制，深入探究了局部蒙皮振动位置、幅值和频率对振荡翼型俯仰稳定性的影响。

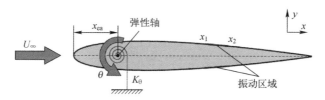

图 7-4　局部蒙皮主动振动控制示意图

3. 阵风减缓主动抑制

西北工业大学为了解决控制律的鲁棒性能与设计算法复杂度之间的矛盾。基于经典 LQG 设计理论，通过建模策略的改进保证了设计结果鲁棒稳定性的改善，并提出了相应的设计流程以保证设计结果在各性能和稳定性之间的合理折中。此方法的核心思想是在设计阶段为控制律的输入端（即传感器输出端）添加虚拟的高频有色噪声干扰以重新设计 Kalman 滤波器，通过这种方法设计出的控制律在结构参数和飞行参数发生变化时仍有较好的阵风减缓效果。同时为了显示处理舵偏约束，并利用测量的阵风信号，西北工业大学提出了一种结合 LQG 理论及模型预测控制（Model Predictive Control，MPC）理论的控制方法。通过对经典 MPC 控制律的改进，控制律的鲁棒稳定性和鲁棒性能均得到了有效改善。

西北工业大学提出了一种基于改进型自抗扰控制（Modified Active Disturbance Reyection Control，MADRC）和实时直接升力补偿（Real-Time Direct Lift Compensation，RTDLC）控制分配的阵风减缓方法。该方法可以同时提高自抗扰控制器的快速性和控制精度。为了在尽量不改变飞行状态、飞行姿态的情况下，尽可能地减小飞机的附加过载，研究将传统控制分配中的三轴力矩/力矩系数拓展到升力/升力系数上来，这样做的好处是可以优先利用一部分舵面的偏转组合来直接补偿阵风引起的升力变化。同时，用剩余的舵偏组合来补偿飞机正常飞行过程中和受风扰过程中引起的力矩变化。

西北工业大学针对飞翼飞机采用变参斜投影降阶算法建立了飞机的降阶模型，在此基础上设计了考虑模型参数变化率的阵风减缓线性变参数（LPV）控制律，仿真结果表明这种控制器能够在较宽的速度范围内实现有效的阵风减缓。

北京航空航天大学在设计阵风减缓控制系统的过程中，考虑了无人机中常用的伺服舵机的动态特性，并设计了舵机补偿系统用于提高控制系统的减缓效果。仿真结果表明，增加幅值和超前相位补偿的 Smith 预估控制补偿舵机的幅值衰减和纯滞后环节之外的相位滞后，能够显著改善舵机的动态特性，提高阵风减缓效果。

北京理工大学针对大展弦比飞翼布局具有刚柔强耦合的飞行动力学特性，根据 LQR 理论设计了阵风减缓控制系统，仿真结果表明设计的闭环控制律可使动态弹性变形量始终向有助于减缓扰动方向变化。

南京航空航天大学研究了复合材料机翼的阵风响应特性，研究发现通过设计适当铺层角的机翼构型，可以有效抑制机翼的阵风响应。在这一研究中，机翼结构建模为具有纤维增强主体结构和压电致动器的复合薄壁梁，其各向异性特性也考虑在内。此外，结合偶极子格网法和有理函数拟合技术，建立了气动伺服弹性模型。

沈阳航空航天大学研究了等截面多段折叠翼离散阵风载荷减缓特性。该研究开发了一个弯扭梁单元来模拟机翼弯曲和俯仰模态。根据改进的气动条带理论，获得了不同折叠角度下折叠翼的气动升力数据。将离散阵风引起的气动升力增量应用于折叠翼，并导出了一组可由拉普拉斯变换法求解的积分-微分方程。最后，对三段折叠翼进行了研究，结果表明，通过合理选择折叠方式和折叠角度，可以有效地减轻阵风载荷，尤其是机翼根部弯矩峰值可以降低 62% 左右。

中国空气动力研究与发展中心研究了普通微射流减轻阵风载荷的能力。该数值方法综合了非定常雷诺平均解、结构动力学运动方程和场速度法。该方法对刚性和弹性模型的阵风响应进行了验证。在 2D NACA0012 翼型和 3D BAH 机翼上，在稳定亚声速和跨声速来流条件下，以恒定和动态动量系数评估正常微射流的负载控制能力。在考虑和不考虑气动弹性的情况下，在翼型和 BAH 机翼上的仿真结果表明，普通微射流对跨声速来流具有很强的载荷控制能力。这是由于射流对翼型上表面激波强度的影响。试验结果表明，正常微射流具有快速的频率响应特性，是一种很有前途的阵风载荷减缓方法。2021 年，该中心又研究了循环控制对于机翼阵风载荷减缓的效果，循环控制具有科安达（Coanda）效应，这种控制方法使用切向后缘表面喷流，不同于垂直于飞机表面的喷流。Coanda 效应描述了由于离心力和射流形成的低静压之间的组合效应，当喷口位于上表面时，高速射流将带动机翼或机翼表面周围的外部气流，以跟随射流在弯曲的科安达表面上"向下弯曲"。这将加速外部流动并产生循环的净增加，从而导致升力增加。同样，当将喷射槽放置在下表面时，可以获得升力降低。该研究以 BAH 机翼作为算例，使用 1-cos 阵风。阵风荷载减缓的结果验证了循环控制能够抑制阵风扰动。对于刚性和弹性 BAH 机翼的情况，阵风引起的升力和根部弯矩系数均显著降低。

北京航空航天大学通过基于模态叠加的流固耦合方法开展了阵风响应的计算，并通过与风洞试验的对比验证了该方法的准确性。在此基础上，基于数值仿真方法，其设计了一种使用无缝柔性舵面的前馈阵风减缓控制系统，实现了飞机翼尖加速度的减缓。

7.1.5 高超声速热气动弹性分析

西北工业大学针对激波主导流动下弹性壁板的热气动弹性稳定性分析问题，建立了基于当地活塞流理论的分析模型，并用数值仿真方法来验证其正确性。对高超声速流中带有热防护系统（Thermal Protection System，TPS）的二维壁板进行了热气动弹性的双向耦合建模与分析，采用三阶活塞理论计算气动力，通过参考焓法获得气动热流，在有限差分法的基础上进行结构热传导计算。为研究振荡激波作用下受热壁板的主共振特性。基于冯·卡门大变形理论和当地活塞流理论，采用 Galerkin 方法建立了振荡激波作用下壁板振动的动力学模型，通过龙格-库塔法对非线性动力学方程进行数值计算获得系统非线性振动响应。

高超声速飞行器遭遇的热气动弹性问题具有危险性和复杂性，而飞行器设计又对计算环境下的热气动弹性仿真提出了效率和精度的双重要求。中国空气动力研究与发展中心和西北工业大学针对高超声速飞行器面临的复杂流动下的热气动弹性问题，发展了一种时变热模态适用的非定常气动力降阶模型。他们还建立了基于流-热-固时空耦合分析策略的热气动弹性分析方法，对高超声速飞行器前体进气压缩面进行了实际飞行加热过程的时变颤振分析。

南京航空航天大学针对高超声速流-固-热多场耦合问题中气动加热与结构传热耦合问题及静热气动弹性问题，建立了基于混合 FVM-LBFS 方法的高超声速流场与结构传热一体化计算方法，为先进高超声速飞行器热结构与热防护设计提供理论支撑与计算手段。南京航空航天大学还提出了一种针对高超声速翼面热静气动弹性的流固热交错迭代数值耦合方法，其充分考虑了气动环境（气动力和气动热）与结构变形之间的耦合、气动热与结构温度场之间的耦合以及温度场对结构刚度的影响。上海交通大学以多孔 FGM（Functionally Graded Material）梁为研究对象，应用超声速活塞理论和热弹性理论考虑气动力和热载荷的影响，基于一阶剪切变形理论和冯·卡门大变形理论，根据能量法建立了一般约束边界下多孔 FGM 梁的气动热弹性非线性动力学模型。国防科技大学针对热塑性复合材料结构在高速流场中的颤振行为。基于 Mindlin 厚板理论和冯·卡门大变形理论描述热塑性复合壁板结构大变形，采用活塞气动理论计算超声速气动力，研究了温度对热塑性复合壁板的颤振频域模态耦合特性、颤振时域极限环振荡特性。

南京航空航天大学提出了一种静热气动弹性一体化计算方法。该方法将气动力、气动热、结构热传导、结构位移进行一体化同步求解，简化了静热气动弹性计算流程，提高了稳态分析效率，可为长航时高超声速飞行器总体设计与热结构强度分析提供技术手段。

西北工业大学研究了薄壁结构的热气动弹性，在等截面简化模型情况下，其研究结果表明，通道内壁板颤振特性与外流壁板颤振特性不同，其稳定边界小于外流壁板颤振稳定边界。

中国空气动力研究与发展中心针对高超声速飞行器面临的复杂流动下的热气动弹性问题，发展了一种时变热模态适用的非定常气动力降阶模型，建立了基于流-热-固时空耦合分析策略的热气动弹性分析方法，对高超声速飞行器前体压缩面进行了实际飞行加热过程的时变颤振分析。

西北工业大学建立了 Volterra 级数的系统辨识为主的降阶模型、以 POD 模态分析为主的流场降阶模型以及混合降阶模型，应用于流固耦合系统特征分析。

北京理工大学等利用降阶模型技术实现高超声速控制面的分析，为了提高降阶模型的计算效率和精度，提出了一种基于模糊聚类的加点策略。

大连理工大学提出了一种用常数边界条件建立的瞬态热传导问题的特征正交分解（POD）降阶模态，对时变边界条件进行瞬态热传导降阶分析的方法。

上海航天控制技术研究所提出了根据分层求解策略提出了一种基于降阶模型的高超声速气动热弹性分析框架。分别采用系统辨识法和本征正交分解法对高超声速气动力和气动热建立降阶模型，并与模态叠加法耦合实现热配平状态下气动热弹性问题的快速计算。

7.2 试验测试技术

7.2.1 气动弹性风洞试验平台建设

FL-51 风洞（4.5m×3.5m 低速风洞）具备部件、半模以及全模颤振试验能力，可使模型悬挂弹簧全部在风洞流场外，减少了对试验数据的干扰。FL-51 风洞具备阵风试验能力，阵风发生器如图 7-5 所示，完成了阵风流场校测，能够实现正弦波、三角波及方波等垂直离散阵风场的模拟。FL-10 风洞（8m×6m 低速风洞）具备部件、半模以及全模颤振试验能力，全模颤振支撑系统与 FL-51 风洞类似，也具备阵风试验能力。

图 7-5 低速风洞的阵风发生器

1.2m 亚高超风洞 FL-60 是一座尺寸 1.2m（宽）×1.2m（高）的直流暂冲下吹式风洞。该风洞具备常规测力/测压、进气道、大迎角、动导数、大幅振荡、外挂测力、部件测力、铰矩、半模、气动弹性、CTS（外挂物捕获轨迹试验系统）、PSP（压力敏感涂料测压技术）、TSP（温度敏感涂料测温技术）、IR（红外热像技术）、纹影等试验技术与能力。

2.4m 大型连续式跨声速风洞（FL-62）是我国首座大型连续式跨声速试验设施，试验段尺寸为 2.4m（宽）×2.4m（高）×9.6m（长），风洞采用了半柔壁喷管、开槽壁试验段、可调开闭比孔壁试验段、低压损二喉道等多项先进技术。流场校测和标模验证显示与 ETW 风洞常温条件下性能指标处于同一水平。FL-62 风洞配备了快速降速压旁路，其长时间吹风、宽速压包线、无马赫数和速压超调、无启动冲击载荷等优势特别适合开展气动弹性试验研究，也规划了静气动弹性、颤振、抖振、阵风以及试验分析系统等多项气动弹性试验能力，目前已具备静气动弹性、颤振和抖振试验技术。

7.2.2 气动弹性风洞试验技术

1. 风洞悬挂及特种支撑试验技术

厦门大学设计了基于欠约束绳牵引并联机器人 WDPRs 的双索悬挂系统。对欠约束 WDPRs 的运动学、静力学进行了建模与仿真。用 ADMAS 仿真分析了双索悬挂下模型的运动和静态稳定性。搭建了第一代支撑系统样机，并设计加工了样机飞机模型及其定位安装装置，如图 7-6 所示，通过试验给出了支撑系统模型转动刚体模态频率与绳拉力的变化规律，提出并验证了绳拉力间接测量模型转动刚体模态频率的新方法。

图 7-6 悬挂于支撑系统中的飞机模型

北方工业大学、中国空气动力研究与发展中心、清华大学等提出了一种两电机驱动的三索悬挂系统，利用后方两索的同向/反向联动实现模型俯仰和滚转姿态的调整，利用弹簧刚度以及钢绳张力设计实现支撑频率要求。基于理论模型，通过小扰动响应辨识研究了弹簧刚度、钢绳张力、连接点位置等因素对支撑频率的影响规律，并分析了系统姿态调整能力，俯仰调整范围达到$-12.5°\sim12.5°$，滚转调整范围达到$-45°\sim45°$。采用滑轮处电位计测量的钢绳相对位移作为反馈信号，基于设计的控制律，利用多体动力学求解器对风洞吹风下的姿态调整过程进行仿真，模型达到配平状态，获得了吹风下的索拉力和伺服电机功率，为系统设计提供基础。

中国空气动力研究与发展中心联合中航工业第一飞机设计研究院在中国空气动力研究与发展中心 8m×6m 低速风洞中研制了一套两自由度支撑装置。该装置可提供模型沉浮和俯仰方向较大的运动自由度，以模拟飞机刚体运动模态。该装置主体采用"双滑轨+钢梁"结构形式，支撑结构左右对称。通过结构和材料优化措施，使得滑动小车质量控制在 6kg 以内。利用该装置成功完成了一期全机模型两自由度阵风载荷减缓试验，验证了该装置的实用效果。

2. 静气动弹性风洞试验技术

2022 年初，中国航空工业空气动力研究院与上海飞机设计研究院在 FL-62 风洞中完成了负压条件下大展弦比模型静气动弹性风洞试验（图 7-7）。其分别开展了巡航外形刚度模型和型架外形弹性模型风洞试验，其中前者刚性模型采用 30CrMnSiA 进行设计、加工，后者弹性模型采用玻璃纤维进行设计、加工。弹性模型由上海飞机设计研究院与北京航空航天大学联合设计，模型设计过程中以不同蒙皮、翼梁分区的玻璃纤维复合材料铺层数量和顺序为优化设计变量，以柔度矩阵为目标函数，采用遗传优化、梯度优化与人工调参结合的方法开展设计，如图 7-8 所示。最终形成刚度相似性最优的复合材料铺层方案，经多轮设计与加工迭代，最终模型柔度阵通过地面试验验证与目标差异小于 5%，有效实现了设计点载荷下的刚度相似。试验过程中采用半模天平对模型气动力进行测量，采用视频变形测量对机翼的弹性变形进行测量。

图 7-7　大展弦比模型静气动弹性风洞试验　　图 7-8　静气弹相似模型双梁结构

3. 阵风风洞试验技术

2019 年，北京航空航天大学针对大展弦比的单独机翼，在开展阵风减缓响应分析的过程中，考虑了结构的几何非线性，非线性结构降阶模型（Reduced-Order Model，ROM）和非平面偶极子格网法（Doublet Lattice Method，DLM）用于结构和气动建模。基于PID控制方法设计了阵风减缓控制器，并开展了数值仿真和风洞试验。风洞试验结果与数值仿真具有较好的一致性，说明了建模方法的有效性。

中国航空工业空气动力研究院在FL-10风洞中建立了具备两自由度和五自由度阵风响应载荷减缓试验系统，形成了适用于阵风试验的阵风发生器设计、模型支撑装置设计、多控制面弹性全模型设计等技术。2022年，中国航空工业空气动力研究院与第一飞机设计研究院联合开展了民机模型的阵风载荷减缓试验技术研究，试验结果表明，闭环反馈控制可以获得良好的控制性能，降低阵风激励下的弹性振动响应峰值，而开环前馈控制在缓解高频弹性振动以及低频刚体运动方面表现出优异的性能，总的降低率超过40%。试验模型如图7-9所示。

图7-9　民机模型阵风减缓试验

针对跨声速阵风试验需求，中国航空工业空气动力研究院在FL-61风洞中开展了阵风试验技术研究，2019年完成了尾缘吹气式阵风发生器原理样件的设计、加工和流场校测。原理样件采用单叶片形式，垂直安装在风洞喷管入口处，如图7-10所示。采用机械式旋转开关调节吹气孔处的流量大小，旋转开关的运动规律则通过伺服电机及配套控制系统进行控制。

2021年，中国航空工业空气动力研究院在FL-61风洞中完成了摆动叶片式阵风发生器原理样件的设计、加工和流场校测。摆动叶片式阵风发生器是利用叶片周期性摆动，拖出翼梢涡进而形成阵风流场。原理样件为单个铝合金叶片垂直安装在喷管入口上壁面。通过电机和减速器驱动曲柄摇杆机构带动叶片绕1/4弦线位置做周期性正弦运动，摆动频率0~20Hz，摆动幅值0°~±20°。

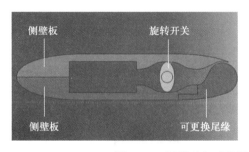 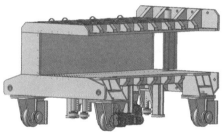

图 7-10　尾缘吹气式阵风发生器及风洞安装情况

4. 颤振风洞试验技术

2019 年 5 月，中国航空工业空气动力研究院完成了平尾模型连续变速压颤振试验，如图 7-11 所示。采用补偿解耦和专家 PID 控制器实现了高精度的流场控制，利用自回归滑动平均系统辨识方法建立了一套高效颤振高效预测方法，在试验前可以对车次安排起到良好的指导意义。最后通过平尾模型连续变速压颤振试验进行综合验证，阶梯和连续变速压两种试验方式得到的颤振速压差别小于 2%，颤振边界计算结果与风洞试验吻合较好。

图 7-11　平尾模型连续变速压颤振试验

2020 年 6 月，中国航空工业空气动力研究院在 FL-61 风洞（0.6m 连续式跨声速风洞）中开展了带真实舵机的舵面颤振试验，如图 7-12 所示，重点突破连续式跨声速风洞颤振安全防护技术以及振动信号处理和分析技术，结合安全防护控制软件、防喘阀快速降速压和防护格栅网等手段，能够对模型和风洞起到良好的保护作用，利用谱峰值倒数外插能够在试验过程中获得较为可靠的颤振边界，为试验安全性起到良好的支撑作用。针对根部固支和舵机支撑（包括机械舵机和真实舵机）两种边界条件，利用定马赫数阶梯变速压和连续变速压两种方式开展了舵面颤振试验。结果表明：阶梯变速压和连续变速压两种方式得到的颤振边界非常接近，颤振速压差别不超过5%；真实舵机的作用对舵面颤振特性的影响很难通过数值计算方法获得，风洞试验是研究该问题的重要手段，试验结果表明，反馈作用可以提高颤振速压，对模型颤振速压提高约10%。

图7-12 带真实舵机的舵面颤振试验

2020年10月，中国航天空气动力技术研究院在FD-12风洞（1.2m暂冲式亚跨超三声速风洞）中开展了全尺寸舵带舵机状态超声速颤振试验，如图7-13所示，研究全尺寸舵面安装在真实舵机舱状态下的实物颤振特性，试验采用了固定马赫数连续变速压的风洞开车方式，试验马赫数1.5，采用了Houbolt-Rainey法、Peak-Hold法和Zimmerman-Weissenburger颤振边界函数法三种亚临界颤振边界预测方法获得了颤振边界，三种方法得到的颤振边界基本一致。

图7-13 FD-12风洞全尺寸舵带舵机状态超声速颤振试验

2022年6月，中国航空工业空气动力研究院在FL-62风洞中完成了平尾模型综合化颤振试验，如图7-14所示。除了传统的应变片和加速度传感器测量手段，该研究院还采用视频变形测量和压力敏感涂料获取了平尾模型的动态形变和压力分布，进而获得多维度的试验数据，支撑开展颤振机理的深入分析。试验过程中采用ARMA方法开展模态参数识别，对颤振边界进行实时预测。

图7-14　平尾模型综合化颤振试验

中国空气动力研究与发展中心建立了适用于飞翼飞行器体自由颤振的风洞试验技术。在2.4m×2.4m跨声速风洞中建成了两自由度半模支撑装置，如图7-15所示，使风洞具备了模拟半模型俯仰/浮沉自由度的体自由颤振风洞试验能力。该中心发展了低成本的飞试模型制造方法，构建了带动力自主控制的飞翼飞行器闭环体自由度颤振飞行试验平台，具备飞翼飞行器颤振特性评估及主动抑制技术验证能力。

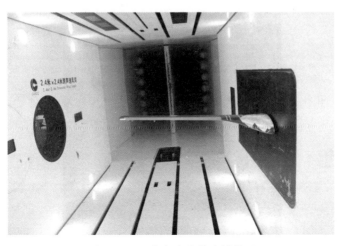

图7-15　两自由度半模支撑装置

5. 跨声速气动阻尼和抖振试验技术

中国航天空气动力技术研究院以某带助推的捆绑式运载火箭模型为研究对象，在 530mm×760mm 连续吸气式跨声速风洞 FD-08 中，研究了该带助推的细长体弹性模型在不同马赫数和迎角下的一阶自由-自由弯曲气动阻尼特性和频率变化特性，并采用振型类似、频率降低的模型研究了减缩频率变化对气动阻尼的影响。试验马赫数范围 0.70~1.05，试验迎角范围 0°~10°。

中国运载火箭技术研究院和中国航天空气动力技术研究院为了预示运载火箭不同整流罩构型的抖振风险，建立了全弹性模型抖振弯矩动载荷试验技术，针对某火箭构型开展了跨声速抖振选型试验研究，获得不同构型的箭体截面弯矩动载荷，辨识出整流罩新构型的抖振风险，支撑了研制选型。

中国航天空气动力技术研究院在 1.2m 暂冲式亚跨超三声速风洞 FD-12 中开展了运载火箭等细长体飞行器的跨声速、超声速弹性模型脉动压力试验。采用部分动力学相似的弹性模型技术模拟细长体飞行器低阶模态前节点前的气动和全局自由-自由弯曲模态的低阶结构动力学特性，实现了弹性载荷、气动阻尼与脉动压力的同步测量，研究了弹性变形对局部脉动压力的影响。

6. 高超声速气动弹性试验技术

中国航天空气动力技术研究院还建立了基于 FD-07 高超声速风洞的单俯仰自由度舵面非定常气动力试验装置，并开展了空气舵的高超声速非定常特性试验，如图 7-16 所示，试验马赫数 5.0，最大攻角 10°，试验采用伺服电机控制模型实现定频、定振幅俯仰振动激励，获得了舵面的非定常气动力响应数据，为后续非定常气动力计算软件的开发应用提供了试验基础。

图 7-16 高超声速非定常气动力试验

中国航天空气动力技术研究院在 FD-16 风洞中开展了高超声速飞行器翼身组合体后缘舵模型颤振试验，研究后缘舵面在前体流场影响下的颤振特性，采用固定马赫数（$Ma=5.0$）阶梯变速压的风洞试验技术，颤振采用亚临界方法获得了后缘舵模型的颤振动压。目前，中国航天空气动力技术研究院已经具备舵翼面、翼身组合体的高超声速颤振试验能力。

7.2.3 气动弹性飞行试验技术

1. 试验激励及响应分析技术

中国飞行试验研究院联合中国商飞上海飞机设计研究院在民用飞机气动伺服弹性试飞方法的基础上，提出民用飞机气动伺服弹性试飞激励响应仿真方法。该方法以民用飞机全机动力学有限元模型为基础，建立带飞行控制律的飞机气动伺服弹性模型，通过副翼、升降舵和方向舵的激励分别实现对飞机的激励响应仿真，得到飞机结构响应量值。为进一步验证该方法的可行性，进行某民用飞机副翼脉冲激励响应仿真，并将仿真响应结果与试飞结果对比，响应幅值相差 15.3%，满足工程要求。该方法能够预测气动伺服弹性试飞中的结构振动响应，使试飞工程师在开展试飞前，能够掌握飞机在激励时的振动响应水平，更好地开展安全监控，保障试飞安全。

中国飞行试验研究院提出一种飞机颤振试飞操纵面脉冲激励响应仿真方法，该方法以飞机结构动力学有限元模型为基础，建立颤振试飞气动力模型和操纵面脉冲激励力模型，以上述模型为基础建立的飞机颤振试飞操纵面脉冲激励响应仿真模型，实现了颤振试飞操纵面脉冲激励响应仿真，开展了全机模型操纵面脉冲激励响应仿真分析，并将仿真结果与飞行试验结果进行对比，两者结果基本一致，验证了该方法的有效性。此外，中国飞行试验研究院针对颤振飞行试验中实时监控和试飞效率的需求，基于具有极点约束的频域子空间算法和状态空间插值算法建立线性变速压气动弹性系统局部模型，设计结合模型迭代的颤振试飞速度扩展流程，实现了基于试飞数据的结构响应预测和激励优化，通过仿真算例和实际试飞数据验证预测响应的准确性及激励优化的有效性，对比实际试飞响应，满足工程实时监控需求，优化的激励可提高响应信噪比及避免响应超限，有效提高了试飞效率。

中国飞行试验研究院针对电传直升机结构动力学稳定性和飞行品质相关试飞科目的需求，设计了采用基于 PowerPC 和国产嵌入式实时操作系统 ACoreOS 架构的直升机颤振试飞激励系统（简称 HES 系统）。针对直升机复杂传动关系，采用多通道耦合激励输出技术和可靠的多种保安监控策略，实现了高精度、高可靠性的激励输出。通过仿真测试及设备实际工程应用，验证了该直升机颤振试飞激励系统设计的有效性和设备的适用性。为有效降低试飞风险，提高试飞效率，缩短试飞周期，提供强有力的支持保障。

2. 模型飞行试验技术

2019—2021 年，中国航天科工飞航技术研究院开展了多次气动弹性主动控制飞行试验，研究人员设计了展长 3.5m 的大柔性验证机（图 7-17），通过舵面规律偏转模拟阵风环境，激发飞机响应。在此基础上再通过机翼翼面上的主动变形，实现飞机振动抑制和载荷减缓，减缓效率达到 30%。

图 7-17　飞航技术研究院的气动弹性验证机

针对自然环境中精确测量阵风较为困难的难题，北京航空航天大学就如何验证飞机阵风减缓系统是否有效，提出了一种"开-闭"式统计学飞行试验方法。该研究以一架大展弦比无人机（图 7-18）作为试验对象，将基于 PID 控制原理设计的阵风减缓系统叠加在原飞机的增稳系统上进行了飞行试验，通过统计学方法对试验结果进行分析。结果表明，搭载了阵风减缓系统的飞机质心过载降低 20.5%，翼根弯矩降低 12.9%，验证了提出的飞行试验方法可行、有效。

图 7-18　用于阵风减缓飞行试验的无人机

中国航空工业空气动力研究院设计制造了模块化的多功能无人飞行平台，外翼段可以更换为弹性机翼，最大飞行速度38m/s。在机体、飞控系统架构上，设计了多任务接口，搭载多功能的动态信号采集设备、视频实时传输设备，能够在地面站对无人飞行平台飞行状态以及试验状态实施实时监控与高精度存储。在此基础上，翼梢布置一个电容式和两个IEPE加速度计，翼根布置一个应变计，开展了阵风载荷减缓研究。结果表明：阵风减缓开启时，机翼一弯的功率谱密度明显低于阵风减缓关闭时的数值。如图7-19所示。

图7-19　阵风载荷减缓飞行试验无人机

中国航天空气动力技术研究院开展了太阳能无人机的气动弹性飞行试验，如图7-20所示，实现了实时机翼变形测量、载荷实时测量，研究了平抑飞机结构在阵风中的载荷波动、降低机翼主梁载荷随展长增长速度、减缓率与飞控率之间的逻辑关系，验证了大柔性飞行器的阵风载荷及减缓技术。

图7-20　太阳能无人机气动弹性飞行试验

7.3 在国民经济建设中的应用

7.3.1 大型客机

现代大型客机对于轻量化的要求不断提高，在概念设计阶段考虑气动/结构耦合效应的载荷分析和布置方案对于气弹稳定性的影响，以及进行相关的气动弹性优化设计，成为现代大型客机概念设计需要面对的重要问题。对大型民用飞机概念方案进行气动弹性建模与计算，得到了结构弹性对于全机气动特性、变形以及颤振特性的影响。在民机概念设计阶段进行了气动弹性优化设计，以结构重量最小化为优化目标，以颤振速度、最大变形、最大应力、发散速度的限制为约束条件，优化求解得到了机翼的刚度分布指标。此外，针对大型客机复合材料机翼的气动弹性剪裁设计，基于工程研制需求，考虑周期、效率、成本的限制，制定分阶段适用的工程优化策略，提出不同的剪裁优化方法，开发集成工具为全研制周期综合剪裁优化工作提供支持。

7.3.2 航天飞行器

在火星探测中，天问一号着陆巡视器首次创新提出了可展开配平翼布局方案，即在进入舱迎风侧壁加装一个翼板并在开伞前展开，通过翼板绕流带来的气动力矩变化，实现配平攻角回零，大幅降低了配平系统代价，整个配平翼系统的质量小于11kg。在设计过程中，当考虑配平翼静气弹效应时，其气动载荷比刚体假设下的载荷平均增大20%。配平翼抖振气动阻尼在跨超声速下很低，结构振动因得不到足够的衰减，将逐渐发展成极限环振荡，其引起的动态载荷相对只考虑静气动弹性，配平翼载荷增加55%。因此，对翼板易破坏部位进行了加强设计，以保证结构强度。

7.3.3 高速列车

随着列车提速和轻量化发展，结构所受的气动荷载与速度平方成正比，但结构的加速度与质量成反比，导致列车关键结构部位在气动力作用下振动更明显，加剧结构的疲劳和损坏，严重影响了列车运行的安全性、舒适性以及经济性。高速列车气弹问题面临着多尺度流体仿真耗时、结构复杂难以准确建模、涉及高分子材料大变形、地面效应不可忽略、工况多且复杂等挑战。在高速列车进一步高速化和轻量化发展需求的牵引下，中南大学、西南交通大学、中国空气动力研究与发展中心等单位针对高速列车关键部件的气动弹性仿真分析、风洞试验和实车试验分析,开展了"复兴号""CR450"等高铁车型以及高速磁悬浮列车的空气弹性力学仿真和试验任务。针对各型列车,开展的气动弹性研究对象主要包括受电弓、设备舱、天线、多种类型风挡等关键结构,在明线运行、明线交会、列车进隧道、隧道交会等复杂工况下,关键结构附近的流场结构、气动荷载、结构振动模态、气动弹性响应、结构疲劳寿命评估、结构优化、轻量化设计等。与中车集团、高速列车风挡、受电弓等生产厂家合作,针对更高速度下的多型风挡、受电弓、设备舱、转向架包覆等关键结构开展研制工作。

参考文献

[1] 邓旭东,胡和平. 倾转旋翼机螺旋颤振稳定性研究 [J]. 空气动力学学报, 2018, 36(6): 1041-1046.

[2] 梁宇,黄争鸣. 考虑几何非线性的复合材料机翼气动弹性分析 [J]. 力学季刊, 2019, 40(4): 700-708.

[3] XIE C C, YANG L, LIU Y, et al. Stability of very flexible aircraft with coupled nonlinear aeroelasticity and flight dynamics [J]. Journal of Aircraft, 2018, 55(2): 862-874.

[4] 张立启,岳承宇,赵永辉. 变后掠翼的参变气动弹性建模与分析 [J]. 力学学报, 2021, 53(11): 3134-3146.

[5] 任涛,李凤明,赵磊. 亚音速气流中复合材料层合板结构气动弹性稳定性分析 [J]. 北京工业大学学报, 2018, 44(8): 1069-1074.

[6] 刘一雄,陈育志,丛佩红,等. 失谐设计在叶片自激振动减振中的应用 [J]. 航空发动机, 2020, 46(5): 86-91.

[7] 李景奎,段飞飞,蔺瑞管,等. 二元机翼颤振可靠性研究 [J]. 机械设计与制造, 2020(9): 50-53, 57.

[8] 张易明,何绪飞,艾剑良. 带间隙非线性的机翼操纵面颤振特性研究 [J]. 振动与冲击, 2022, 41(19): 207-215.

[9] 王晓喆,万志强,杨超,等. 面向飞机各设计阶段考虑静气动弹性效应的面元法飞行载荷分析方法 [J]. 气体物理, 2020, 5(6): 16-25.

[10] YANG L, XIE C C, YANG C. Geometrically exact vortex lattice and panel methods in static aeroelasticity of very flexible wing [J]. Proceedings of the Institution of Mechanical Engineers, Part G: Journal of Aerospace Engineering, 2020, 234(3): 742-759.

[11] HUANG C, YANG C, WU Z G, et al. Variations of flutter mechanism of a span-morphing wing involving rigid-body motions [J]. Chinese Journal of aeronautics, 2018, 31(3): 490-497.

[12] 刘燚,杨澜,谢长川. 基于曲面涡格法的柔性飞机静气动弹性分析 [J]. 工程力学, 2018, 35(2): 249-256.

[13] 刘晓晨. 基于外部气动力和片条法的静气动弹性方法研究 [J]. 力学与实践, 2019,

41(6)：665-670.

［14］王丽莎,曹旭,石晓锋,等. 大展弦比桁架支撑机翼静气动弹性问题研究［J］. 航空科学技术,2019,30(7)：27-32.

［15］孙岩,DA RONCH A,王运涛,等. 基于非线性涡格法的快速静气动弹性数值模拟技术［J］. 气体物理,2020,5(6)：26-38.

［16］钱晓航,邰志腾,王同光,等. 百米级大柔性风电叶片非线性气弹响应分析［J］. 空气动力学学报,2022,40(4)：220-230.

［17］ZHOU X Y,WANG L F,JIANG J N,et al. Hypersonic aeroelastic response of elastic boundary panel based on a modified Fourier series method［J］. International Journal of Aerospace Engineering,2019,2019：5164026.

［18］张君贤,瞿叶高,谢方涛,等. 强噪声作用下复合材料壁板气动弹性摩擦非线性振动［J］. 振动与冲击,2021,40(13)：216-221,270.

［19］CHAI Y Y,LI F M,SONG Z G,et al. Aerothermoelastic flutter analysis and active vibration suppression of nonlinear composite laminated panels with time-dependent boundary conditions in supersonic airflow［J］. Journal of Intelligent Material Systems and Structures,2018,29(4)：653-668.

［20］DENG S,JIANG C,WANG Y J,et al. Acceleration of unsteady vortex lattice method via dipole panel fast multipole method［J］. Chinese Journal of Aeronautics,2021,34(2)：265-278.

［21］肖志鹏,钱文敏,周磊. 考虑壁板刚度匹配的大型飞机复合材料机翼气动弹性优化设计［J］. 北京航空航天大学学报,2018,44(8)：1629-1635.

［22］CHENG P,SUN Y C,ZHAO Y,et al. A pixelation method for loads transfer on fluid structure interface［C］//Journal of Physics：Conference Series. IOP Publishing,2021,1877(1)：012033.

［23］徐伟,曹玉岩,郝亮,等. 复合材料机翼试验-数值建模方法及气弹分析［J］. 仪器仪表学报,2019,40(10)：237-246.

［24］倪迎鸽,吕毅,张伟. 非光滑气动弹性系统的修正增量谐波平衡法［J］. 兵器装备工程学报,2019,40(9)：224-230.

［25］麻岳敏,曹树谦,郭虎伦. 考虑弯扭耦合运动的旋转带冠叶片非线性气动弹性分析［J］. 振动与冲击,2019,38(2)：67-74.

［26］DONG X,ZHANG Y F,ZHANG Y J,et al. Numerical simulations of flutter mechanism for high-speed wide-chord transonic fan［J］. Aerospace Science and Technology,2020,105：106009.

［27］HE S,GUO S J,LI W H,et al. Nonlinear aeroelastic behavior of an airfoil with free-play in transonic flow［J］. Mechanical Systems and Signal Processing,2020,138：106539.

［28］DONG X,ZHANG Y J,ZHANG Z Q,et al. Effect of tip clearance on the aeroelastic stability of a wide-chord fan rotor［J］. Journal of Engineering for Gas Turbines and Power,2020,142(9)：091010.

［29］CONG J Q,JING J P,DAI Z Z,et al. Influence of circumferential grooves on the aerodynamic and aeroelastic stabilities of a transonic fan [J]. Aerospace Science and Technology, 2021, 117: 106945.

[30] SUN T R, HOU A P, ZHANG M M, et al. Influence of the tip clearance on the aeroelastic characteristics of a last stage steam turbine [J]. Applied Sciences, 2019, 9(6): 1213.

[31] YE K, ZHANG Y F, CHEN Z S, et al. Numerical Investigation of Aeroelastic Characteristics of Grid Fin [J]. AIAA Journal, 2022, 60(5): 3107-3121.

[32] WU J, XU Q Y, ZHANG Z, et al. Aeroelastic characteristics of inflatable reentry vehicle in transonic and supersonic regions [J]. Computers & Fluids, 2022, 237: 105338.

[33] LU M M, KE S T, WU H X, et al. A novel forecasting method of flutter critical wind speed for the 15MW wind turbine blade based on aeroelastic wind tunnel test [J]. Journal of Wind Engineering and Industrial Aerodynamics, 2022, 230: 105195.

[34] QIU Z, XU W H, YUAN J X, et al. Secondary resonances in aeroelastic response of oscillating airfoil under dynamic stall [J]. Journal of Vibration and Control, 2018, 24(23): 5665-5680.

[35] 李国俊, 白俊强, 唐长红, 等. 分离流动诱发的失速颤振和锁频现象研究 [J]. 振动与冲击, 2018, 37(19): 97-103, 111.

[36] BHATT R, ALAM M M. Vibrations of a square cylinder submerged in awake [J]. Journal of Fluid Mechanics, 2018, 853: 301-332.

[37] LI X T, LYU Z, KOU J Q, et al. Mode competition in galloping of a square cylinder at low Reynolds number [J]. Journal of Fluid Mechanics, 2019, 867: 516-555.

[38] QIN B, ALAM M M, ZHOU Y. Free vibrations of two tandem elastically mounted cylinders in crossflow [J]. Journal of Fluid Mechanics, 2019, 861: 349-381.

[39] CHEN W L, JI C N, ALAM M M, et al. Numerical simulations of flow past three circular cylinders in equilateral-triangular arrangements [J]. Journal of Fluid Mechanics, 2020, 891: A14.

[40] DUAN F, WANG J J. Fluid-structure-sound interaction in noise reduction of a circular cylinder with flexible splitter plate [J]. Journal of Fluid Mechanics, 2021, 920: A6.

[41] CHEN W L, JI C N, ALAM M M, et al. Flow-induced vibrations of a D-section prism at a low Reynolds number [J]. Journal of Fluid Mechanics, 2022, 941: A52.

[42] HAN P, DE LANGRE E. There is no critical mass ratio for galloping of a square cylinder under flow [J]. Journal of Fluid Mechanics, 2022, 931: A27.

[43] CHEN W L, JI C N, WILLIAMS J, et al. Vortex-induced vibrations of three tandem cylinders in laminar cross-flow: Vibration response and galloping mechanism [J]. Journal of Fluids and Structures, 2018, 78: 215-238.

[44] ZOU Q F, DING L, WANG H B, et al. Two-degree-of-freedom flow-induced vibration of a rotating circular cylinder [J]. Ocean Engineering, 2019, 191: 106505.

[45] LIANG S P, WANG J S, XU B H, et al. Vortex-induced vibration and structure instability for a circular cylinder with flexible splitter plates [J]. Journal of Wind Engineering and Industrial Aerodynamics, 2018, 174: 200-209.

[46] XU W H, CHENG A K, MA Y X, et al. Multi-mode flow-induced vibrations of two side-by-

side slender flexible cylinders in a uniform flow [J]. Marine Structures, 2018, 57: 219-236.

[47] HU C X, ZHAO L, GE Y J. Mechanism of suppression of vortex-induced vibrations of a streamlined closed-box girder using additional small-scale components [J]. Journal of Wind Engineering and Industrial Aerodynamics, 2019, 189: 314-331.

[48] GE Y J, ZHAO L, CAO J X. Case study of vortex-induced vibration and mitigation mechanism for a long-span suspension bridge [J]. Journal of Wind Engineering and Industrial Aerodynamics, 2022, 220: 104866.

[49] YANG W W, AI Z J, ZHANG X D, et al. Nonlinear three-dimensional dynamics of a marine viscoelastic riser subjected to uniform flow [J]. Ocean Engineering, 2018, 149: 38-52.

[50] HU C X, ZHAO L, GE Y J. Time-frequency evolutionary characteristics of aerodynamic forces around a streamlined closed-box girder during vortex-induced vibration [J]. Journal of Wind Engineering and Industrial Aerodynamics, 2018, 182: 330-343.

[51] LI Z G, WU B, LIAO H L, et al. Influence of the initial amplitude on the flutter performance of a 2D section and 3D full bridge with a streamlined box girder [J]. Journal of Wind Engineering and Industrial Aerodynamics, 2022, 222: 104916.

[52] 李宇飞, 白俊强, 刘南, 等. 间隙非线性对二元翼段颤振特性影响 [J]. 哈尔滨工程大学学报, 2019, 40(4): 730-737.

[53] 周迪. 叶轮机械非定常流动及气动弹性计算 [D]. 南京: 南京航空航天大学, 2019.

[54] 李存程. 压气机叶片气动弹性响应及稳定性分析方法研究 [D]. 成都: 四川大学, 2021.

[55] 周强, 李东风, 陈刚, 等. 基于CFD和CSM耦合的通用静气弹分析方法 [J]. 航空动力学报, 2018, 33(2): 355-363.

[56] 马斌麟, 苏新兵, 王宁, 等. 多控制面对前掠翼静气动弹性响应影响数值研究 [J]. 飞行力学, 2018, 36(4): 34-38.

[57] 苏新兵, 王宁, 马斌麟, 等. 控制面偏转方式对前掠翼静气弹特性的影响 [J]. 空军工程大学学报（自然科学版）, 2019, 20(1): 13-19.

[58] 尹钧, 夏生林, 赵利霞, 等. 中等展弦比飞翼无人机静气动弹性研究 [J]. 飞机设计, 2019, 39(6): 39-42, 48.

[59] 完颜振海, 刘佳佳, 杨亮, 等. 运载火箭静气动弹性流固耦合仿真研究 [J]. 计算机仿真, 2019, 36(11): 27-30, 63.

[60] 窦怡彬, 孙文钊, 樊浩, 等. 基于共旋有限元格式的非线性连接翼气动弹性响应分析 [J]. 空天防御, 2019, 2(2): 53-61.

[61] 张宇, 王晓亮. 基于径向点插值方法的柔性螺旋桨气动弹性模拟 [J]. 上海交通大学学报, 2020, 54(9): 924-934.

[62] 刘基海, 易阅城, 谢科, 等. 单向及双向流固耦合方法在无人机翼的应用分析 [J]. 应用科技, 2022, 49(4): 70-78, 91.

[63] 黄程德, 郑冠男, 杨国伟, 等. 基于CFD/CSD耦合含间隙三维全动舵面气动弹性研究 [J]. 应用力学学报, 2018, 35(1): 1-7, 223.

[64] HUANG C D, HUANG J, SONG X, et al. Aeroelastic simulation using CFD/CSD coupling based on precise integration method [J]. International Journal of Aeronautical and Space Sciences, 2020, 21(3): 750-767.

[65] NIE X Y. Numerical analysis of geometrical nonlinear aeroelasticity with CFD/CSD method [J]. International Journal of Nonlinear Sciences and Numerical Simulation, 2021, 22(3/4): 243-253.

[66] 郭洪涛, 陈德华, 张昌荣, 等. 基于 CFD/CSD 方法的跨声速静气动弹性数值模拟应用研究 [J]. 空气动力学学报, 2018, 36(1): 12-16.

[67] 黄江涛, 周铸, 刘刚, 等. 飞行器气动/结构多学科延迟耦合伴随系统数值研究 [J]. 航空学报, 2018, 39(5): 101-112.

[68] 孙岩, 王昊, 江盟, 等. NNW-FSI 软件静气动弹性耦合加速策略设计与实现 [J]. 航空学报, 2021, 42(9): 224-233.

[69] 冯志鹏, 余又红, 邹恺恺. 压气机转子叶片静气动弹性分析 [J]. 舰船科学技术, 2022, 44(3): 111-116.

[70] ZHAO Y X, DAI Z X, TIAN Y, et al. Flow characteristics around airfoils near transonic buffet onset conditions [J]. Chinese Journal of Aeronautics, 2020, 33(5): 1405-1420.

[71] ZHANG Y F, YANG P, LI R Z, et al. Unsteady simulation of transonic buffet of a supercritical airfoil with shock control bump [J]. Aerospace, 2021, 8(8): 203.

[72] HAN B, XU M, CHEN G G, et al. Numerical investigation of transonic buffet on a prescribed-pitching OAT15A airfoil [J]. AIP Advances, 2022, 12(3): 035301.

[73] 雷帅, 王军利, 李托雷, 等. 材料性能对大展弦比机翼非线性静气动弹性特性的影响研究 [J]. 机电工程, 2020, 37(12): 1432-1438.

[74] 唐超. 非线性静气动弹性分析方法在阻力方向舵上的应用 [J]. 飞机设计, 2021, 41(6): 10-18.

[75] 许辉. 高超声速舵面颤振风洞试验与数值模拟影响因素研究 [D]. 合肥: 合肥工业大学, 2018.

[76] YE K, YE Z Y, ZHANG Q, et al. Effects of aeroelasticity on the performance of hypersonic inlet [J]. Proceedings of the Institution of Mechanical Engineers, Part G: Journal of Aerospace Engineering, 2018, 232(11): 2108-2121.

[77] LI H, YE Z Y. Effects of rotational motion on dynamic aeroelasticity of flexible spinning missile with large slenderness ratio [J]. Aerospace Science and Technology, 2019, 94: 105384.

[78] ZHOU H, WANG G, LIU Z K. Numerical analysis on flutter of Busemann-type supersonic biplane airfoil [J]. Journal of Fluids and Structures, 2020, 92: 102788.

[79] 罗文莉, 陆琪. 基于 CFD/CSD 耦合的全动平尾气动弹性特性研究 [J]. 机械制造与自动化, 2020, 49(5): 150-153, 168.

[80] 王梓伊, 张伟伟. 带有颤振边界约束的跨声速机翼结构优化设计 [C]//2018 年全国固体力学学术会议摘要集（上）, 2018: 565.

[81] 张伟伟, 高传强, 叶正寅. 复杂跨声速气动弹性现象及其机理分析 [J]. 科学通报,

2018, 63(12): 1095-1110.

[82] KOU J Q, ZHANG W W. Data-driven modeling for unsteady aerodynamics and aeroelasticity [J]. Progress in Aerospace Sciences, 2021, 125: 100725.

[83] GAO C G, ZHANG W W. Transonic aeroelasticity: A new perspective from the fluid mode [J]. Progress in Aerospace Sciences, 2020, 113: 100596.

[84] YANG J J, LIU Y L, ZHANG W W. Static Aeroelastic Modeling and Rapid Analysis of Wings in Transonic Flow [J]. International Journal of Aerospace Engineering, 2018, 2018: 5421027.

[85] GAO C Q, LIU X, ZHANG W W. On the dispersion mechanism of the flutter boundary of the AGARD 445.6 wing [J]. AIAA Journal, 2021, 59(7): 2657-2669.

[86] CHEN G, ZHOU Q, RONCH A D, et al. Computational-fluid-dynamics-based aeroservoelastic analysis for gust load alleviation [J]. Journal of Aircraft, 2018, 55(4): 1619-1628.

[87] 李东风, 王怡星, 陈刚, 等. 高效气动弹性降阶模型在跨音速气动弹性结构全局优化中的应用 [C]//2018年全国固体力学学术会议摘要集 (下). 2018: 264.

[88] 回庆龙, 曹博超. 基于本征正交分解技术的高效气动弹性耦合计算方法 [J]. 空气动力学学报, 2018, 36(5): 743-748.

[89] 周萌, 高国柱. 基于降阶模型的不同厚度翼型颤振边界预测 [J]. 西安航空学院学报, 2019, 37(3): 7-14.

[90] 陈森林, 高正红, 饶丹. 基于多小波的Volterra级数非定常气动力建模方法 [J]. 航空学报, 2018, 39(1): 78-88.

[91] ZHANG C, ZHOU Z, ZHU X P, et al. A Comprehensive Framework for Coupled Nonlinear Aeroelasticity and Flight Dynamics of Highly Flexible Aircrafts [J]. Applied Sciences, 2020, 10(3): 949.

[92] KOU J Q, LE CLAINCHE S, ZHANG W W. A reduced-order model for compressible flows with buffeting condition using higher order dynamic mode decomposition with a mode selection criterion [J]. Physics of Fluids, 2018, 30(1): 016103.

[93] TIAN W, GU Y S, LIU H, et al. Nonlinear aeroservoelastic analysis of a supersonic aircraft with control fin free-play by component mode synthesis technique [J]. Journal of Sound and Vibration, 2021, 493: 115835.

[94] 张家铭, 杨执钧, 黄锐. 基于非线性状态空间辨识的气动弹性模型降阶 [J]. 力学学报, 2020, 52(1): 150-161.

[95] 陈志强. 基于参数化降阶模型的高超声速气动弹性问题研究 [D]. 南京: 南京航空航天大学, 2019.

[96] LIU H J, GAO X M. Identification of nonlinear aerodynamic systems with application to transonic aeroelasticity of aircraft structures [J]. Nonlinear Dynamics, 2020, 100(2): 1037-1056.

[97] LIU H J, WANG X. Aeroservoelastic design of piezo-composite wings for gust load alleviation [J]. Journal of Fluids and Structures, 2019, 88: 83-99.

[98] 罗骁. 基于降阶模型的尾流激励下的叶片气动弹性快速分析方法 [D]. 太原: 中北大

[99] 李家旭，田玮，谷迎松．考虑间隙非线性的控制舵非线性气动弹性分析［J］．航空工程进展，2020，11（6）：827-835，850．

[100] 杨执钧．基于改进型非线性降阶模型的跨音速气动伺服弹性仿真［C］//第十四届全国振动理论及应用学术会议（NVTA2021）摘要集，2021：157．

[101] 李永昌，戴玉婷，杨超．开裂式阻力方向舵流固耦合机理分析［J］．北京航空航天大学学报，2022，48(12)：2494-2501．

[102] 容浩然，戴玉婷，许云涛，等．基于非定常气动力降阶的AGARD445.6硬机翼不同迎角颤振研究［J］．工程力学，2022，39(12)：232-247．

[103] 李凯，寇家庆，张伟伟．基于深度神经网络的非定常气动力建模［C］//第四届全国非定常空气动力学学术会议论文集．2018：140-141．

[104] KOU J Q, ZHANG W W. Reduced-order modeling for nonlinear aeroelasticity with varying mach numbers [J]. Journal of Aerospace Engineering, 2018, 31(6): 04018105.

[105] XIE R R, YE Z Y, YE K, et al. Composite material structure optimization design and aeroelastic analysis on forward swept wing [J]. Proceedings of the Institution of Mechanical Engineers, Part G: Journal of Aerospace Engineering, 2019, 233(13): 4679-4695.

[106] 王超，王贵东，白鹏．飞行仿真气动力数据机器学习建模方法［J］．空气动力学学报，2019，37(3)：488-497．

[107] 张华钦．基于模糊神经网络的旋翼振动高阶谐波控制研究［D］．南京：南京航空航天大学，2019．

[108] 张新燕．基于神经网络的尾流激励的叶片气动力降阶模型［D］．太原：中北大学，2020．

[109] 易成宏，孙长乐，孙启童，等．基于RBF补偿滑模变桨控制的风力机叶片颤振抑制［J］．山东科技大学学报（自然科学版），2021，40(4)：109-117．

[110] 常辉，朱靖，安朝，等．应用前馈神经网络的大柔性机翼阵风响应分析［J］．计算机测量与控制，2022，30(8)：236-244．

[111] LI W J, LAIMA S, JIN X W, et al. A novel long short-term memory neural-network-based self-excited force model of limit cycle oscillations of nonlinear flutter for various aerodynamic configurations [J]. Nonlinear Dynamics, 2020, 100(3): 2071-2087.

[112] 刘立坤，张春蔚，王东森．基于时序模型的颤振预测技术研究［J］．航空科学技术，2018，29(11)：20-24．

[113] 徐旺丁，张兵，王华毕．基于随机森林算法的非定常气动力建模研究［J］．计算力学学报，2018，35(6)：698-704．

[114] 唐佳栋，娄斌，叶尚军，等．基于卷积神经网络和松鼠优化算法的机翼结构混合优化设计［J］．力学季刊，2022，43(2)：217-226．

[115] 师妍，万志强，吴志刚，等．适用于弹性飞机飞行动力学仿真的气动力降阶方法研究［J］．北京航空航天大学学报，2023，49(7)：1689-1706．

[116] 师妍，万志强，吴志刚，等．基于气动力降阶的弹性飞机阵风响应仿真分析及验证［J］．

航空学报，2022，43（1）：125474.

[117] 喻世杰，周兴华，黄锐．变弯度机翼参数化气动弹性建模与颤振特性分析［J/OL］．航空学报，2023，44（8）：227346.

[118] HUANG R, YANG Z J, YAO X J, et al. Parameterized modeling methodology for efficient aeroservoelastic analysis of a morphing wing［J］. AIAA J., 2019, 57: 5543-5552.

[119] HUANG R, ZHOU X H. Parameterized fictitious mode of a morphing wing with bilinear hinge stiffness. AIAA J., 2021, 59(7): 2641-2656.

[120] 卢晋，吴志刚，杨超．电动舵机模块化建模及动刚度仿真［J］．北京航空航天大学学报，2021，47（4）：765-778.

[121] LU J, WU Z G, YANG C. High-Fidelity fin-actuator system modeling and aeroelastic analysis considering friction effect［J］. Appl. Sci. 2021, 11(7): 3057.

[122] AN C, YANG C, XIE C C, et al. Flutter and gust response analysis of a wing model including geometric nonlinearities based on a modified structural ROM［J］. Chinese Journal of Aeronautics, 2020, 33(1): 48-63.

[123] 张兵，汪启航．适用于几何非线性气动弹性分析的结构动力学降阶模型方法研究［J］．计算力学学报：2023，40（6）：885-892.

[124] 王培涵，吴志刚，杨超，等．一种适用于弹性飞机飞行仿真的补丁方法［J/OL］．航空学报，2023，44（6）：127038.

[125] 姜宇，杨超，吴志刚．一种新的气动伺服弹性失稳模式的机理分析［J］．北京航空航天大学学报，2022，48（7）：1314-1323.

[126] 杨伟奇，杨惠．大展弦比飞行器伺服气弹模态下传感器布局［J］．国防科技大学学报，2018，40（6）：38-43.

[127] 王雨，崔茅，张公平，等．气动伺服弹性系统的自适应陷波器算法设计［J］．航空科学技术，2020，31（3）：73-78.

[128] 朴敏楠，陈志刚，孙明玮，等．高超声速飞行器气动伺服弹性的自适应抑制［J］．航空学报，2020，41（11）：623698.

[129] 蒲利东，罗务揆，严泽洲．气动伺服弹性系统结构陷幅滤波器优化设计［J］．工程力学，2018，35（4）：235-241.

[130] 郝明瑞，郭泽宇，李凤义．细长体飞行器主动弹性抑制控制律设计及分析［J］．战术导弹技术，2021（1）：74-83.

[131] 王旭，任凯，高传强，等．跨声速抖振锁频状态下的自适应控制方法［J］．空气动力学学报，2020，38（5）：1011-1016.

[132] 任凯，高传强，张伟伟．翼型激波抖振的无模型自适应控制［J］．空气动力学学报，2021，39（6）：149-155.

[133] TAN P X, LI D C, KAN Z, et al. Flutter suppression of nonlinear aeroelastic system using adaptive control based on neural network［C］//Proceedings of the 2018 IEEE CSAA Guidance, Navigation and Control Conference (CGNCC). IEEE, 2018: 1-6.

[134] 郑晓珂，唐炜，王立博，等．颤振主动抑制的LPV控制设计［J］．振动工程学报，2018，

31(3):411-416.

[135] 智永峰. 一种基于L1自适应控制算法的弹翼主动颤振抑制方法:202010052759. X. [P]. 2020-05-19.

[136] CHEN Z Q, ZHAO Y H. Active disturbance rejection control for hypersonic flutter suppression based on parametric ROM[J]. Journal of Aerospace Engineering, 2020, 33(6):04020083.

[137] ZHANG B, HAN J L, YUN H W, et al. Fuzzy control of nonlinear aeroelastic system based on neural network identification[J]. Proceedings of the Institution of Mechanical Engineers, Part G: Journal of Aerospace Engineering, 2022, 236(2):254-261.

[138] ZHOU Q, YU Z W, CAI G P. Delayed sub-optimal control for active flutter suppression of a three-dimensional wing[J]. Journal of Fluids and Structures, 2018, 80:275-287.

[139] GAO M Z, CAI G P, NAN Y. Finite-time adaptive fault-tolerant control for airfoil flutter of reentry vehicle[J]. Journal of Aerospace Engineering, 2018, 31(2):04017088.

[140] JIA S, TANG Y, SUN J, et al. Data-driven active flutter control of airfoil with input constraints based on adaptive dynamic programming method[J]. Journal of Vibration and Control, 2022, 28(13/14):1804-1817.

[141] 黄超. 柔性飞翼飞机颤振主动抑制系统建模、设计与验证[D]. 北京:北京航空航天大学, 2018.

[142] 李鸿坤. 飞机体自由度颤振及机动载荷的主动控制研究[D]. 南京:南京航空航天大学, 2018.

[143] 沐旭升, 邹奇彤, 黄锐, 等. 体自由度颤振主动抑制的多输入/多输出自抗扰控制律设计[J]. 振动工程学报, 2020, 33(5):910-920.

[144] ZOU Q T, MU X S, LI H K, et al. Robust active suppression for body-freedom flutter of a flying-wing unmanned aerial vehicle[J]. Journal of the Franklin Institute, 2021, 358(5):2642-2660.

[145] ZOU Q T, HUANG R, HU H Y. Body-Freedom flutter suppression for a flexible flying-wing drone via time-delayed control[J]. Journal of Guidance, Control, and Dynamics, 2022, 45(1):28-38.

[146] MU X S, HUANG R, ZOU Q T, et al. Machine learning-based active flutter suppression for a flexible flying-wing aircraft[J]. Journal of Sound and Vibration, 2022, 529:116916.

[147] TANG W, WANG Y, GU J W, et al. LPV modeling and controller design for body freedom flutter suppression subject to actuator saturation[J]. Chinese Journal of Aeronautics, 2020, 33(10):2679-2693.

[148] SHI P T, LIU F, GU Y S, et al. The Development of a Flight Test Platform to Study the Body Freedom Flutter of BWB Flying Wings[J]. Aerospace, 2021, 8(12):390.

[149] SONG Z G, LI F M, CARRERA E, et al. A new method of smart and optimal flutter control for composite laminated panels in supersonic airflow under thermal effects[J]. Journal of Sound and Vibration, 2018, 414:218-232.

[150] WANG Z X, CHEN H, WANG G, et al. Prediction and active suppression of flutter in com-

posite panel based on eigenvector orientation method [J]. Composite Structures, 2021, 262: 113422.

[151] TAO J X, YI S H, DENG Y J, et al. Suppression of thermal postbuckling and nonlinear panel flutter motions of variable stiffness composite laminates using piezoelectric actuators [J]. Journal of Central South University, 2021, 28(12): 3757-3777.

[152] CHEN J, HAN R F, LIU D K, et al. Active flutter suppression and aeroelastic response of functionally graded multilayer graphene nanoplatelet reinforced plates with piezoelectric patch [J]. Applied Sciences, 2022, 12(3): 1244.

[153] 高传强. 跨声速复杂气动弹性问题的诱发机理及控制研究 [D]. 西安: 西北工业大学, 2018.

[154] YANG Z J, HUANG R, ZHAO Y H, et al. Transonic flutter suppression for a three-dimensional elastic wing via active disturbance rejection control [J]. Journal of Sound and Vibration, 2019, 445: 168-187.

[155] OUYANG Y, GU Y S, KOU X P, et al. Active flutter suppression of wing with morphing flap [J]. Aerospace Science and Technology, 2021, 110: 106457.

[156] WU Y, DAI Y T, YANG C. Time-Delayed active control of stall flutter for an airfoil via camber morphing [J]. AIAA Journal, 2022, 60(10): 5723-5734.

[157] HUANG G J, DAI Y T, YANG C, et al. Mitigation of laminar separation flutter using active oscillation of local Surface [J]. Physics of Fluids, 2022, 34(6): 063602.

[158] 刘祥. 飞行器气动伺服弹性建模及阵风减缓控制律设计 [D]. 西安: 西北工业大学, 2018.

[159] LIU J L, ZHANG W G, LIU X X, et al. Gust response stabilization for rigid aircraft with multi-control-effectors based on a novel integrated control scheme [J/OL]. Aerospace Science and Technology, 2018, 79: 625-635.

[160] 刘璟龙. 多操纵面飞机阵风缓和方法研究 [D]. 西安: 西北工业大学, 2019.

[161] 孙逸轩, 白俊强, 刘金龙, 等. 基于受限参变率的飞翼无人机舵面阵风减缓控制 [J]. 北京航空航天大学学报, 2020, 46(7): 1387-1397.

[162] 杨阳, 杨超, 吴志刚. 基于舵机动态特性测试的阵风减缓控制系统设计 [J]. 振动与冲击, 2020, 39(4): 106-112, 121.

[163] 张硕, 王正杰, 陈昊. 大展弦比飞翼刚柔强耦合飞行动力学与控制 [J]. 北京理工大学学报, 2020, 40(2): 157-162.

[164] QI W C, ZHAO C X, LIU B H, et al. Flutter and discrete gust load alleviation characteristics of multi-segment folding wings with constant cross section [J]. Journal of Sound and Vibration, 2022, 540: 117312.

[165] LI Y H, QIN N. Gust load alleviation by normal microjet [J]. Aerospace Science and Technology, 2021, 117: 106919.

[166] LI Y H, QIN N. Gust load alleviation on an aircraft wing by trailing edge Circulation Control [J]. Journal of Fluids and Structures, 2021, 107: 103407.

[167] HU Y T, DAI Y T, WU Y, et al. Time-Domain Feedforward Control for Gust Response Alleviation Based on Seamless Morphing Wing [J]. AIAA Journal, 2022, 60(10): 5707-5722.

[168] 叶柳青, 叶正寅. 激波主导流动下壁板的热气动弹性稳定性理论分析 [J]. 力学学报, 2018, 50(2): 221-232.

[169] 谢丹, 冀春秀, 景兴建. 高超声速典型弹道下的壁板热气动弹性动力学分析 [J]. 航空学报, 2021, 42(11): 375-390.

[170] 叶柳青, 叶正寅, 洪正, 等. 振荡激波作用下受热壁板主共振特性分析 [J]. 振动与冲击, 2022, 41(9): 41-50.

[171] 王梓伊, 张伟伟, 刘磊, 等. 适用于复杂流动的热气动弹性降阶建模方法 [J]. 航空学报, 2023, 44(4): 190-202.

[172] 王梓伊, 张伟伟, 刘磊. 高超声速飞行器热气动弹性仿真计算方法综述 [J]. 气体物理, 2020, 5(6): 1-15.

[173] 李佳伟. 基于格子Boltzmann通量求解器的高超声速流-固-热多场耦合数值模拟方法研究 [D]. 南京: 南京航空航天大学, 2020.

[174] 常斌, 黄杰, 姚卫星. 翼面热静气动弹性的流固热交错迭代耦合分析 [J]. 振动测试与诊断, 2022, 42(5): 931-936, 1035.

[175] 周凯, 倪臻, 华宏星. 一般约束边界下多孔FGM梁的非线性气动热弹性动力学特性研究 [J]. 振动与冲击, 2021, 40(20): 34-41.

[176] 高艺航, 段静波, 雷勇军. 超音速气流中热塑性复合材料壁板的非线性热颤振特性 [J]. 国防科技大学学报, 2022, 44(2): 16-23.

[177] 杨超, 赵黄达, 吴志刚. 吸气式高超声速飞行器热气动弹性研究进展 [J]. 北京航空航天大学学报, 2019, 45(10): 1911-1923.

[178] 于金革, 卜忱, 吴帅, 等. FL-51风洞阵风发生器电液伺服控制系统 [J]. 液压与气动, 2022, 46(10): 64-70.

[179] 何升杰. 基于欠约束WDPRs的颤振试验模型支撑系统初探 [D]. 厦门: 厦门大学, 2018.

[180] 赵振军, 闫昱, 曾开春, 等. 全模颤振风洞试验三索悬挂系统多体动力学分析 [J]. 航空学报, 2020, 41(11): 123934.

[181] 唐建平, 吴福章, 蒲利东, 等. 一种两自由度全机模型阵风试验支撑装置研制 [J]. 实验流体力学, 2021, 35(3): 94-99.

[182] 雷鸣, 杨飞, 霍幸莉. 民用飞机气动伺服弹性试飞激励响应仿真研究 [J]. 中国测试, 2019, 45(6): 146-152.

[183] 雷鸣, 卢晓东, 霍幸莉. 飞机颤振试飞操纵面脉冲激励响应仿真方法研究 [J]. 装备环境工程, 2020, 17(9): 48-53.

[184] 寇宝智, 雷鸣, 卢晓东. 基于LPV模型的颤振试飞响应预测及激励优化 [J]. 振动与冲击, 2022, 41(2): 103-112.

[185] 李育丽, 寇宝智, 梁海洲. 直升机颤振试飞激励系统的设计与实现 [J]. 装备环境工程, 2020, 17(9): 166-172.

[186] 王海刚,张绍云. 民用电传飞机颤振/ASE 试飞风险控制技术[J]. 航空工程进展,2022,13(1):101-106.

[187] 芮俊俊,于明礼,李明. 二维翼段阵风载荷减缓主动控制[J]. 南京航空航天大学学报,2018,50(6):788-795.

[188] AN C, YANG C, XIE C C, et al. Gust Load Alleviation including Geometric Nonlinearities Based on Dynamic Linearization of Structural ROM[J]. International Journal of Aerospace Engineering, 2019, 2019: 3207912.

[189] ZHAO D Q, YANG Z C, ZENG X A, et al. Wind tunnel test of gust load alleviation for a large-scale full aircraft model[J]. Chinese Journal of Aeronautics, 2023, 36(4): 201-216.

[190] ZHOU Y T, WU Z G, YANG C. Gust alleviation and wind tunnel test by using combined feed-forward control and feedback control[J]. Aerospace, 2022, 9(4): 225.

[191] 刘南,易家宁,王冬,等. 平尾模型连续变速压颤振试验方法及数值计算研究[J]. 振动与冲击,2021,40(15):11-17.

[192] 韩江旭,刘南,史晓鸣,等. 连续式跨声速风洞中带真实舵机的舵面颤振试验[J]. 西北工业大学学报,2022,40(2):401-406.

[193] 季辰,吴彦森,侯英昱,等. 捆绑式运载火箭跨声速气动阻尼特性试验研究[J]. 实验流体力学,2020,34(6):24-31.

[194] 王国辉,闫指江,季辰,等. 大直径整流罩运载火箭选型抖振试验研究[J]. 北京航空航天大学学报,2023,49(12):3230-3236. DOI:10.13700/j.bh.1001-5965.2022.0106.

[195] 郭承鹏,张颖,刘南. 高速风洞阵风载荷试验技术初探[C]//中国力学大会论文集(CCTAM 2019),2019:3908-3916.

[196] 侯英昱,李齐,季辰,等. 超声速低频大抖振气动弹性载荷试验[J]. 航空学报,2022,43(3):626454.

[197] JI C, LI F, LIU Z Q. Development and testing of hypersonic flutter test capability[J]. AIAA Journal 2019, 57(7): 2989-3002.

[198] 周宜涛,杨阳,吴志刚,等. 大展弦比无人机平台的阵风减缓飞行试验[J]. 航空学报,2022,43(6):526126.

[199] 张新皙,张帅,王建礼,等. 大型民用飞机概念方案气动弹性综合分析方法研究[J]. 航空科学技术,2018,29(10):16-20.

[200] 吕继航,杨何发. 民机概念设计阶段的气动弹性优化设计[J]. 动力学与控制学报,2021,19(6):83-88.

[201] 周磊,刘超,徐吉峰. 大型民用飞机复合材机翼综合剪裁优化设计[C]//中国力学大会论文集(CCTAM 2019),2019:3491-3495.

[202] 王彬文,杨宇,钱战森,等. 机翼变弯度技术研究进展[J]. 航空学报,2022,43(1):144-163.

[203] 倪迎鸽,赵慧,谯盛军,等. 机翼变弯度技术的气动弹性模拟与分析进展[J]. 航空工程进展,2023,14(4):1-17.

[204] 郭同彪,白俊强,李立,等. 民用客机变弯度机翼优化设计[J]. 中国科学:技术科学,

2018,48(1):55-66.

[205] 李小飞,张梦杰,王文娟,等.变弯度机翼技术发展研究[J].航空科学技术,2020,31(2):12-24.

[206] 钟敏,华俊,王浩,等.民机标模高升力构型CAE-AVM-HL设计及验证[J].空气动力学学报,2022,40(4):158-167.

[207] 饶炜,孙泽洲,董捷,等.天问一号火星进入、下降与着陆系统设计与实现[J].中国科学:技术科学,2022,52(8):1162-1174.

[208] 董捷,饶炜,孙泽洲,王闯,等.火星着陆关键环节多学科交叉设计与验证[J].宇航学报,2022,43(1):21-29.

[209] 孙泽洲,饶炜,贾阳,等.天问一号探测器地面验证技术[J].中国科学:技术科学,2022,52(8):1145-1161.

[210] 宋征宇,黄兵,汪小卫,等.重复使用运载器回收技术现状与挑战[J].深空探测学报(中英文),2022,9(5):457-469,455-456.

[211] 王小军.下一代航天运输系统发展思考[J].导弹与航天运载技术(中英文),2022(6):1-7.

第 8 章

空气动力学测控技术

空气动力学测控技术是研究空气与物体相互作用的信息控制、获取和处理，以及对相关要素进行控制的理论与技术，研究对象为空气与物体相互作用涉及的流动测量、流动控制、测控设备，研究范围包括低速、亚跨超声速和高超声速的流动测量控制，同时涵盖相关交叉学科，如气动物理测控、气动光学测控、气动声学测控、测控设备研制等。空气动力学测控技术具体构成以空气动力学领域中的测试测量与控制技术为核心，包括计算机技术、电子技术、自动控制技术、传感器及仪表技术、网络与通信技术、自动测试技术和虚拟与仿真技术、数据库技术、计量与校准等。

在过去 5 年里，国内在测控技术领域的研究取得了丰硕成果。在风洞流场测量方面，发展了基于分子示踪的宽速域飞秒激光诱导电子荧光标记（Femtosecond Laser Electronic Excitation Tagging，FLEET）测速技术，风洞流场速度测量上限显著提高；发展了 MHz 高速 PIV 技术，实现了基于机器学习的高空间分辨率速度场解析；在高速风洞、低速风洞、水洞等多种流场环境下开展了表面应力敏感膜技术应用，验证了该技术的高精度、高频响、宽量程等优势特性；开展了基于聚焦激光差分干涉（Focused Laser Differential Interferometry，FLDI）技术的超声速剪切流密度脉动测量试验和不同来流条件下模型表面附面层内密度脉动测量试验，实现了该技术的工程应用；此外，还成功研制了超高速分幅成像系统、电子束荧光流场诊断系统以及云雾颗粒全息成像仪，在超高速碰撞、爆炸与冲击、稀薄流场测量、云雾场测量等研究领域发挥了重要作用。在发动机燃烧流场测量方面，完成 10kHz 高频 OH-PLIF 标模发动机燃烧室的台架测量试验，捕捉到了发动机燃烧室内乙烯和氢气等燃料燃烧过程中火焰结构的快速演变过程；开展了高压燃烧流场 CARS 测温试验，验证了相干反斯托克斯拉曼散射（Coherent Anti-Stokes Raman Scattering，CARS）测温系统在高温、高压、强振动环境下的工程适用性；

构建了单光程中红外 TDLAS 系统，能够有效减少强震动、强气流导致测量光路偏移的影响。在气动物理测试方面，先后发展了针对瞬态过程的空间光谱测试技术、电子密度空间分布测试技术以及宽频带电磁特性测量技术。在大型传声器阵列优化设计方面，针对大型客机气动噪声特性，建立了阵列传声器对阵列成像效果的影响模型，研究了大型传声器阵列优化设计方法和自适应阵型优化方法，可在宽频范围内设计出满足条件的优化传声器阵列。在气动/飞行力学一体化研究方面，建立超大迎角静/动态气动特性综合评估试验技术，具备静态和阶梯变迎角、动态快速拉起和强迫振荡等试验能力。在流声振多场耦合机理研究方面，提出了振动/噪声多场耦合试验模拟相似参数和准则，揭示了超声速条件下大尺度涡结构和声模态间的耦合影响机理；开发了飞行器旋转机械噪声传播和管道声模态预测技术，进一步完善了叶轮机旋转部件噪声识别技术；攻克了飞行器噪声载荷、结构响应同步测试与数据融合处理等技术，完成气动/结构耦合模型设计与仿真分析，实现了缩比模型流动、声载荷与结构振动集成测量。此外，在风洞与飞行相关性研究、电驱动对转涵道风扇推进及其边界层吸入技术研究、进气道微射流控制机理及尺度效应研究、面向长航时自主飞行的超燃冲压发动机控制技术研究等方面也取得了显著进展。空气动力学测控技术已为各类航空飞行器研制提供了重要技术支撑，未来将在国防和国民经济建设中发挥更大作用。

8.1 基础理论与前沿技术研究

随着微电子技术、光电子技术、计算机技术、软件技术等相关技术的快速发展及在电子测量技术和仪器中的应用，新的测试理论、测试方法、测试领域和测试仪器不断涌现。测控技术的发展可归纳为以下 4 个方面：一是朝着模块化、系统化方向发展。20 世纪 80 年代末期 VXI 总线技术的出现，使电子测量仪器以极高的速度朝模块化、系统化方向发展。仅以 VXI 模块化仪器为例，自 1989 年以来，每年以 200 个品种的速度在增长。二是朝着智能化、集成化方向发展。传感器与微处理器紧密结合，具有自动检测、判断和信息处理等多种功能，单功能仪器日益减少；敏感元件、信号调理电路以及电源等高度集成，实现检测及信号处理一体化。三是朝着微型化、便携化、量子化、网络化发展。微型传感器是以 MEMS 技术为基础，目前比较成熟的微型传感器有压力传感器、加速度传感器等。由于表面贴装技术的应用和仪器专用集成电路的使用，测控技术便携化成为今后发展的主流。四是朝着虚拟化方向发展。虚拟仪器的发展，使仪器操作变得易学易用，人机交互界面更加友好，软面板越来越多地代替仪器硬面板，使人为引入的测量误差降到最低。

8.1.1 风洞流场测试技术

1. FLEET 技术

飞秒激光诱导电子荧光标记（FLEET）测速技术研究方面，中国空气动力研究与发展中心依托"十三五"试验技术研究项目，通过对飞秒激光器工程化防护改造、设计飞秒传输成丝导光臂、开展探测系统模块化集成、开发高精度速度处理软件，建成了一套满足风洞工程应用的 FLEET 系统，形成了 FLEET 技术超声速风洞流场速度无示踪测量试验能力。

通过研究飞秒荧光激发策略、系统硬件集成以及数据后处理算法，自主发展了基于分子示踪的宽速域 FLEET 测速技术，该技术突破了现有基于粒子示踪的光学测速技术在高速条件下示踪粒子跟随性差的瓶颈，显著提高了风洞流场速度测量上限。

2. MHz-PIV 技术

中国空气动力研究与发展中心完成了 MHz 高速 PIV 系统的搭建，主要包括 MHz 激光器样机、MHz 成像系统以及配套的测试实验平台，实现了基于机器学习的超分辨率速度场算法，不再采用传统互相关算法，在高时间分辨率的基础上进一步实现了高空间分辨率，极大地提高了流场解析的精细程度。

3. 聚焦激光差分干涉技术

中国空气动力研究与发展中心基于聚焦激光差分干涉（FLDI）测量技术高空间分辨率、高频响、高灵活性等优点，对 FLDI 技术开展了深入研究，搭建了一套 FLDI 测量系统。聚焦激光差分干涉技术是一种非成像型的差分干涉技术，装置结构示意图如图 8-1 所示。2021 年，依托于实验室的超-超剪切流装置，开展了超声速剪切流密度脉动测量工作，检验了该系统的工程试验能力及可行性；2022 年，在 0.6m×0.6m 跨超声速风洞开展了不同来流条件下模型表面附面层内密度脉动测量。

4. 过冷大水滴测量技术

中国航空工业空气动力研究院与浙江大学联合发展了云雾颗粒全息成像技术 HACPI（Holographic Airborne for Cloud Particle Imaging），如图 8-2 所示，利用脉冲激光数字全息三维成像测量技术，对每个工况拍摄 1000 张左右图片，从每一张云雾颗粒全息图中重建获得所测体积内的颗粒数量、颗粒位置以及颗粒粒径，

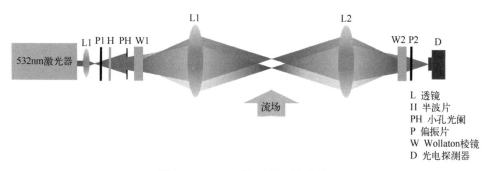

图 8-1　FLDI 系统原理（见彩插）

统计全部水滴得到水滴平均直径、液态水含量与水滴直径分布，可实现测量粒径范围 3~2000μm，误差精度小于 1%。

图 8-2　HACPI 在风洞内的安装

5. 基于 TSP 的边界层转捩测量技术研究

基于温度分布的转捩测量技术已得到广泛应用，常用温度测量手段有红外和温敏漆技术，前者具有温度分辨率高的优点，但在低温条件下完全失效，为满足低温风洞层流翼型和短舱减阻试验对转捩测量需求，中国空气动力研究与发展中心开展了低温 TSP 试验技术研究工作，将低温 TSP 试验技术成功应用于层流短舱转捩测量试验（图 8-3），获得了 110~323K 温度范围、不同雷诺数条件下的转捩位置，试验结果规律合理。同时，与北京航空航天大学联合研制了可应用于深低温环境的碳纳米管涂料，用于模型表面均匀加热，通过试验验证了变总温和模型表面加热两种方式的转捩测量试验结果基本一致。在常规暂冲式风洞和变密度平面叶栅风洞开展了层流翼型、层流短舱、叶栅试验件转捩测量试验。运用基于温度梯度分布的转捩位置自动判别算法，定量对比分析了不同试验条件下转捩位置差异。

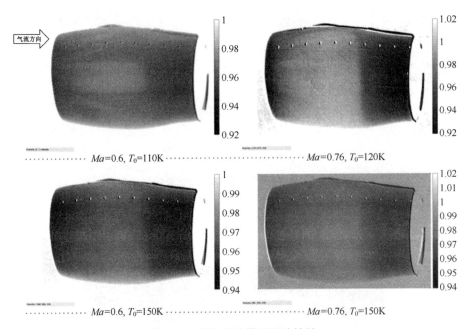

图 8-3　层流短舱模型试验结果

6. 高超声速流场密度脉动非接触测量技术

流场密度脉动非接触测量技术基于聚焦激光差分干涉原理，可用于高超声速风洞自由来流扰动测量、边界层不稳定波测量、高超声速射流噪声测量、激波边界层干扰测量等，具有响应频率高、空间分辨率高、非接触无干扰等优势。

中国空气动力研究与发展中心研发了双通道流场密度脉动测量仪（图 8-4），可同时测量两个空间点位置上的流场密度脉动，响应带宽大于 3MHz，流向空间分辨率达 1mm，在激波风洞和静音风洞中得到初步应用。

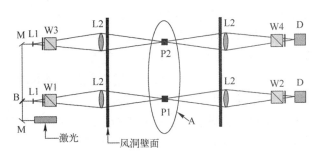

图 8-4　双通道密度脉动测量原理示意图

8.1.2 发动机燃烧流场非接触测量技术

1. CARS 测温技术

相干反斯托克斯拉曼散射（CARS）技术研究方面，中国空气动力研究与发展中心重点验证了 CARS 测温系统在高温、高压、强振动环境下的工程适用性，为支撑先进航空发动机研制提供关键数据打下了坚实基础。开展了高压燃烧流场 CARS 测温试验，获取了 2430K、0.5~1.8MPa 工况下发动机台架燃烧室出口温度场数据（图 8-5）。通过物理建模、理论分析，建立了高压下的 CARS 光谱模型和温度反演算法，解决了在航空发动机燃烧室的高压（约 3MPa）环境下，CARS 技术存在谱线展宽、光谱频移和光谱混叠等问题，拓展了 CARS 测温技术的适用范围。试验获取的不同压力、不同当量比下的燃烧场 CARS 光谱，验证了 CARS 技术在高压环境下的适应性和准确性，为发展极端条件下光谱诊断技术提供了数据支撑。另外，基于小分子碳氢燃料体系构建了最高温度可达 2500K 的超高温稳定层流燃烧便携试验环境，并完成了宽范围温度环境的测量试验，多工况的温度测量结果分别位于 1713~2530K、约 800K 的宽温度范围内。

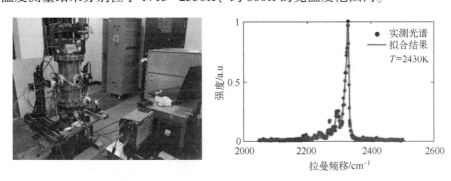

图 8-5　高压燃烧场 CARS 测温实验平台及不同压力下的 CARS 光谱

2. TDLAS 测量技术

可调谐二极管激光吸收光谱（Tunable Diode Laser Absorption Spectroscopy, TDLAS）技术作为一种基于吸收光谱的非接触激光测量技术，具有结构便携紧凑、高时间分辨率和无流场扰动等优势，可为发动机地面台架试验高温流场中的组分浓度、温度等信息的定量测量提供有力技术支撑。

中国空气动力研究与发展中心构建单光程中红外 TDLAS 测量系统，在同一光路上实现高温流场 CO 温度和浓度的同时测量。该测量方案主要具有以下优势：①采用中红外吸收光谱技术。CO 中红外波段的谱线相较近红外而言，具有吸收最强、谱线丰富、受其他气体干扰小的特点。②采用单光路设计。台架试验现场通常测量空间受限，很难布置复杂的测量光路，而且采用额外光路会因测量光路差异而引入测量误差。③测量系统简洁。在超燃冲压发动机台架试验中，测量环境十分恶劣，简洁的系统能够减少强震动、强气流导致测量光路偏移的影响。

3. 高温流场诊断技术

2018年以来，中国空气动力研究与发展中心在高温流场诊断方面技术发展迅速，先后发展了激光诱导荧光（Laser Induced Fluorescence，LIF）光谱技术、激光吸收光谱技术（TDLAS）、自发辐射光谱（Optical Emission Spectrometer，OES）测量技术等手段，实现了多种高焓状态下高温流场主要原子和分子组分测量。

针对O/N原子基态测量的双光子吸收激光诱导荧光光谱技术（Two-photon Absorption Laser Induced Fluorescence，TALIF），利用原子双光子吸收激发后辐射荧光光谱的原理，研制出一套微弱荧光信号测试系统，如图8-6所示，开展了一系列原子荧光的影响因素分析，在高频感应等离子体风洞中基于荧光寿命方法成功实现了O原子基态数密度的定量测量。此外，在高焓脉冲风洞中还配套建设了NO-LIF系统，实现了基于荧光图像的时间飞跃法测速。

图8-6 双光子吸收激光诱导荧光系统

在TDLAS技术方面，先后发展了直接测量、波长调制测量、双激光同步测量、计算层析测量等方法，创新了多种高温流场免标定数据处理算法。并且还研制了面向飞行试验的轻量化、小型化、低功耗工程测量样机，如图8-7所示，可实现外部触发启动、无人值守式自动化测量。针对高温流场非均匀和激发态原子信号弱的特点，发展了点吸收激光光谱测量和谐振腔增强吸收光谱测量等技术。

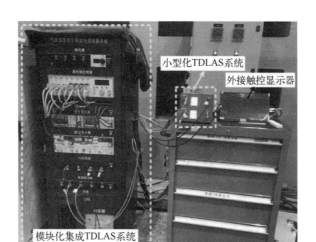

图 8-7　模块化和小型化的 TDLAS 系统

在 OES 方面，建立了基于光纤光谱仪、高分辨率光栅光谱仪、傅里叶遥测光谱仪等设备的多种高温气体辐射光谱诊断手段，覆盖紫外-中红外波段，并开发了包含线状谱和带状谱在内的光谱仿真/拟合程序平台、发展了流场参数定量反演方法，已应用到电弧加热流场中烧蚀产物定量测量、高焓流场壁面反应状态变化的动态监测等方面。为探索流场空间分辨测量，开展了光谱成像测量实验，分别在高频等离子体流场和电弧加热流场中观察到了明显的模型附面层 O 原子光谱分布信号，为组分分布测量奠定了基础。

8.1.3　气动物理测试技术

1. 瞬态过程电子密度空间分布测试技术

中国空气动力研究与发展中心开展了超高速流场等离子体电子密度二维分布测量系统研制，建成了多功能的瞬态阵列静电探针测量系统、应用于瞬态测量环境的七通道微波干涉仪测量系统，满足多功能激波管、高焓膨胀管等设备产生的流场等离子体电子密度分布测量要求，拓展现有的流场电子密度应用范围。

2. 瞬态过程宽频带电磁特性测量技术

针对飞行器在大气层内飞行时实时通信、目标探测识别问题，开展了瞬态过程宽频带电磁特性测量技术。完成了宽频带瞬态电磁特性测量系统建设，建立了瞬态过程宽频带电磁特性测量手段，满足在多功能激波管、弹道靶等瞬态设备中开展通信中断与电磁散射特性试验的要求。

3. 高温材料电磁参数测量技术

热透波材料在高速飞行过程中，由于受到剧烈的气动加热，其温度会急剧升高，同时发生剧烈的烧蚀。并且烧蚀是非均匀、非对称的，天线罩内外表面温度呈梯度分布，天线罩的烧蚀也引起材料介电性能的变化。中国空气动力研究与发展中心采用聚焦天线技术和超宽带时域技术，获取热透波材料在动态烧蚀情况下的超宽带反射信号，通过时域门技术，减少电弧设备和周围环境的影响。根据电磁波在多层介质传播理论得到介质电参数初值并带入粒子群优化算法，得到最优的电磁参数估计值，获得烧蚀前和经过烧蚀后冷却过程中热透波材料高温介电参数变化数据。

8.2 气动力、压力与气动热测量技术

8.2.1 气动力测试技术

1. 组合测力试验技术与铰链力矩天平研制新进展

气动力测试技术是测量气流作用在模型上的空气动力的试验技术。测力试验是风洞试验中最基本的试验项目，风洞天平是测力试验中最重要的测量装置，用于测量作用在模型上的空气动力载荷（力与力矩）的大小、方向与作用点。

中国航空工业空气动力研究院基于 8m×6m 风洞开展分布式测力试验技术研究，可以实现天平测力、脉动压力传感器等上百通道同步测量，可以解决传输线缆长抗干扰能力差等问题。经标模验证，试验数据满足国家军用标准要求；发展了风洞虚拟飞行与风洞自由飞试验技术，可以实现基于视频测量手段的模型姿态、位置等高速实时测量，测量频率达 100Hz。

铰链力矩试验中天平布置空间狭小、设计难度大，导致该类风洞试验的精准度一直较低。随着我国航天航空技术的发展，特别是先进飞行器研制的开展，对铰链力矩试验数据的质量要求越来越高。中国航空工业空气动力研究院针对 1.2m 量级暂冲式亚跨超三声速风洞发展了高精度铰链力矩天平研制及风洞试验方法，揭示了干扰应力对片铰链力矩天平测量影响的机理，建立了片式铰链力矩天平的固定端优化设计方法及翼面布置优化方法，攻克了片式铰链力矩天平受翼面变形及接触应力影响难题，形成了稳定可靠的铰链力矩天平研制体系，实现了铰链力矩天平测量准度提升 40%以上。实现了铰链力矩试验精准度的全面提升，铰链力矩风洞试验的重复精度优于 0.7%，测量准度优于 2%。

2. 六分量微量滚转力矩气浮天平

再入飞行器飞入大气层的过程中,由于气动加热,飞行器头部表面会烧蚀产生外形的小不对称,从而产生非常微小的滚转力矩。其主要危害是:可能因滚转共振导致飞行器迎角发散,落点精度下降。为精确测量烧蚀模型的滚转力矩系数,中国空气动力研究与发展中心成功研制了高超风洞高精度六分量微量滚转力矩气浮天平(图8-8),滚转力矩量程仅 0.02N·m,比常规杆式天平滚转力矩测量下限小一个数量级,天平升滚比达到 2500/m,阻滚比达到 10000/m,实现了该试验条件下所有气动力和力矩同时精确测量。重复性试验表明:滚转力矩系数标准偏差减小到 $3×10^{-7}$,优于单分量气浮天平与常规杆式天平组合测量精度。

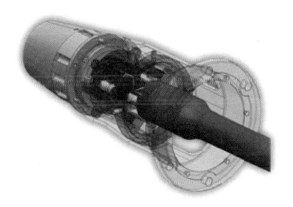

图 8-8　高精度六分量微量滚转力矩气浮天平

3. 摩擦阻力测力天平

摩擦阻力是现代高超声速飞行器气动力的重要成分,摩擦阻力最大时可占飞行器总阻力的 50%,直接影响各种飞行器的有效航程,甚至影响超燃冲压发动机的推阻平衡。针对摩阻测量难点,中国空气动力研究与发展中心成功开展了天平技术研究,开发出三种应变式摩阻天平:第一种是封装轮毂式摩阻天平,可以有效抵抗测试表面正压力以及俯仰力矩等干扰,具有较好的隔热能力,天平量程 0.05N,校准不确定度 2.5%,最小可以分辨 0.0002N;第二种是二分量双铰链式摩阻天平(图8-9),通过结构对称以及隔热罩降低温度效应,可以同时测量两个垂直方向的表面摩擦阻力,天平量程 0.05N,校准不确定度

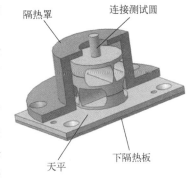

图 8-9　双铰链式摩阻天平示意图

0.7%，最小可以分辨 0.00005N；第三种是盒式摩阻天平，量程 5N，校准不确定度 0.3%，天平性能基本达到常规应变天平测量水平。

4. 载荷不匹配风洞天平智能校准技术

以扁平化构型为代表的新一代飞行器的出现突破了传统飞行器的气动布局方式，导致飞行器承受的气动载荷表现出不匹配的特性。作为风洞试验的重要测力装置，风洞天平的发展必须极力满足飞行器风洞试验测力需求，新一代飞行器的载荷不匹配特性对风洞天平的设计、加工、校准都提出了更高要求。载荷不匹配风洞天平各分量之间的灵敏度差异大、各分量之间的非线性干扰更加突出、稳定性差、小载荷测量误差大。这些特点导致通过传统天平校准方法获得的载荷不匹配风洞天平校准模型在实际应用中容易出现测量精准度低、迁移性差的问题。一方面，传统天平校准方法的校准加载矩阵没有考虑载荷不匹配风洞天平的实际工况，缺乏针对性；另一方面，传统天平校准方法将天平校准模型限定为系数数量一定的多项式结构，从而难以有效拟合复杂的非线性问题。

中国空气动力研究与发展中心对载荷不匹配导致的天平校准的新情况、新问题进行研究，提出了基于天平实际使用工况的天平校准加载矩阵设计方法和基于深度神经网络的天平校准数据处理方法。其搭建了包含天平校准加载矩阵设计模块、天平自学习模型、天平相对误差预测模型等内容的载荷不匹配风洞天平智能校准模型系统。相比于传统的天平加载矩阵设计方法，新方法在天平实际应用工况中筛选具有代表性的工况丰富天平校准加载矩阵，更能够体现载荷不匹配风洞天平的特点。天平自学习模型可以通过持续的训练提高天平校准不确定度。天平相对误差预测模型能够对某次测量的相对误差给出定性的预测结果，有助于对单次测量结果进行具体评价。

中国空气动力研究与发展中心利用搭建的载荷不匹配风洞天平智能校准模型系统完成了 4N6-64A 天平的校准工作。该天平升力和阻力的设计载荷比值为 17.5，表现出明显的不匹配特性。独立的检验数据计算结果显示，天平各分量校准不确定度优于 0.15%，天平各分量精度优于 0.1%。

5. 低温天平及校准系统

由于低温风洞试验温度范围宽（323~110K）、试验时间长，温度对于低温天平影响显著。低温天平研制需在常温天平研制技术的基础上，解决宽温域、深低温环境导致的天平结构材料安全性问题以及零点漂移、灵敏度漂移、结构尺寸变化、结构温度梯度等影响天平测量精准度问题。为解决上述问题，中国空气动力研究与发展中心联合钢铁研究总院研发了 18Ni250D 新型低温高强度钢材料，发展了低温天平测试结构和优化设计技术、电子束焊接天平加工工艺、低温应变计粘贴工艺及应变计匹配技术，研制了低温天平校准系统。研发的低温天平在全温域范围内综合测试不确定度优于 0.1%，达到了常温高精度天平测试水平；低温天平校准系统可实现 323~110K 全温域天平体精确控温条件下的全自动体轴系校准，系统温度控制精度优于 0.5K，复位精度优于 0.0005°，载荷精度优于 0.01%。

6. 音爆设计与试验平台外式天平

中国空气动力研究与发展中心研制了音爆设计与试验平台，目的是获取飞机模型的音爆数据，验证音爆试验技术的可靠性，掌握飞机的音爆特征，其测量结果可作为调节模型姿态的输入，也可用于研究升力对音爆的贡献。受模型空间或布局限制，该试验必须采用天平后置试验方案，即外式天平形式（全部天平元件都设置在模型腔外），同时需要通过支撑机构实现对模型法向位置、轴向位置以及滚转姿态的调节，这种支撑测力的试验方式技术要求高，设计难度大。

7. 长时间超高速稀薄流产生及多分量微小气动力测量技术

中国科学院力学研究所在大型长时间超高速稀薄气体风洞中，利用组合等离子体加热和特殊高焓喷管以及电磁流体加速等技术，解决了长时间（大于 600s）超高速（4~30km/s）稀薄空气来流产生的关键问题；发展了基于激光诱导荧光的分子标记线测速方法，发明了特征信号测速方法，实现了稀薄高速流的非接触测量；设计研制了多分量微小气动力天平，实现了毫牛量级六分量力和力矩的精确测量，具备了地面长时间模拟 100~190km 过渡流区超高速飞行条件的能力。

8.2.2 气动载荷测试技术

1. PSP 技术

中国空气动力研究与发展中心研制了响应时间为 $100\mu s$，压力灵敏度 0.76%/kPa 的快响 PSP 涂料，搭建了静/动态校准系统、光强法测量系统和寿命法测量系统，成功应用于高速风洞弹仓模型脉动压力试验，空腔内声压频谱 PSP 结果与 Kulite 传感器结果一致，成功应用于旋转叶栅压力分布试验，获得了典型转速下转子和定子压力面和吸力面的瞬态压力分布。该中心开展了低温 PSP 技术探索研究，研制了低温 PSP 校准系统，可实现低温 PSP 宽温域（110~323K）、低氧含量（$100 \times 10^{-6} \sim 3000 \times 10^{-6}$）高精度模拟，完成了 0.3m 低温风洞氧含量控制系统研制。该中心自主建立了多相机 PSP/TSP 测量系统，研制了 PSP/TSP 软件系统，实现了二维图像到三位数模映射，多相机数据融合和海量图像并行处理等功能。

中国航空工业空气动力研究院在低速风洞中也开展了诸多 PSP 技术应用研究，低速流动条件下，压力变化很小，测压误差主要来源于压力灵敏度较低、温度效应、图像失准和 CCD 相机噪声，因此低速流动条件下降低测量误差才能得到准确的定量压力值。

上海交通大学开发了一套针对低速流动环境的脉动压力测量技术，使用 PC-PSP 在低速流动下（流速小于 20m/s）得到较好的测量结果，能够测得到 50Pa 量级的微小脉动压力。该测量技术使用连续 UV-LED 作为激发光源，并使用高速相机以 1kHz 以上的频率连续采样获得模型表面脉动压力信息。针对低速流动压力信号弱、信噪比低的问题。应用基于本征正交分解（POD）的数据处理算法，有效消除了相机噪声的影响，从而获得具有高空间分辨率，高精度的压力脉动信息。该测量技术在低速风洞中的涡/平板干扰研究中得到成功应用。

2. 脉动压力试验测试技术

脉动压力试验测试技术主要研究飞行器/模型内流或外流的脉动压力测量方法，用于分析进气道模型通流状况与气动特性、弹翼声载荷、液体火箭发动机不稳定燃烧现象等问题。

中国航天空气动力技术研究院针对高超声速飞行器声载荷试验存在模型头部气动加热较强、舱内走线空间有限、弹翼声载荷测量难度较大等问题，通过合理的传感器选型和结构布局，获得了飞行器表面脉动压力系数分布、频谱特性函数等重要衡量非定常载荷特性的参数。

西安航天动力试验技术研究所开展了液体火箭发动机的脉动压力测量特点、测量系统组成与测量方式，以及发动机不稳定燃烧的关系和数据分析方法研究。

中国航空工业空气动力研究院在 FL-10 风洞中发展了脉动压力测量技术，通过多期试验实现了传感器快速安装与保护，进行了详细的传感器抗干扰设计，完成了可扩展多通道脉动压力同步采集系统的实现，验证了声学与脉动压力一体化采集平台的实用性与可靠性，为数据后处理研究奠定了基础。

3. 直升机旋翼表面非定常载荷测试技术

桨叶的非定常载荷测量主要表现为桨叶表面脉动压力的测量，其测量结果可以提供桨叶各处的局部流动结构信息，是分析噪声根源的直接依据；沿弦向进行压力测量，能获得较好的局部升力和俯仰力矩载荷历程，是分析振动问题的直接依据。直升机在飞行过程中，旋翼桨叶要经历挥舞、摆振、变距等运动，加上尾涡等对旋翼桨叶的气动干扰，使得旋翼气动载荷机理异常复杂，仅仅通过理论分析和求解方程计算难以获得令人满意的结果，因此需要发展相应的试验技术用以研究气动载荷机理。

中国空气动力研究与发展中心自主研制了一套基于传感器的直升机旋翼表面非定常载荷测试技术（图8-10），在旋翼桨叶上安装微型压力传感器用于感受局部载荷的快速变化，通过安装在桨毂上方的多通道前置数据采集器将压力信号转换为可供计算机存储和处理的数字信号，从而可以准确测量出不同方位角处的非定常载荷。

图8-10　直升机旋翼表面非定常载荷测试

8.2.3　气动热与热防护试验测试技术

1. 热电偶测热技术

中国科学院力学研究所研究建立新的测热理论和数据处理方法，开展新型高频响、高分辨率、高灵敏度热流传感器设计研究，有效分辨率达 $\phi 0.1 \sim 0.5$ mm，灵敏度优于 $150 \mu V/K$，响应时间低于 $1 \mu s$；进行新型热流传感器加工工艺和制备研究，节点几何尺寸降低至 $1 \mu m$ 以下，击穿电压提升至150V以上。

中国空气动力研究与发展中心研制了外径最小达到 $\phi 0.7$ mm 的柱状同轴热电偶，安装孔直径多种规格、直径最小达到 $\phi 0.12$ mm 的一体化热电偶，相邻测点最小间隔可达 1mm，适用于舵轴缝隙、隔热瓦缝隙、翼舵前缘等复杂局部干扰区的热流测量，获得了全尺寸舵轴缝隙高空间分辨的热流分布。

2. 辐射热流测量技术

中国空气动力研究与发展中心针对超高速飞行条件下高温激波层对飞行器壁面的辐射加热试验测量，发展了基于薄膜热流传感器及原子层热电堆传感器的辐射热流传感器（图8-11），通过隔离对流加热和吸收辐射加热获得辐射热流。可测量辐射波长范围 $250 \sim 2000$ nm，响应时间小于

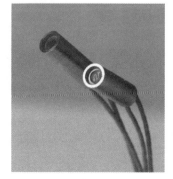

图8-11　$\phi 4$mm 柱状辐射热流传感器

10μs，可适用于高焓脉冲风洞高焓流场下钝体迎风面的辐射热流测量试验。

3. 磷光热图技术

磷光热图技术是一种将具有温敏性质的发光材料以涂层形式置于模型表面，通过记录涂层光强的变化完成模型表面的热流测量的新型风洞测热技术。相比于传统的单点式热流传感器，磷光热图技术的非接触、面测量优势极大地丰富了所获取到的飞行器表面热流信息，具有较高的空间分辨率、测热范围以及测量精度。

中国航天空气动力技术研究院针对缝隙内部热环境精细化测量的难题，通过采用局部可视化设计、同侧激发采集等方法，结合单点测量技术和大面积测量技术，建立了缝隙内部区域热环境面测量技术，实现了翼舵缝隙内部复杂流动干扰区非接触大面积测量。相关技术可为高超进气道、多体飞行器间内部通道热环境面测量提供技术支持。

中国空气动力研究与发展中心突破了快响应温敏材料研制、金属/非金属表面喷涂、三维测试系统搭建、图像精细化处理等关键技术，具备了多种材质模型表面热环境测量、模型三维成像、高时空分辨率测量等能力，热流测量精度优于10%，可针对小尺度、高精度局部干扰区热环境开展精细化测量，同时在边界层转捩、激波-边界层干扰研究中，获得了清晰的横流结构、转捩条带结构、边界层分离-再附等特征，如图8-12所示。

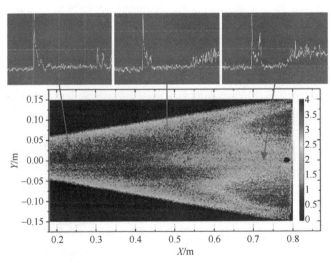

图8-12 基于磷光热图的升力体横流转捩测量（见彩插）

4. 热流传感器测热技术

中国科学院力学研究所研制的高时空分辨率一体化测热传感器，采用细若发丝的整体式热电偶，不仅解决了薄如刀翼的尖锐前缘（$R=0.5\sim5\text{mm}$）热流测量难题，同时运用传感器阵列还可以获取复杂流动区域的热流分布云图。一体化传感器热电偶敏感元件尺寸仅为直径 0.12mm，频响大于 100kHz，重复性误差小于或等于 7%，传感器外形可以加工成任意模型的一部分。该测热技术目前已广泛应用于高超声速气动热试验研究。力学研究所研制的系列高精度同轴热电偶热流传感器，最小直径可以达到 1mm，气动热测量精度优于 8%。

中国空气动力研究与发展中心根据不同测热原理自主研制和发展了不同类型、不同量程的热流传感器和相应的热流测量技术，包含基于能量守恒原理的塞块量热计、水卡量热计；基于半无限体假设的零点量热计、同轴热电偶和薄膜热电阻；基于温度梯度的圆箔压力热流计、绕线式热流传感器和原子层热电堆热流传感器；基于复合模态的动态热流传感器和热壁热流传感器等，如图 8-13 所示。这些传感器和热流测量技术一方面已用于风洞试验、飞行试验各种模型表面的热流测量；另一方面也可用于发动机研制、火灾试验、热电站监测、窑炉开发、材料开发等领域的热流测试以及传热研究。

(a) 塞块量热计

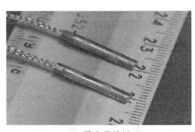
(b) 零点量热计

(c) 圆箔压力热流计

(d) 水卡量热计

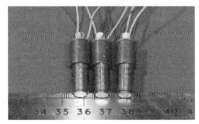
(e) 动态热流传感器

(f) 热壁热流传感器

图 8-13　系列热流传感器

5. 模型烧蚀形变测量技术

中国空气动力研究与发展中心开展"基于绝对定向的模型表面变形场静态测量技术研究",采用激光三维扫描设备获取风洞试验前后模型表面形貌数据,利用模型表面未烧蚀部分的合作标记点、基于绝对定向进行点云配准,实现了对模型表面烧蚀部分变形场的密集测量。

该项成果成功获得了风洞试验前后模型表面变形场分布,为温度场与变形场耦合分析和热防护结构设计评价提供了非常重要的试验数据。

6. 红外热图测试技术

红外热图测试技术是使用红外热像仪对模型表面的温度变化进行测量,并对模型表面各点热流值进行处理的技术,重点解决大迎角情况下模型表面温度测量、高精度红外热图图像处理、模型物面坐标与红外热图像素位置定位、红外热图标定等问题。

中国航空工业空气动力研究院应用红外热像技术在低速风洞中开展了二元翼型和机翼的红外转捩探测,以及大视场薄膜翼型模型的转捩探测,如图 8-14 所示。

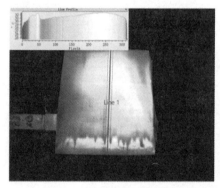 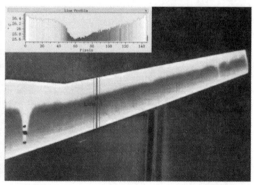

图 8-14 低速风洞二元翼型及机翼红外转捩探测

7. 防热试验测试技术

防热试验测试技术是在地面试验考核飞行器结构在气动热环境下的适应性过程中,对结构热梯度产生的附加热应力和载荷作用力产生机械应力的测试技术。对于考核高超声速飞行器的热结构设计、验证结构设计方法、评估试验结果的合理性,以及提高防热试验的精确度具有重要意义。

中国航空工业空气动力研究院联合大连理工大学开展了高温环境下力热耦合测量技术研究，研制了适用于1000℃以上的高温环境下使用的力热耦合测量传感器，设计了力热耦合测量风洞试验方法，可实现高温环境下力热耦合数据的高精度、高效率、高稳定获取和辨识。

8.3 试验测量技术

8.3.1 试验模型空间位移（变形）和姿态测量技术

1. 模型姿态变形测量技术

中国空气动力研究与发展中心开展了多目近景视频测量技术研究，基于8台高分辨率相机，构建多目近景视频测量系统，整个系统测量视场覆盖模型的全部表面；基于立体视觉原理建立从二维图像坐标到三维空间坐标的数学模型，实时计算得到标记点的三维坐标；基于标记点的三维信息，实时解算获得模型的姿态角及变形量。

模型姿态变形测量技术在FL-14风洞中开展了试验验证，如图8-15所示，多目近景视频测量系统安装于风洞试验段上方，试验模型变形测量精度0.05mm，姿态角测量精度优于0.03°。

图8-15 模型姿态变形测量

2. 旋翼桨叶位移变形测量技术

中国空气动力研究与发展中心开展了旋翼桨叶位移变形测量技术研究，基于两台高速相机，构建双目立体视觉成像系统；采用人工标记方式，在模型表面按特定布局方式粘贴或喷涂一定数量的标记点，形成模型表面显著特征；采用大功率 LED 光源进行连续照明，基于同步控制器，同步触发两台高速相机采集模型瞬态图像序列；对采集的图像序列中的标记点进行检测定位和识别匹配，基于双目立体视觉原理，计算获得标记点的三维坐标；基于标记点的空间三维信息，解算得到模型姿态、位移变形等参数，实现非接触式精确测量。旋翼桨叶位移变形测量技术在 FL-17 风洞中开展试验验证，如图 8-16 所示，试验模型为 $\varPhi 2m$ 直升机旋翼模型，高速旋转体视频同步测量系统通过龙门架安装于试验台正上方，通过试验获得了旋翼桨叶全场动态位移变形三维重建结果。

图 8-16　$\varPhi 2m$ 旋翼桨叶位移变形测量

中国航空工业空气动力研究院使数字图像相关（Digital Image Correlation，DIC）技术与双目视觉技术相结合，发展了数字散斑测量技术，该技术通过追踪物体表面的散斑图像，实现变形过程中物体表面的三维坐标、位移及应变的动态测量，针对旋翼桨叶开展了测量试验研究（图 8-17），获得了桨叶弹性变形数据。

图 8-17　基于数字散斑的旋翼桨叶变形测量

3. 结冰冰形在线测量技术

冰形测量技术是针对物体在不同环境中结冰冰形的测量技术，包括接触式测量技术和非接触式测量技术。冰形测量技术实质上是对结冰几何外形的量化描述，根据冰形用途不同，可以采用精度和效率不同的测量方法。获取不同条件下的结冰冰形，对于飞机设计具有重要意义。

中国空气动力研究与发展中心针对 3m×2m 结冰风洞冰形在线测量需求，发展了一种基于激光线扫描的三维测量技术，研制了用于冰形在线测量的系统装置，激光线扫描测量原理如图 8-18 所示。在 3m×2m 结冰风洞中开展了冰形在线测量试验（图 8-19），试验模型为某飞机机翼模型，对模型前缘霜冰、明冰以及混合冰生长过程的三维冰形进行了在线测量。

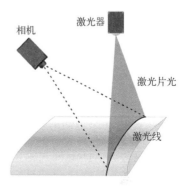

图 8-18　激光线扫描测量原理

图 8-19　机翼模型冰形在线测量试验

4. 基于光惯组合的尾旋试验测试技术

中国空气动力研究与发展中心在 Φ5m 立式风洞中开展了基于光惯组合的尾旋试验六自由度位姿参数测量技术研究，将微机电惯性器件系统安装在飞机模型内部，通过陀螺仪、加速度计与磁强计的数据融合及卡尔曼滤波方式，实现了模型三维姿态测量，俯仰/滚转角测量精度优于1°，航向角测量精度优于2°，姿态数据通过 Zigbee 无线数据传输模块发送至地面测控上位机；在试验段下边缘安装8台相机，捕获粘贴于模型表面的反光标记，通过相机标定技术使8台相机形成多目立体视觉测量能力，测量视场区域覆盖整个试验段，实时获取模型质心位置参数，测量精度优于1mm，该方法成功获取了尾旋模型六自由度数据，测量效率高，数据无缺失，根据模型运动轨迹在试验段截面投影可解算出尾旋半径参数。由于该技术可获取六自由度数据，结合模型数模，在后期可通过六自由度数据驱动数模复现尾旋试验过程，为分析研究尾旋运动过程中的位置、姿态及其操纵响应特性提供了技术支撑。

5. 高速动态运动的视频测量技术

高速动态运动的视频测量技术基于图像视觉测量原理，可以对物体进行动态的测量，是测量高速运动目标的重要手段之一，在航空、航天飞行器研制、试验及应用中发挥着重要作用。高速动态运动的视频测量技术所用相机分为可见光高速相机和红外线高速相机两种。

中国航空工业空气动力研究院采用多台红外线高速相机开展了水平风洞模型自由飞动态测量技术研究，通过采用红外波感光相机减少可见光波段复杂背景对目标图像的干扰，从而降低背景干扰图像的处理复杂度和计算量，具备了风洞自由飞试验三维空间位置非接触测量能力，与被测物距离不小于4m、视场长宽不小于2m 时位置测量精度不大于1mm，图 8-20 所示为 FL-10 开口风洞采用 10 台红外线相机进行自由飞模型动态测量的系统。

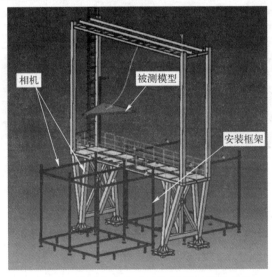

图 8-20　风洞自由飞试验空间位置测量系统

8.3.2 航空航天动力试验技术

1. 超燃冲压发动机试验技术

1) 超燃冲压发动机地面全系统全时序试验技术

中国空气动力研究与发展中心研发了超燃冲压发动机地面全系统全时序控制系统,解决了地面试验超燃冲压发动机与风洞设备之间的联控难题。面对地面设备与飞控和发控系统通信不匹配的问题,设计了通信转发站,实现了地面风洞和发动机之间实时数据的传输和指令下达,完成了整个测控系统的设计与研制,完全模拟了飞行试验发动机工作过程中的整个时序,并通过了地面全系统全时序试验考核。

2) 燃烧风洞推阻测量技术

中国空气动力研究与发展中心建立了一套满足在燃烧风洞开展超燃冲压发动机和一体化飞行器推阻性能评估研究的测力技术。根据风洞运行特征和研究对象(超燃发动机、一体化飞行器)的载荷特点,研制了一系列盒式天平,解决了天平承载能力、宽载荷范围、高分辨能力等技术难题;采用模型-天平-支撑一体化设计思想,发展出短时风洞测力系统设计方法,解决了在 500ms 内实现模型重量突破 2t 的响应难题,实现了短时风洞大尺度模型推阻性能测量;通过开发可控动态力加载技术,解决了小尺度天平动态校准难题;通过发展分段测力技术、内阻直接测量技术和直连式测力技术,解决了发动机和飞行器性能评估关键技术参数测量难题。

2. 航空发动机试验技术

1) 高空低密度环境平面叶栅流场 TR-PIV 测量技术

中国空气动力研究与发展中心建立了高空低密度环境平面叶栅流场 TR-PIV(高频粒子图像测速)测量技术。通过穿舱密封技术,解决了负压环境密闭试验舱穿舱线缆及导光臂气动密封问题;通过优化激光与相机光路布置方案,解决了叶片遮挡光路问题;通过研制适用于平面叶栅风洞结构的狭缝式示踪粒子布撒装置,解决了测量截面示踪粒子精准布撒及示踪粒子污染光学视窗难题;通过研制探入式防污染气帘平面激光发生器,解决了示踪粒子污染片光发生器进而降低激光片光光源与粒子图像质量技术难题。采用 TR-PIV 技术获得了平面叶栅流场的速度、湍流脉动强度、湍动能以及雷诺应力等参数分布。

2) 平面叶栅湍流场 LDV 测量技术

中国空气动力研究与发展中心建立了平面叶栅湍流场激光多普勒测速(Laser Doppler Velocity,LDV)测量技术。通过研制 LDV 测量探头防护装置及探头位移机构隔振装置,解决了洞体结构振动以及试验舱气流流致振动干扰测量探头技术难题。依托 LDV 技术开展了平面叶栅风洞上下壁板边界层测量,并建立了平面叶栅风洞变湍流度试验技术。

3) 平面叶栅流场校测技术

中国空气动力研究与发展中心平面叶栅流场的常规校测包括气流角、核心流马赫数和附面层分布测量,需要用到的测量元器件包括对称翼型、多孔气动探针、静压轴向探测管和附面层总压探针。探针压力测量使用压力扫描阀,风洞参数控制采用压力传感器,压力传感器包含大气压力传感器、稳定段总压传感器和试验段静压传感器。

4) 压气机级间流场 LDV 测量技术

中国空气动力研究与发展中心研制了航空叶轮机内部流场 LDV 光学探头自动移测系统(图 8-21),建立了压气机级间流场 LDV 测量技术,可根据压气机流场特征对近壁区与尾迹区等进行局部加密,从而获得精细化的流场分布特征。

图 8-21 航空叶轮机内部流场 LDV 光学探头

8.3.3 模型飞行试验技术

1. 模型飞行试验新型测量技术

针对支撑空气动力学关键问题研究的飞行试验数据的获取难题,突破了大迎角飞行条件下多孔探针气流参数测量及高度集成 FSDS 模块研制、摩阻传感器的制备工艺与小型化、高超声速热流传感器一体化设计技术与脉动压力测量结构优化设计、风洞/弹道靶位姿非接触测量技术,研制了七孔探针、柔性热膜微传感器、脉动压力及热流测量传感器、风洞/弹道靶位姿测量系统,实现了大攻角气流参数、摩阻及高频脉动压力的飞行测量,表面热流实现了 500kW/m^2 内温度无突变的测量,低速风洞建立了位置测量手段,姿态测量精度由 0.4° 提升至 0.2°,高超风洞的位姿测量精度提升一个数量级,由 2mm 到 0.2mm,弹道靶位置测量精度由 5mm 提升至 2mm、姿态由 1.5° 提升至 0.5°。

2. 航天模型飞行试验测量技术

针对以气动研究作为主要目的的航天模型飞行试验,开展了模型表面热流和脉动压力测量技术研究,通过发展小型化和一体化热流测量技术,高频响脉动压力测量技术,实现了高超声速飞行条件下试验模型表面热流和压力测量,满足了对高超声速边界层转捩、激波边界层干扰等气动现象的研究需求。

1) 热流测量技术

为了获得布置大量的测点表面热流,采用小型化热流测量传感器,并且实现与模型结构一体化,选用直径为 0.254mm 的热电偶丝,提高了后壁温度响应速度。基于热传导原理和半无限大体假设,通过三维数值热流辨识方法,实现从模型内壁温度到表面热流的辨识。

2) 高频脉动压力测量技术

脉动压力测量的关键在于通过优化设计脉动压力测试结构,在高频响应(要求传感器感应元件与表面尽量平齐)和耐长时间加热(要求传感器感应面与外表面保持一定距离)之间实现适当平衡,以达到高频脉动压力测量的目的。为了满足边界层转捩研究更高的脉动压力频响测试需求,在高频脉动压力测试结构基础上,对脉动压力传感器保护屏进行了升级(图 8-22),使压力传感器的频响测试能力和测试结构整体耐热性能均有了极大的提高。

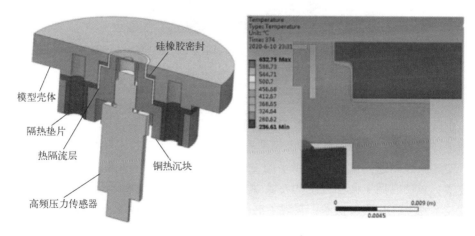

图 8-22 新型脉动压力传感器测试结构及热环境分析结果

8.3.4 其他测控技术

1. 单独短舱气动特性测量技术

根据大飞机、发动机研制及其相互匹配不同阶段需求，考虑风洞流场品质、试验雷诺数模拟要求，基于2.4m跨声速风洞开槽壁试验段建立单独通气短舱气动特性测量试验技术，与现有动力模拟技术和设备配套形成大飞机短舱/挂架/机翼气动综合试验台，具备大飞机推进/机体综合优化设计的试验评估能力，满足我国大型客机等不同研制阶段的需求。

单独通气短舱试验平台采用自然通气方式模拟短舱进气效应，可在一定流量范围评估短舱溢流阻力等气动特性（图8-23），在此基础上可实现通流条件下短舱表面压力测量、转捩位置测量等研究。该平台装置简单，通过增压实现高Re模拟。但存在流量模拟范围有限、有一定程度模拟失真，适用于短舱方案设计阶段快速选型。通过以上试验技术已顺利完成大客短舱等多项单独短舱试验研究。

图8-23 大客短舱模型在风洞中的安装照片

2. 超高速碰撞与动能毁伤测试技术

中国空气动力研究与发展中心发展了多波段辐射计测量技术，实现了超高速火球色温的测量；发展了紫外-可见波段的瞬态光谱测量技术和特征辐射分析技术，实现了超高速撞击火球的离子温度测量；发展了0.5mm粒子直接探测与成像技术，成功应用于微小粒子的超高速撞击试验研究；发展了基于应力/应变的测量技术和PVDF测量技术，实现了混凝土靶、球形压力容器等在超高速撞击下结构内部冲击应力的测量；建立了杆径为20mm的霍普金森杆系统，应变率范围$10^2/s \sim 10^4/s$。

3. 翼型风洞试验测试技术

西北工业大学在翼型俯仰振动非定常边界层转捩测量与判定方面，提出了独特的数据归一化方法、频谱分析中的频带划分方法，以及时间窗口法与相位平均法有机结合的数据处理方法，能在翼型俯仰振动过程中确定翼型表面边界层流动的转捩点和层流再附点，为高性能动态翼型的设计和试验结果分析提供转捩判断依据；在等离子体气动激励微小压力场测量方面，建立了微压测量系统，实现了精确测量，可完全覆盖等离子体诱导区的高度范围；在三自由度测量方面，研制了高精度、可大范围移测的三自由度移测系统，大幅提高了移动测量精度；在螺旋桨动态压力信号采集方面，建立了动态数据无线采集系统，提升了动态试验能力。

8.4 风洞控制技术

8.4.1 风洞流场参数控制技术

中国航空工业空气动力研究院基于多参数压力回归算法，在风洞收缩段中部及稳定段布置两个总压、总温测量点，在收缩段出口四壁各布置一个静压孔，多组测量点压力传感器通过交互式连接方式对测量点的压力进行测量，采用多个流场压力参数压力回归算法基于可压缩流理论得到试验中心速压，通过在试验段中心布置皮托管进行落差系数校测，风洞试验中直接以试验段中心速压作为控制对象，实现风洞速压的高精度控制，控制精度优于 0.05%。

中国航空工业空气动力研究院开展了基于组合智能算法的高超声速风洞温度场预测控制方法，用以支持向量机、BP 神经网络、贝叶斯回归等为代表的智能算法，根据风洞进口气流温度和压力、电加热器各加热模块的温度数据、建立加热器出口气流温度的预测模型，通过预测模型实现加热器出口气流温度的精确控制，提高风洞温度场控制效率和精度。

8.4.2 风洞电液伺服控制技术

中国航空工业空气动力研究院在大负载、大惯量等大型试验系统以及动态运动系统中广泛应用电液伺服驱动控制技术，如 FL-10 风洞的大迎角支撑系统是一套采用串/并联组合形式的伺服液压缸作为驱动装置的、具有四自由度的复杂试验系统；FL-51 风洞动态试验设备体系普遍采用电液伺服驱动装置，以提高试验系统的驱动能力和快速响应能力。在试验设备体系方面，建设了具有双轴同步驱动的、多自由度耦合同步运动的、电机-液压耦合驱动模式的 10 余套静/动态试验系统。控制算法方面，在位置反馈 PID 控制的基础上，引入了一阶前馈控制、二阶前馈控制以及模糊控制算法，实现了执行机构的高精度位置控制，定位精度可达 0.01°或 0.1mm；此外，在谐波振荡方面，创新性地实现了幅值/相位自适应补偿控制算法，极大提高了动态系统的幅频/相频特性。

8.4.3 风洞滑流试验高速电机精确控制技术

风洞滑流试验高速电机主要用于风洞中模拟螺旋桨对飞机产生的滑流影响，螺旋桨高速转动会对飞机产生拉力和扭矩的直接影响，以及飞机的升力增大、下洗变化、飞机的操纵和稳定性及舵面效率的间接影响。通过对高速电机的精确控制，可以在风洞中进行模拟试验。

中国航空工业空气动力研究院在 8m 量级风洞建设了基于 4 发 80kW 电机的滑流试验系统，电机总长 660mm，机壳外圆直径 $\phi156$mm，电机输出轴直径 32mm，额定转速 8000r/min，额定转矩不低于 115N·m，轴向拉力 1200N，轴向推力 200N。

8.5 在国民经济建设中的应用

CJ1000A 是我国第一款自主研制的民用大涵道比涡扇发动机，CJ2000AX 发动机是我国自主研发的宽体商用飞机发动机验证机研发项目。大尺寸旋转叶栅试验台承接了 CJ1000AX 核心机进气段气动性能试验，获得了进气段 4 个截面总压分布、进口附面层分布、流道静压分布等参数，变密度平面叶栅风洞开展了 CJ1000A 民用涡扇发动机压气机平面叶栅特性研究、CJ2000AX 民用涡扇发动机涡轮平面叶栅特性研究，获得了压气机和涡轮平面叶栅的气动性能数据，为我国民用涡扇发动机的研发提供了重要的技术支撑。

参考文献

[1] 左承林，马军，岳廷瑞，等．基于双目立体视觉的直升机旋翼桨叶位移变形测量方法 [J]．实验流体力学，2020，34(1)：87-95.

[2] 左承林，马军，岳廷瑞，等．视觉测量中环状编码标记点检测与识别方法 [J]．测控技术，2021，40(2)：48-52.

[3] 周恩民，顾蕴松，程松，等．连续式跨声速风洞中压缩机一体化设计 [J]．兵工学报，

2021，42(6)：1331-1338.

[4] 陈尹，顾蕴松，孙之骏，等. 基于翼面压力的飞行器气动力感知技术与自由飞验证 [J]. 航空学报，2021，42(3)：124138. DOI：10.7527/S1000-6893.2020.24138.

[5] 曹永飞，顾蕴松，韩杰星，等. 流体推力矢量技术验证机研制及飞行试验研究 [J]. 空气动力学学报，2019，37(4)：593-599.

[6] 李明，高强，陈爽，等. 基于飞秒激光诱导化学发光的流场速度测量研究 [J]. 光子学报，2022，51(3)：0314001.

[7] 杨文斌，齐新华，王林森，等. 基于CARS技术的超燃冲压发动机点火过程温度测量 [J]. 气体物理，2020，5(2)：8-13.

[8] ZUO C L, WEI C H, MA J, et al. Full-field displacement measurements of helicopter rotor blades using stereo photogrammetry [J]. International Journal of Aerospace Engineering，2021：8811608. DOI：10.1155/2021/8811601.

[9] ZUO CL, MA J, WEI C H, et al. Deformation measurements of helicopter rotor blades using a photogrammetric system [J]. Photonics，2022，9(7)：466. DOI：10.3390/photonics9070466.

[10] WEI C H, ZUO C L, LIAO C H, et al. Simultaneous pressure and displacement measurement on helicopter rotor blades using a binocular stereophotogrammetry PSP system [J]. Aerospace，2022，9(6)：292. DOI：10.3390/aerospace9060292.

[11] 杨文斌，陈力，闫博，等. 基于飞秒激光电子激发标记测速技术的剪切流场速度测量 [J]. 实验流体力学，2022，36(4)：94-102.

[12] ZHOU J N, YANG W B, ZHOU Q, et al. Simultaneous 2D temperature and velocity measurement using one color-camera PLIF method combined with physical constrained temperature tagging method [J]. Applied Optics，2022，61(28)：8204-8211. DOI：10.1364/AO.470581.

[13] 杨文斌，齐新华，李猛，等. 超燃冲压发动机燃烧室出口温度场分布CARS测量 [J]. 推进技术，2022，43(9)：210190. DOI：10.13675/j.cnki.tjjs.210190.

[14] LI M, YAN B, LI C, et al. Two-dimensional thermometry measurements in confined swirl flames using filtered Rayleigh scattering [J]. Applied Physics B，2021，127(5)：80. DOI：10.1007/S00340-021-07615-8.

[15] 齐新华，陈力，闫博，等. 基于自发辐射光谱的超声速流场测速技术 [J]. 光谱学与光谱分析，2021，41(6)：1745-1750.

[16] 熊有德，余涛，薛涛，等. 聚焦激光差分干涉法测量超/高超声速流动的进展 [J]. 实验流体力学，2022，36(2)：9-20.

[17] 陈爱国，王杰，李中华，等. 脉冲电子束荧光技术测量稀薄流场速度研究 [J]. 气体物理，2021，6(5)：67-71.

[18] 黄军，邱华诚，刘施然，等. 应用于激波风洞的半导体应变天平技术研究 [J]. 实验流体力学，2020，34(6)：79-85.

[19] 何修杰，晏至辉，王世茂，等. 基于PLC的可调文氏管设计及其在燃烧加热器中的应用 [J]. 自动化与仪器仪表，2021(1)：156-160. DOI：10.14016/j.cnki.1001-9227.

2021. 01. 156.

[20] 伍军, 李向东, 蒲旭阳, 等. 燃烧加热类高超声速高温风洞流场校测与评估 [J]. 推进技术, 2022, 43(10): 368-374.

[21] 郭鹏宇, 薛志亮, 林文辉, 等. 内转式进气道异形面光学窗口设计及成像畸变修正 [J]. 光学学报, 2019, 39(12): 1211004.

[22] CAO Y H, TAN W Y, WU Z L. Aircraft icing: An ongoing threat to aviation safety [J]. Aerospace Science and Technology, 2018, 75: 353-385.

[23] 陈爽, KAPSTA L J, 翁武斌, 等. CH_4/Air 反扩散射流火焰多组分同步 PLIF 诊断 [J]. 实验流体力学, 2018, 32(1): 26-32. DOI: 10.11729/syltlx20170138.

[24] 王朝宗, 白冰, 齐新华, 等. 2500K 高温稳定碳氢燃料燃烧环境 CARS 测量试验 [J]. 实验流体力学, 2022, 36(6): 97-98. DOI: 10.11729/syltlx20220126.

[25] LI M, YAN B, CHEN S, et al. Characterization of premixed swirling methane/air diffusion flame through filtered Rayleigh scattering [J]. Chinese Physics B, 2022, 31: 034702. DOI: 10.1088/1674-1056/ac2485.

[26] 杨富荣, 陈力, 闫博, 等. 干涉瑞利散射测速技术在跨超声速风洞的湍流度测试应用研究 [J]. 实验流体力学, 2018, 32(3): 82-86.

[27] 朱志峰, 李博, 高强, 等. 飞秒激光电子激发标记测速方法及其在超声速射流中的试验验证 [J]. 空气动力学学报, 2020, 38(5): 880-886.

[28] 王建新, 陈爽, 陈力, 等. FLEET 光学系统参数优化 [J]. 光电工程, 2022, 49(4): 210318.

[29] 车庆丰, 齐新华, 涂晓波, 等. 基于 10kHz 高频 OH-PLIF 的标模发动机燃烧室测量试验 [J]. 实验流体力学, 2021, 35(4): 112. DOI: 10.11729/syltlx20210088.

[30] 周江宁, 殷一民, 郭秋亭, 等. 基于激光诱导荧光的高速飞行粒子低温段测温方法 [J]. 航空动力学报, 2019, 34(12): 2642-2647.

[31] 闫博, 陈力, 陈爽, 等. 结构光照明技术在二维激光诱导荧光成像去杂散光中的应用 [J]. 物理学报, 2019, 68(21): 218701. DOI: 10.7498/aps.68.20190977.

[32] 马护生, 时培杰, 李学臣, 等. 可压缩流体热线探针校准方法研究 [J]. 空气动力学学报, 2019, 37(1): 55-60. DOI: 10.7638/kqdlxxb-2016.0093.

[33] 刘祥, 熊健, 马护生, 等. 温敏漆校准及图像后处理方法研究 [J]. 实验流体力学, 2020, 34(4): 53-61. DOI: 10.11729/syltlx20190054.

[34] 陈峰, 宗有海, 马护生, 等. 总压和对涡旋流组合畸变发生器流场 S-PIV 测试 [J]. 航空动力学报, 2021, 36(4): 874-884. DOI: 10.13224/j.cnki.jasp.2021.04.019.

[35] 李刚, 韩杰, 王帆. 风洞变频调速系统对热线风速仪的影响及解决方法研究 [J]. 测控技术, 2022, 41(11): 78-83. DOI: 10.19708/j.ckjs.2022.11.012.

[36] 刘念, 王帆, 高鑫宇. 某风洞半柔壁喷管电液伺服系统设计 [J]. 液压气动与密封, 2021, 41(9): 79-83. DOI: 10.3969/j.issn.1008-0813.2021.09.019.

[37] 刘念, 王鹏飞, 王帆. 某尾撑机构运动学与液压伺服系统静态特性分析 [J]. 机床与液压, 2019, 47(14): 58-63.

[38] 陈旦,杨孝松,李刚,等.连续式风洞总压和调节阀相关性研究及其应用[J].西北工业大学学报,2020,38(2):325-332.

[39] 杨孝松,郭守春,杜立强,等.某航空声学风洞控制系统[J].兵工自动化,2020,39(8):54-59.

[40] 陈旦,张永双,李刚,等.连续式风洞二喉道调节马赫数控制策略[J].航空动力学报,2019,34(10):2167-2176.

[41] 马涛,王树民,潘华烨,等.六分量大阻力复合式结构天平研制与应用[J].电子测量与仪器学报,2021,35(12):198-205.DOI:10.13382/j.jemi.B2003746.

[42] 苗磊,马涛,徐志伟,等.热力耦合作用下的风洞应变天平校准技术[J].仪器仪表学报,2022,43(3):153-162.DOI:10.19650/j.cnki.cjsi.J2108990.

[43] 黄辉,熊健,刘祥,等.基于图像信噪比的PSP图像平均幅数确定方法[J].计算机测量与控制,2023,31(12):237-243.DOI:10.16526/j.cnki.11-4762/tp.2023.12.035.

[44] 刘祥,熊健,黄辉,等.基于0.6m量级三声速风洞的压敏漆试验技术[J].航空学报,2020,41(7):123085.DOI:10.7527/S1000-6593.2020.23085.

[45] 黄辉,熊健,刘光远,等.高速风洞微型测量系统研制及应用[J].计算机测量与控制,2020,28(9):14-18.DOI:10.16526/j.cnki.11-4762/tp.2020.09.003.

[46] 杨海滨,熊健,黄辉,等.基于网络化的某试验设备测控系统设计[J].计算机测量与控制,2020,28(10):1-6,45.DOI:10.16526/j.cnki.11-4762/tp.2020.10.001.

[47] 黄辉,熊健,刘祥,等.基于温敏漆的边界层转捩测量技术研究[J].实验流体力学,201933(2):79-84.DOI:10.11729/syltlx20180144.

[48] 马列波,高鹏,陈海峰,等.某亚跨超声速风洞安全联锁控制系统研制[J].测控技术,2021,40(9):96-101.DOI:10.19708/j.ckjs.2021.02.215.

[49] 邓章林,贾霜,阎成.基于EtherCAT和LabVIEW的风洞安全联锁及状态监测系统设计[J].计算机测量与控制,2020,28(2):14-18.DOI:10.16526/j.cnki.11-4762/tp.2020.02.003.

[50] 马列波,邓章林,荣祥森,等.1.2m跨超声速风洞柔壁喷管控制系统设计[J].测控技术,2020,39(1):98-101,107.DOI:10.19708/j.ckjs.2020.01.018.

[51] 陈海峰,熊波,阎成,等.0.6米跨超声速风洞安全联锁控制系统研制[J].计算机测量与控制,2019,27(8):69-73.DOI:10.16526/j.cnki.11-4762/tp.2019.08.015.

[52] 阎成,邓晓曼,贾霜,等.提升风洞测力数据采集系统电磁兼容能力初步研究[J].计算机测量与控制,2019,27(9):28-31.DOI:10.16526/j.cnki.11-4762/tp.2019.09.007.

[53] 李明,方明,李震乾.在稀薄气流中用红外热图测量中低量值热流[J].红外与激光工程,2021,50(4):66-72.DOI:10.3788/irla20200355.

[54] 龚红明,常雨,廖振洋,等.高焓膨胀管风洞性能调试试验研究[J].气体物理,2022,7(2):32-39:10.19527/j.cnki.2096-1642.0886.

[55] 王生利,王帆,王海,等.搭建风洞数字化协同设计与仿真平台[J].科技创新与应用,2018(35):5-7.

[56] 彭迪, 李永增, 刘旭, 等. 高超声速快响应PSP测量技术研究进展[J]. 实验流体力学, 2022, 36(2): 92-101. DOI: 10.11729/syltlx20210122.

[57] 彭迪, 李永增, 焦灵睿, 等. 快响应PSP应用于旋转叶片测试的挑战与对策[J]. 工程热物理学报, 2020, 41(6): 1350-1358.

[58] 刘旭, 彭迪, 刘应征. 温敏涂料TSP热流密度测量方法及应用[J]. 气体物理, 2020, 5(5): 1-12. DOI: 10.19527/j.cnki.2096-1642.0872.

[59] 谷丰, 彭迪, 温新, 等. 多孔压敏荧光粒子的制备与流场压力/速度测量的性能表征[J]. 实验流体力学, 2019, 33(2): 72-78. DOI: 10.11729/syltlx20180180.

[60] 肖恒, 顾蕴松, 孙之骏. 旋转导弹模型非定常表面压力测试技术研究[J]. 实验流体力学, 2020, 34(4): 62-67. DOI: 10.11729/syltlx20190100.

[61] 李斌斌, 姚勇, 顾蕴松, 等. 合成射流低速射流矢量偏转控制的PIV实验研究[J]. 空气动力学学报, 2018, 36(1): 22-25, 30. DOI: 10.7638/kqdlxxb-2015.0194.

[62] 郭江龙, 顾蕴松, 罗帅, 等. 基于表面压力信息的空间流向涡识别方法[J]. 航空学报, 2023, 44(6): 127228. DOI: 10.7527/S1000-6893.2023.27228.

[63] 章敏, 张召明, 陈尹. 喷雾器喷嘴出口喷流流场特性的实验研究[J]. 南京航空航天大学学报, 2019, 51(4): 493-502. DOI: 10.16356/j.1005-2615.2019.04.009.

[64] 付豪, 何创新, 刘应征. 低旋流数旋进射流流动特性的PIV实验研究[J]. 实验流体力学, 2021, 35(3): 39-45. DOI: 10.11729/syltlx20200129.

[65] 刘余丹, 周楷文, 刘应征, 等. 基于卡尔曼滤波的翼型表面压力实时重构方法[J]. 空气动力学学报, 2023, 41(4): 64-72. DOI: 10.7638/kqdlxxb-2022.0054.

[66] 陈子玉, 周楷文, 刘应征, 等. 基于压缩感知的高频响流场重构方法及其应用[J]. 空气动力学学报, 2022, 40(1): 26-32. DOI: 10.7638/kqdlxxb-2021.0117.

[67] 李峰, 高超, 赵子杰, 等. 基于三维粗糙元的新型边界层转捩控制技术研究[J]. 工程力学, 2018, 35(1): 226-235, 245. DOI: 10.6052/j.issn.1000-4750.2016.09.0675.

[68] 王欢, 尚云斌, 江春茂, 等. CG-02风洞螺旋桨动力性能测试数据采集系统[J]. 测控技术, 2023, 42(3): 93-98. DOI: 10.19708/j.ckjs.2022.05.263.

[69] 李仁杰, 李飞, 林鑫, 等. TDLAS技术温度测量的不确定度分析方法研究[J]. 测控技术, 2020, 39(9): 10-14, 19. DOI: 10.19708/j.ckjs.2020.06.256.

[70] 吕俊明, 李飞, 林鑫, 等. 氮气辐射强度的激波管测量与验证[J]. 实验流体力学, 2019, 33(3): 25-30, 111.

第 9 章

流动显示技术

流动显示就是让流体的运动演化过程可视化，为流体力学供研究者提供流动现象和流动结构分析的直观研究能力，而流动现象的观察总是先于流动理论的产生。流体力学研究者正是通过流动显示获得整体流场而不是单点的流动特性知识，并且从中得到定量的流动数据。通过各种流动显示试验，可以了解复杂的流动现象，探索其物理机制，为发现新的流动现象，创建新的流动概念和物理模型提供依据。另外，流动显示技术本身也是解决实际工程问题的重要手段。

至今出现的流动显示与测量方法繁多，通常按其反映流动特性分为定性流动显示和定量流动显示。定性流动显示通常通过图像、照片等反映流动本质，如油流、升华、丝线、氦气泡、烟线、片光、纹影、干涉等。定量流动显示以速度、压力、温度等量值的形式反映流场流动本质，如 PIV、PLIF、LDV、DGV、PSP、TSP、红外成像等。

飞行器的诞生和发展促进了流体力学的发展，而通过流动显示所揭示的新的流动现象和流动机理又为飞行器的发展、更新换代以及新概念、新布局产生提供依据和创新动力。流动显示大多在风洞试验、飞行试验和数值模拟中进行。国内各有关从事空气动力研究单位在风洞试验中进行了大量的流动显示研究和应用，流动显示已经成为风洞试验中的一个重要研究内容。

近 5 年来，我国的流动显示技术在试验方法、基础研究及工程应用中都获得了快速的发展。在试验方法上，发展了三彩色曝光的 PIV 技术、多普勒全场测量技术、背景导向纹影技术、激光诱导荧光测量技术、可调谐二极管激光吸收光谱技术、激光全息粒径分布测量技术、非定常动态形变测量技术、磷光热成像测温技术等，为速度场、密度场、温度场的测量提供了新手段、新方法。在算法优化方面，提出了多重优化速度场、密度场的数据处理方法，使计算结果更快速、更准确。在工程应用中，流动显示大多在风洞、水洞等地面试验设施及飞行试验中开展，已成为在飞行器研制过程中重要的测试手段。"十三五"期间，流动显示技术在大型客机、无人机等多类飞行器中实现了很好的应用，为飞行器研制奠定了技术基础。未来，流动显示技术将在国防和国民经济建设中发挥更大作用。

9.1 速度场显示与测量技术

9.1.1 粒子图像测速技术

粒子图像测速是一种先进的定量流场测量技术，拥有全场、非接触测量能力，是定量化的流动显示技术，广泛应用于流场诊断。

北京航空航天大学自主发展了三彩色曝光的 PIV 技术（TE-CPIV）、单相机三维体视 PIV 技术和层析 PIV 技术（Tomo-PIV）。TE-CPIV 采用 LCD 投影器照明，以一定时序发射红、绿、蓝三基色光，粒子图像经过各基色强度进行串扰处理，从而获得三幅不同时刻粒子图像，再以经典粒子互相关算法可得到两幅速度场数据，提高了流场显示效果。单相机三维体视 PIV 技术在相机与被测流场之间加装一个三棱面特效透镜，光线通过该透镜三个棱面的折射实现多相机不同视角成像的效果，经过三维粒子的重构实现三维体视 PIV 的测量，目前已实现原理验证。Tomo-PIV 技术基于 4 台相机和激光器系统，自主开发了相应的体处理算法，并实现了 $Re=315$ 的合成射流三维测量，与常规平面三维 PIV 试验结果相比，体视 PIV 可以获得更丰富的流场信息，呈现出立方体内的流场结构。

中国航空工业空气动力研究院开展了近壁面漫反射减弱荧光涂层技术的研究，通过在模型表面喷涂含有荧光物质的混合涂层并进行一系列精细化打磨，形成光洁表面，在图像采集时过滤掉其激光波长外的其他杂散光。与常规的喷涂黑漆打磨等方法相比，能较为有效地降低近边界区域的散射噪声。

中国航天空气动力技术研究院持续发展高速流场粒子图像测速技术，针对粒子跟随性不足、近壁反光严重等问题，突破高速旋风分离、波瓣混合整流等技术，削弱粒子团聚，实现低于 100nm 示踪粒子播发，应用于 $Ma=6.0$ 高超声速压缩拐角激波边界层干扰流场观测（图 9-1），获取瞬时流态分离区多涡结构。建立高速流场 Tomo-PIV 技术，在亚跨超声速风洞和高超声速风洞内实现三维速度场测量，应用于大型客机小肋减阻研究和高超声速流场测量，如图 9-2 和图 9-3 所示。

北京大学发展了可以应用于高超实验研究的流动显示技术，解决了高超静风洞中 TiO_2 及 CO_2 多种纳米示踪粒子播放技术及成像技术，可以清晰地观察到高超

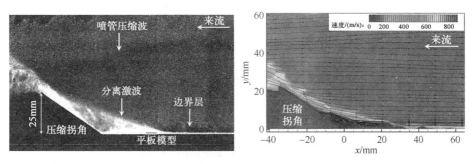

图 9-1　$Ma=6.0$ 压缩拐角流动粒子图像测速（见彩插）

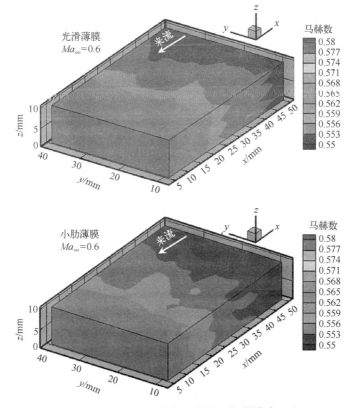

图 9-2　Tomo-PIV 业跨声速流场小肋薄膜减阻验证

边界层转捩的整个过程，得到了清晰的高超边界层转捩图片。该技术刻画了二次模态波的发展消失、一次模态波的发展和湍流产生的全过程。北京大学还开展了 PCB 与 PIV 联合测量工作，发现了高超转捩过程中二次模态不稳定波对高超声速边界层转捩起到关键的调制作用，它导致高频涡模态波的产生，最终触发边界层迅速转捩。

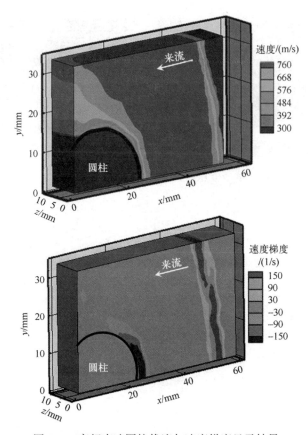

图 9-3 高超声速圆柱扰流与速度梯度显示结果

中国燃气涡轮研究院基于 SB-301 暂冲式平面叶栅风洞，利用 2D-PIV 系统对某亚声速扩压叶栅流场进行了测量，以解决示踪粒子撒播、PIV 光路布局及标定等技术问题，并对零迎角不同进口马赫数状态下的叶栅中截面槽道及尾迹速度场分布进行分析研究。为验证 PIV 测试结果的准确性，还利用三孔尾迹探针的测试结果和数值计算结果对 2D-PIV 在叶栅流场中测试结果的可靠性进行验证。

9.1.2 粒子跟踪测速技术

粒子跟踪测速技术（Particle Tracking Velocimetry，PTV）追踪单个粒子的运动，广泛应用在复杂流动的流场重构中。西安交通大学流体机械及工程系和流体机械国家专业实验室基于沃罗诺伊划分（VD）发展了基于四面体投票机制的粒子追踪测速算法（TV-PTV）、直接从多面体三维特征出发实现跨帧粒子间匹配的 E-PTV 算法和降维数据处理的最小外包椭圆与 VD 相结合的算法，该算法具有结构简单、预设参数少、鲁棒性好、计算效率高的特点。

北京航空航天大学针对三维场景中 PTV 单个粒子匹配难度大、匹配精度不高的难题，提出了一种混合蚁群算法（Ant Colony Optimization，ACO），其核心思想是通过改进的蚁群算法来寻求混合目标函数（Distance Pattern Function，DPF）在全局中的最小化解。目标函数 DPF 混合了最短位移判据（Distance Function，DF）和粒子群分布模式相似性判据（Pattern Function，PF）作为粒子匹配准则，其中 PF 使用成对粒子的泰森多面体的边界面函数的互相关值作为判定依据。针对传统的全局优化式粒子匹配算法无法处理粒子在双帧曝光中的单帧缺失问题，进一步提出了一种虚拟粒子补偿技术，其是对粒子失配概率的一种度量，使得混合蚁群算法可以计算含有粒子缺失流场，提高了算法的精度和效率，粒子跨帧匹配的正确率保持在 95% 以上。

9.1.3 光流显示与测量技术

中国航天空气动力技术研究院建立基于粒子图像的光流速度场求解方法并完成验证，建立光流测速硬件系统，采用高分辨率光流速度场测量方法获取低雷诺数下 NACA0012 翼型尾流场涡结构演化特性。中国航天空气动力技术研究院还将光流位移估计方法扩展至 BOS 技术，获得 $Ma=6.0$ 激波/边界层干扰流场光线偏折量分布结果，如图 9-4 所示；在高速旋转螺旋桨桨尖涡观测中，应用光流 BOS 技术，获得了桨尖涡结构演化的动态显示结果，实测转速达到 2400r/min。

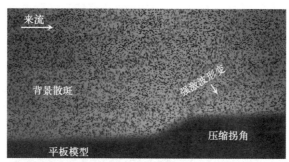

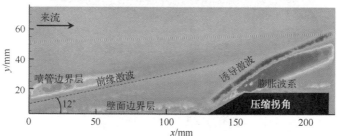

图 9-4　$Ma=6.0$ 激波/边界层干扰的光流 BOS 结果（见彩插）

9.1.4　多普勒全场测速技术

多普勒全场测速（Doppler Global Velocimetry，DGV）技术是一种基于分子滤波原理来测量散射光多普勒频移，从而进行流动速度场测量的技术，中国航空工业空气动力研究院引进了多普勒全场测速系统，如图 9-5 所示，完成该套系统在实验室和风洞内的典型试验验证，速度测量误差小于 0.1%。

图 9-5　多普勒全场测速系统

9.1.5　特征信号图像测速技术

中国科学院力学研究所针对等离子体流动这一复杂流场，提出利用流体发光的特点、以光强的特征波动作为示踪信号的特征信号图像测速技术，如图 9-6 所

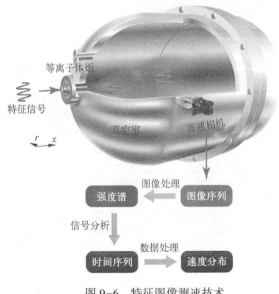

图 9-6　特征图像测速技术

示。特征信号图像测速技术具有精细刻画流场结构的能力。它适用于大气压和低气压等离子体射流，对于高速稀薄等离子体流动能够克服示踪粒子跟随性差的问题。

特征信号图像测速可在几乎瞬时获得等离子体射流各位置上的流速，通过特征信号图像测速技术在不同像素步长下测速结果与双探针组基于时间漂移法测得的速度结果基本一致。近期，中国科学院采用特征信号图像测速技术测量了二维等离子体流场测速，获得低气压超声速等离子体射流的流场结果。

9.2 密度场显示与测量技术

9.2.1 纹影显示技术

纹影效应是不均匀折射率气体环境中常见的光学现象，中国空气动力研究与发展中心建立了1.2m的大视场聚焦纹影流场显示技术，聚焦纹影在流场结构信息的准确判断上得到了很大的提高，可获得测试区域的密度梯度，并通过标定后可获得流场的密度值。

中国航天空气动力技术研究院以高能激光作为纹影系统光源，将激光光源与高速相机采集进行同步，建立了高频激光纹影技术，采集频率达50kHz，获得了平板-压缩拐角模型干扰区激波振荡特性，如图9-7（a）所示。另外，与窄带滤光片相结合，有效解决了高焓强自发光流场中的激波显示难题，在FD-21高焓激波风洞中获得了球头模型弓型激波，如图9-7（b）所示。

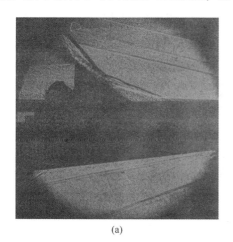
(a)

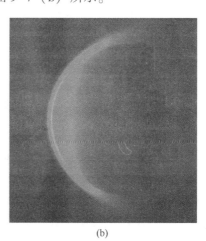
(b)

图9-7　平板-压缩拐角模型及球头模型激光纹影技术

中国航天空气动力技术研究院将模型旋转与纹影技术相结合的方法，解决了风洞中模型周围流场三维激波结构显示与测量难题。在 FD-20a 风洞中测试并获得了椭锥模型三维激波结构。

9.2.2 背景导向纹影技术

背景导向纹影是在 PIV 的基础上发展的，是基于光线在介质中传播时向高密度区偏折的理论发展起来的一种空间密度场测量技术。

国防科技大学发展了基于偏振成像技术的背景纹影法，增大了探测范围，弥补了基于传统光强信息流场测量的不足，提升了密度场测量的精度，如图 9-8 所示。

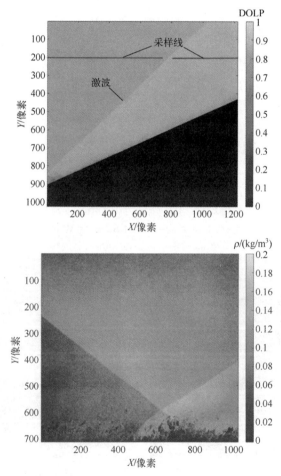

图 9-8　斜劈的斜激波偏振度图像和基于偏振技术的激波边界层干扰密度（见彩插）

中国空气动力研究与发展中心开展了 BOS 技术的原理性研究,对 BOS 测量系统灵敏度、空间分辨率等进行了深入分析,并针对加热喷流、甲烷预混平面火焰炉火焰开展了测量研究,获得了精细流场结构和定量温度场、密度场数据。基于设计的激光脉冲照明的瞬态背景纹影测量系统开展了双方向背景纹影测量应用研究,获得了马赫数为 6 的条件下瞬态和常规激波流场纹影图像。2022 年,该中心开展了不同成像方式对聚焦纹影图像效果的影响研究,研究表明:不同成像方式获取的聚焦图像效果相差较大,需要根据使用对象和测试目标选择最佳不同的成像方式。

北京航空航天大学放弃了主流背景纹影测量技术灵敏度优先的实验设计思路,转为以提高 BOS 空间分辨率为目标,将现有背景纹影测量的主流空间分辨率提高 50%以上。同时为应对放弃灵敏度优先导致的探测背景位移幅度降低的问题,从背景位移预估算法、背景位移噪声识别与消除,以及三维重构算法架构等多方面入手,揭示了背景纹影位移噪声信号规律并提出了双光路降噪方法,提高了背景纹影位移信号的信噪比,实现了 BOS 技术降低灵敏度但不牺牲测量精度,建立了二维与轴对称流动时的高信噪比/高空间分辨率背景纹影测量技术框架。

9.3 温度场显示与测量技术

9.3.1 温敏漆技术

温敏漆技术是基于光致发光的热猝灭效应,中国科学院力学研究所与上海交通大学合作发展了内嵌式温敏漆测量方法,解决了高超吸气动力发动机热流密度场精细化测量的难题,它利用温敏漆测量发动机外壁面温度变化历程,结合三维双层瞬态热传导反问题的求解确定发动机内壁面的温度和热流密度分布。温敏漆与高温流场物理隔离,规避了辐射效应的影响及涂层碳化、脱落等问题。在直连式超燃冲压发动机实验平台和复现高超声速飞行条件激波风洞的斜爆轰发动机实验中进行了验证,测量结果与热电偶测量结果吻合,空间分辨率达到 0.33mm。该方法拓展了 TSP 测量技术应用范围,实现了高超燃烧条件下亚毫米级高空间分辨率热流密度场的测量,取得了高超吸气式发动机热环境全场测量的技术突破。

中国航天空气动力技术研究院发展了超快响应温敏漆技术,通过发展高频、高灵敏度温度敏感涂料和高速图像采集技术,使系统综合响应频率达到 20kHz,在激波风洞内,针对激波边界层干扰模型实现局部复杂流动区域热环境精细化测量，捕捉非定常表面温度变化及时均热流特性，如图 9-9 所示。

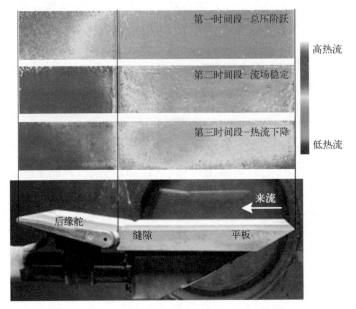

图 9-9　快速响应 TSP 温度分布（见彩插）

9.3.2　可调谐二极管激光吸收光谱技术

可调谐二极管激光吸收光谱技术利用吸收谱强度随温度变化特性实现温度测量，利用吸收率的绝对强度获取气体浓度信息。中国航天空气动力技术研究院利用 TDLAS 技术，选择氧原子 777.19nm 吸收线对电弧风洞水冷平头圆柱体模型脱体激波后气体温度和氧原子浓度进行测量并取得初步试验结果，验证了吸收光谱方法应用于电弧风洞的可行性。

9.3.3　平面激光诱导荧光技术

中国科学院工程热物理研究所自主建成了单 Nd:YAG 激光器多标量燃烧同步 PLIF 系统，如图 9-10 所示，仅使用单台 Nd:YAG 激光器，在成像系统不使用图像增强器的情况下，具有同时测量 OH 基、CH_2O 基、航空煤油或燃料示踪剂的功能。目前已实现图像分辨率高达 4500×4500 像素的 OH 基团和燃料示踪剂的同步测量，以及基于双色法的温度测量。该系统摆脱了 PLIF 对染料激光器、OPO 和图像增强器的依赖，大大缩小了系统尺寸，提升了使用便利性。

图 9-10 单脉冲多标量 PLIF 系统

9.3.4 磷光热成像测温技术

磷光热成像测温技术（Thermographic Phosphor Thermometry，TPT）是基于光致磷光光学特性的温度测量技术，它根据被激发磷光特性与环境热力参数的联系，建立起磷光信号与温度的定量关系。北京航空航天大学将磷光热成像测温与粒子图像测速相结合，发展了一种基于高精度锁相的速度场和壁面温度场同步测量技术，并改进了寿命测温方法，提高了数据处理效率；二维温度场的测量精度介于 1.8% 和 3% 之间。将所发展的同步测量技术，应用于合成射流冲击冷却实验研究，获得了射流对称平面内流场和壁面温度场的非定常演化，初步建立了近壁流动结构与壁面传热特性之间的联系。

中国航天空气动力技术研究院将计算机视觉技术引入流场显示中，与磷光热图技术相结合，发展了三维磷光热图技术，提出了基于真实模型的三维映射方法，突破了高精度、快速三维非接触热流测量关键技术，实现了二维面测量向三维体测量的跨越，可在一次试验中获得模型全三维表面热流分布，大幅提高了风洞试验效率。

9.3.5 基于热致辐射光谱宽波段积分比的高温测量技术

中国科学院力学研究所将水蒸气热致辐射光谱宽波段积分比测温方法与旋转扫描测量技术相结合，发展了一种适用于极高温（约 4000K）测量的多维度温度场测量方法，该方法的温度分辨力可达 10K。将所发展的多维度高温测量技术，应用于平面层流火焰温度测量以及组合动力直连台加热器静温测量中均展现了良好的应用价值。

9.4 其他流动显示与测量技术

9.4.1 快速响应压敏漆技术

中国航天空气动力技术研究院建立快速响应压敏漆（Fast Pressure-Sensitive Paint，FPSP）技术，最大响应频率达到 20kHz，实现冲压进气道流动显示，捕捉到进气道内多波系复杂结构及激波振荡特性，如图 9-11 所示；将 FPSP 与锁相技术结合，应用于 $\phi1.87m$ 旋转直径的高速螺旋桨表面压力分布显示，最高观测转速达到 2400r/min。

图 9-11 冲压发动机进气道流动压敏漆显示

9.4.2 油流显示与测量技术

油流试验技术是通过模型表面示踪粒子在风洞气流作用下形成流动轨迹来可视化显示表面流动的技术，在我国主要工程型风洞试验中广泛运用。中国航空工业空气动力研究院 2022 年面向压气机内流复杂分离流动观测问题，在三维投影算法的基础上建立了复杂内流道油流试验技术，通过多视角拍摄重构精细化三维表面流谱，极大提高数据的可读性与展示效果。

中国空气动力研究与发展中心发展了彩色荧光示踪粒子生成技术，研究了油流试剂定量配置及其黏度调校方法，建立了适用于马赫数 0.3~8.0 宽速域、多色彩、数字化荧光油流试验技术，拓宽了油流试验适用范围，提高了油流试验结果分辨率，能够精确获取亚跨超声速到高超声速试验模型表面流动结构及部件间的相互干扰规律，如图 9-12 及图 9-13 所示。

1. 视频测量技术

中国航空工业空气动力研究院联合图像相关技术与卡尔曼滤波（Kalman Filter）预测追踪算法，扩展立体视觉系统应用于目标空间轨迹的追踪。在 FL-61

风洞某进气锥旋转脱冰试验中实现了冰脱落轨迹捕捉的工程化应用，捕捉到冰脱落位置的发生时刻并持续跟踪记录冰脱落后的轨迹运动参数，如图 9-14 所示。中国航空工业空气动力研究院还实现了散斑技术在风洞视频测量中的应用，在 FL-10 风洞中采用视频测量技术获得了太阳能飞机翼段模型表面蒙皮的形变量，随后又在 FL-10 风洞开口试验段采用视频技术实现了直升机桨叶变形的测量，测得了旋翼桨尖运动过程中的变形规律。

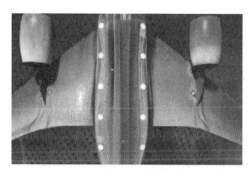

图 9-12 民机模型下翼面流动图谱

图 9-13 机翼短舱干扰流动图谱

图 9-14 进气锥旋转脱冰视频测量

中国航天空气动力技术研究院基于目标识别追踪和立体视觉技术，在 FD-16 风洞中，开展了大动压头罩分离三维轨迹捕获重建试验研究，成功捕捉了大动压下头罩分离的空间运动轨迹和姿态。进一步，针对柔弹性翼面的流固耦合试验中翼面的不规则运动重建，进行了时空跟随算法优化，扩展应用到非刚体场景中。

2. 数字化荧光微丝流动显示技术

数字化荧光微丝流动显示技术具有操作简洁、适用面广和对流场影响小等特点，广泛应用于各类风洞和外场试验，但现有的分析方法和工具处理静态图片存在较大的误差，更无法用于动态实验。西北工业大学开展了数字化荧光微丝流动显示技术研究，并形成了处理软件，可实现图像校正、分割、求解、绘制流线，给出丝线的方向数据和流线图。该技术丝线识别准确率为100%；在风洞中实现了深低温（−173℃）、$Ma=0.86$ 的荧光微丝试验。

9.5 在国民经济建设中的应用

中国航空工业空气动力研究院研制了烟流发生器装置，形成了商业产品。应用于C919的风洞试验，针对翼根流动分离与控制的问题，通过流场的烟流显示对问题的解决起到了重要作用；把该设备应用于C919飞机的外场试验，验证了发动机的进气问题。

中国航天空气动力技术研究院发展的液晶摩阻测量技术，与中国科学院力学研究所联合在低速风洞中获得了中车青岛四方机车车辆股份有限公司的高铁模型表面摩擦阻力分布，如图9-15所示，支撑高铁外形优化。

图9-15 高铁头部液晶摩阻图像

参考文献

[1] CUI Y T, ZHANG Y, JIA P, et al. Three-dimensional particle tracking velocimetry algorithm based on tetrahedron vote [J]. Experiments in Fluids, 2018, 59(2): 31.

[2] MA Q M, LIN Y W, ZHANG Y. Cluster-based three-dimensional particle tracking velocimetry

algorithm: test procedures, heuristics and applications [C]//Proceeding of 2021 International Conference on Wireless Communications, Networking and Applications, 2022: 487-496.

[3] 黄湛, 王宏伟, 李晓辉, 等. 光流方法在高分辨率速度测量中的应用 [C]//中国力学大会-2021+1论文集: 第二册, 2022: 1262-1269.

[4] 黄湛, 王宏伟, 等. 光流技术在高分辨率流场测试中的应用 [C]. 第十二届全国流动显示学术会议, 2021.

[5] 王宏伟, 黄湛, 于靖波, 等. 平面粒子图像测速技术在大型工业风洞中的应用 [C]//2019年全国工业流体力学会议摘要集, 2019: 44.

[6] 李晓辉, 王宏伟, 张淼, 等. Tomo-PIV 亚跨声速风洞应用探索 [J]. 实验流体力学, 2020, 34(4): 44-52.

[7] WANG H W, HUANG Z, YUAN M L, et al. Subsonic wind tunnel small riblets drag reduction experiment on C919 fuselage model [C]//Proceedings of the 32nd Congress of the International Council of the Aeronautical Science, 2021: 0928.

[8] 李晓辉, 王宏伟, 黄湛, 等. 层析粒子图像测速技术研究进展 [J]. 实验流体力学, 2021, 35(1): 86-96.

[9] 王方剑, 王宏伟, 李晓辉, 等. 细长旋成体亚声速超大攻角非定常流动特性研究 [J]. 力学学报, 2022, 54(2): 379-395.

[10] NIU Z G, LIU J, LIANG H, et al. Flying wing flow separation control by microsecond pulsed dielectric barrier discharge at high Reynolds number [J]. AIP Advances, 2019, 9(12): 125120. DOI 10.1063/1.5125847.

[11] 牛中国, 胡秋琦, 梁华, 等. 飞翼模型微秒脉冲等离子体控制低速风洞试验研究 [J]. 推进技术, 2019, 40(12): 2816-2826. DOI: 10.13675/j.cnki.tjjs.180746.

[12] 牛中国, 许相辉, 王建峰, 等. 飞翼模型纵向气动特性等离子体流动控制试验 [J]. 物理学报, 2022, 71(2): 024702. DOI: 10.7498/aps.71.20211425.

[13] 牛中国, 梁华, 蒋甲利. 基于微妙脉冲激励的飞翼模型等离子体流动控制试验研究 [J]. 工程力学, 2023, 40(2): 247-256. DOI: 10.6052/j.issn.1000-4750.2021.08.0615.

[14] WEI B, WU Y, LIANG H, et al. SDBD based plasma anti-icing: A stream-wise plasma heat knife configuration and criteria energy analysis [J]. International Journal of Heat and Mass Transfer, 2019, 138: 163-172.

[15] XIE L, LIANG H, ZONG H H, et al. Multipurpose distributed dielectric-barrier-discharge plasma actuation: Icing sensing, anti-icing, and flow control inone [J]. Physics of Fluids, 2022, 34(7): 071701.

[16] XIE L, LIANG H, ZONG H H, et al. Improving aircraft aerodynamic performance with bionic wing obtained by ice shape modulation [J]. Chinese Journal of Aeronautics, 2023, 36(2): 76-86.

[17] SU Z, LIANG H, ZONG H H, et al. Geometrical and electrical optimization of NS-SDBD streamwise plasma heat knife for aircraft anti-icing [J]. Chinese Journal of Aeronautics, 2023, 36(2): 87-99.

[18] SU Z, ZONG H H, LIANG H, et al. Minimizing airfoil drag at low angles of attack with DBD-based turbulent drag reduction methods [J]. Chinese Journal of Aeronautics, 2023, 36(4): 104-119.

[19] ZONG H H, SU Z, LIANG H, et al. Experimental investigation and reduced-order modeling of plasma jets in a turbulent boundary layer for skin-friction drag reduction [J]. Physics of Fluids, 2022, 34(8): 085133.

[20] JIA Y H, LIANG H, ZONG H H, et al. Flow separation control in S-shaped~ inlet with a nanosecond pulsed surface dielectric barrier discharge plasma actuator [J]. Journal of Physics D: Applied Physics, 2021, 55(5): 055201.

[21] KONG Y K, WU Y, ZONG H H, et al. Supersonic cavity shear layer control using spanwise pulsed spark discharge array [J]. Physics of Fluids, 2022, 34(5): 054113.

[22] LU X G, YI S H, HE L, et al. Experimental study on unsteady characteristics of shock and turbulent boundary layer interactions [J]. Fluid Dynamics, 2020, 55(4): 566-577.

[23] LU X G, YI S H, HE L, et al. Experimental study on time evolution of shock wave and turbulent boundary layer interactions [J]. Journal of Applied Fluid Mechanics, 2020, 13(6): 1769-1780.

[24] 陆小革, 易仕和, 牛海波, 等. 不同入射激波条件下激波与湍流边界层干扰的实验研究 [J]. 中国科学: 物理学 力学 天文学, 2020, 50(10): 104706.

[25] 陆小革, 易仕和, 何霖, 等. 高分辨率激波/边界层干扰时间演化过程分析 [J]. 航空学报, 2022, 43(1): 626147.

[26] 陈勇富, 文帅, 刘展, 等. 一种用于风洞模型六自由度运动捕获方法: 202010911846.6 [P]. 2020-12-11.

[27] 沙心国, 张隽研, 郭跃, 等. 一种三维激波外轮廓观测方法: 202110484641.9 [P]. 2021-08-27.

[28] 李国强, 宋奎辉, 易仕和, 等. 基于后缘小翼的翼型反流动态失速主动控制试验研究 [J]. 力学学报, 2023, 55(11): 2453-2467.

[29] 李国强, 赵鑫海, 易仕和, 等. 旋翼动态失速与反流流动控制研究进展 [J]. 实验流体力学, 2023, 37(4): 29-47.

[30] XIA Z H, DING H L, YI S H. Inhibition of the aero-optical effects of supersonic mixing layers based on the RVGAs' control [J]. Chinese Optics Letters, 2023, 21(3): 13-17. 030102. DOI: 10.3788/COL202321.030102.

[31] 米琦, 易仕和, 赵鑫海, 等. 不同后台阶型面下游流场特性研究 [C]//中国力学学会. 中国力学大会-2021+1 论文集 (第一册). 国防科技大学空天科学学院, 2022: 692. DOI: 10.26914/c.cnkihy.2022.065367.

[32] 霍俊杰, 郑文鹏, 牛海波, 等. 压缩拐角激波边界层干扰流场精细结构时间演化特性实验研究 [C]//中国力学学会. 中国力学大会-2021+1 论文集 (第一册). 国防科技大学空天科学学院, 2022: 807. DOI: 10.26914/c.cnkihy.2022.065474.

[33] 冈敦殿, 易仕和, 米琦, 等. 超声速混合层 MHz 级超高频流动可视化实验 [J]. 气体物

理，2022，7(6)：33-41. DOI：10.19527/j.cnki.2096-1642.0989.

[34] 艾邦成，陈智，江娟，等. 后缘舵机身干扰区气动加热机理及局部外形优化设计[J]. 导弹与航天运载技术，2022(4)：98-103.

[35] 夏梓豪，丁浩林，易仕和，等. 基于 Ramp-VG 阵列的超声速混合层流动控制实验研究[J]. 气体物理，2022，7(2)：49-56. DOI：10.19527/j.cnki.2096-1642.0952.

[36] 易仕和，丁浩林. 适用高超声速飞行环境的超声速气膜冷却光学窗口研究进展[J]. 空天防御，2021，4(4)：1-13.

[37] 冈敦殿，易仕和，米琦，等. 超声速湍流边界层与圆柱相互作用试验[J]. 航空学报，2022，43(1)：626104. DOI：10.7527/S1000-6893.2021.26104.

[38] 郑文鹏，易仕和，牛海波，等. 高超声速 4:1 椭圆锥横流不稳定性实验研究[J]. 物理学报，2021，70(24)：244702. DOI：10.7498/aps.70.20210807.

[39] 徐席旺，易仕和，张锋，等. 高超声速圆锥边界层转捩实验研究[J]. 气体物理，2022，7(3)：45-59. DOI：10.19527/j.cnki.2096-1642.0905.

[40] 金龙，易仕和，霍俊杰，等. 圆柱型粗糙元诱导的超声速边界层转捩实验研究[J]. 上海交通大学学报，2021，55(8)：942-948. DOI：10.16183/j.cnki.jsjtu.2020.221.

[41] 霍俊杰，易仕和，牛海波，等. 基于温敏漆技术的圆锥高超声速大攻角绕流背风面流动结构实验研究[J]. 气体物理，2022，7(4)：67-76. DOI：10.19527/j.cnki.2096-1642.0906.

[42] 牛海波，易仕和，刘小林，等. 高超声速三角翼上横流不稳定性的实验研究[J]. 物理学报，2021，70(13)：134701. DOI：10.7498/aps.70.20201777.

[43] 张博，何霖，易仕和. 超声速湍流边界层密度脉动小波分析[J]. 物理学报，2020，69(21)：214702. DOI：10.7498/aps.69.20200748.

[44] 易仕和，丁浩林. 稀密大气中高超声速导引头红外成像面临的机遇、挑战与对策[J]. 现代防御技术，2020，48(03)：1-10. DOI：10.3969/j.issn.1009-086x.2020.03.001.

[45] 易仕和，刘小林，牛海波，等. 高超声速边界层流动稳定性实验研究[J]. 空气动力学学报，2020，38(1)：137-142. DOI：10.7638/kqdlxxb-2019.0129.

[46] 易仕和，刘小林，陆小革，等. NPLS 技术在高超声速边界层转捩研究中的应用[J]. 空气动力学学报，2020，38(2)：348-354，378. DOI：10.7638/kqdlxxb-2020.0044.

[47] 王猛，李玉军，赵荣奂，等. 基于在线加热涂层的宽速域转捩探测技术[J]. 航空学报，2022，43(11)：526820. DOI：10.7527/S1000-6893.2022.26820.

[48] 尚金奎，李玉军，赵荣奂，等. PIV 及 PSP 技术在大飞机风洞试验中的综合应用[J]. 空气动力学学报，2023，41(12)：107-117. DOI：10.7638/kqdlxxb-2023.0152.

[49] 董依依，衷洪杰. 阵列式高频热流信号薄膜传感器制备工艺与参数研究[J]. 航空制造技术，2022，65(8)：107-112. DOI：10.16080/j.issn1671-833x.2022.08.107.

[50] 张雪，衷洪杰，王猛，等. 跨声速叶栅叶片快速响应 PSP 测量研究[J]. 空气动力学学报，2019，37(4)：586-592，599. DOI：10.7638/kqdlxxb-2017.0031.

[51] 王猛，钟海，衷洪杰，等. 红外热像边界层转捩探测的飞行试验应用研究[J]. 空气动力学学报，2019，37(1)：160-167. DOI：10.7638/kqdlxxb-2018.0240.

[52] 刘朝阳, 王鑫蔚, 王轩, 等. 微结构超疏水壁面湍流边界层减阻机理的TRPIV实验研究[J/OL]. 实验流体力学, 2023, 38: 1-11. DOI: 10.11729/syltlx20220016.

[53] 白建侠, 赵凯芳, 程肖岐, 等. 双振子同异步振动主动控制湍流边界层减阻实验研究[J]. 力学学报, 2023, 55(1): 52-61. DOI: 10.6052/0459-1879-22-248.

[54] 王轩, 范子椰, 陈乐天, 等. 流向凹曲率壁面湍流边界层的TRPIV实验研究[J]. 实验流体力学, 2022, 36(6): 1-9. DOI: 10.11729/syltlx20210084.

[55] 王轩, 范子椰, 唐湛棋, 等. 湍流边界层大尺度相干运动的阵列TRPIV测量[J]. 空气动力学学报, 2022, 40(01): 49-56. DOI: 10.7638/kqdlxxb-2021.0123.

[56] 刘丽霞, 王康俊, 王鑫蔚, 等. 沟槽超疏水复合壁面湍流边界层减阻机理的TRPIV实验研究[J]. 实验流体力学, 2021, 35(1): 117-125. DOI: 10.11729/syltlx20200001.

[57] 郝礼书, 林梓佳, 屈昊阳, 等. 缝道几何构型对翼型气动特性的影响[J]. 空气动力学学报, 2023, 41(11): 36-45. DOI: 10.7638/kqdlxxb-2022.0188.

[58] 高永卫, 魏斌斌, 梁栋. 翼型风洞试验技术研究现状[J]. 空气动力学学报, 2021, 39(6): 85-100. DOI: 10.7638/kqdlxxb-2021.0381.

[59] 魏斌斌, 高永卫, 孙博, 等. 翼型边界层脉动压力统计特征分析[J]. 空气动力学学报, 2022, 40(6): 129-137. DOI: 10.7638/kqdlxxb-2021.0263.

[60] 吕文豪, 张智昊, 郝礼书, 等. 可调缝道构型对翼型气动特性的影响[J]. 空气动力学学报, 2024, 42(6): 76-87. doi: 10.7638/kqdlxxb-2023.0166.

[61] ZHENG B R, LIU Y P, YU M H, et al. Flow control performance evaluation of a tri-electrode sliding discharge plasma actuator[J]. Chinese Physics B, 2023, 32(9): 403-410. DOI 10.1088/1674-1056/acae76.

[62] ZHENG B R, ZHANG Q, ZHAO T F, et al. Experimental and numerical investigation of a self-supplementing dual-cavity plasma synthetic jet actuator[J]. Plasma Science and Technology, 2023, 25(2): 193-199. DOI: 10.1088/2058-6272/AC8CD4.

[63] LIU B, LIANG H, ZHENG B R. Investigation of the interaction between NS-DBD plasma-induced vortexes and separated flow over a swept wing[J]. Plasma Science and Technology, 2023, 25(1): 99-110. DOI: 10.1088/2058-6272/AC7CB8.

[64] 谢理科, 梁华, 吴云, 等. 等离子体激励与电加热式防冰性能对比[J]. 航空学报, 2023, 44(1): 627971. DOI: 10.7527/S1000-6893.2022.27971.

[65] ZHAO T F, ZHANG Q, ZHENG B R, et al. Electrical and aerodynamic characteristics of sliding discharge based on a microsecond pulsed plasma supply[J]. Plasma Science and Technology, 2022, 24(11): 43-52. DOI: 10.1088/2058-6272/AC742C.

[66] ZHENG B R, JIN Y Z, YU M H, et al. Turbulent drag reduction by spanwise slot blowing pulsed plasma actuation[J]. Plasma Science and Technology, 2022, 24(11): 31-41. DOI: 10.1088/2058-6272/AC72E2.

[67] 李琳恺, 黄紫, 顾蕴松, 等. 双合成射流前体非对称涡控制技术及模型自由飞实验验证[J]. 实验流体力学, 2023, 37(4): 96-104. DOI: 10.11729/syltlx20230042.

[68] 郭江龙, 顾蕴松, 罗帅, 等. 基于表面压力信息的空间流向涡识别方法[J]. 航空学

报，2023，44(6)：127228. DOI：10.7527/S1000-6893.2023.27228.
[69] 孙之骏，顾蕴松，赵航. 流向涡-面干扰流动特征 [J]. 空气动力学学报，2020，38(3)：470-478. DOI：10.7638/kqdlxxb-2019.0026.
[70] 彭迪，李永增，刘旭，等. 高超声速快响应PSP测量技术研究进展 [J]. 实验流体力学，2022，36(2)：92-101. DOI：10.11729/syltlx20210122.
[71] 祝勇，董哲，彭迪，等. 压力敏感涂料PSP宽域（1~600kPa）静态标定方法研究 [J]. 实验流体力学，2021，35(3)：69-76. DOI：10.11729/syltlx20200138.
[72] 彭迪，李永增，焦灵睿，等. 快响应PSP应用于旋转叶片测试的挑战与对策 [J]. 工程热物理学报，2020，41(6)：1350-1358.
[73] 蔡华俊，宋旸，曹政，等. 基于背景纹影技术的三维瞬态密度场重建 [J]. 气动研究与试验，2023，1(6)：79-91. DOI：10.20118/j.issn2097-258X.2023.06.008.
[74] 陈吉风，张传鸿，彭傲雪，等. 基于TR-PIV的俯仰翼型流动结构实验 [J]. 海军航空大学学报，2024，39(4)：492-500. DOI：10.7682/j.issn.2097-1427.2024.04.012.
[75] 邓泽峰，陈曦，张传鸿. 斜波转捩研究综述 [J]. 气体物理，2023，8(3)：1-18. DOI：10.19527/j.cnki.2096-1642.1018.

第10章

智能空气动力学

21世纪以来，人工智能技术的迅速发展为很多科学和工程研究提供了新的范式。随着实验技术和计算科学的飞速发展，空气动力学研究中产生了大量的数据，如何通过人工智能方法来利用这些大数据，通过机器学习来缓解甚至替代理论/方法层面对人脑的依赖，提出新的方法和模型的构建范式，从基础研究和工程应用方面改变当前空气动力学的研究面貌等问题亟须解决。因此，发展智能空气动力学不仅是学科发展的需求，也是很多重大工程研制的迫切需求。

智能空气动力学是人工智能与空气动力学的结合，融入了第四研究范式（数据驱动）的独特研究方法，已逐步发展成为一门独立的交叉学科。这一新兴方向的研究包括空气动力学理论、模型和方法的智能化，流动信息特征提取与多源气动载荷的智能融合，物理的孪生系统与虚拟飞行，多学科、多物理场耦合模型的智能化以及流动智能控制，智能空气动力学软件或工具（如智能空气动力学大模型）等。建立智能空气动力学专业组织，培养力学、航空航天和人工智能的交叉复合型人才，为解决工程研制面临的空气动力难题提供了新的技术途径。

10.1 基础理论与前沿技术研究

10.1.1 湍流模型的智能化

湍流大数据与人工智能相结合是湍流研究的一个新领域。在湍流建模方面，为克服传统方法的不确定性与局限性，湍流研究者可以结合机器学习方法，使用高精度的湍流数据构建数据驱动的湍流模型。近年来的研究主要包括 RANS 湍流模型、LES 壁模型、亚格子应力模型、转捩模型，研究者主要从输入输出特征设计、建模架构设计、物理规律嵌入方法、耦合计算方法等方面，致力于提高数据驱动模型的精度、泛化性、鲁棒性和可解释性。

1. RANS 湍流模型

西北工业大学针对高雷诺数壁湍流问题，采用了数据驱动的涡黏建模流程（图 10-1），建立了平均流场特征和湍流涡黏之间的神经网络模型，替代传统 SA 模型并与 RANS、求解器双向耦合求解，实现了高雷诺数翼型绕流摩擦阻力系数的准确预测。清华大学基于 DNS 数据建立了预测雷诺应力的数据驱动模型，建模时将 RANS 与 DNS 的差量作为神经网络的输出，提高了传统模型对周期大分离流动的预测精度。为将湍流模型物理规律嵌入机器学习模型，哈尔滨工业大学提出了物理机器学习湍流建模方法，设计了包含湍流模型标量系数学习子网络与湍流模型张量基学习子网络的湍流建模统一网络架构，雷诺应力预测精度与泛化能力大幅提高。北京航空航天大学基于随机森林模型，建立了雷诺应力差量的湍流机器学习方法，应用于存在逆压梯度的复杂流动问题。中国科学院力学研究所提出了结合线性涡黏网络和张量基网络的组合神经网络，并采用多次修正的策略实现了修正模型对流场预测的精度闭环。北京大学采用基因编程方法建立了代数雷诺应力模型的显示表达式，并且分析了模型的物理解释性。

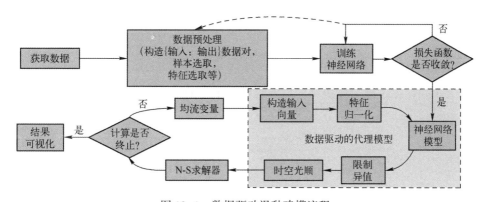

图 10-1 数据驱动涡黏建模流程

2. LES 模型

1）LES 壁模型

随着机器学习方法的迅速发展，越来越多的研究者尝试应用这一新兴方法，利用高保真度湍流数据构建数据驱动的 LES 壁模型。事实上，早在 2002 年，瑞士苏黎世联邦理工学院已采用全连接神经网络重构了槽道湍流的近壁流动，并与线性的本征正交分解结果进行了对比。对于 LES 壁模型，国内多个研究团队有着深厚的理论和应用积累。中国科学院力学研究所结合了浸入边界方法和 WMLES，通过在复杂边界上构造等效体积力和抑制插值误差的方式，分别发展了近壁速度重构、壁面滑移速度和体积力重构壁模型，并在周期山状流、后台阶绕流以及回转体绕流中进行了测试。清华大学针对运动边界湍流发展了混合浸入边界和壁模型的 LES 方法，通过在欧拉网格上动态重构亚格子涡黏以修正流场，并在较高雷诺数的槽道湍流、周期山状流和行波壁湍流中进行了测试。北京大学针对高雷诺数壁湍流发展了约束大涡模拟方法，在靠近壁面的内区采用带约束的亚格子模型，以消除对数不匹配现象，在经典的平衡、非平衡流动以及航空复杂流动中进行了应用。目前，国内关于数据驱动大涡模拟壁模型的研究较少。中国科学院力学研究所针对分离湍流，采用多隐层前馈神经网络与周期山湍流 WRLES 数据，训练了数据驱动的壁面切应力预测模型，在不同几何周期山湍流的先验评估和不同雷诺数槽道湍流的后验应用中都得到了较好的预测结果。

2）LES 亚格子模型

最近 5 年来，国内在基于机器学习的湍流亚格子模型方法上取得了较大的进展，主要有三类建模方式。第一类是直接用机器学习方法代替传统模型，建立滤波后的流场与亚格子不封闭项之间的映射关系，这类模型属于黑箱模型。2018 年，浙江大学针对各向同性湍流，使用随机森林和人工神经网络，以滤波后的速度场及其一次和二次偏导数为输入量，建立了亚格子应力的封闭模型。2019 年，中国科学院力学研究所使用人工神经网络，以滤波后的速度梯度和滤波尺度作为输入量，建立了亚格子模型。南方科技大学以不同空间点上的速度梯度作为输入量，进一步提高了亚格子模型的精度，相关系数达到 0.97 以上。2020 年，南方科技大学采用比滤波尺度更密的网格，使用更多的空间点，使得亚格子模型的相关系数超过了 0.99。同时，构造了人工黏性项，在不太影响大尺度流动结构的情况下，保持高精度亚格子模型的稳定性。2021 年，北京大学针对槽道湍流发展了基于人工神经网络的亚格子应力模型，在预测精度上优于传统大涡模拟方法。2022 年，中国科学技术大学针对槽道湍流，使用卷积神经网络发展了非局部亚格子应力模型，在预测精度上优于局部模型和传统模型。重庆大学针对可压缩槽道湍流发展了基于人工神经网络的亚格子应力模型。

第二类是用机器学习方法去优化传统模型的无量纲系数，这类模型属于代数模型，具有更好的可解释性和更强的泛化能力。2019 年，南方科技大学基于 Smagorinsky 模型和梯度模型相结合的混合模型，用人工神经网络去优化系数，得到了精度更高的亚格子模型。2020 年，南方科技大学使用滤波后的变形速度张量和旋转速度张量组成的一系列基张量，建立了基于人工神经网络的非线性代数模型。2021 年，南方科技大学使用不同空间点上的速度梯度的齐次二次函数作为基函数，进一步提升了代数模型的精度，相关系数达到 0.98 以上。2022 年，中国科学院力学研究所针对可压缩壁湍流问题，发展了基于能流约束的大涡模拟方法，并用人工神经网络优化模型的无量纲系数。

另一种代数建模方法是基于基因表达式编程方法，自动寻找显式的高精度亚格子模型。2021 年，北京大学发展了基于基因表达式编程的亚格子模型，形式上和传统模型一致，具有良好的泛化能力。同时，新模型可以比传统模型达到更高的精度，预测效果和基于人工神经网络的代数模型一致。2022 年，北京大学将基因表达式编程方法应用于颗粒流的大涡模拟中。

第三类是使用人工神经网络去构造反卷积算子，近似还原滤波前的流场，再代入亚格子项，从而得到亚格子封闭模型，这类模型属于反卷积模型。2020 年，南方科技大学发展了反卷积人工神经网络模型，该模型满足正定性和可实现性等物理条件，相关系数超过了 0.99，同时具有良好的计算效率和泛化能力。后续将反卷积人工神经网络模型成功应用在可压缩湍流和化学反应可压缩湍流的大涡模拟中。在 2021 年和 2022 年，浙江大学针对湍流燃烧大涡模拟问题，使用卷积神经网络方法构造了化学反应源项的高精度封闭模型。先验验证表明：新模型在重构高精度流场和火焰结构方面优于传统的近似反卷积方法。

用机器学习构造亚格子模型，可以显著提高大涡模拟方法的精度，但在计算效率上和传统方法相比没有太大优势。另一种更加激进的方法是使用机器学习完全代替大涡模拟方程的求解，有望大幅度提高对湍流大尺度结构演化过程的预测速度。2022 年，南方科技大学在该方向上做了初步尝试，发展了基于傅里叶神经算子的三维湍流大涡模拟方法。

3. 智能转捩模型

转捩对边界层的发展、分离、摩阻、热流等均具有重要影响。最近 5 年来，转捩模式智能化方面的研究进展主要有：清华大学采用集合卡尔曼滤波（Ensemble Kalman Filter，EnKF），研究了考虑粗糙度对转捩影响的四方程转捩模式（部分算例为 Fu-Wang 三方程模式）参数不确定度。选取转捩位置、壁面摩阻、热流等作为观测变量，得到了低速平板和翼型、高超声速平板、零攻角和小攻角钝锥转捩流动中模式参数的后验分布，并采用形状因子（反映压力梯度的影响）对最重要的参数进行了修正，提升了转捩模式的预测精度。采用 FIML 方法研究了转捩模式中第一模态时间尺度的不确定度。对不同攻角翼型转捩，使用正则集合卡尔曼滤波获得其修正项的空间后验分布，并通过随机森林（Random Forest，RF）和神经网络（Neural Network，NN）分别构建了从流场平均量到修正项的映射关系，最后嵌入求解器。RF 修正后模式预测的转捩位置误差在弦长的 1% 内，其输入特征中流向压力梯度最为敏感。北京航空航天大学也研究了 Fu-Wang 三方程转捩模式的参数敏感性分析，其算例为高超声速平板和直锥零度攻角，只考虑了第一和第二模态主控参数的敏感性，并未考虑横流主控参数的敏感性。

北京大学基于较高工程置信度的 SST-γ 转捩-湍流模式，采用人工神经网络方法对若干个机翼流场进行训练，建立平均流场到转捩间歇因子之间的映射关系，进而完全代替 SST-γ 中 γ 方程的求解。所构建的"传统+AI"混合转捩-湍流模式能够在低于 SST-γ 计算耗时的基础上，达到等同于 SST-γ 的计算精度。同时，对于攻角、马赫数、雷诺数及翼型几何有着较好的泛化性。此外，北京大学还将该架构拓展至 SA-γ 模型。

中国空气动力研究与发展中心基于经典模式方法、稳定性理论与飞行试验数据发展了适用于高速三维复杂边界层转捩模拟的 $C\text{-}\gamma\text{-}Re_\theta$ 转捩模型，并采用 NIPC 方法定量研究了横流转捩参数敏感性与不确定度。针对转捩模型在高速飞行试验迎风面 Mack 模态转捩位置滞后的问题，采用深度神经网络（Deep Neural Network，DNN）建立从模型平均流场到转捩热流的映射关系，完成了中心线区域的转捩热流智能修正，有效提升了模型对于高速转捩热流预测的精准度，成功应用于尖锥、椭锥等标模飞行试验预测。区分第一模态与横流模态，以层流流场信息、转捩模态判据及有效间歇因子等关键物理量，开展转捩替代模型的监督学习，将替代模型与 CFD 平台耦合，实现了对 $C\text{-}\gamma\text{-}Re_\theta$ 转捩模型的高效、准确替代，实现了对于平板边界层、后掠翼、椭球体等转捩标模的快速准确预测。在代数转捩模型领域，基于零压力平板 DNS 数据，结合机器学习算法与边界层理论分析方法，提出了一种新的基于混合长度的转捩边界层平均速度剖面描述方法，在平板边界层平均速度预测中效果良好。

10.1.2 网格生成、网格处理的智能化

网格技术是 CFD 的基础，也是影响 CFD 计算精度的关键因素之一。网格智能化技术能够让机器自动完成各种依赖经验的复杂、重复性操作工作，提升网格前处理流程的质量和效率，对于发展自动网格处理流程具有很大的意义。网格智能化技术目前处于起步阶段，主要集中在网格质量智能判别和网格智能生成两方面。

网格质量智能判别可用于优化航空航天工程应用领域中数值计算的准确性问题，是网格质量优化的先决条件和重要手段，也是网格优化过程的核心步骤。在网格质量智能判别方面，国内高校和科研机构开展了一系列研究。国防科技大学采用神经网络分别对二维网格和三维网格的质量进行了自动评估，通过卷积神经网络自动分类目标网格的整体质量，实现了网格质量自动化判别，如图 10-2 所示，图中高亮区域表示网格质量较差。目前已联合中国空气动力研究与发展中心，在国家数值风洞软件 NNW-GridStar 中集成智能网格质量评估模块。

图 10-2 翼型网格样本及智能判别结果（见彩插）

在网格智能生成技术方面，近 5 年来国内各个机构和高校提出了大量新方法和新思路。国防科技大学针对二维翼型外流场的三角网格生成问题，采取自顶向下的思想，通过设计图神经网络模型，自动将初始网格边界逐步移动映射到给定的几何模型，自适应增加网格节点，实现高质量的贴体网格生成，如图 10-3 所示。

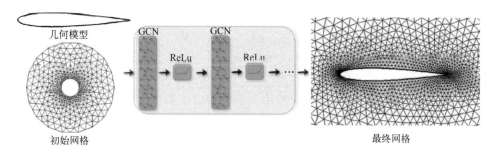

图 10-3 基于图卷积神经网络的新型非结构网格生成算法

中国空气动力研究与发展中心采用人工神经网络模型作为阵面推进和层推进方法的选点策略代替复杂的判断，发展了一种基于人工神经网络的二维非结构网格阵面推进生成方法，如图 10-4 所示。西南科技大学联合重庆文理学院、中国空气动力研究与发展中心，以及国防科技创新研究院提出了一种基于机器学习的混合网格生成方法，结合经典的层推进法以及阵面推进法来提高混合网格生成方法的适应性与效率。北京航空航天大学对高超声速钝头体绕流问题和平板横向喷

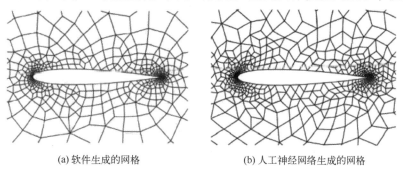

(a) 软件生成的网格　　　　　　(b) 人工神经网络生成的网格

图 10-4 软件生成网格及人工神经网格生成的网格

流干扰问题进行了结构网格自动化生成的尝试。中国航天空气动力技术研究院发展了一套基于伴随方法的 Euler 方程自适应网格 DG 求解方法，采用当地网格上输出变量的误差估计作为离散误差指示器驱动网格自适应。

尽管在智能网格技术方面国内已经取得了较大进步，但目前的技术实用化和工程化依然有限，大量关键技术亟待突破，如网格规模问题、效率问题、精度问题等。

10.1.3 智能实验技术

气动试验测量已由单点或者阵列式的传感器测量发展到了多维度的激光无侵入式测量技术。虽然高频响低噪声的点式测量技术在现阶段仍发挥着重要作用，但是高时空分辨率的多维和多场测量技术具有更重要的实际意义。粒子图像测速（PIV）技术通过在流场中播撒示踪粒子，使用相机捕捉激光平面上粒子位移图像，从而计算得到高分辨率速度矢量分布。近 5 年内，国内的三维流场测量技术飞速发展并取得广泛应用，北京航空航天大学、浙江大学、上海交通大学、天津大学等高校在此做了许多重要的工作。

目前，PIV 测量技术在气动试验中仍面临着许多挑战，深受测量误差、区域范围、时空分辨率等因素的影响。随着智能化技术的发展，机器学习算法赋予了测量技术新的动力。人工智能在试验测量技术中的应用主要体现在测量数据的增强，如速度矢量过滤与修正、时间和空间分辨率优化等。常规的矢量过滤与修正方法大多使用本征正交分解（POD）进行后处理，浙江大学提出基于人工神经网络（CNN）层析 PIV 矢量过滤算法，相比于常规的后处理算法更具优势。由于目前高速相机分辨率的限制，高频响 PIV 测量结果分辨率普遍低于低频响 PIV 结果，上海交通大学使用生成对抗神经网络来融合两种 PIV 结果的优势，达到提高高频响 PIV 空间分辨率的目的。中国科学技术大学在此基础上引入流场的时间序列作为训练样本，能够提升对流场特征的还原度。上海交通大学和哈尔滨工业大学在流场的超时间分辨率上也做了相关工作，湍流的时间信息肯定会在空间分布上留有痕迹，基于此，哈尔滨工业大学设计了双向递归神经网络来提高 POD 时间系数的分辨率，比 extend-POD 方法精度更高。基于硬件编程的 FPGA-PIV 方法为气动试验特种测量提供了手段，上海交通大学将 PIV 与动力学模态分解（DMD）方法结合，在 FPGA 的驱动下，能够捕捉流场中的非周期特殊结构，实现了在管道涡声耦合中的应用。

气动试验中的表面参数测量技术也是试验技术的一个重要部分，近 5 年来在智能化技术方面发展最快的是基于压敏漆和温敏漆的测量。作为一种流场壁面压力/温度的光学测量技术，压敏/温敏漆具有高空间分辨率的显著优势，同时能够突破单点接触式测量技术应用于高速旋转叶片时的诸多限制，实现运动模型表面压力/温度测量。近年来，针对在低速流动中压敏漆测量受误差干扰严重的问题，上海交通大学在本征正交分解的基础上，结合少量传感器及压缩感知技术对 POD 模态系数进行优化，成功将压力场测量精度提升至 50Pa 以内。针对在内流场测量中光路受限条件对测量精度的影响，西北工业大学开发了基于光线追踪技术对光场分布进行模拟，以及对光源设备的布局优化方法。在压力/温度/变形等参数的多物理场测量方面，上海交通大学与中国空气动力研究与发展中心均开展了相关的研究。其中，中国空气动力研究与发展中心通过压敏漆表面的标记点及双目视觉测量技术实现了直升机旋翼桨叶表面压力与位移变形的同步测量。上海交通大学则进而开发了带有散斑图案的压敏漆，利用数字图像互相关技术将位移变形场测量的空间分辨率提升至像素级，实现了三维模型表面压力场的测量与重构。此外，上海交通大学还开发了网格式压敏/温敏漆，可实现压力/温度/位移变形的同步测量。

10.1.4　数据同化

数据同化（data assimilation）是一种实验测量与模型预测深度融合的综合计算方法，近年来，数据同化技术应用到流体力学研究中，推动了湍流和空气动力数据与模型联合驱动计算方法的快速发展。

上海交通大学开展湍流数据同化技术的研究，基于非线性集合卡尔曼滤波（EnKF）算法，实现了针对复杂问题雷诺时均湍流模型经验参数的精确标定，数据同化后的预测结果明显提升，如图 10-5 所示，并在此基础上建立了基于特征重要性分析的观测数据最优测点位置预测和优化策略，显著降低数据同化所需的实验测量数据量。西北工业大学则使用集合变换卡尔曼滤波（Ensemble Transform Kalman Filter，ETKF）算法，改进了样本参数扰动策略，使得样本信息更加丰富。

离散伴随数据同化方法首先获得流场相对模型修正参数的敏感性，再使用梯度下降法来确定最优的修正参数分布，清华大学采用该方法实现了飞行器二维流场的准确重建。上海交通大学发展了一整套基于连续伴随的湍流数据同化方法。连续伴随基于流场敏感性的偏微分方程系统，与主方程系统联立迭代求解，从而获得时空非均匀分布的模型修正参数。该方法比离散伴随具有更低的计算资源消耗，在湍流时均场数据同化中，上海交通大学提出的基于 SA 模型的连续伴随数据同化方案，实现了全三维湍流时均场的精确重建。在此基础上，其还提出了各向异性湍流数据同化方法，突破了湍流模拟中各向同性 Boussinesq 涡黏假设的限制，同时实现了从壁面压力测量数据到空间流场的准确重构。

此外，西北工业大学提出了一种基于实验数据的流场降维湍流场同化方法，并用于反演高雷诺数翼型绕流流场。通过引入 POD 技术进行模态分析，构造一组 POD 基模态，仅通过前几阶主模态进行流场同化，能够在很大程度上降低系

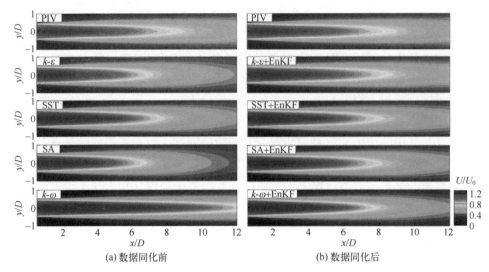

图 10-5　PIV 测量结果与不同湍流模型预测的射流时均场对比（见彩插）

统维度，该方法能够快速反演准确的湍流场分布，大幅降低压力系数计算误差，能够为湍流机器学习建模提供高可信度流场样本输入。西北工业大学还提出一种改进的集合卡尔曼反演方法，将数据同化和湍流建模合为一步进行，在给定风洞试验表面压强分布和基于深度神经网络映射的涡黏模型 RANS 耦合计算框架下，通过数据同化方法直接对神经网络模型的可训练参数进行寻优，得到与试验结果吻合的耦合求解数值模拟结果，完成神经网络湍流模型的数据同化（图 10-8）。通过数据获取和湍流建模的一体化，对若干状态的同步同化模型具备在一定状态空间内的泛化性，并保持了良好的稳定性和健壮性，在保持附着流的计算精度的同时，大迎角升力系数模拟误差较传统 SA 模型能够降低 2/3 以上。

中国科学院力学研究所采用正则集合卡尔曼方法，通过施加光滑性约束，提高了反演涡黏场的精度，得到与 DNS 结果相吻合的涡黏反演结果，并评估了三种常用集合方法在湍流模型不确定量化方面的性能，包括集合卡尔曼方法、集合随机最大似然方法和多数据同化的集合卡尔曼方法。中国科学院力学研究所指出了集合卡尔曼方法重复使用观测数据导致不确定性估计过小的问题，并验证了集合随机最大似然方法在量化雷诺应力不确定性效率上的优势。其进一步采用正则集合卡尔曼方法，利用壁面摩擦系数反演转捩模型的间歇因子场，采用切比雪夫模态表征间歇因子场的层/湍流界面，从而把间歇因子场反演转变为模态系数的反演，有效缓解了反演的病态性，并保证了反演的间歇因子场的光滑性。

非稳态湍流的数据同化相对于湍流时均场重建具有更高的难度，目前普遍采用基于四维变分（4DVar）的湍流连续同化方法来实现一段时间内的湍流瞬态场重构，而因目前巨大的计算消耗难以实现大规模三维流场计算。顺序数据同化是通过在预测模型中间断地植入实验数据，实现对预测模型运行轨迹的动态修正，通常使用卡尔曼滤波（KF）方法来实现。近 5 年来，上海交通大学在非稳态湍流数据同化中做了大量工作，提出了基于连续伴随的顺序数据同化方法，比 KF 方法具有更高的瞬态场重构准确度，且克服了 4DVar 方法计算量大的问题，有望实现航空航天中大规模流场预测并行计算。

10.1.5 多源数据智能融合

实验观测、理论分析以及数值模拟产生的海量数据提供了丰富的流体数据样本，然而由于效率与精度的巨大差异，造成多源数据之间的割裂与分歧，难以综合利用。近年来，智能化技术不断发展，为传统三大手段气动数据的融合提供了桥梁，气动智能融合算法研究获得重要进展。国内学者们针对复杂应用场景下的多源数据融合开展了丰富的研究工作，主要包含以下几个方面：

1. 多源定常数据智能融合

在面向飞行试验的数据融合研究中，为解决典型的天地一致性问题，电子科技大学和中国空气动力学研究与发展中心发展了基于 Kriging 模型的高超声速气动数据融合方法，降低了典型外形下风洞试验数据与飞行试验数据差异。中国科学院力学研究所针对泛函分析方法开展研究，发展了自适应空间变换的数据关联方法，实现了简单构型的天地数据融合。西北工业大学进一步提出了基于随机森林的数据融合方法（图 10-6），针对弹道气动数据开展了交叉验证，对飞行试验进行了高精度预示。针对风洞试验稀疏测量情况下的分布载荷精细化重构难题，西北工业大学通过数值结果提取分布载荷特征，以较少的实验数据重构获得与真实实验最匹配完整的压力分布曲线。针对多源分布载荷的融合，西北工业大学将灵活的数值模拟和较为客观的风洞试验，在神经网络架构下通过混合精度方法有机结合，实现了机翼任意流动状态下的高效、高精度气动特性预测，也建立了一种崭新且可行的多源气动分布载荷快速分析框架。

2. 多源非定常数据智能融合

在综合利用风洞试验与数值模拟的研究中，西北工业大学结合数据融合与机器学习方法，开展了翼型动态失速风洞试验预示方法研究，融合数值仿真方法的灵活性与风洞试验的客观性，实现了翼型任意运动形式下的动态失速气动性能预测（图 10-7），并挖掘了该动态失速机器学习模型有效性的物理解释。进一步在飞机大迎角动态失速风洞试验设计与数据挖掘方面，利用经典动导数模型的鲁棒性，结合了嵌入式集成神经网络架构，实现了风洞试验数据需求的大幅降低，可以将原本参数范围的风洞试验需求降低 4/5 以上。相关研究大大提高了大迎角飞机动态风洞试验的效率与数据精度，对飞机虚拟飞行与动态仿真具有重要意义。

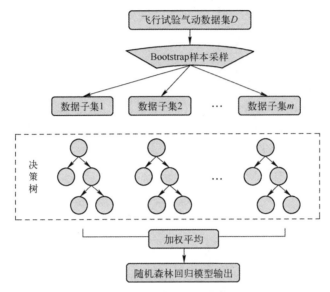

图 10-6　基于随机森林的天地数据融合方法

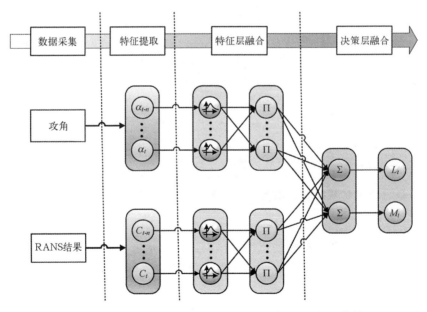

图 10-7　嵌入式集成神经网络架构下的动态失速数据融合算法

3. 多源异构数据智能融合

在飞行器数据库构建研究中，西北工业大学针对小样本约束条件气动力建模难题，基于异构数据融合方法，提出了一种融入压力分布信息的 Kriging 气动力建模框架，在气动力建模过程中引入压力分布信息，来提高气动力建模的精度和泛化性。在翼型结冰气动性能预测研究中，西北工业大学结合多任务学习模型，提出了干净翼型气动数据与典型工况结冰外形气动数据结合的数据融合算法，提高了结冰外形气动性能的预测能力，降低预测误差 50% 以上。相关研究推广了数据融合的针对性，实现了基于人工智能的异构数据融合能力，为多场景多任务数据融合模型的开发提供了基础。

10.1.6　流动控制智能化

数据驱动和机器学习的方法适合用于非线性、高维、复杂的问题，适合解决流动控制中复杂流动建模难和控制律设计难的问题。

1. 钝体绕流减阻与尾迹控制

香港理工大学基于数值模拟提出了一种基于强化学习的消除钝体尾迹动力学特性的主动流控制策略。控制方案采用一组迎风吸背风吹（WSLB）执行机构，通过测量尾迹下游一系列监测点速度信息，利用数据驱动的深度强化学习，优化 WSLB 的控制策略。其提出的控制手段仅检测到流动速度 0.29% 的缺陷，与非受控流动相比减少了 99.5%。针对不同雷诺数（$Re = 100, 200, 300$）的圆柱绕流问题，以圆柱周围速度传感器阵列监控的信号作为反馈信息，采用深度强化学习训练智能体选择旋转角速度来最小化圆柱的平均阻力系数，分别获得了 10%、19% 和 21% 的减阻率。香港理工大学进一步使用深度强化学习（Deep Reinforcement Learning，DRL）在较大雷诺数范围内对二维圆柱绕流开展了主动减阻控制，控制信号为圆柱体上下侧的 4 个合成射流的质量流量，能够显著降低升力和阻力波动，分别实现阻力降低 5.7%、21.6%、32.7% 和 38.7%。

机器学习方法也用于实验流动主动控制设计研究。西湖大学在实验中验证了强化学习在钝体绕流控制问题中的有效性，通过强化学习优化圆柱下游的一对反向旋转小圆柱的转速来最大限度地降低阻力系数。通过对比不同奖励，设计合适的降噪技术，经过数十次自动拖曳实验，强化学习方法实现了减阻 30% 的效果，可与最优控制相媲美，如图 10-8 所示，其中图（a）为无控制，图（b）为控制律优化 100 次，图（c）为控制律优化 500 次。

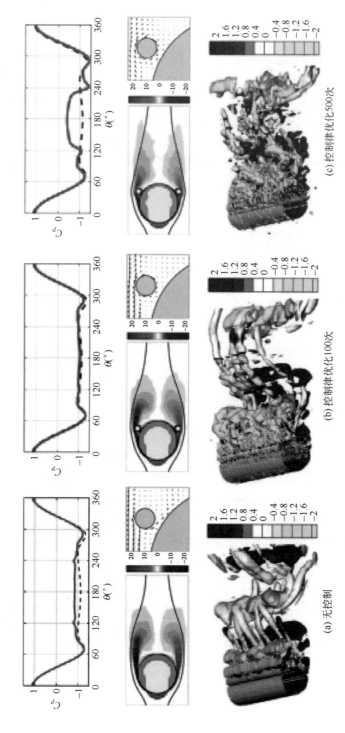

图 10-8 圆柱绕流减阻控制律训练过程中压力分布和涡量云图对比（见彩插）

哈尔滨工业大学（深圳）提出一种基于探索梯度法的机器学习控制来优化控制器参数并开展灵敏度分析。该方法用于减少方形汽车模型在雷诺数 $Re=1.7\times10^5$ 时的阻力。控制系统使用模型背风面分布的射流作为执行机构，通过测量背风面时均压力来优化控制律。结果表明，所提出的优化方案可以显著缩短搜索过程，只需要大约 100 次测试运行，并实现 13% 的压力恢复、11% 的减阻效果，收敛的控制律消除了模型尾迹的双稳态性。该团队之后还开发了一个名为 DRLinFluids 的开源 Python 平台，将深度强化学习用于流体力学中的流动控制和优化问题。流场仿真采用工业界和学术界流行的、灵活的 OpenFOAM 求解器，结合 Tensorforce 和 Tianshou 等广泛使用的多功能 DRL 算法软件库。通过圆柱和方柱的尾涡控制验证了 DRLinFluids 的可靠性和效率。DRLinFluids 可以减少深度强化学习在流体力学中应用的工作量，有望加速其学术和工业应用。

2. 湍流机器学习控制

对于具有复杂非线性特性的湍流系统，常规的流动建模方法很难获得满意的结果。机器学习凭借对非线性的比拟优势，在复杂湍流系统的控制中广泛应用，实现增升、减阻、抑制分离提高稳定性以及增强掺混等控制目的。

在减阻方面，哈尔滨工业大学（深圳）开发了一种人工智能（Artificial Intelligence，AI）开环控制系统来控制平板上的湍流边界层（Turbulent Boundary Layer，TBL），以减少摩擦阻力。该系统使用由 6 个合成射流组成的执行机构，通过测量近壁速度分布来估计剪切应力，利用遗传算法优化射流相角等参数。在传统的开环控制下，合成射流的局部阻力减少为 48%，而在 AI 控制下，这种局部阻力减少达到 60%，扩展了有效阻力减少区域。西北工业大学针对槽道流动的壁面减阻控制问题，通过测量流场信息来调节槽道壁面变形运动，采用在线学习的自适应控制器优化以神经网络描述的控制律，优化后的壁面最大减阻效果可达 17.41%，壁面湍流强度降低了 19.68%，同时壁面的涡量与雷诺切应力也有所降低。

在控制分离、增升方面，南京理工大学将深度强化学习（DRL）应用于弱湍流条件下 NACA0012 翼型绕流的增升减阻控制。经过训练，DRL 智能体有能力找到合适的控制策略，实现减阻 27.0%，平均升力提高 27.7%，并且能够节省 83% 的协同射流的能耗。南京航空航天大学搭建了基于深度强化学习的射流闭环控制系统，在 NACA0012 翼型上开展了大迎角分离流动控制实验研究，经过训练的智能体成功地抑制了大迎角下的流动分离，比定常吹气的费效比降低了 50%，智能体可以将翼型后缘压力系数稳定地控制在目标值附近。

在超声速激波抑制方面，南京航空航天大学、国防科技大学等为了分析逆向等离子体合成射流对激波控制的作用规律，采用机器学习中的高斯过程回归模型,获得激励器参数(头锥直径、腔体体积、放电电容、出口直径)到控制效果参数(最大脱体距离)的映射规律,对比多种核函数下高斯过程回归的预测效果,采用特征重要性分析方法分析激励器参数对控制效果参数的影响程度,为高速复杂流场流动控制实验中激励器各项参数的设置提供了参考。

3. 流致振动的减弱与增强控制

香港理工大学为了抑制低雷诺数圆柱绕流中的涡致振动,采用遗传规划(Genetic Programming, GP)以数据驱动的方式优化显示的控制律,控制方式为吹吸气控制。根据从吹/吸开环控制中获得的知识,设计平衡 VIV 抑制和控制能耗的成本函数,可抑制94.2%的 VIV 振幅,与最佳开环控制相比,整体性能提高21.4%,且在 $Re=100\sim400$ 的流动中均能有效抑制涡致振动。浙江大学采用圆柱上下两端的合成射流作为控制机构,抑制 $Re=100$ 的圆柱绕流中的涡致振动幅值,使用主动学习方法建立了基于高斯过程回归的参数化机器学习代理模型,并应用贝叶斯优化方法去平衡计算成本和优化目标之间的需求,对控制律参数进行优化,并将圆柱的振动幅度从 $A=0.6$ 降低到 $A=0.43$。进一步应用深度强化学习方法去探索闭环控制策略,通过评估当前流动状态(流场中检测点的速度信息)下采用当前控制动作(圆柱表面射流流量)的优劣,优化基于神经网络描述的控制策略,将振动幅度抑制到 0.11,降低了 82.7%,如图 10-9 所示。研究表明,闭环控制策略(深度强化学习)比开环控制策略(主动学习)具有更好的控制效果,但无模型深度强化学习算法也需要大量的学习和训练时间。西北工业

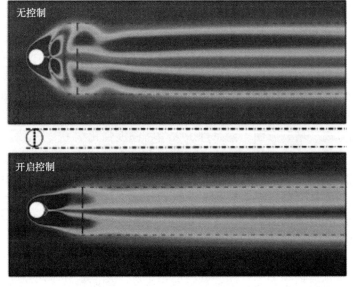

图 10-9 控制开启前后时均涡量云图

大学针对 NACA0012 翼型的跨声速抖振流动开展了基于数据驱动方法的 RBF 神经网络自适应控制,抑制跨声速抖振流动中的脉动载荷。未施加控制前,流场有大幅激波晃动,并伴随有升力脉动,施加控制后,流场迅速恢复到不稳定定常流场。对于时变的来流状态,控制律表现出较强的鲁棒性,控制系统通过调节舵偏角使流动系统平稳变化,在整个抖振边界内不产生大幅脉动载荷。

10.1.7 流动智能化建模

无论是通过数值仿真还是风洞试验,流体力学研究所产生的数据信息都是海量的。如何从海量高可信度流场样本数据中学习流场的时空结构特征、快速高效获得流场数值解成为流体力学智能化领域的研究热点之一。流场智能建模技术因能够代替偏微分方程求解而直接对流体力学方程的解进行映射建模而备受关注。当前流场智能建模的主要趋势是发展三维流场建模方法,研究数据/物理双驱动的建模方法,提高预测精度及泛化能力,推广其在工程实际问题中的应用。

1. 流场特征提取技术

为准确分析复杂流体的动力学特征,从海量的流动数据中提取主要特征信息可帮助理解流动行为,进而建立数据驱动的流动演化模型。流场数据特征提取手段包括线性模态分析和非线性特征提取两大类。线性模态分析可以得到高维流动系统的特征子空间/特征结构,从而将高维流场分解成少量主要成分的线性叠加。由于非定常流动本身的非线性特征,建立非线性模型是特征提取的最终目标。目前,非线性特征提取技术途径主要包括线性模态方法的非线性化、聚类分析、流形学习以及神经网络。

数据驱动的非线性特征提取可以通过神经网络直接学习,即构建一个自编码器实现流动快照的自映射。上海交通大学、西安交通大学、西北工业大学、中国科学院力学研究所等单位均对这一非线性特征提取算法开展了相关研究,针对不同问题开发出了不同结构的神经网络模型,并成功将提取到的流场低维特征应用于流动特性分析和流场重构。大连海事大学开发了基于流场时程数据的神经网络模型,研究了对尾流场特征提取与识别精度的影响因素,得到了针对流场时程特征提取的高精度新方法。

2. 流场高分辨率重构技术

由于实验中传感器分辨率的限制或 CFD 仿真中的网格尺寸不足,获得的流场可能在空间和时间分辨率方面较差,获取高分辨数据也意味着要付出更大的代价。除了对理论的验证探索和实验技术的精度提升,对低分辨率流场进行重构是获得高分辨率流场的另一重要手段。传统的高分辨率重构方法主要基于插值算法,其重构精度依赖于插值点的小范围邻域信息，重构的数据图像往往较为模糊。

借助神经网络技术的全局特征捕捉能力，可以以较少的计算成本从低分辨率流场中提取流场全局特征结构，在较大的采样比情况下仍能重构获得较高分辨率的流场。上海交通大学使用生成对抗神经网络开发了一种用于湍流的高分辨率重构的深度学习模型。该模型将低分辨率瞬时流场快照作为输入，通过多层卷积神经网络直接重构出对应的高分辨率流场。西安交通大学和中国科学技术大学分别构造了能同时包含空间信息和时间信息的重构模型，模型使用一段时间序列数据作为输入，能够重构出更多的重要特征。

3. 流场时空重构技术

相对于传统的流场数值模拟方法，流场智能建模方法是基于数据或物理模型驱动的，不需要对偏微分方程进行复杂的时空离散化，在计算精度和计算效率方面有潜在的优势。智能流场时空重构技术采用神经网络方法对流场模拟方法或实验手段获得高可信度流场样本数据进行学习，构建神经网络映射关系代替原始的偏微分方程，能够快速、高效获得流场数值解。

神经网络强大的特征捕捉及非线性映射能力使其能以较高精度和效率完成不同工况下定常流场重构任务。哈尔滨工业大学、西北工业大学、南京航空航天大学、中国科学院力学研究所、中国空气动力研究与发展中心等单位针对不同问题使用神经网络构建了人工特征与定常流场的映射模型，神经网络均展示出了其优异的预测能力及泛化能力。对于具有时空动力学演化特性的非定常流场预测问题，西安交通大学发展了新型神经网络架构，成功捕捉非定常流场时空演化特性，并构建了流固耦合系统深度学习降阶模型。

4. 气动智能化设计

机器学习由于其强大的非线性映射构架和模式挖掘的能力，近年来被大量研究应用于气动优化设计中。我国科研人员在这方面的研究总体上处于世界前沿水平，并形成了若干典型的研究方向，即人工智能辅助的优化设计、基于人工智能的优化设计或反设计、气动优化设计中的知识挖掘与可解释性研究。

人工智能辅助的优化设计主要包含两类方法。一是借助机器学习模型进行快速预测，或基于优化过程中产生的结果对优化算法进行提示和引导。西北工业大学、清华大学、南京航空航天大学等单位在此方面均有研究，并在多个工程设计中得到了应用。西北工业大学在多精度数据、物理指导的建模等研究方向取得了突出进展，实现了性能和流场的快速精准预测，从而极大提高了优化效率。二是借助机器学习对飞行器性能的鲁棒性、不确定度等复杂指标进行估算，从而大幅降低鲁棒优化、多点优化等复杂问题的计算代价。清华大学在机翼结冰优化中使用混沌多项式等机器学习模型实现了带复杂冰型的超临界翼型在多飞行条件下性能的综合提升。北京航空航天大学、复旦大学等单位也基于机器学习模型实现对飞行器性能不确定度的评估，从而高效开展鲁棒优化。

基于人工智能的优化设计或反设计中具有代表性的是基于强化学习的优化设计，以及基于深度学习的反设计两类研究。强化学习是一种能够模拟人类学习过程的通用人工智能，清华大学实现了基于强化学习的超临界翼型设计，并通过驱使模型捕捉优化设计背后的流动物理规律，实现了强化学习策略模型在非训练工况下的良好迁移能力。北京航空航天大学等单位也在强化学习方面开展了相关研究，并借助迁移学习实现强化学习从二维优化向三维优化的迁移应用。基于深度学习的反设计通常借助生成式模型，实现在给定性能指标的条件下自动生成相应的几何和流场。清华大学、西北工业大学、上海交通大学、上海飞机设计研究院等多家单位在生成对抗网络、变分自动编码机等模型在气动优化设计中的应用均有深入研究。

气动优化设计中的知识挖掘与可解释性研究在国内开展得相对较少，但其对工程设计和下一代人工智能技术的发展十分重要。机器学习模型的物理可解释性是打开机器学习黑箱的关键，也是将人工智能与气动优化设计进一步深度融合的关键。清华大学提出的物理可解释变分自动编码机、基于后掠理论的二维向三维迁移学习模型，西北工业大学等单位研究的物理指导流场预测和重构模型等，在这方面均取得了较大进展。

10.1.8 物理约束的智能化流场求解

1. 物理方程约束的深度神经网络

近年来，深度神经网络日益成为偏微分方程正反问题求解领域的研究热点。其中的代表性工作是物理信息神经网络（Physics Informed Neural Networks，PINNs）。该类框架以时空坐标为输入，解函数为输出，通过将物理系统的控制方程引入神经网络的损失函数中，在确保网络输出逼近定解条件或观测数据的同时约束其在求解域内满足控制方程。相比传统数值算法，此类智能方法具有实现简单、无须网格剖分及易于求解反问题等优势。

哈尔滨工业大学提出了不可压缩 N–S 方程智能求解框架 NSFnets，研究了动态权重系数调整策略对网络收敛速度的影响，获得了基于神经网络的湍流直接模拟结果，探索了传统 CFD 模拟受限的边界条件不完整或含噪声等病态问题与流场反演问题的神经网络求解方法。西安交通大学基于 POD-Galerkin 方法构建了降阶方程约束的神经网络，通过融合高保真流场快照提升了算法的求解效果，并在不同模态数目下探究了该方法与经典数值算法的差异。中国科学院力学研究所基于相场方法，设计了不可压缩两相流求解器，利用神经网络自动微分解决了高阶导数计算问题，并保持了相场方法高精度特点。中国科学院数学与系统科学研究院提出了求解不可压缩 N-S 方程的深度随机涡网络，通过采用与 N-S 方程等价的神经随机涡动力学自动将物理约束嵌入神经网络，实现了对方程的硬约束。为加快不可压缩 N-S 方程求解的投影法、压力修正法中压力泊松方程求解速度，哈尔滨工业大学提出了基于多尺度图神经网络的压力泊松方程求解器，通过提供合适的压力初始值，提升了不可压缩 N-S 方程的求解速度。河海大学通过在神经网络损失中耦合 RANS 方程与结构运动方程，利用少量力与位移数据实现了对刚度、阻尼参数的辨识及湍流场的反演。浙江大学、厦门大学与大连理工大学针对三维尾流、超声速流动及生物医学流，探究了不同站位处的观测数据对流场反演效果的影响。新疆大学、清华大学与上海交通大学基于多重网格法对神经网络进行校正，有效求解了稳态偏微分方程。

2. 经典数值格式的智能增强方法

尽管经典数值格式已经得到了较为成熟的发展，但其在许多方面仍有进一步改进的可能，结合具有强大非线性表达能力的深度神经网络，国内学者们发展了许多经典数值格式的智能增强方法。

西北工业大学结合神经网络优化与数值模拟算法，提出了一种"半迭代半优化"式的在线降维优化方法，通过在 CFD 迭代过程中嵌入 POD 模态空间下的降阶方程优化模块，在加速收敛、不稳定问题求解及增强湍流模型收敛性方面展示出可观效果。中国人民大学针对反应扩散系统提出了多项式近似假设，并进一步构建了具有较强可解释性的物理编码循环卷积神经网络，准确学习了动力学系统的时空动态，在鲁棒性和时间泛化性方面展示出显著优势。浙江大学提出了一种用于逼近欧拉法局部截断误差的深度神经网络并将其嵌入经典求解框架中，高效提升了算法精度，同时分析了这种增强方法的误差界和稳定性。针对激波捕捉问题，北京航空航天大学基于平滑度指标与衰减率的相关性，构建了解函数到衰减率的神经网络映射框架，并基于此构造引入控制方程的人工黏性，取得了优于经典平均模态衰减模型的平滑度恢复效果。中国海洋大学则通过输入 WENO 格式中的 5 点函数值，基于光滑性指标预测结果确定非线性权重，实现了相比 WENO-JS 方法更低的数值耗散及色散误差。

10.2 智能空气动力学软件发展

智能空气动力学软件是一项非常有前景和创新性的技术，利用其先进的人工智能方法、高精度流场大数据和物理知识嵌入，能够更加准确和高效地预测流体系统，处理更为复杂和多样化的流体问题，具有更高的性能和可靠性。智能空气动力学软件可以应用于航天航空、汽车、能源、气象、生命科学等多个领域，提高飞行器、汽车和能源设备的性能、准确预测气候变化、理解和控制生命体内的流体行为，进而促进工业和经济的发展。同时，随着人工智能技术和大数据技术的不断发展，智能空气动力学软件也将不断优化和更新，为人们带来更加便捷和高效的工作体验。

目前，已经开展并应用于实际工程问题的智能空气动力学相关软件包括风雷 AI 湍流模型、华为和商飞的"东方·御风"模型、西北工业大学和华为的"秦岭·翱翔"模型。

10.2.1 风雷 AI 湍流模型

西北工业大学在国产风雷开源程序基础上开发的风雷 AI 湍流模型（图 10-10），是一款面向工程高雷诺数的人工智能湍流模型，能够以数据驱动和物理嵌入的形式，完全代替 SA、SST 等传统微分型湍流模型，实现对多尺度异构复杂湍流场的更高精度求解。通过利用先进的人工智能方法构建深度学习模型架构，以及基于对流体本质特征的深刻认识构建具有物理意义的特征，在华为昇腾 AI 软硬件生态平台上实现了数据驱动湍流建模的全流程开发。风雷 AI 湍流模型实现了对二维翼型附着流/分离流、三维机翼附着流、翼身组合体涡黏系数的建模，建立了从平均流场特征到涡黏系数之间的映射模型，如图 10-11 所示。同时，它将得到的数据驱动湍流模型集成进国家数值风洞开源软件 PHengLEI 程序中，实现了模

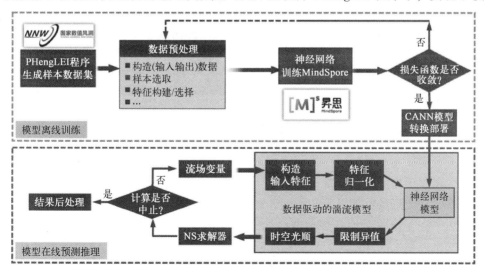

图 10-10 风雷 AI 湍流模型架构

型与主方程之间的双向耦合求解，得到的摩擦阻力系数、压力系数分布与真实值吻合得很好，升阻力系数相对误差在5%以内，湍流模型求解速度提高4倍以上。风雷AI湍流模型的成功实践，为新一代智能空气动力学软件的建设打下了坚实的基础。

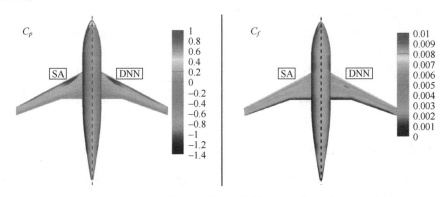

图10-11　风雷AI湍流模型对翼身组合体预测的典型结果（见彩插）

10.2.2　"东方·御风"模型

传统数值模拟软件对时间和资源的消耗巨大，而实际研制对大规模高精度流场的需求极大，因此湍流场信息高效高精度的获取，成为开展气动优化和流动控制等工程问题不可或缺的技术手段。中国商飞上海飞机设计研究院联合华为技术有限公司发布了业界首个工业级流体仿真大模型"东方·御风"，是基于昇腾AI打造的面向大型客机翼型流场高效高精度AI仿真预测模型，并在昇思MindSpore流体仿真套件的支持下，有效提高了对复杂流动的仿真能力，将仿真时间缩短至原来的1/24，大幅减少了风洞试验的次数。同时，"东方·御风"对流场中变化剧烈的区域可进行精准预测，流场平均误差降低到0.01%量级，达到了工业级标准。

10.2.3　"秦岭·翱翔"模型

具有多尺度和强非线性特征的复杂全三维壁湍流问题，对深度学习模型的表征力提出了更高的要求。基于对先进人工智能技术和计算流体力学方法的深度融合，将复杂流场从物理平面变换到计算平面，西北工业大学联合华为技术有限公司提出了在变换域视角下基于卷积神经网络开展流场建模的"秦岭·翱翔"模型。其采用先进的深度学习算法和注意力机制搭建模型架构，通过坐标变换构建表征几何信息的度量系数特征，构造嵌入物理约束的损失函数，基于PHengLEI和MindSpore等国产软/硬件平台的支持，实现了对二维翼型亚\跨声速湍流场，以及百万量级网格节点的三维机翼湍流场的高效高精度预测。"秦岭·翱翔"模型相比于传统 CFD 方法实现了 4 个数量级的加速,能够高精度预测激波等强非线性流场特征,并保证相对误差在 1%以内,如图 10-12 所示,实现了百万网格百万雷诺数湍流场秒级预测,具有端到端建模、近实时推理、壁湍流表征、全流场泛化的优势。

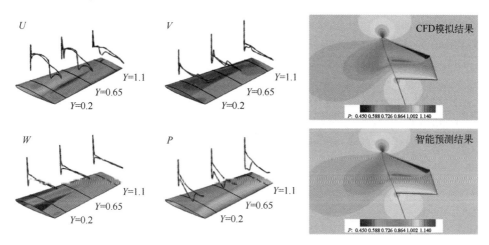

图 10-12　CFD 及"秦岭·翱翔"模型对三维机翼三湍流场预测结果对比

10.3　在国民经济建设中的应用

智能流体力学产业联合体将以国家重大战略需求、行业和企业实际需求为任务目标,有效整合产、学、研、用各方资源,充分利用西安未来人工智能计算中心等自主创新的 AI 算力基础设施资源,在流体力学领域开展基础研究、技术研究和产品研制。同时,联合体还将搭建完善的信息交流平台、公共技术服务平台和产业服务平台,充分调动各资源优势,构建具有自主知识产权的技术及生态体系,提高相关产业的核心竞争力,形成产业技术标准和行业服务规范,以打造我国自主创新的完整产业。

参考文献

[1] ZHU L Y, ZHANG W W, KOU J Q, et al. Machine learning methods for turbulence modeling in subsonic flows around airfoils [J]. Physics of Fluids, 2019, 31 (1): 015105.

[2] YIN Y H, YANG P, ZHANG Y F, et al. Feature selection and processing of turbulence modeling based on an artificial neural network [J]. Physics of Fluids, 2020, 32 (10): 105117.

[3] JIANG C, VINUESA, R, CHEN R L, et al. An interpretable framework of data-driven turbulence modeling using deep neural networks [J]. Physics of Fluids, 2021, 33 (5): 055133.

[4] LI J P, TANG D G, YI C, et al. Data-augmented turbulence modeling by reconstructing Reynolds stress discrepancies for adverse-pressure-gradient flows [J]. Physics of Fluids, 2022, 34 (4): 045110.

[5] ZHAO Y M, AKOLEKAR H, WEATHERITT J, et al. RANS turbulence model development using CFD-driven machine learning [J]. Journal of Computational Physics, 2020, 411: 109413.

[6] 张珍, 叶舒然, 岳杰顺, 等. 基于组合神经网络的雷诺平均湍流模型多次修正方法 [J]. 力学学报, 2021, 53 (6): 1532-1542.

[7] YANG X I A, ZAFAR S, WANG J X, et al. Predictive large-eddy-simulation wall modeling via physics-informed neural networks [J]. Physical Review Fluids, 2019, 4 (3): 034602.

[8] HUANG X L D, YANG X I A, KUNZ RF. Wall-modeled large-eddy simulations of spanwise rotating turbulent channels-Comparing a physics-based approach and a data-based approach [J]. Physics of Fluids, 2019, 31 (12): 125105.

[9] 吴霆, 时北极, 王士召, 等. 大涡模拟的壁模型及其应用 [J]. 力学学报, 2018, 50 (3): 453-466.

[10] 时北极. 基于浸入边界方法的复杂几何边界湍流壁面模化的大涡模拟 [D]. 北京: 中国科学院大学, 2019.

[11] SHI B J, YANG X L, JIN G D, et al. Wall-modeling for large-eddy simulation of flows around an axisymmetric body using the diffuse-interface immersed boundary method [J]. Applied Mathematics and Mechanics, 2019, 40 (3): 305-320.

[12] MA M, HUANG W X, XU C X. A dynamic wall model for large eddy simulation of turbulent flow over complex/moving boundaries based on the immersed boundary method [J]. Physics of Fluids, 2019, 31 (11): 115101.

[13] 夏振华, 史一蓬. 关于约束大涡模拟方法的一些思考 [J]. 空气动力学学报, 2020, 38 (2): 217-223.

[14] ZHOU Z D, HE G W, YANG X L. Wall model based on neural networks for LES of turbulent flows over periodic hills [J]. Physical Review Fluids, 2021, 6 (5): 054610.

[15] ZHANG F S, ZHOU Z D, ZHANG H, et al. A new single formula for the law of the wall and its application to wall-modeled large-eddy simulation [J]. European Journal of Mechanics / B Fluids, 2022, 94: 350-365.

[16] YANG M C, XIAO Z X. POD-based surrogate modeling of transitional flows using an adaptive sampling in Gaussian process [J]. International Journal of Heat and Fluid Flow, 2020, 84: 108596.

[17] YANG M C, XIAO Z X. Parameter uncertainty quantification for a four-equation transition model using a data assimilation approach [J]. Renewable Energy, 2020, 158: 215-226.

[18] YANG M C, XIAO Z X. Improving the k-ω-γ-A_t transition model using the field inversion and machine learning framework [J]. Physics of Fluids, 2020, 32：064101.

[19] ZHAO Y T, LIU H K, ZHOU Q, et al, Quantification of parametric uncertainty in k-ω-γ transition model for hypersonic flow heat transfer [J]. Aerospace Science and Technology, 2020, 96：105553.

[20] 杨沐臣. 基于数据驱动的四方程转捩模式研究 [D]. 北京：清华大学, 2020.

[21] 庞喻. 高超声速三维流动中的转捩模式参数敏感性分析 [D]. 北京：清华大学, 2022.

[22] WU L, CUI B, XIAO Z L. Two-equation turbulent viscosity model for simulation of transitional flows：An efficient artificial neural network strategy [J]. Physics of fluids, 2022, 34 (10)：105112.

[23] 吴磊, 肖左利. 基于人工神经网络的亚格子应力建模 [J]. 力学学报, 2021, 53 (10)：2667-2681.

[24] CHEN X H, LIU J, PANG Y F, et al. Developing a new mesh quality evaluation method based on convolutional neural network [J]. Engineering Applications of Computational Fluid Mechanics, 2020, 14 (1)：391-400.

[25] 王年华, 鲁鹏, 常兴华, 等. 基于机器学习的非结构网格阵面推进生成技术初探 [J]. 力学学报, 2021, 53 (3)：740-751.

[26] 王年华, 鲁鹏, 常兴华, 等. 基于人工神经网络的非结构网格尺度控制方法 [J]. 力学学报, 2021, 53 (10)：2682-2691.

[27] LU P, WANG N H, CHANG X H, et al. An automatic isotropic/anisotropic hybrid grid generation technique for viscous flow simulations based on an artificial neural network [J]. Chinese Journal of Aeronautics, 2022, 35 (4)：102-117.

[28] LU P, WANG N H, Lin Y, et al. A new unstructured hybrid mesh generation method based on BP-ANN [C]//Journal of Physics：Conference Series, FMIA 2022. IOP Publishing, 2022, 2280 (1)：012045.

[29] CHEN X H, LIU J, GONG C Y, et al. An airfoil mesh quality criterion using deep neuralnetworks [C]//Proceedings of the 2020 12th International Conference on Advanced Computational Intelligence (ICACI). IEEE, 2020：536-541.

[30] WANG W, YAN C, WANG S, et al. An efficient, robust and automatic overlapping grid assembly approach for partitioned multi-block structured grids [J]. Proceedings of the Institution of Mechanical Engineers, Part G：Journal of Aerospace Engineering, 2019, 233 (4)：1217-1236.

[31] DENG Z W, CHEN Y J, LIU Y Z, et al. Time-resolved turbulent velocity field reconstruction using a long short-term memory (LSTM) -based artificial intelligence framework [J]. Physics of Fluids, 2019, 31 (7)：075108.

[32] WEN X, LIU Y Z, LI Z Y, et al. Data mining of a clean signal from highly noisy data based on compressed data fusion：a fast-responding pressure-sensitive paint application [J], Physics of Fluids, 2018, 30 (9)：097103.

[33] DONG Z, LI Y Z, JIAO L R, et al. Pressure–Sensitive Paint Integrated with Digital Image Correlation for Instantaneous Measurement on Fast–Rotating Blades, Aerospace Science and Technology, 2022, 126: 107667.

[34] DENG Z W, HE C X, WEN X, et al. Recovering turbulent flow field from local quantity measurement: turbulence modeling using ensemble–Kalman–filter–based data assimilation [J]. Journal of Visualization 2018, 21 (6): 1043-1063.

[35] HE C X, LIU Y Z, GAN L. A data assimilation model for turbulent flows using continuous adjoint formulation [J]. Physics of Fluids 2018, 30 (10): 105108.

[36] HE C X, WANG P, LIU Y Z. Sequential data assimilation of turbulent flow and pressure fields over aerofoil [J]. AIAA Journal, 2022, 60 (2): 1091-1103.

[37] LIU Y L, ZHANG W W, XIA Z H. A new data assimilation method of recovering turbulent mean flow field at high Reynolds numbers [J]. Aerospace Science and Technology, 2022, 126: 107328.

[38] WANG Z Y, ZHANG W W. A unified method of data assimilation and turbulence modeling for separated flows at high Reynolds numbers [J]. Physics of Fluids, 2023, 35 (2): 025124.

[39] ZHANG X L, XIAO H, HE G W. Assessment of regularized ensemble Kalman method for inversion of turbulence quantity fields [J]. AIAA Journal, 2022, 60 (1): 3-13.

[40] ZHANG X L, XIAO H, HE G W, et al. Assimilation of disparate data for enhanced reconstruction of turbulent mean flows [J]. Computers & Fluids, 2021, 224: 104962.

[41] ZHANG X L, XIAO H, LUO X D, et al. Ensemble Kalman method for learning turbulence models from indirect observation data [J]. Journal of Fluid Mechanics, 2022, 949: A26.

[42] 邓晨,陈功,王文正,等. 基于飞行试验和风洞试验数据的融合算法研究 [J]. 空气动力学学报, 2022, 40 (6): 45-50.

[43] 邓晨,孔轶男,汪清,等. 一种融合物理规律的经验工程修正算法研究 [J]. 空天防御, 2022, 5 (3): 73-79.

[44] 罗长童,胡宗民,刘云峰,等. 高超声速风洞气动力/热试验数据天地相关性研究进展 [J]. 实验流体力学, 2020, 34 (03): 78-89.

[45] 王旭,宁晨伽,王文正,等. 面向飞行试验的多源气动数据智能融合方法 [J]. 空气动力学学报, 2023, 41 (2): 12-20.

[46] ZHAO X, DENG Z C, ZHANG W W. Sparse reconstruction of surface pressure coefficient based on compressed sensing [J]. Experiments in fluids, 2022, 63 (10): 156.

[47] ZHAO X, DU L, PENG X H, et al, Research on refined reconstruction method of airfoil pressure based on compressed sensing [J]. Theoretical and Applied Mechanics Letters, 2021, 11 (2): 100223.

[48] LI K, KOU J Q, ZHANG W W. Deep Learning for Multifidelity Aerodynamic Distribution Modeling from Experimental and Simulation Data [J]. AIAA Journal, 2022, 60 (7): 4413-4427.

[49] WANG X, KOU J Q, ZHANG W W. A new dynamic stall prediction framework based on symbiosis of experimental and simulation data [J]. Physics of Fluids, 2021, 33 (12): 127119.

[50] WANG X, KOU J Q, ZHANG W W, et al. Incorporating Physical Models for Dynamic Stall Prediction Based on Machine Learning [J]. AIAA Journal, 2022, 60 (7): 4428-4439.

[51] 赵旋, 张伟伟, 邓子辰. 融入压力分布信息的气动力建模方法 [J]. 力学学报, 2022, 54 (9): 2616-2626.

[52] WANG X, KOU J Q, ZHANG W W. Unsteady aerodynamic prediction for iced airfoil based on multi-task learning [J]. Physics of Fluids, 2022, 34 (8): 087117.

[53] REN F, WANG C L, TANG H. Bluff body uses deep-reinforcement-learning trained active flow control to achieve hydrodynamic stealth [J]. Physics of Fluids, 2021, 33 (9): 093602.

[54] REN F, RABAULT J, TANG H. Applying deep reinforcement learning to active flow control in weakly turbulent conditions [J]. Physics of Fluids, 2021, 33 (3): 037121.

[55] HAN B Z, HUANG W X, XU C X. Deep reinforcement learning for active control of flow over a circular cylinder with rotational oscillations [J]. International Journal of Heat and Fluid Flow, 2022, 96: 109008.

[56] XU H, ZHANG W, DENG J, et al. Active flow control with rotating cylinders by an artificial neural network trained by deep reinforcement learning [J]. Journal of Hydrodynamics, 2020, 32 (2): 254-258.

[57] FAN D X, YANG L, WANG Z C, et al. Reinforcement learning for bluff body active flow control in experiments and simulations [J]. Proceedings of the National Academy of Sciences, 2020, 117 (42): 26091-26098.

[58] TANG H W, RABAULT J, KUHNLE A, et al. Robust active flow control over a range of Reynolds numbers using an artificial neural network trained through deep reinforcement learning [J]. Physics of Fluids, 2020, 32 (5): 053605.

[59] FAN D W, ZHANG B F, ZHOU Y, et al. Optimization and sensitivity analysis of active drag reduction of a square-back Ahmed body using machine learning control [J]. Physics of Fluids, 2020, 32 (12): 125117.

[60] WANG Q L, YAN L, HU G, et al. DRLinFluids: An open-source Python platform of coupling Deep Reinforcement Learning and OpenFOAM [J]. Physics of Fluids, 2022, 34: 081801.

[61] REN F, WANG C L, TANG H. Active control of vortex-induced vibration of a circular cylinder using machine learning [J]. Physics of Fluids, 2019, 31 (9): 093601.

[62] MEI Y F, ZHENG C, AUBRY N, et al. Active control for enhancing vortex induced vibration of a circular cylinder based on deep reinforcement learning [J]. Physics of Fluids, 2021, 33 (10): 103604.

[63] ZHENG C D, JI T W, XIE F F, et al. From active learning to deep reinforcement learning: Intelligent active flow control in suppressing vortex-induced vibration [J]. Physics of Fluids, 2021, 33 (6): 063607.

[64] REN K, CHEN Y, GAO C Q, et al. Adaptive control of transonic buffet flows over an airfoil [J]. Physics of Fluids, 2020, 32 (9): 096106.

[65] YU J N, FAN D W, NOACK B, et al. Genetic-algorithm-based artificial intelligence control of

a turbulent boundary layer [J]. Acta Mechanica Sinica, 2021, 37 (12): 1739-1747.

[66] 李超群, 唐硕, 李易, 等. 基于神经网络的减阻沟槽壁面形状优化 [J]. 航空动力学报, 2022, 37 (3): 639-648.

[67] WANG Y Z, MEI Y F, AUBRY N, et al. Deep reinforcement learning based synthetic jet control on disturbed flow over airfoil [J]. Physics of Fluids, 2022, 34 (3): 033606.

[68] 姚张奕, 史志伟, 董益章. 深度强化学习在翼型分离流动控制中的应用 [J]. 实验流体力学, 2022, 36 (3): 55-64.

[69] ZHOU Y, FAN D W, ZHANG B F, et al. Artificial intelligence control of a turbulent jet [J]. Journal of Fluid Mechanics, 2020, 897. A27.

[70] 余柏杨, 吕宏强, 周岩, 等. 基于机器学习的高速复杂流场流动控制效果预测分析 [J]. 实验流体力学, 2022, 36 (3): 44-54.

[71] 张伟伟, 寇家庆, 刘溢浪. 智能赋能流体力学展望 [J]. 航空学报, 2021, 42 (4): 524689.

[72] 王怡星, 韩仁坤, 刘子扬, 等. 流体力学深度学习建模技术研究进展 [J]. 航空学报, 2021, 42 (4): 524779.

[73] 叶舒然, 张珍, 王一伟, 等. 基于卷积神经网络的深度学习流场特征识别及应用进展 [J]. 航空学报, 2021, 42 (4): 524736.

[74] 战庆亮, 白春锦, 葛耀君. 基于时程深度学习的流场特征分析方法 [J]. 力学学报, 2022, 54 (3): 822-828.

[75] 韩仁坤, 刘子扬, 钱炜祺, 等. 基于深度神经网络的流场时空重构方法 [J]. 实验流体力学, 2022, 36 (3): 118-126.

[76] 张天姣, 钱炜祺, 周宇, 等. 人工智能与空气动力学结合的初步思考 [J]. 航空工程进展, 2019, 10 (1): 1-11.

[77] CHEN J X, CHEN J, XIANG H. Aerodynamic Optimization Design of Compressor Blades Based on Improved Artificial Bee Colony Algorithm [C]//Proceedings of the 2018 Joint Propulsion Conference. AIAA 2018-4825.

[78] DAI J H, LIU P Q, QU Q L, et al. Aerodynamic optimization of high-lift devices using a 2D-to-3D optimization method based on deep reinforcement learning and transfer learning [J]. Aerospace Science and Technology, 2022, 121: 107348.

[79] ZHANG W, WANG Q, ZHENG F Z, et al. An adaptive sequential enhanced PCE approach and its application in aerodynamic uncertainty quantification [J]. Aerospace Science and Technology, 2021, 117: 106911.

[80] BAKAR A, LI K, LIU H B, et al. Multi-Objective optimization of low reynolds number airfoil using convolutional neural network and non-dominated sorting genetic algorithm [J]. Aerospace, 2022, 9 (1): 35.

[81] WANG X Y, WANG S Y, TAO J, et al. A PCA-ANN-based inverse design model of stall lift robustness for high-lift device [J]. Aerospace Science and Technology, 2018, 81: 272-283.

[82] WANG S Y, SUN G, CHEN W C, et al. Database self-expansion based on artificial neural

network: An approach in aircraft design [J]. Aerospace Science and Technology, 2018, 72: 77-83.

[83] TAO J, SUN G, WANG X Y, et al. Robust optimization for a wing at drag divergence Mach number based on an improved PSO algorithm [J]. Aerospace Science and Technology, 2019, 92: 653-667.

[84] WU H Z, LIU X J, AN W, et al. A deep learning approach for efficiently and accurately evaluating the flow field of supercritical airfoils [J]. Computers & Fluids, 2020, 198: 104393.

[85] TANG Z L, ZHANG L H. A new nash optimization method based on alternate elitist information exchange for multi-objective aerodynamic shape design [J]. Applied Mathematical Modelling, 2019, 68: 244-266.

[86] TIAN X, LI J. A novel improved fruit fly optimization algorithm for aerodynamic shape design optimization [J]. Knowl. Based Syst, 2019, 179: 77-91.

[87] XU M F, SONG S F, SUN X X, et al. Machine learning for adjoint vector in aerodynamic shape optimization [J]. Acta Mechanica Sinica, 2021, 37 (9): 1416-1432.

[88] LIAO P, SONG W, DU P, et al. "Multi-fidelity convolutional neural network surrogate model for aerodynamic optimization based on transfer learning [J]. Physics of Fluids, 2021, 33 (12): 127121.

[89] ZHANG S, LI H X, JIA W B, et al. Multi-objective optimization design for airfoils with high lift-to-drag ratio based on geometric feature control [J]. IOP Conference Series: Earth and Environmental Science, 2019, 227 (3): 032014.

[90] ZHAO H, GAO Z H, XU F, et al. Review of robust aerodynamic design optimization for air vehicles [J]. Archives of Computational Methods in Engineering, 2019, 26: 685-732.

[91] YANG Y J, LI R Z, ZHANG Y F, et al. Flowfield prediction of airfoil off-design conditions based on a modified variational autoencoder [J]. AIAA Journal, 2022, 60 (10): 5805-5820.

[92] LI R Z, ZHANG Y F, CHEN H X. Physically interpretable feature learning of supercritical airfoils based on variational autoencoders [J]. AIAA Journal, 2022, 60 (11): 6168-6182.

[93] LI, R Z, ZHANG Y F, CHEN H X. Study of transfer learning from 2D supercritical airfoils to 3D transonic swept wings [J]. arXiv: 2206.02625.

[94] LI R Z, ZHANG Y F, CHEN H X. Learning the aerodynamic design of supercritical airfoils through deep reinforcement learning [J]. AIAA Journal, 2021, 59 (10): 3988-4001.

[95] WANG J, HE C, LI R Z, et al. Flow field prediction of supercritical airfoils via variational autoencoder based deep learning framework [J]. Physics of Fluids, 2021, 33 (8): 086108.

[96] WANG J, LI R Z, HE C, et al, An inverse design method for supercritical airfoil based on conditional generative models [J]. Chinese Journal of Aeronautics, 2022, 35 (3): 62-74.

[97] RAISSI M, PERDIKARIS P, KARNIADAKIS G E. Physics-informed neural networks: A deep learning framework for solving forward and inverse problems involving nonlinear partial differential equations [J]. Journal of Computational physics, 2019, 378: 686-707.

[98] JIN X W, CAI S Z, LI H, et al. NSFnets (Navier-Stokes flow nets): Physics-informed neural

networks for the incompressible Navier-Stokes equations [J]. Journal of Computational Physics, 2021, 426: 109951.

[99] CHEN W Q, WANG Q, HESTHAVEN J S, et al. Physics-informed machine learning for reduced-order modeling of nonlinear problems [J]. Journal of computational physics, 2021, 446: 110666.

[100] QIU R D, HUANG R F, XIAO Y, et al. Physics-informed neural networks for phase-field method in two-phase flow [J]. Physics of Fluids, 2022, 34 (5): 052109.

[101] ZHANG R, HU P Y, MENG Q, et al. DRVN (deep random vortex network): A new physics-informed machine learning method for simulating and inferring incompressible fluid flows [J]. Physics of Fluids, 2022, 34 (10): 107122.

[102] CHEN R L, JIN X W, LI H. A machine learning based solver for pressure poisson equations [J]. Theoretical and Applied Mechanics Letters, 2022, 12 (5): 100362.

[103] CHENG C, MENG H, LI Y Z, et al. Deep learning based on PINN for solving 2 DOF vortex induced vibration of cylinder [J]. Ocean Engineering, 2021, 240: 109932.

[104] CAI S Z, MAO Z P, WANG Z C, et al. Physics-informed neural networks (PINNs) for fluid mechanics: A review [J]. Acta Mechanica Sinica, 2021, 37 (12): 1727-1738.

[105] PENG P, PAN J G, XU H, et al. RPINNs: Rectified-physics informed neural networks for solving stationary partial differential equations [J]. Computers & Fluids, 2022, 245: 105583.

[106] YU J, HESTHAVEN J S. A data-driven shock capturing approach for discontinuous Galekin methods [J]. Computers & Fluids, 2022, 245: 105592.

[107] LIU Q, WEN X. The WENO reconstruction based on the artificial neural network [J]. Adv. Appl. Math, 2020, 9 (4): 574-583.

第 11 章

燃烧空气动力学

燃烧空气动力学是空气动力学与燃烧学交叉融合形成的一门学科分支，主要研究高速气流中的湍流、激波、旋涡与燃料的混合增强、着火、熄火、火焰稳定、火焰传播、燃烧不稳定以及燃烧强化机制等基本规律，是现代航空、航天工程中具有挑战性的研究领域之一。

燃烧技术一直是人类文明发展的主要推动力之一：远古时代原始人利用火进行取暖、烧烤和照明，石器时代的先民们利用燃烧进行陶器制造，青铜时代和铁器时代利用燃烧进行金属冶炼；自 18 世纪开始，人们利用外燃的形式驱动蒸汽等介质间接输出动力，是第一次工业革命的标志；随着对燃烧的深入理解，19 世纪至今更是基于内燃的形式发明了各种类型的发动机，将燃料的化学能直接通过燃烧转化为动力，从而促进了航空、航天、航海和地面等现代交通运载工具的发展和广泛应用。在能源方面，燃烧提供了全球 85% 和我国 90% 以上的一次能源需求，是现代社会高速运转和快速发展的重要保障。

20 世纪 20 年代，燃烧理论初步形成；20 世纪 40—50 年代，由于航空航天技术的发展，燃烧理论取得迅速发展；20 世纪 70 年代，计算燃烧学开始发展，激光诊断技术开始应用于燃烧研究；1972 年，英国科学家 J. M. 比埃尔等在其专著《燃烧空气动力学》中首次提出燃烧空气动力学的学科；20 世纪 70 年代至今，燃烧学与湍流理论、复杂化学反应机理、多相流体力学以及计算流体力学等相互交叉、融合，燃烧理论不断深化，逐步发展成一门独具特色的学科分支——燃烧空气动力学。

近年来，我国燃烧空气动力学研究在燃烧反应动力学、湍流与燃烧相互作用、极端条件下燃烧及燃烧稳定性、燃烧诊断及燃烧数值模拟等方面取得了一系列研究成果。其揭示了国产 RP-3 航空煤油等大分子碳氢燃料的燃烧反应动力学机理，并建立在发动机宽工况范围内的燃烧反应动力学模型。观测到了火焰传播速度多级加速现象,提出了涡面场与涡线元等原创方法定量表征湍流涡与火焰相互作用机理,发展了小尺度标量混合模型与燃烧过程分析方法,显著改进了湍流燃烧数值模拟中的预测结果。在极端条件下的点火及火焰稳定性机理方面取得了突破性进展,对提升先进航空发动机的极限性能提供了可实现途径,实现了受限空间内爆燃转爆轰及爆轰波发展的有效调控,解决了传统爆震理论无法解释超级爆震形成机理的难题,发展了独立自主的湍流燃烧实验测量诊断与数值模拟软件平台。

随着对燃烧基础认识的不断深入,相关研究也遇到了一系列亟待解决的难点与挑战。在燃烧反应动力学方面,大分子碳氢燃料基元反应过程、宽范围燃烧反应机理和燃烧反应微观机制是认识燃烧本质和构建复杂燃烧机理的基础,但目前尚无法清晰地认识燃烧基元反应的微观过程。在湍流燃烧理论方面,目前亟须发展反应流局部各向异性统计理论和组分小尺度混合机理,一方面,小尺度湍流混合如何通过改变组分、温度分布影响化学反应进程;另一方面,反应放热引起的组分浓度和温度大梯度如何影响小尺度湍流结构和混合。在极端条件燃烧方面,需关注参数突变引起的局部各向异性湍流随着发动机性能要求的不断提高,对燃烧室内湍流燃烧现象和规律的认识提出了新的挑战,超声速、参数突变等具有强间断流动现象的极端条件下的湍流燃烧相互作用机理的实验测量和数值模拟是重要研究方向。

11.1 基础理论与前沿技术研究

11.1.1 燃烧反应动力学

1. 燃烧反应动力学模拟理论方法

上海交通大学等基于高精度势能面,采用 SS-QRRK 方法和主方程方法对压力效应进行评估,为最关键的小分子核心机理提供了宽温度和宽压力范围内的全面而精确的动力学数据,得到了模型研究的重要参数。四川大学等将 ONIOM 方法、能量分块方法等计算方法应用于燃料大分子,得到长链饱和烷烃、生物柴油以及芳烃等燃料大分子反应速率常数,计算速度提升约 10 倍(图 11-1),打破大分子高精度计算的瓶颈,从实验和理论上对亚乙烯基-乙炔的异构化反应进行详细研究,对从原子分子水平理解自由基参与的反应过程(如燃烧过程)有重要意义。吉林大学发展了用 ReaxFF 分子动力学快速评估现有的替代燃料模型的计算方法,并开发了自有产权的基于全量子力学反应力场(Quantum Mechanical

Reaction Field，QMRF）的燃烧反应软件平台，如图 11-2 所示。

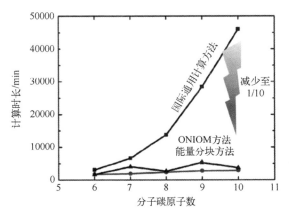

图 11-1　ONIOM 方法、能量分块方法

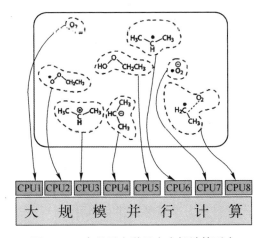

图 11-2　全量子力学反应力场计算平台

2. 燃烧关键物种探测新方法

燃烧活泼中间基主导实际燃料燃烧过程中的链分支过程，并影响其燃烧性能，但由于活泼中间基生命周期短，其定量探测一直以来都是难题。上海交通大学对同步辐射光源的光束线、质谱和取样系统全面升级改造，质量分辨率由原来的 1000 提高至 5000；探测极限由原来的 10^{-6} 提高至 10^{-7}，提高一个数量级；利用改进的同步辐射系统中成功探测乙烯火焰中高温活性自由基 OH、H、O 及正丁烷低温活性过氧化物 RO_2，如图 11-3 所示。该研究突破了短生命周期燃烧中间物种测量难题，为燃烧反应动力学理论发展、保真动力学模型构建及理论计算提供新的实验证据。

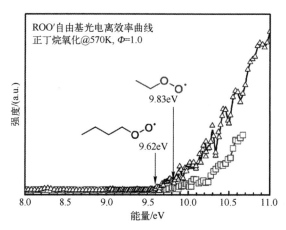

图 11-3 燃烧活泼中间基过氧化物 RO_2 测量

3. 温度拓展的活性物种介入方法

芳烃是实际航油关键组分之一，其基础燃烧特性决定航煤燃烧性能及污染物排放生成。但自身分子所带大 π 键导致其反应活性极低，现有实验方法和诊断手段难以实现 1000K 以下点火延迟期测量。针对这一难题，上海交通大学提出了无 HO_2 协同消除效应的活性物种介入方法，借助其低温链分支效应产生的 OH 自由基（图 11-4），加速燃料消耗。该方法成功将传统自点火过程测温极限由 1000K 拓展至 720K，在典型发动机燃烧温度下测得低活性组分点火延迟期。该研究提供了一种基于现有实验平台研究低活性物种自点火特性的有效方法，填补了实际燃油低活性组分在典型发动机燃烧条件下点火延迟期的数据空白（图 11-5），并使其单组分及燃油替代燃料动力学模型构建有据可依。

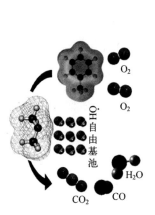

图 11-4 活性物种低温燃烧链分支效应

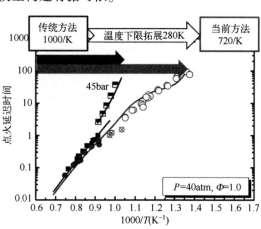

图 11-5 自点火过程测温极限拓展

4. 燃烧化学数据库构建

针对国内基础燃烧数据库缺乏的问题，西安交通大学构建了宽工况下发动机燃料和大分子碳氢燃料代表性组分着火延迟时间和层流火焰传播速率数据库。四川大学完成我国首个燃烧化学数据库 CCData 的构建（图 11-6），于 2021 年 10 月首次对外发布，包含热力学数据库、动力学数据库、输运数据库和燃料实验数据库 4 个板块。其中，热力学数据库包含链烷烃、环烷烃、烯烃、炔烃、芳香烃等 6035 个物种，动力学数据库包含 32322 个反应，输运数据库包含 C、H、O、N 等元素物种的 1677 条输运数据，燃料实验数据库包含 68 种燃料的点火延迟时间数据、23 种燃料的层流火焰速度数据、10 种燃料的物种浓度数据、35 个物种的热物性数据。该数据库的构建为我国大分子碳氢燃料的反应机理开发提供了重要的数据支撑。

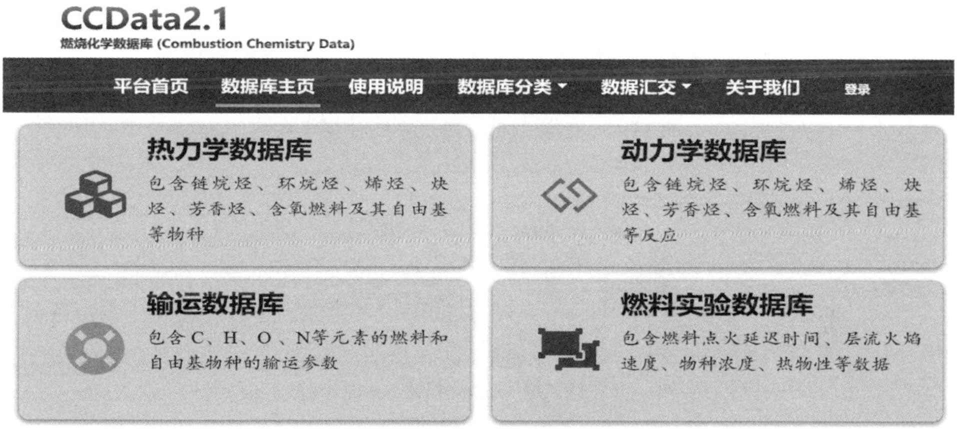

图 11-6 燃烧化学数据库 CCData

5. 反应动力学机理构建

四川大学提出了基于灵敏性熵和模型相似性的实验设计及燃烧模型优化方法，集成燃烧反应数据库、机理自动生成程序（ReaxGen）和机理简化程序，建立了燃烧数据共享及在线建模平台（图 11-7），实现了实验资源的高效利用和燃烧反应机理的在线动力学建模；针对国产 RP-3 航空煤油和 0#柴油，构建了替代燃料模型，并建立了反应动力学详细机理、框架机理、全局简化机理和总包机理。上海交通大学针对汽油、柴油和航空煤油中关键烷烃、环烷烃和芳烃组分发展了低温氧化模型，能够很好地预测低温氧化实验测量结果。为降低反应机理预测的不确定性，提高 RCCI 发动机模拟的准确度，大连理工大学将解耦法、遗传算法和不确定性定量化方法结合，提出一种有效的构建骨架机理方法。通过该方法构建的骨架机理通常包含 40 余个组分和 170 余个反应，其紧凑的结构可以与多维 CFD 模型耦合，预测燃料在发动机中的燃烧和排放特性。上海交通大学提出了基于数据驱动的自适应简化反应动力学模型，在宽工况范围内可以准确预测点火延迟时间，如图 11-8 所示。

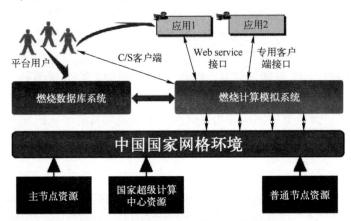

图 11-7　燃烧数据共享及在线建模平台

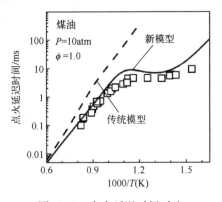

图 11-8　点火延迟时间对比

11.1.2　湍流燃烧机理与模型

1. 湍流火焰动力学

针对球形火焰锋面不稳定性，清华大学在实验中观测到了火焰传播速度多级加速现象，揭示了火焰胞状结构的生长/分裂对火焰传播速度的增强机制，建立了均匀各向同性湍流火焰传播速度统一标度律，对于建立层流燃烧到湍流燃烧的转捩理论有重要意义。北京理工大学研究了湍动射流火焰的诱导着火机理，结合建模计算分析，推断并证实了在湍动射流诱导点火过程中，射流室内燃烧产生的活性基而非热量占主导地位，为湍动射流点火控制和优化方法的提出奠定了基础。针对近壁面湍流与火焰相互作用机制，上海交通大学提出了新的对冲流动简化算例和超声速燃烧近壁模拟，发展了新的近壁面湍流火焰速度模型，提升了近壁面湍流与火焰相互作用建模的预测精度。

2. 涡与火焰相互作用机制及其表征

北京大学发展了自传播片元模型（图11-9），表征低路易斯数下可能产生局部熄火与高污染物排放的火焰胞格结构；发展了涡线元结构分析法，表明燃烧放热使得涡量结构在火焰两侧空间分布产生了明显的分离。针对涡与火焰结构定量表征，发展了涡面场方法定量表征预混燃烧中的涡与火焰相互作用，实现在燃烧中定量表征连续演化涡面结构，为分析火焰空间结构与火焰动力学方面提出了一种新的定量分析方法。针对先进燃气轮机燃烧室，清华大学开展了不同湍流强度下湍流与火焰的相互作用研究，结果表明，当Karlovitz数达到2238时，燃烧从薄火焰区进入破碎反应区，燃烧特性发生很大的变化，呈现部分预混火焰的特征，如图11-10所示。中国科学院力学研究所、工程热物理所、清华大学等开展了超声速氢气-空气自由射流燃烧、超声速边界层湍流射流燃烧和爆燃/爆轰的直接数值模拟，得到了湍流燃烧发展过程的详细数据库，为各种工况下湍流燃烧模型的发展和验证提供了详细的数据库。

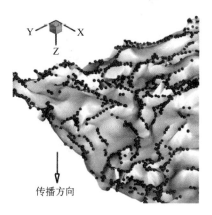

图11-9　自传播片元模型

图11-10　高Karlovitz数下湍流火焰（见彩插）

3. 多物理过程耦合机制

在湍流和雾化的相互作用机制方面，浙江大学开展了旋流雾化直接数值模拟，获得液膜的破碎特性等（图 11-11），为后期雾化模型的发展提供了完整的数据库。在反应标量小尺度混合机制和建模方面，清华大学利用甲烷/空气狭缝射流火焰直接数值模拟数据，揭示了标量小尺度混合、湍流混合和化学反应三个强耦合过程的内在联系，量化了预混燃烧中湍流混合和化学反应对反应标量混合的影响，如图 11-12 所示；以此为基础，发展了一个基于湍流-化学反应协同控制的标量混合时间尺度模型，新模型显著提升了湍流预混火焰中的标量耗散率、燃烧特性的预测精度。

图 11-11　旋流雾化直接数值模拟

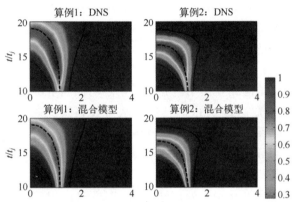

图 11-12　标量混合时间尺度模型

4. 湍流燃烧控制物理过程机制分析方法

在基于颗粒敏感性的湍流燃烧控制物理机制分析方面，清华大学针对输运概率密度函数模拟，提出了"颗粒层面敏感性系数"这一新思路，理论推导了输运概率密度函数方法中计算颗粒的局部敏感性系数控制方程，发展了一套结合先进的存储-检索方法的高效求解方法，实现了对于基于输运概率密度函数方法的湍流燃烧模拟中敏感性系数准确高效的计算。该方法能够量化湍流火焰中的控制物理过程演化规律，同时确定出控制点熄火等极限过程的关键混合物组成，对湍流燃烧组织的调控和优化能起到重要指导作用。在敏感性分析的基础上，清华大学发展了基于活性子空间的动力学不确定在湍流燃烧模拟中的传递理论和方法。围绕参数空间降维这一核心问题，引入了（活性）子空间降维方法，发展了针对多目标量的子空间降维方法，可以获得更低的维度。

11.1.3 极端条件燃烧及稳定性

1. 发动机极端条件下点熄火及燃烧稳定性

上海交通大学基于化学反应速率调控方法,设计了新型碳氢复合燃料,相对于煤油显著降低了着火温度(630℃→130℃)和着火延迟(2250ms→40ms),实现了来流总温低于400K的超低温极限下自点火和稳定燃烧。基于微火源引燃概念,设计了DME-PRF二元燃料,揭示了DME微火源产生、演化和引燃过程及其机理,实现了低温稀释/稀薄超贫燃限条件下的快速稳定燃烧。等离子体点火助燃方面,空军工程大学提出了极端条件等离子体点火助燃原理与方法,揭示了高能量、大火核、强穿透等离子体点火机理,等离子体加热与裂解重整复合助燃机理;研制了多通道等离子体点火器,在点火电源不变的前提下,拓展航空涡轮发动机三旋流高温升燃烧室点火速度边界15%,拓展超燃冲压发动机乙烯贫燃点火边界25%,并缩短点火延迟时间50%,如图11-13所示;开展电场及等离子体与火焰的相互作用机制研究,发现了一种独特的电致火焰发生现象。

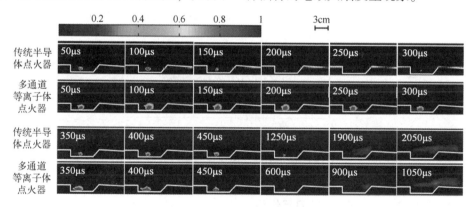

图11-13 等离子体点火助燃

2. 极端条件下燃烧模式识别及转换

燃烧模态判断准则一直是冲压发动机设计难点,中国空气动力研究与发展中心和哈尔滨工业大学发现燃烧模态转化是由燃烧释热导致的上游边界层分离触发的,而非热壅塞,并建立了燃烧模态的参数化表征理论模型,如图11-14所示。清华大学发现在内燃机中可以形成爆轰并导致超级爆震,而其诱因为早燃,并提出了优化的燃料喷射策略,有效地抑制了早燃和超级爆震。江苏大学等发现了发动机不同燃烧模式的稳定工作范围,量化了不同燃烧模式的运行区域,揭示了不同燃烧模式的相互转变规律,如图11-15所示,为拓宽发动机的工作极限提供了设计思路,设计并搭建了多层螺旋弯管装置,揭示了爆轰波在弯管内的形成机理。

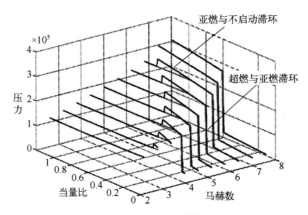

图 11-14 燃烧模态的参数化表征

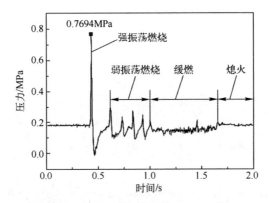

图 11-15 不同燃烧模式的运行区域

3. 参数突变-湍流-燃烧相互作用

天津大学等基于封闭燃烧空间,建立先进的湍流燃烧和燃料自燃实验测试系统及其数值方法,开展压力波对自燃及爆燃过程影响的研究。观测到压力波诱导未燃混气自燃并导致爆轰的全过程,揭示了内燃机工况有限空间压力波-火焰相互作用形成爆轰波的机理,图 11-16 所示为爆震燃烧的有效抑制提供了理论依据和新认识;开展了内燃机爆震和低速早燃预测模型和控制方法研究,提出有效调控内燃机爆震和低速早燃的新方法。多尺度湍流燃烧是支撑冲压发动机设计的前沿问题,基于普适的可压缩涡特征演化时间,探索了高效混合及燃烧耦合机理;发展高效微观燃烧算法,揭示了小尺度激波与可燃气泡相互作用机理,为激波作用下低温稳定燃烧机理的揭示提供了新的方法和手段。

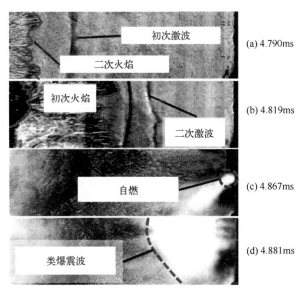

图 11-16 火焰-压力波相互作用诱导自燃

11.1.4 湍流燃烧数值模拟

1. 高精度数值计算方法

要实现湍流燃烧场中精细流动和火焰结构的精确捕捉，需发展高分辨率、低耗散的数值计算格式。中国科学院力学研究所等针对超声速湍流燃烧，构造了自适应耗散的优化保单调格式及自适应优化的 WENO 格式，该格式表现出了非常好的波数分辨率及较小的总体耗散特性。中国空气动力研究与发展中心等针对超声速湍流燃烧 LES 中出现的非物理负组分质量分数问题，提了一种具有保正性质的高阶 WENO 格式；基于五阶有限差分格式，成功捕捉到了旋转爆震波锋面的典型三波点结构。中国科学院计算数学所将低耗散保单调的 LDMP 格式和自适应 MUSCL 格式采用基于光滑因子的权函数进行加权混合，得到了在强间断区域内保证计算稳定性，其他区域保持高分辨率、低耗散的 LAM 格式。

对于近极限非稳态火焰，如点熄火、振荡燃烧等，高精度数值计算方法才可准确捕捉整个燃烧过程。清华大学揭示了传统分裂算子法在求解发动机近极限火焰问题如点熄火的局限性，提出了反应-输运耦合求解的新算法，该算法准确预测了振荡燃烧和点火过程，对于发动机极端工况下湍流燃烧数值模拟有重大意义；浙江大学发展了高效高精度的 MISCOG 耦合界面方法，如图 11-17 所示，构建了基于非结构网格的 HERMITE 插值算法，进行耦合不同计算流体区域，有效降低了湍流在经过耦合界面时的耗散，实现了燃烧室和涡轮耦合的高精度计算。

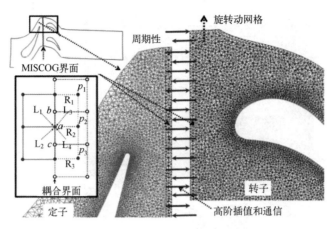

图 11-17　MISCOG 耦合界面方法

2. 高效率数值计算方法

湍流燃烧数值模拟由于计算方程多、刚性强，导致计算效率低下，高效率数值计算方法一直是湍流燃烧数值模拟发展的重点。中国科学院力学研究所和计算数学所、天津大学、清华大学等针对详细化学反应方程组求解效率低下的问题，构建了结合建表、降维、自适应化学相结合的智能反应动力学加速方法体系，可实现不同加速方法间的一致误差控制，并大幅降低湍流燃烧数值模拟的计算量，对突破化学反应动力学在数值仿真中组分众多、刚性等计算瓶颈具有重要意义；针对湍流燃烧数值模拟计算刚性强、步长小的问题，构建了反应-输运耦合求解格式，可将数值模拟的时间步长增大 1~2 个量级，大幅提高时间推进的效率；针对传统有限体积法需在网格单元上做高维重构的问题，提出了降维重构方法，其计算精度与 WENO 有限差分法几乎相同，但计算时间仅为后者的 70%；针对解耦算法求解化学非平衡流动控制方程，提出了空间优化算法和反应优化算法，可节省 35% 的计算时间；提出了分段择优加速和分区降维加速算法，为实际内燃机高精度模拟计算提供了一种新的经济有效方法。

3. 湍流燃烧模型

针对概率密度函数（Probability Density Function，PDF）模型，北京大学等在经典 IEM 混合模型基础上增加了平均漂移项来模化分子输运，以及差异扩散对混合过程的影响，显著改善了模拟结果，特别是可以准确计算湍流燃烧中局部熄火与再燃等重要统计特性。国防科技大学等针对传统 PDF 条件滤波密度方法在激波间断处的显著误差问题，建立了高速源项条件滤波的新模型，如图 11-18 所示，可以有效提高 PDF 和 LES 之间的能量一致性，同时在压缩湍流标量混合模拟中明显优于传统的 LES；提出了采用非化学总焓而非传统的显焓作为 PDF 的能量变量，并发展了面向高速流的标量-脉动压力 PDF 方法，建立了适用于可压缩流的粒子修正速度控制方程，并在此基础上提出了普适性的粒子速度修正格式，显著改善了超声速流场数值计算的精确性、稳定性和鲁棒性。

对于其他若干湍流燃烧子模型，如动态二阶矩、小火焰面类模型和加厚火焰面模型等，根据湍流燃烧相互作用机制，对模型提出了原创性的发展或重要的改进，由此提升了模拟预测的精度。浙江大学对于动态二阶矩湍流燃烧模型，理论推导得到了包含二阶项的输运方程，引入均衡假设后获得了梯度形式模化的二阶矩项，同时引入动态亚网格模型获得模型参数，建立了更加完善的动态二阶矩燃烧模型，如图 11-19 所示。上海交通大学等对于小火焰面类模型，针对进度变量源项提出了一种可压缩标度模型来修正传统火焰面/进度变量模型中采用低马赫数假设所引入的误差，根据 DNS 对湍流非预混火焰结构的分析，从理论得到了湍流小火焰控制方程。

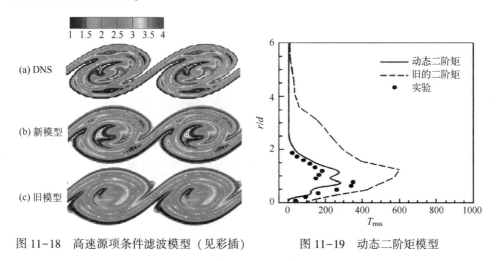

图 11-18　高速源项条件滤波模型（见彩插）　　图 11-19　动态二阶矩模型

4. 大规模湍流燃烧数值模拟软件

软件是计算格式、计算方法和计算模型最终体现，在湍流燃烧中通用软件和专业软件都取得较大进展。在通用软件方面，中国科学院力学研究所开发了基于差分法、支持高精度 WENO 等格式的湍流燃烧高精度数值模拟软件 OpenCFD-Comb，软件通过零维氢氧燃烧、一维爆轰波传播、二维爆轰波燃烧等算例的验证。在专业软件的冲压发动机方面，中国空气动力研究与发展中心研制了具有自主知识产权、通过亿级网格考核的超燃冲压发动机设计与评估软件系统 AHL3D_UNS，软件的并行规模达到百万核，并行效率达到 30%，具备超燃冲压发动机设计、计算、分析和评估能力。在航空发动机方面,中国空气动力研究与发展中心基于非结构网格和不可压流 SIMPLE 算法,建立了具有自主知识产权、通过 10 亿级网格和百万核考核的航空发动机燃烧室三维大规模并行计算软件 GTCC,软件经过大量试验验证与确认,具备航空发动机全环燃烧室计算、分析和评估能力。在内燃机燃烧方面,天津大学等开发了用于两相喷雾燃烧模拟的 KIVA-LES-LEM 和 KIVA-LES-PDF 模拟程序,完整地建立了"湍流扰动-标量输运-化学反应"的作用关系,实现了湍流和化学反应的解耦。

11.2 试验测试技术

11.2.1 湍流燃烧中间组分浓度测量方法研究

甲基 CH_3 是燃烧重要的中间组分之一,其空间分布直接反映火焰的释热率分布,天津大学提出利用 CH_3 的光解特性,通过测量光解产物 CH 的空间分布进行 CH_3 可视化测量的新方法,实现火焰中 CH_3 浓度空间分布的高时空分辨成像测量,如图 11-20 所示。一氧化碳 CO 是燃烧的重要中间产物和排放污染物之一,天津

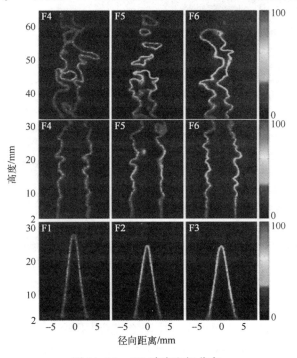

图 11-20 CH_3 浓度空间分布

大学提出利用飞秒 TPLIF 技术测量 CO，实现了 CO 高时空分辨的无干扰可视化测量，发现并解释了飞秒双光子诱导 CO 荧光谱中出现的"双峰"结构。中国空气动力发展与研究中心、哈尔滨工业大学等开发了高速 PLIF 技术，获得了高温高压（$T \leqslant 3000K$，$P \leqslant 5atm$）OH 基能级布居和荧光淬灭特性随温度和压力的变化规律，揭示了超声来流条件下湍流燃烧特性。

11.2.2 湍流燃烧温度测量方法研究

发动机湍流燃烧的高度复杂性（宽压强、温度范围，复杂的燃烧组分，强湍流等），使得温度的高精度测量极具挑战性。西北核技术研究所等基于激光与煤油燃烧场的相互作用研究，明确了 CARS 谱强干扰产生机制，发展了波长调谐 CARS 测温技术，有效抑制了光谱干扰，实现了 3MPa 以下宽压强范围煤油燃烧场温度的高精度测量，并成功应用在航空发动机模型燃烧室近真实条件下的燃烧实验测量（图 11-21）；发展了非线性双线铟原子荧光（Nonlinear Regime Two-line Atomic Fluorescence，NTLAF）测温方法，给出了温度反演表达式，获得了压强和激光强度对温度反演的影响规律，实现了酒精火焰二维温度场的高时空分辨定量测量，如图 11-22 所示，为宽工况运行发动机模型燃烧室温度场高时空分辨测量奠定了技术基础。

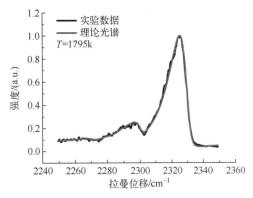

图 11-21 CARS 实验谱与理论谱拟合温度（见彩插）

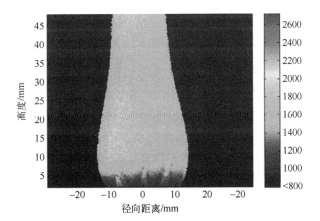

图 11-22 NTLAF 测量瞬时温度场

11.2.3 湍流燃烧速度测量方法研究

西北核技术研究所等开发了 OH 示踪测速（Hydroxyl Tagging Velocimetry，HTV）技术，突破了高超声速来流条件下燃烧反应区速度测量瓶颈，实现了超燃冲压发动机预热来流条件下隔离段、燃烧室及出口流场速度梯度分布的高精度测量；提出并开发了基于 HTV 技术的速度/温度同时测量技术，将光解 H_2O 产生的 OH 用于温度测量，对超燃冲压发动机内流场速度/温度梯度分布的高时空分辨同时测量有重要价值。针对航空发动机近壁面速度测量问题，天津大学开发了基于飞秒激光诱导氰基化学发光测速技术，如图 11-23 所示。针对飞秒激光可以实现电极放电时间和空间路径精确调控的特点，开发了飞秒激光成丝诱导电极丝状放电测速方法。

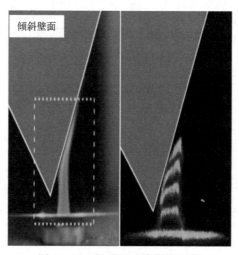

图 11-23　近壁面速度梯度测量

11.2.4 多参数测量激光诊断方法研究

西北核技术研究所等提出并开发了发动机运行状态温度/压强同时在线监测方法，建立了基于波长调制吸收的宽压强范围燃烧流场多参数测量物理模型，实现了航空发动机模型燃烧室运行状态温度和压强的高精度同时在线测量，测量频率 1kHz，为发动机宽工况运行状态的在线监测提供了一种有效测试手段。西北核技术研究所提出并开发了基于流场本身分子瑞利散射光谱的温度、速度和密度等多参数空间分布同时可视化测量方法；采用 21 条激励激光得到具有 500 多个测量点的二维空间干涉点阵的瑞利散射光谱，并获得了高速射流温度、速度和密度的空间分布图像，为湍流燃烧多场多参数测量提供了一种新的测量方案。上海交通大学开发了基于 10~100kHz 高频脉冲群激光的火焰 PLIF 与 PIV 同步测量技术，可用于同时获得燃烧组分（OH、CH、CH$_2$O 等）浓度和流场速度的二维空间分布时间序列图像，为点火/熄火机理研究和湍流与燃烧相互作用研究提供了重要测试手段。

11.3 在国民经济建设中的应用

11.3.1 航空发动机

空军工程大学发展的新型等离子体点火技术应用于部分预研和在研航空发动机燃烧室，显著拓宽了燃烧室的点火边界，提升了极端条件下（低温低压）发动机的工作性能。中国空气动力研究与发展中心建立的燃烧室数值模拟软件成功应用于多型航空发动机主燃烧室和加力燃烧室的数值模拟，为燃烧室排故、选型、改进改型和性能评估提供了可靠依据，在解决工程问题中发挥了重要作用，有力支撑了需求。

11.3.2 内燃机

天津大学提出了原创的学术思想，形成了完整的"柴油机高充量密度-低温燃烧理论"体系，开发的柴油机满足国Ⅵ法规，热效率比欧美产品重型柴油机高出 7%。主要技术已在"潍柴动力"和"广西玉柴机器"100 余个机型的国Ⅳ、国Ⅴ柴油机上应用，装备我国核心卡车、客车以及工程机械产品，占市场份额达 68%~80%。

11.3.3 爆震发动机

与传统发动机的等压燃烧不同，连续旋转爆震发动机（等容增压燃烧）具有更高的热循环效率、更紧凑的结构等优点。针对连续旋转爆震发动机稳定难、控制难、起爆难、高效难等问题，清华大学提出了一系列的原创方法，于 2022 年成功开展了连续旋转爆震发动机的飞行演示验证试验，加速了连续旋转爆震发动机的工程转化进度。

参考文献

[1] 高加力. 新一代高精度生物大分子力场 [J]. 中国科学基金，2018，32（1）：103-106.

[2] 周忠岳, 杨玖重, 潘洋, 等. 同步辐射真空紫外光电离质谱在燃烧和催化研究中的应用进展 [J]. 质谱学报, 2021, 42 (5): 598-608.

[3] YE L L, ZHANG L D, QI F. Ab initio kinetics on low temperature oxidation of iso-pentane: the first oxygen addition [J]. Combustion and Flame, 2018, 190: 119-132.

[4] ZOU J B, ZHANG X Y, LI Y Y, et al. Experimental and kinetic modeling investigation on ethyl-cyclohexane low-temperature oxidation in a jet-stirred reactor [J]. Combustion and Flame, 2020, 214: 211-223.

[5] 王秧, 王静波, 李象远. RP-3航空燃料中低温燃烧机理构建及动力学模拟 [J]. 化学研究与应用, 2018, 30 (6): 946-952.

[6] HUO J L, SAHA A, REN Z Y, et al. Self-acceleration and global pulsation in hydrodynamically unstable expanding laminar flames [J]. Combustion and Flame, 2018, 194: 419-425.

[7] 杨越. 涡面场理论与应用 [J]. 科学通报, 2020, 65 (6): 483-495.

[8] LUO K, SHAO C X, CHAI M, et al. Level set method for atomization and evaporation simulations [J]. Progress in Energy and Combustion Science, 2019, 73: 65-94.

[9] 王娜娜, 解青, 苏星宇, 等. 湍流燃烧机理和调控的活性子空间分析方法 [J]. 航空学报, 2021, 42 (12): 625228.

[10] 李应红, 吴云. 等离子体激励调控流动与燃烧的研究进展与展望 [J]. 中国科学: 技术科学, 2020, 50 (10): 1252-1273.

[11] LIU H, WANG Z, QI Y L, et al. Experiment and simulation research on super-knock suppression for highly turbocharged gasoline engines using the fuel of methane [J]. Energy, 2019, 182: 511-519.

[12] 刘朋欣, 郭启龙, 赵炜, 等. 基于旋转爆震三维流场结构分析的计算模型对比研究 [J]. 推进技术, 2020, 41 (12): 2757-2765.

[13] ZHAO D M, XIA Y F, GE H W, et al. Large eddy simulation of flame propagation during the ignition process in an annular multiple-injector combustor [J]. Fuel, 2020, 263: 116402.

[14] 姚卫, 刘杭, 张政, 等. 基于动态分区概念的高超声速燃烧大涡模拟 [J]. 力学学报, 2022, 54 (4): 954-974.

[15] 任祝寅, 解青, 杨天威, 等. 输运概率密度函数中的小尺度标量混合建模 [J]. 空气动力学学报, 2020, 38 (3): 501-514.

[16] 刘润之, 罗坤, 邢江宽, 等. 一种基于神经网络的燃烧模型及其先验性检验 [J]. 燃烧科学与技术, 2022, 28 (4): 433-439.

[17] ZHAO W H, WEI H Q, JIA M, et al. Flame-spray interaction and combustion features in split-injection spray flames under diesel engine-like conditions [J]. Combustion and Flame, 2019, 210: 204-221.

[18] 张大源, 李博, 高强, 等. 飞秒激光光谱技术在燃烧领域的应用 [J]. 实验流体力学, 2018, 32 (1): 1-10.

[19] 刘晶儒, 胡志云, 叶景峰, 等. 喷气发动机湍流燃烧场激光定量诊断技术研究进展 [J]. 推进技术, 2022, 43 (3): 210216.

[20] 王思睿, 刘训臣, 李磊, 等. 分层比对分层旋流火焰稳定模式及流动结构的影响 [J]. 空气动力学学报, 2020, 38 (3): 619-628.

[21] CAI Y K, JIA M, XU G F, et al. Feasibility study of the combustion strategy of n-butanol/diesel dual direct injection (DI^2) in a compression-ignition engine [J]. Fuel, 2021, 289: 119865.

[22] DUAN H Q, JIA M, LI Y P, et al. A comparative study on the performance of partially premixed combustion (PPC), reactivity-controlled compression ignition (RCCI), and RCCI with reverse reactivity stratification (R-RCCI) fueled with gasoline and polyoxymethylene dimethyl ethers ($PODE_n$) [J]. Fuel, 2021, 298: 120838.

[23] ZHENG Z J, LI Y W, SHI L, et al. An experimental and kinetic modeling study on the autoignition characteristics of indene [J]. Combustion and Flame, 2021, 230: 111448.

[24] LI S J, LU H B, MAO Y B, et al. Experimental and kinetic modeling study on ignition characteristic of $0^\#$ diesel in a shock tube [J]. Combustion and Flame, 2022, 242: 112171.

[25] ZHANG H N, GUO J J, XU P, et al. The kinetic model of ethylcyclohexane combustion over a wide temperature range and its comprehensive validation [J]. Combustion and Flame, 2022, 243: 112307.

[26] WANG G Q, MEI B W, LIU X C, et al. Investigation on spherically expanding flame temperature of n-butane/air mixtures with tunable diode laser absorption spectroscopy [J]. Proceedings of the Combustion Institute, 2019, 37 (2): 1589-1596.

[27] ZHANG X Y, YE L L, LI Y Y, et al. Acetaldehyde oxidation at low and intermediate temperatures: An experimental and kinetic modeling investigation [J]. Combustion and Flame, 2018, 191: 431-441.

[28] ZHANG X Y, LI Y Y, CAO C C, et al. New insights into propanal oxidation at low temperatures: An experimental and kinetic modeling study [J]. Proceedings of the Combustion Institute, 2019, 37 (1): 565-573.

[29] CAO C C, ZHANG X Y, ZHANG Y, et al. Probing the fuel-specific intermediates in the low-temperature oxidation of 1-heptene and modeling interpretation [J]. Proceedings of the Combustion Institute, 2021, 38 (1): 385-394.

[30] DENG F Q, ZHANG Y J, SUN W C, et al. Towards a kinetic understanding of the NO_x sensitization effect on unsaturation hydrocarbons: A case study of ethylene/nitrogen dioxide mixtures [J]. Proceedings of the Combustion Institute, 2019, 37 (1): 719-726.

[31] ZHAO Q, ZHANG Y J, ZHANG F, et al. Pressure-dependent kinetics on benzoyl radical + O_2 and its implications for low temperature oxidation of benzaldehyde [J]. Combustion and Flame, 2020, 214: 139-151.

[32] SUN W C, HUANG W L, QIN X K, et al. Water impact on the auto-ignition of kerosene/air mixtures under combustor relevant conditions [J]. Fuel, 2020, 267: 117184.

[33] HU E J, YIN G Y, KU J F, et al. Experimental and kinetic study of 2,4,4-trimethyl-1-pentene and iso-octane in laminar flames [J]. Proceedings of the Combustion Institute, 2019, 37 (2): 1709-1716.

[34] YIN G Y, GAO Z H, HU E J, et al. Comprehensive experimental and kinetic study of 2, 4, 4-trimethyl-1-pentene oxidation [J]. Combustion and Flame, 2019, 208: 246-261.

[35] GAO Z H, HU E J, XU Z H, et al. Low to intermediate temperature oxidation studies of dimethoxymethane/n-heptane blends in a jet-stirred reactor [J]. Combustion and Flame, 2019, 207: 20-35.

[36] LIU C, LI L, ZHANG B, et al. Application of automatic target species selection and global sensitivity analysis methods in chemical mechanism reduction [J]. Journal of Aeronautics, Astronautics and Aviation, 2021, 53 (1): 1-12.

[37] HUO J L, YANG S, REN Z Y, et al. Uncertainty reduction in laminar flame speed extrapolation for expanding spherical flames [J]. Combustion and Flame, 2018, 189: 155-162.

[38] GONG X, HUO J L, REN Z Y, et al. Extrapolation and DNS-mapping in determining laminar flame speeds of syngas/air mixtures [J]. Combustion and Flame, 2019, 200: 365-373.

[39] ZHAO P P, WANG L P, CHAKRABORTY N. Analysis of the flame-wall interaction in premixed turbulent combustion [J]. Journal of Fluid Mechanics, 2018, 848: 193-218.

[40] WU H, WANG L L, WANG X, et al. The effect of turbulent jet induced by pre-chamber sparkplug on combustion characteristics of hydrogen-air pre-mixture [J]. International Journal of Hydrogen Energy, 2018, 43 (16): 8116-8126.

[41] TONG W W. WANG S Z, YANG Y, Estimating forces from cross-sectional data in the wake of flows past a plate using theoretical and data-driven models [J], Physics of Fluids, 2022, 34: 111905.

[42] ZHANG S M, LU Z, YANG Y, Modeling the displacement speed in the flame surface density method for turbulent premixed flames at high pressures [J], Physics of Fluids, 2021, 33: 045118.

[43] TONG W W, YANG Y, WANG S Z, Characterizing three-dimensional features of vortex surfaces in the flow past a finite plate [J], Physics of Fluids, 2020, 32 (1): 011903.

[44] XIONG S Y, YANG Y. Identifying the tangle of vortex tubes in homogeneous isotropic turbulence [J], Journal of Fluid Mechanics, 2019, 874: 952-978.

[45] XIONG S Y, YANG Y, Construction of knotted vortex tubes with the writhe-dependent helicity [J], Physics of Fluids, 2019, 31 (4): 047101.

[46] CHAI M, LUO K, SHAO C X, et al. A finite difference discretization method for heat and mass transfer with Robin boundary conditions on irregular domains [J]. Journal of Computational Physics, 2019, 400: 108890.

[47] SHAO C X, LUO K, CHAI M, et al. A computational framework for interface-resolved DNS of simultaneous atomization, evaporation and combustion [J]. Journal of Computational Physics, 2018, 371: 751-778.

[48] SHAO C X, LUO K, YANG Y, et al. Direct numerical simulation of droplet breakup in homogeneous isotropic turbulence: The effect of the Weber number [J]. International Journal of Multiphase Flow, 2018, 107: 263-274.

[49] WANG H, ZHOU H, REN Z Y, et al. Transported PDF simulation of turbulent CH_4/H_2 flames under MILD conditions with particle-level sensitivity analysis [J]. Proceedings of the Combustion Institute, 2019, 37 (4): 4487-4495.

[50] REN Z Y, KURON M, ZHAO X Y, et al. Micromixing Models for PDF Simulations of Turbulent Premixed Flames [J]. Combustion Science and Technology, 2019, 191 (8): 1430-1455.

[51] ZHOU H, YANG T W, REN Z Y. Differential Diffusion Modeling in LES/FDF Simulations of Turbulent Flames [J]. AIAA Journal, 2019, 57 (8): 3206-3212.

[52] LI X J, HUANG X B, LIU H. A composite-fuel additive design method for n-decane low-temperature ignition enhancement [J]. Combustion and Flame, 2018, 188: 262-272.

[53] TANG M X, WU Y, ZONG H H, et al. Experimental investigation on compression ramp shock wave/boundary layer interaction control using plasma actuator array [J]. Physics of Fluids, 2021, 33 (6): 066101.

[54] ZHANG K, SONG F L, JIN D, et al. Experimental investigation on the cracking of pre-combustion cracking gas with gliding arc discharge plasma [J]. International Journal of Hydrogen Energy, 2021, 46 (13): 9019-9029.

[55] JIA M, LIN D, HUANG S F, et al. Experimental investigation on gliding arc plasma ignition in double-head swirling combustor [J]. Aerospace Science and Technology, 2021, 113: 106726.

[56] HUANG S F, WU Y, ZHANG K, et al. Experimental investigation of spray characteristics of gliding arc plasma fuel injector [J]. Fuel, 2021, 293: 120382.

[57] PAN Z P, QI J, PAN J F, et al. Fabrication of a helical detonation channel: Effect of initial pressure on the detonation propagation modes of ethylene/oxygen mixtures [J]. Combustion and Flame, 2018, 192: 1-9.

[58] ZHANG C L, CHANG J T, ZHANG J L, et al. Effect of continuous Mach number variation of incoming flow on ram-scram transition in a dual-mode combustor [J]. Aerospace Science and Technology, 2018, 76: 433-441.

[59] ZHAO J F, ZHOU L, ZHANG X J, et al. Experimental investigation of combustion modes and transition mechanism in confined combustion chamber [J]. Combustion and Flame, 2021, 230, 111451.

[60] PAN J Y, ZHENG Z Y, WEI H Q, et al. An experimental investigation on pre-ignition phenomena: Emphasis on the role of turbulence [J]. Proceedings of the Combustion Institute, 2021; 38 (4): 5801-5810.

[61] ZHOU L, LI K D, ZHAO J F, et al. Experimental observation of end-gas autoignition and developing detonation in a confined space using gasoline fuel [J]. Combustion and Flame, 2020, 222: 1-4.

[62] ZHAO J F, ZHOU L, LI K D, et al. Effect of diluent gases on end-gas autoignition and combustion modes in a confined space [J]. Combustion and Flame, 2020, 222: 48-60.

[63] ZHANG X J, WEI H Q, ZHOU L, et al. Relationship of flame propagation and combustion mode transition of end-gas based on pressure wave in confined space [J]. Combustion and

Flame, 2020, 214: 371-386.

[64] 王亚辉, 刘伟, 袁礼等. 求解二维 Euler 方程有限单元边插值的重构算法 [J]. 气体物理, 2019, 4 (3): 34-41.

[65] XIA Y F, WANG G F, ZHENG Y, et al. Incorporation of NURBS Boundary Representation with an Unstructured Finite Volume Approximation [J]. Communication in Computational Physics, 2018, 24 (3): 791-809.

[66] ZHANG L, LIANG J H, SUN M B, et al. An energy-consistency-preserving large eddy simulation-scalar filtered mass density function (LES-SFMDF) method for high-speed flows [J]. Combustion Theory and Modelling, 2018, 22 (1): 1-37.

[67] ZHANG L, LIANG J H, SUN M B, et al. A conservative and consistent scalar filtered mass density function method for supersonic flows [J]. Physics of Fluids, 2021, 33 (2): 026101.

[68] SHAO J, LI J Y, LI G H, et al. Temperature measurement based on fluorescence intensity in hydroxyl tagging velocimetry (HTV) [J]. AIP Advances, 2020, 10 (10): 105326.

[69] SHAO J, LI G H, YE J F, et al. Diffusion and chemical interaction of hydroxyl generated from photodissociation of water vapor in the temperature range in 294 K-891 K in helium flow [J]. AIP Advances. 2020, 10 (11): 115315.

[70] SHAO J, LI G H, ZHANG Z Z, et al. Measurements of diffusion characteristics of hydroxyl radical with laser-induced fluorescence at high temperature [J]. Optics Communications, 2021, 488: 126810.

[71] WANG S, SI J H, HU Z Y, et al. Multi-beam interferometric Rayleigh scattering technique for simultaneous 2-D quantitative measurement of multi-parameters in high speed flow field [J]. Optics Communications, 2021, 495: 127069.

[72] TAO M M, CHEN H W, FENG G B, et al. Comparisons between high power fiber systems in the presence of radiation induced photodarkening [J]. Laser Physics, 2022, 32 (5): 055101.

[73] SHAO J, WU J Z, YE J F, et al. Noise suppression method for hydroxyl tagging velocimetry based on generative adversarial networks [J]. AIP Advances, 2022, 12 (11): 115202.

[74] ZHOU Y, HUANG Y, MU Z Q. Large eddy simulation of the influence of synthetic inlet turbulence on a practical aeroengine combustor with counter-rotating swirler [J]. Proceedings of the Institution of Mechanical Engineers, Part G. Journal of aerospace engineering, 2019, 233 (3): 978-990.

[75] 周瑜, 黄渊, 陈伟强, 等. 高空来流条件下航空发动机双旋流燃烧室点火特性数值模拟 [J]. 推进技术, 2022, 43 (9): 210341.

[76] ZHANG C L, CHANG J T, FENG S, et al. Investigation of performance and mode transition in a variable divergence ratio dual-mode combustor [J]. Aerospace science and technology, 2018, 80: 496-507.

[77] ZHANG C L, CHANG J T, ZHANG J L, et al. Effect of continuous Mach number variation of incoming flow on ram-scram transition in a dual-mode combustor [J]. Aerospace science and technology, 2018, 76: 433-441.

第12章

空气动力学科研和教育机构

我国空气动力学经过多年的发展，建成了一批专门从事空气动力学试验与模拟研究以及相关技术发展的科研机构，在我国航空航天航海事业以及工业商业中发挥了重要作用；多所高等院校也根据国家和经济发展需要设立了与空气动力学相关专业或开展了相关教学，为我国空气动力学学科和事业发展提供了源源不断的高素质人才。

12.1 主要科研机构

12.1.1 中国空气动力研究与发展中心

中国空气动力研究与发展中心是为适应我国航空航天事业和国民经济发展需要，由钱学森、郭永怀规划，经毛主席批准，于1968年2月组建。

经过40多年的建设，气动中心建成为我国唯一的大、中、小设备配套，低速、高速、超高速衔接，风洞试验、数值计算、模型飞行试验三大研究手段齐备，气动力、气动热、气动物理等研究领域宽广的国家级空气动力试验研究中心，完成大量航空航天飞行器及汽车、高速列车、风工程的试验、研究和计算任务，获得国家级和部委级科技进步奖千余项。

中国空气动力研究与发展中心主要履行以下使命任务：

（1）飞行器空气动力相关的风洞试验、数值模拟、模型飞行试验及关键技术攻关，提供气动数据和气动问题解决方案。

（2）飞行器空气动力性能验证评估。

（3）空气动力学及交叉学科基础理论、新概念、新技术和新方法研究与应用转化,以及相关研究成果的演示验证等。

(4) 空气动力设备设计建设、试验技术和测试技术研究等。

12.1.2　中国航天空气动力技术研究院

中国航天空气动力技术研究院源于 1956 年成立的国防部五院空气动力研究室,经历北京空气动力研究所、航天空气动力技术研究院等历史沿革,于 2007 年正式成立,是中国第一个大型空气动力研究与试验基地,也是我国航天系统中唯一的气动专业研究院,隶属于中国航天科技集团公司。经过 60 余年的发展,逐步形成以空气动力、特种飞行器、航天技术应用产业协同并进的新发展格局。

研究院现有在职员工 4000 余人,其中各类专业技术干部占比 60%,集团以上学术技术带头人、突出贡献专家 50 余名。

研究院拥有从低速、高速到高超声速配套较为完整的风洞群,可对空天往返飞行器、大型运载器、再入飞行器、滑翔飞行器、吸气式发动机飞行器等一系列稀薄气体环境下的动力学问题进行试验研究;形成了滑翔式高超飞行器、吸气式高超飞行器、再入返回器、无人机等先进气动布局设计能力;开发了多喷流/舵面耦合高精度数值预测平台和高超声速热环境预测与热防护机理/评估技术体系;具备了全速域气动弹性耦合数值模拟、气动光学脉动流场预测计算、辐射热噪声分析技术等气动交叉领域关键能力;并在气动飞行试验总体设计、超燃冲压发动机研制等方面取得了重要突破。

研究院共获省部级以上科技类奖项 300 余项,国家发明奖 4 项、国家科技进步奖 6 项,获得国家专利授权 300 余项,是国家多项重大工程突出贡献单位,被评为"首次中国载人航天工程功勋单位"。

12.1.3　中国航空工业空气动力研究院

中国航空工业空气动力研究院起源于 1955 年成立的哈尔滨军事工程学院空气动力实验室和 1958 年成立的沈阳飞机制造厂空气动力研究室,1970 年两个单位划归国防部第六研究院第七研究所,1982 年转隶航空工业部,并分别命名为哈尔滨空气动力研究所(627 所)和沈阳空气动力研究所(626 所),2000 年 7 月,两个单位合并组建气动院,现隶属于中国航空工业集团公司。该研究院主要从事航空气动力基础研究、飞行器气动布局设计技术研究、空气动力应用技术研究、风洞试验技术研究以及专用试验设备、设施的研制与建设,承担各类航空、航天飞行器的高低速风洞试验任务,为飞行器研制提供风洞试验数据和气动力特性分析服务。

研究院在高、低速空气动力风洞试验和飞行器先进气动布局等研究方面,享有较高的声誉,是国内空气动力学研究领域的一支重要力量。经过几十年的建设,在航空气动试验能力、试验技术等方面形成了独特的优势。目前拥有 11 座高/低速风洞,可以为航空飞机进行常规测力、测压试验,流动显示与测量试验,以及飞行器进排气动力模拟、进气道、推力矢量、螺旋桨滑流、动导数、旋转天平等在内的 10 余种国内领先的风洞特种试验。在 CFD 方面,研究院主要侧重于与气动力风洞试验及技术相结合的应用研究工作,开发了先进的计算软件平台,配置了 330TFlps 浮点运算能力的计算条件,培养锻炼了一批从事 CFD 研究的技术骨干队伍。

研究院先后承担了国家多项重点课题研究与任务。多年来获得部级、国家科技进步奖等 100 多项,并多次在航空科学技术研究计划、多型飞机的技术验证研制、设计定型及首飞中做出突出贡献。为我国飞行器研制进行了数百万次的高、低速风洞试验,被评为"中国航空工业重大贡献单位"。拥有 4 个省部级重点实验室、近 20 个科研创新团队。

12.1.4　中国科学院力学研究所

中国科学院力学研究所(以下简称力学研究所)创建于 1956 年,是以钱学森工程科学思想建所的综合性国家级力学研究基地,为我国"两弹一星"、载人航天事业及国家经济社会发展作出了重要贡献。其主要研究方向包括微尺度力学与跨尺度关联、高温气体动力学与跨大气层飞行、微重力科学与应用、海洋/工程/环境/能源与交通中的重大力学问题、先进制造工艺力学、生物力学与生物工程等。

力学研究所共有职工 800 余人,其中科技人员 600 余人,正高级专业技术人员 100 余人,副高级专业技术人员 200 余人。拥有中国科学院院士 5 名,国家杰出青年科学基金获得者 11 名。中国科学院力学研究所是我国最早招收研究生、首批具有博士学位授予权和建立博士后科研流动站的单位之一,也是中国科学院博士生重点培养基地之一。其现有博士生导师 90 余人,硕士生导师 140 余人;在读博士研究生 200 余人,在读硕士研究生 200 余人。

力学研究所设有 6 个科研机构:非线性力学国家重点实验室(LNM)、高温气体动力学国家重点实验室(LHD)、中国科学院微重力重点实验室(NML)、中国科学院流固耦合系统力学重点实验室(LMFS)、宽域飞行工程科学与应用中心(WESA)、空天飞行科技中心。

建所以来,力学所承担并完成了一批重要的国家科研任务,并取得有影响的科技成果,先后获国家、中国科学院和各部委各种科技奖 280 余项,包括国家最高科学技术奖 1 项、特等奖 4 项、一等奖 4 项、二等奖 15 项,中国科学院和部委级一等奖 35 项。

12.1.5　北京应用物理与计算数学研究所

北京应用物理与计算数学研究所创建于1958年，以承担国家重大科研任务为主，同时开展基础和应用理论研究。研究所现有职工650余人，其中各类专业技术人员500多人，包括研究员130多人，中国科学院院士、中国工程院院士共15人，享受政府特殊津贴人员32人，国家杰出青年科学基金获得者9人。

研究所获国家自然科学奖、国家科技进步奖以及求是奖、何梁何利奖等各类科技成果奖500余项。多人获得全国"五一劳动奖章"，全国劳动模范、全国创新争先奖等荣誉。

研究所围绕国家重大任务，开展了工程数值模拟、反应区动力学模型研究、爆轰动力学和多相介质中的复杂流体等方面的研究，相关的研究方向包括高能量密度、多介质、多尺度、多物理、复杂剧烈变形等流动现象数值模拟，以及反应流体力学精密建模与数值模拟研究。

研究所主办有全国性学术刊物《计算物理》《计算数学通讯》，是中国原子分子数据研究联合体的主持单位，是国际性刊物 Communications in Computational Physics、全国性学术刊物《偏微分方程》和《中国图象图形学报》的主办单位之一，是全国计算物理学会、北京国际计算物理中心、中国物理学会咨询委员会和原子分子物理专业委员会、中国空气动力学会物理气动力学专业委员会的挂靠单位。

12.1.6　其他

除上述专业研究机构以外，航空航天飞行器研制和设计单位也拥有一批从事空气动力学研究与应用的科研队伍。这些单位主要包括中国运载火箭技术研究院、中国航天科工防御技术研究院、中国航天科工飞航技术研究院、中国航天动力技术研究院、中国航天科工运载技术研究院、北京空间技术研究院、中国航天推进技术研究院、上海航天技术研究院、航天江南集团有限公司、中国航空研究院、中国航空工业沈阳飞机设计研究所、中国航空工业成都飞机设计研究所、中国航空工业第一飞机设计研究院、中国直升机设计研究所、中国航发沈阳发动机研究所、中国航发四川燃气涡轮院、贵州贵飞飞机设计研究院有限公司等。

12.2　主要教育机构

12.2.1　北京航空航天大学

北京航空航天大学航空科学与工程学院成立于1952年，主要从事大气层内

第 12 章 空气动力学科研和教育机构

各类航空器（飞机、直升机和飞艇等）、临近空间飞行器、微小型飞行器等的总体设计、气动、结构、强度、飞行力学、人机环境控制等方面的基础性、前瞻性以及新概念、新理论、新方法的研究，培养飞行器设计、力学、环境控制与生命保障等方面的专业人才，涉及 3 个一级学科，10 个二级学科。

空气动力学系现有教师 38 人，包括教授 11 人，副教授 16 人，其中院士 2 人，国家有突出贡献专家 1 人，国家级领军人才 6 人，跨/新世纪人才 3 人，北京市优秀教师 2 人。其主要研究方向包括湍流与转捩及其控制、分离流与旋涡运动的机理与控制、计算流体力学、仿生流体力学、设计空气动力学及应用空气动力学等，拥有多个教学和科研实验室，其中包括航空科学技术国家实验室（筹）的功能实验室、流体力学教育部重点实验室、国家计算流体动力学实验室等，承担了国家自然科学基金重点项目、仪器专项、国家杰出青年科学基金、教育部重大项目等科研任务。

流体力学研究所拥有多个教学和科研实验室，其中包括航空科学技术国家实验室（筹）的功能实验室、流体力学教育部重点实验室、国家计算流体动力学实验室、粉体技术研究开发北京市重点实验室等。获批国家自然科学基金委创新群体项目 1 项，拥有国家级精品课 1 门（空气动力学），近 5 年完成北京市精品教材 3 部，获国家级优秀教学成果二等奖 1 项，北京市优秀教学成果一等奖 2 项。承担了国家自然科学基金重点项目、仪器专项、国家杰出青年科学基金、教育部重大项目、预研计划等，参与了国内各类飞行器型号的技术攻关。

12.2.2 南京航空航天大学

南京航空航天大学航空宇航学院于 2000 年组建，2019 年更名为航空学院。

学院下设直升机系、飞行器系、振动工程研究所、结构强度研究所、微纳器件系统研究所、智能材料与结构研究所、精密驱动与控制研究所、基础力学与测试系、人机与环境工程系、空气动力学系、航空航天交叉研究院 11 个系、所。

学院设有航空宇航科学与技术、力学 2 个一级学科国家重点学科，2017 年力学学科入选第一轮"双一流"建设学科名单，2022 年力学、航空宇航科学与技术学科入选第二轮"双一流"建设学科名单。航空宇航科学与技术、力学、机械工程、仪器科学与技术、机械 5 个学科专业具有博士学位授予权，动力工程及工程热物理学科具有硕士学位授予权，并设有航空宇航科学与技术、力学 2 个博士后流动站。

学院设有飞行器设计与工程、工程力学、飞行器环境与生命保障工程、建筑环境与设备工程 4 个本科专业，其中前 3 个专业为国家级一流本科专业建设点，建筑环境与设备工程为江苏省一流本科专业建设点；飞行器设计与工程专业入选教育部"卓越工程师培养计划"，力学拔尖学生培养基地入选教育部"基础学科拔尖学生培养计划 2.0"。

12.2.3　西北工业大学

西北工业大学航空学院成立于 2003 年，下设航空器设计工程系、综合技术与控制工程系、飞行器空气动力学系（原流体力学系）、航空结构工程系和极端力学研究院。

学院承担航空宇航科学与技术（"双一流"建设学科，第四轮学科评估 A+ 学科，2020 软科世界一流学科排名第二）和力学（B+学科，学校"3+2"建设学科）两个一级学科建设；具有飞行器设计与工程（国家一流专业建设点）、飞行器控制与信息工程（国家一流专业建设点）、航空航天工程（国家一流专业建设点）3 个本科专业和黄玉珊航空班、航空航天类强基班、力学拔尖班 3 个特色班；拥有航空宇航科学与技术和力学两个一级学科博士/硕士学术学位授予权、机械领域（航空工程）和电子信息领域的专业学位博士/硕士授予权，并建有两个一级学科博士后流动站。

学院现有本科生 1000 余名，研究生 1300 余名。学院现有教职工 252 人，其中教师 166 人（含教授 65 人、副教授 94 人、助理教授 3 人、讲师 4 人），实验技术人员 27 人，专职科研 17 人，管理人员 18 人，博士后 13 人。学院现有两院院士（含外聘）6 人，国家级领军人才 9 人，国家级青年人才 16 人，全国优秀教师 1 人，省部级各类人才计划 14 人，陕西省教学名师 2 人；教育部创新团队 3 个，国家级教学团队 1 个。

学院拥有飞行器基础布局全国重点实验室（牵头）、强度与结构完整性全国重点实验室（副主任单位）2 个国家级重点实验室，拥有 8 个省部级科研平台；还拥有 14 个院级研究所。先后获得国家级科技三大奖 10 项。"十三五"期间，学院科研到款累计超过 8 亿元，牵头千万级项目 10 项；国家自然科学基金项目共获资助 116 项，在国家杰出青年科学基金项目上取得零的突破，获批优秀青年科学基金项目 2 项、重点类项目 3 项；获全国创新争先奖状 1 项，省部级科技奖励 18 项（其中，省部级一等奖 2 项），"日内瓦国际发明展"杰出创新特别大奖和金奖 1 项，全国科技工作者创新创业大赛金奖 1 项，中国通用航空创新创业大赛一等奖 1 项。

12.2.4　国防科技大学

国防科技大学空天科学学院是国内最早设立航天类专业的单位之一，起源于 1958 年陈赓大将亲自推动、钱学森先生深度指导成立的"哈军工"导弹工程系。学院目前设有 8 个系所级单位，建有 3 个国家级科研实验室，2 个国家级实验教学中心，12 个省部（军队）级教学科研平台，形成了以航空宇航科学与技术为龙头，以材料科学与工程和力学为重要支撑的"一体两翼"学科布局，航空宇航科学与技术学科连续两轮入选国家"双一流"建设学科。

学院现有专任教师 300 余人，其中高级职称教师 210 余人，两院院士 6 人，特聘院士 10 人，国家杰青、国防卓青、军队科技领军人才等国家/军队级领军人才工程人选 44 人次，青年长江、国家优青、万人青拔等国家/军队级青年人才工程人选 165 人次，拥有国家级创新团队 2 个、国家自然科学基金委创新研究群体 1 个、全国专业技术人才先进集体 1 个、中国载人航天工程突出贡献集体 1 个。

学院围绕导弹、卫星、材料三大技术主线，深耕空天领域尖端科研，紧扣载人航天等国家重大需求开展关键技术攻关和工程型号研制，着眼国际学术前沿开展基础研究，在高超声速技术、先进卫星平台技术、高速空气动力学、图像测量与视觉导航、高性能陶瓷纤维及其构件等方向攻克和掌握了一批关键核心技术，取得了一批国际国内领先的自主创新成果。获得了以国家科技进步奖一等奖为代表的国家级奖项 18 项、军队/省部级科技奖励一等奖 45 项。

12.2.5 清华大学

清华大学航天航空学院下设航空宇航工程系、工程力学系和航空技术研究中心，宇航技术研究中心保持跨学科特色，挂靠航天航空学院。航空宇航工程系下设 5 个研究所，分别为工程动力学研究所、飞行器设计研究所、推进与动力技术研究所、人机与环境工程研究所和空天信息技术研究所；工程力学系下设 4 个研究所，分别为固体力学研究所、流体力学研究所、工程热物理研究所和生物力学与医学工程研究所。

学院的力学一级学科博士点中，现有固体力学、流体力学和一般力学与力学基础三个二级学科博士点，有工程热物理二级学科博士点和两个博士后科研流动站。固体力学、流体力学和工程热物理是国务院学位委员会批准的全国重点学科，且评分最高。2005 年，我院增设航空宇航科学与技术学科硕士点。

学院在编人员共计 118 人。其中教授、研究员 51 人；副教授、副研究员 47 人；讲师、助研 4 人；工程实验系列 13 人；教育职员 3 人。兼职、双聘教授 17 人；非事业编制人员 100 人；在站博士后 76 人。现有中国科学院院士 2 人。学院现有约 360 名本科生，约 380 名研究生（180 名博士生和 200 名硕士生），每年从国内外招收 90 名本科新生。

12.2.6 北京大学

北京大学工学院力学与工程科学系创立于 1952 年，是国家第一批一级学科博士学位授予单位，现拥有 1 个国家基础科学人才培养基地、1 个教育部一级重点学科、3 个二级重点学科，下设 8 个博士点，还拥有 2 个国家自然科学基金委员会创新群体，以及 2 个教育部创新团队，并与湍流与复杂系统研究国家重点实验室实施共建，促进学科交叉前沿研究。其中，流体力学学科的主要研究方向包括湍流与多尺度复杂系统、转捩、湍流的精细实验测量、湍流数值模拟等。

力学与工程科学系拥有中国科学院院士 6 人，"长江学者"特聘教授 8 人，"国家杰出青年科学基金"获得者 12 人，教育部跨世纪、新世纪人才 7 人，"青年长江学者" 1 人，"优秀青年科学基金"获得者 4 人，"青年拔尖人才" 1 人。

北京大学工学院力学与工程科学系与多所国际著名大学及研究机构有良好的教学与科研合作关系，并与国内外著名企业建立了良好的互动合作关系。积极推进"国家理科科学研究和教学人才培养基地"和特色专业的建设，加强湍流理论、计算、实验、复杂流动、复杂材料力学、多功能材料力学和物理性能、航空航天动力学与控制、复杂系统动力学与控制、生物力学、先进科学与工程计算等研究；加强航空航天相关的基础理论与应用研究。

12.2.7 中国科学技术大学

中国科学技术大学近代力学系创建于 1958 年，拥有首批国家重点一级学科、国家"双一流"交叉学科建设项目，国家理科基础科学研究和教学人才培养基地（1993 年），与中国科学院力学研究所合作创办钱学森力学科技英才班（2009 年），首批入选教育部一流本科专业建设点、基础学科拔尖学生培养计划 2.0 基地、强基计划。

近代力学系拥有一支高水平教学科研队伍，其中正高职 48 人、副高职 16 人、讲师 1 人。教职中国家重大人才工程特聘教授 3 人、国家杰青 11 人、国家基金委优青 12 人、国家创新人才计划青年项目 12 人、中国科学院引才计划 14 人。秉承钱老的工程科学思想，面向重大工程任务中的科学问题，开展前沿和基础研究，形成了实验力学、流体力学、固体力学、爆炸力学等传统优势方向，并与物理、材料等交叉融合，形成了一批新的特色方向，包括多尺度复杂流动、非定常流和涡运动、高速空气动力学、材料介尺度力学理论、爆炸与冲击动力学、石油工程力学等，发展了世界领先的材料内部变形测量和真三轴霍普金森杆等实验力学方法和技术。

12.2.8 复旦大学

复旦大学航空航天系于 2015 年建立，现拥有 1 个国家一级学科，以及 6 个二级学科，拥有流体力学博士学位授予点。现有教职工 29 人，其中教授 10 人，"长江学者" 1 人，博士生导师 9 人，此外还聘请了 4 名院士任兼职教授。

航空航天系与空气动力学相关的研究方向包括计算流体力学、湍流理论与实验、环境力学、风工程等。拥有各类风洞 8 座，其中低速回流式风洞 2 座、大气边界层风洞 1 座、超声速风洞 1 座、教学型小风洞 4 座，能够开展风速的测量、机翼绕流、圆柱绕流、圆球绕流、平板绕流、拉瓦尔喷管压力和马赫数分布、激波的观测与测量等教学实验。

12.2.9 天津大学

天津大学流体力学实验室成立于1956年，拥有流体力学博士学位授予权，2001年流体力学被评为国家重点学科。现有院士2人，国家"千人计划"学者2人，"长江学者"1人。

流体力学实验室研究方向集中在湍流与流动稳定性的实验与工程应用，拥有低速回流式风洞1座，直流式低湍流度风洞1座、小型风洞多座。实验室先后承担有关湍流实验研究的国家自然科学基金项目20项，教育部高等学校博士学科点专项科研基金3项。

流体力学实验室承担了国家重大科技专项、国家自然科学基金重点和省市部委重点等科研项目110项，获得国家自然科学和国家科技进步奖二等奖各1项，省部级科技奖励一等奖7项，中国专利优秀奖1项。

12.2.10 上海交通大学

上海交通大学航空航天学院成立于2008年9月，下设飞行器设计系、航空宇航信息与控制系、航空宇航推进系、临近空间研究中心、吴镇远空气动力学中心。其中与空气动力学相关的研究方向主要包括飞行器设计、涡量空气动力学、非定常空气动力学、高超声速空气动力学等。现拥有多个一级学科硕士点、博士点。

学院现有87名专任教师队伍，其中院士2名，国际宇航科学院院士1名，国家特聘项目专家2名，"长江学者"特聘教授2名，国家杰出青年科学基金项目获得者1名，国家青年特聘项目专家1名，国家青年拔尖人才1名，"百千万人才工程"专家1名，国家"万人计划"专家1名，上海市特聘项目专家3名，上海市"领军人才计划"专家1名，上海市"青年拔尖人才计划"专家1名，上海市"领军人才计划"（海外）专家3名，上海市科技创新行动计划优秀学术带头人1名，上海市科技启明星2名，"浦江人才计划"专家3名。

学院拥有大跨度、内外流一体化风洞实验室和高超声速地面试验装置及配套设施，具备气动力、气动热、表面压力分布测量和流场显示等气动试验能力。与行业内多个科研单位和企业建立了合作关系，组建了多个联合实验室和产学研基地，还建设有高超声速风洞平台、飞机结构强度试验平台等多个创新平台。与美国密歇根大学共同建设了交大密歇根学院，拥有流体传感与诊断实验室、湍流实验室、气热实验室等，在流体力学和传热现象方面，开展了包括气动与传热、湍流及相关现象、CFD、光学测试与新型流场分析技术等研究。近年来，学院承担了大飞机重大专项等多项重大项目。

12.2.11　西安交通大学

西安交通大学航天航空学院成立于 2005 年，由力学和航空宇航科学与技术两个一级学科支撑建设。设有工程力学和空天工程两个系，拥有 11 个省部及以上重点教学科研基地，包括 2 个国家级平台、2 个 "111" 学科创新引智基地，以及 7 个省部级重点科研基地。此外，学院还建有 5 个国际交流合作基地；设有力学、航空宇航科学与技术 2 个博士后流动站；主办 International Journal of Applied Mechanics 和 International Journal of Computational Materials Science and Engineering 2 个国际学术期刊，以及《应用力学学报》国家级学术期刊。

学院与空气动力学相关的研究方向包括飞行器设计、结构振动、结构强度、转子动力学、叶片安全可靠性、航空发动机先进冷却及燃烧、多场环境下大规模结构耦合响应数值模拟、计算流体力学及超大规模计算等。

学院现有教职员工 183 人，包括教师 126 人、专职科研人员 31 人、实验技术人员 15 人，其中领军学者 9 人、国家杰出青年基金获得者 4 人、国家级青年人才 18 人，100% 的教师具有博士学位，95% 的教师具有国外留学、访学经历。

学院承担国家重大专项、国家自然科学基金重点项目等国家级科研项目 580 余项，并获国家自然科学二等奖 6 项、国家科技进步奖和国家科技发明奖 6 项、省部级科研成果奖 50 余项。

12.2.12　中南大学

中南大学交通运输工程学院成立于 2002 年，设有 4 个系，2 个研究中心，1 个实验中心，11 个研究所（中心）。现有教职工 124 人，其中教授及相应职称 42 人，副教授及相应职称 46 人，博士生导师 49 人。拥有中国工程院院士、国家"万人计划"科技创新领军人才等高层次人才 10 余人，拥有教育部"轨道交通安全关键技术"长江学者创新团队 1 个，科技部科技创新人才推进计划重点领域创新团队 1 个，湖南省"轨道交通创新人才培养"教学团队 1 个，获"全国专业人才先进集体""全国党建工作标杆院系"。

学院拥有"交通运输工程"一级学科国家重点学科，设有"交通运输工程"博士后流动站；"交通运输工程"一级学科博士（硕士）学位授权点；交通运输规划与管理、载运工具运用工程、交通信息工程及控制、物流工程、交通设备与信息工程、城市轨道交通工程 6 个二级学科博士（硕士）学位授权点。

学院拥有"重载快捷大功率电力机车"全国重点实验室、"轨道交通列车安全保障技术"国地联合工程研究中心、"轨道交通安全"国际合作联合实验室、"轨道交通安全"教育部重点实验室、"智慧交通"湖南省重点实验室、"轨道交通大数据"湖南省重点实验室、"轨道车辆碰撞安全保护技术"湖南省工程实验室、"轨道交通"全国科普教育基地、"轨道交通安全"国家985科技创新平台、"轨道交通列车安全学科"创新引智基地等高水平学科平台,并首批进入了国家高等学校创新能力提升计划(简称"2011"计划)。

学院现有在校学生2617人,其中本科生1564人、硕士生526人、博士生381人、留学生146人,毕业生就业率一直保持在98%以上,60多年来,为国家输送万余名轨道交通专业人才。学院拥有自主设计、全世界规模最大、国内唯一"列车空气动力性能及撞击模拟实验装置"。近年来,学院承担了国家支撑、国家"973"、国家"863"重大专项、"985"科技创新平台建设项目、国家自然科学基金重大项目等一系列国家和省部级重大课题;获国家科技进步特等奖4项、国家科技进步奖一等奖1项、国家科技进步奖二等奖2项、国家科学技术进步创新团队奖1项;国家技术发明二等奖1项、中国专利金奖2项;国家教学成果二等奖2项,省部级科研奖58项、省部级教学奖励8项;出版专著和教材60余部,授权欧洲、日本、俄罗斯和国内发明专利130余项。

12.2.13 同济大学

同济大学航空航天与力学学院于2004年成立,拥有力学一级学科博士点和航空宇航科学与技术一级学科硕士点,以及力学一级学科博士后流动站。学院设有国家级力学实验教学示范中心、国家级力学虚拟仿真实验教学中心和复合材料工程实验中心,主要研究方向包括先进材料与结构的力学行为、流体力学、动力学与控制、现代力学测试技术,先进复合材料与结构、飞行器设计与制造等。

学院现有教职员工109人,其中专任教师80人,入选国家级高层次人才计划(含青年人才计划)教师9人,入选省部级人才计划教师20余人。近年来,荣获"全国巾帼建功标兵""宝钢优秀教师特等奖提名奖""上海市育才奖""上海市三八红旗手""上海市教卫系统优秀党务工作者""上海高校毕业生就业工作优秀工作者"等省部级及以上荣誉称号,以及同济大学"师德师风优秀教师"、"优秀学生思想政治工作者"、首届"卓越导学团队标兵"等荣誉称号30余人次。

同济大学风洞试验室拥有4座大、中、小配套的边界层风洞,配有先进的测力、测压、测速、测振仪器及数据采集系统和计算机工作站,主要研究方向包括近地风特性及大气边界层模拟、建筑钝体空气动力学的理论和实验研究、结构风致振动机理及破坏模式、典型桥梁截面的气动参数识别方法、计算机仿真分析及数值风洞、结构的抗风性能和风载识别、结构抗风防灾及可靠度分析、抗风减灾及振动控制原理与技术等。另外,其还承担了包括国家自然科学基金重大项目在内的数十项国家级、省部级和国际合作科研项目,完成了国内外百余座大跨度桥梁和百余个高层、高耸、大跨结构的抗风研究项目。

12.2.14 中国科学院大学

中国科学院大学工程科学学院成立于 2015 年。由中国科学院力学研究所主承办，涵盖力学、动力工程及工程热物理、土木工程 3 个一级学科。由固体力学、流体力学、高温气体动力学、生物力学与医学工程、微重力科学、海洋工程、岩土工程、冻土工程、工程热物理、热能工程、动力机械及工程、能源装备与系统、能源材料与应用、制冷与低温工程、工程管理共 15 个教研室组成。

学院各承建单位拥有一批国内外知名的科学家和众多优秀的工程科学人才，其中包括 16 位两院院士、32 位国家杰出青年科学基金获得者，力学研究所郑哲敏院士获得"2012 年度国家最高科技奖"。工学院有岗位教师 164 人，长期承担中国科学院大学（包括原中国科学院研究生院）研究生培养的基础课程教学工作，积累了丰富的教学经验，多门课程获得优秀课程，多名教师获得中国科学院优秀研究生导师奖。

学院有多个国家重点实验室和院重点实验室，并拥有一批国际一流的科研装备，如复现高超声速飞行条件激波风洞、高速列车动模型、微重力落塔、大型循环流化床燃烧技术系列化综合实验平台、国际标准的太阳能热水器热性能测试系统、大型循环流化床燃烧技术系列化综合实验平台、低温工程技术研究平台、岩土力学与工程国家重点实验室、冰冻圈科学国家重点实验室、深海探测技术研究室等国际领先的科研装备和研究中心，为培养学生前期科研和动手实践能力提供高起点平台。各共建单位共享资源，开放平台，为教学、实习和科研活动提供强有力的支撑。

12.2.15 浙江大学

浙江大学航空航天学院成立于 2007 年，下设航空航天系和工程力学系。学院拥有航空宇航科学与技术和力学两个一级学科和相应的博士后流动站，其中固体力学为二级学科国家重点学科，力学、航空宇航科学与技术为浙江省一流学科。学院的两个本科专业工程力学和飞行器设计与工程均入选国家级一流本科专业建设点。学院拥有力学、航空宇航科学与技术、电子科学与技术 3 个一级学科博士学位授予权，机械、电子信息两个大类专业学位博士学位授予权。学院现有学生 1094 人，其中本科生 340 人、硕士生 277 人、博士生 477 人。

学院现有事业编制教职工 157 人，其中教师 109 人，专职研究人员 2 人，在站学科博士后 23 人，实验技术人员 11 人；另有在站企业博士后 25 人。学院现有两院院士 4 人；国家特聘专家、长江学者特聘教授、国家杰出青年科学基金获得者等国家级人才 23 人次；浙江大学求是特聘教授 19 人。国家优秀青年科学基金获得者、"万人计划"青年拔尖人才入选者等国家级青年人才 26 人次。

学院建有应用力学研究所、流体工程研究所、生物力学与应用研究所、飞行器设计与推进技术研究所、智能无人系统研究所、空天信息技术研究所、航天电子工程研究所、微小卫星研究中心 8 个研究所（中心）。学院拥有一批国家和省部级教研平台，包括国家工科基础课程力学教学基地、国家级力学实验教学示范中心、国家基础学科拔尖学生培养计划 2.0 基地和软物质力学学科创新引智基地（111 计划）；教育部航空航天数值模拟与验证重点实验室、教育部新型飞行器联合研究中心、微小卫星与星群教育部协同创新中心（培育）；以及 4 个浙江省重点实验室、3 个浙江省协同创新中心、2 个浙江省工程实验室和 1 个浙江省国际科技合作基地。

12.2.16 大连理工大学

大连理工大学航空航天学院成立于 2008 年。其研究方向具体包括气动与推进（先进飞行器气动布局、空气动力学、流体力学前沿交叉、航空航天推进技术、航空航天热防护技术）、结构与材料（空天飞行器热结构强度、飞行器结构设计与评估、飞行器结构安全与监测、飞行器复合材料性能分析及设计、飞行器特种材料与结构）、动力学与控制（卫星总体设计与关键技术、飞行器气动弹性技术、飞行器动力学、飞行器导航制导与控制、飞行器系统仿真、无人飞行器技术）。

学院建有"辽宁省空天飞行器前沿技术重点实验室"和"教育部新型飞行器热防护联合研究中心"，现有专任教师 38 人，其中教授 15 人、副教授及副研究员 22 人、讲师 1 人。实验技术工程师 2 人。博士后（助理研究员）3 人。院办秘书 1 人。其中博士生导师 20 人，硕士生导师 38 人。

学院承担了多项国家重大项目，包括国家重点研发计划、国家科技重大专项、国家自然科学基金重点项目等。

12.2.17 北京理工大学

北京理工大学宇航学院成立于 2008 年，下设飞行器工程、飞行器控制、发射与推进工程和力学 4 个系，深空探测技术、分布式航天器系统技术、大型空间结构动力学与控制和无人飞行器自主控制 4 个研究所。开设飞行器设计与工程、航空航天工程、飞行器动力工程、武器发射工程、探测制导与控制技术、工程力学 6 个本科专业，设有航空宇航科学与技术、力学 2 个一级学科博士点与硕士点，设有 2 个博士后流动站。

学院主持承担国家自然科学基金重大项目 1 项，重点类项目 10 项，重大仪器专项 1 项，作为牵头单位获国家科技进步奖一等奖 1 项、二等奖 1 项，国家技术发明二等奖 1 项；作为参与单位获国家科技进步奖一等奖 2 项，国家自然科学二等奖 1 项，国家技术发明奖 2 项，国家科技进步奖二等奖 2 项；五年来科研经费投入总量近 12 亿元。

学院现有教职工 182 人，其中，教授 51 人、博士生导师 95 人、中国科学院院士 2 人（含双聘）、中国工程院院士 5 人（双聘）、国际宇航科学院通讯院士 1 人、国家级领军人才 9 人、国家级青年人才 18 人、北京市教学名师 4 人、青年名师 1 人、北京市优秀教师 1 人、北京市课程思政教学名师 1 名，徐芝纶力学优秀教师奖获得者 2 人。学院现有校生 1262 人，其中，本科生 199 人，硕士生 617 人，博士生 446 人。

12.2.18 哈尔滨工业大学

哈尔滨工业大学航天学院成立于 1987 年，下设 13 个系、研究所（中心），设有本科大类专业 5 个，拥有控制科学与工程、航空宇航科学与技术、力学、电子科学与技术和光学工程 5 个一级学科。力学、控制科学与工程、航空宇航科学与技术入选"双一流"建设学科名单。

学院现有教职工 509 人，其中正高职 224 人，副高职 147 人。教师中有两院院士 9 人，国家自然科学基金委杰出青年基金获得者 11 人、优秀青年基金获得者 14 人，国家级"高等学校教学名师奖"获得者 2 人。拥有国家自然科学基金委创新研究群体 2 个、教育部创新团队 4 个、科技部重点领域创新团队 2 个。学院教师队伍中涌现出 3 位全国模范教师，一批教师及团队获得全国创新争先奖状和奖牌、全国高校黄大年式教师团队、全国工人先锋号、全国专业技术人才先进集体等荣誉。

学院以对接国家重大需求为方向，以发展关键技术为推动，科学研究与技术储备相结合，主动承担高精尖项目，全面服务于探月工程、载人航天工程、高分对地观测等国家重大科技专项工程，形成了鲜明特色和独特优势，在微小卫星、激光通信、复合材料、控制理论等领域享有盛誉，成为推动中国航天事业进步的重要力量。建有国家级重点实验室 2 个、国家地方联合工程实验室（研究中心）2 个、国际联合研究中心 1 个、省部级重点实验室 8 个。作为核心单位参与宇航科学与技术"2011"协同创新中心和国家重大科技基础设施"空间环境地面模拟装置"建设。近 5 年来，共获得国家级科技奖励 6 项、省部级科技奖励 30 项、承担国家级、省部级纵向科研项目 1000 余项，航天科研生产单位横向项目 1500 余项，累计科研经费超过 25 亿元。

12.2.19 中山大学

中山大学航空航天学院成立于 2017 年 5 月，是中山大学深圳校区首批建设的工科学院之一。学院设宇航工程系和应用力学与工程系，支撑航空宇航科学与技术、力学两个一级学科，均拥有一级学科博士学位授予点，开办航空航天工程、理论与应用力学两个本科专业。

学院围绕国家"航天强国、航空强国"建设战略，坚持"四个面向"开展科学研究与学科建设工作。依托中山大学多学科综合优势和粤港澳大湾区发展战略、深圳建设中国特色社会主义先行示范区战略，学院在科研平台建设、重大项目推进方面进展顺利，已与国内多间相关业务的主管单位、科研机构、工业部门建立了良好合作关系，一批重大项目已经或正在落地。教学科研队伍建设成效显著，目前学院有各类教职员工超过120人，其中专任教师超过70人，在校本科生及研究生超过1300人。

12.2.20 厦门大学

厦门大学航空航天学院成立于2015年，设飞行器系、动力工程系、机电工程系、仪器与电气系、自动化系5个系，以及工程技术中心、教育培训中心2个中心。近年来承担国家自然科学基金等国家级、省市级课题400余项，横向课题1400余项，其中承担各类专项项目350余项，国家自然科学基金重点、面上等项目110余项；相关成果获教育部高等学校科学研究优秀成果（科学技术）奖（一等奖、二等奖各1项）、福建省科学技术进步奖（一等奖4项、二等奖4项）等多个省部级奖项。

学院拥有国家高层次人才3人、教育部重大人才计划入选者4人、卓越青年人才基金获得者1人、国家特支计划青年拔尖人才1人、教育部新世纪优秀人才支持计划2人，省级各类人才计划入选者65人次、市级各类人才计划入选者82人次，现有教职工200余名、本硕博学生2100余名。

12.2.21 华中科技大学

华中科技大学航空航天学院是于2020年8月由原航空航天学院和土木工程与力学学院力学系重组新建而成。现设有航空宇航系、工程力学系和多个特色研究中心（所），设置飞行器设计与工程、工程力学两个国家级一流本科专业，拥有力学和航空宇航科学与技术两个一级学科博士授予权，设有力学学科博士后科研流动站。

学院现有教职员工近100人，其中，教授28人、副教授33人，1人为ASME Fellow、2人为Elsevier中国高被引学者、9人为国家级优秀人才项目（计划）获得者、3人为国内外著名学术期刊执行副主编或副主编。通过内引外联，学院聘请世界著名大学教授作为国际师资来学院为学生授课；同时，学院还聘请中外院士、行业专家作为学院发展的指导团队，不断提升师资队伍水平、增强综合办学能力。

学院现拥有 1 个国家级教学团队、1 个国家级特色专业、2 门国家级精品课程、2 门国家级精品资源共享课程、1 门国家级精品在线开放课程、3 门国家级一流本科课程、1 个省级实验教学示范中心、2 个湖北名师工作室、1 个湖北省优秀基层教学组织、3 门省级一流本科课程、5 门省级精品课程。

学院拥有工程结构分析与安全评定湖北省重点实验室、新概念飞行器研究中心、极端环境力学中心等科研平台。学院先后承担国家重大专项课题、科技部合作专项、国家自然科学基金重点项目、国家科学挑战课题等国家级科研项目 100 多项。年均发表学术论文 100 余篇。先后获得国家科技进步奖一等奖、国家科技进步奖二等奖、国家技术发明二等奖、省部级科研成果奖励 10 多项。学院与美、英、德、日、法、加等国的大学和科研机构建立了良好的学术交流与科研合作关系，取得了一批有影响力的学术成果。学院主办国际期刊 Acta Mechanica Solida Sinica（SCI 检索）和国家级权威期刊《固体力学学报》，同时还是湖北省力学学会挂靠单位，努力服务于学术共同体。

12.2.22 重庆大学

重庆大学航空航天学院成立于 2013 年。拥有力学、航空宇航科学与技术两个一级学科，下设工程力学和航空航天工程两个本科专业，力学一级学科博士/硕士学位点，航空宇航科学与技术一级学科硕士学位点，机械、能源动力专业硕士学位点。拥有教育部深空探测联合研究中心、深空探测省部共建协同创新中心、非均质材料力学重庆市重点实验室等，已建成与力学、航空宇航科学与技术两个一级学科发展相匹配的科研平台。

学院现有教职工 79 人，其中教授 24 人、副教授 28 人、讲师 5 人、弘深青年教师 10 人。专任教师中，有国家和省部级人才 50 人次。近 5 年来，引进和培育教师入选国家级、省部级人才计划 32 人次，包括国家高层次人才 1 人、国家海外高层次人才 1 人（俄罗斯科学院外籍院士）、国家青年人才计划 1 人、国家海外青年人才计划 1 人、科技部高层次领军人才 1 人、国务院特殊津贴专家 3 人、中国科协青托 4 人、重庆英才 4 人、重庆市学术技术带头人及后备人选 5 人、巴渝讲座教授 4 人、重庆市"百人计划" 1 人、国家博新计划 2 人、重庆市博新计划 3 人、重庆市高等学校优秀人才 1 人。现已形成了一支由国家级人才领军，以国内知名学者和青年骨干教师为中坚力量的结构合理的研究队伍。学院还积极拓展海外资源，聘请了 9 名院士、10 余位知名教授作为高级兼职专家。

学院近五年新增科研项目 357 项，合同总经费 15790 万元。包括国家级项目 112 项：其中国家自然科学基金 62 项（重大仪器项目 1 项、重点项目 3 项、联合重点项目 2 项、重大仪器研制部门推荐项目 1 项）；科技部重点研发计划 2 项，两机专项 1 项，工信部高技术船舶项目 1 项。教师发表研究论文 970 余篇，其中 SCI 论文 880 余篇。一区、二区论文占比 90%。

12.2.23 四川大学

四川大学空天科学与工程学院成立于 2011 年。2016 年正式获批"航空宇航科学与技术"一级学科硕士学位授权点。"985 工程"航空航天工程关键科技创新平台的建设重点支持"飞行器推进与燃烧动力学""先进导航与飞行模拟""飞行器结构与机构学"等具有四川大学特色和优势的研究方向。

学校现有全职和兼职教职工 50 余人，其中，教授、研究员 34 人，副教授、副研究员和高级工程师等 8 人，讲师 8 人；国务院学科评议组成员 1 人，国家杰出青年基金获得者 1 人，教育部跨世纪人才和新世纪人才 5 人，何梁何利基金科技奖获得者 2 人，国务院批准享受政府特殊津贴专家 8 人，教育部创新团队带头人 3 人，科研和教学团队 10 个。近年来，承担了国家航空航天及相关工程领域的国家重大科技专项、自然科学基金重大研究计划等项目 80 余项，取得了多项具有自主知识产权并处于国际领先水平的成果，获得国家级、省部级科技奖励 40 余项。

12.2.24 电子科技大学

电子科技大学航空航天学院成立于 2006 年，是电子科技大学瞄准航空航天领域国家重大战略需求、开展多学科融合高水平科学研究和培养本硕博各层次高素质创新人才组建的研究型学院。

学院以"飞行器+电子信息+人工智能"为发展主线，建有"航空宇航科学与技术"和"控制科学与工程"2 个一级学科博士点，航宇学科获批四川省高等学校"双一流"建设贡嘎计划建设学科；建有航空航天工程（国家一流专业建设点）、无人驾驶航空器系统工程（四川省一流专业建设点）、飞行器控制与信息工程 3 个本科专业；建有"飞行器集群智能感知与协同控制"四川省重点实验室和"智能通航的无线通信体系与体制研究"海外院士工作站，与中国航空工业集团、四川省科技厅等单位共建省部级联合科研平台 5 个。

学院有教职工 140 余人，其中高层次人才 4 人，副高级职称及以上 87 人，博士生导师 27 人，聘请了 40 余位名誉、客座及协议教授。

12.2.25 兰州大学

兰州大学土木工程与力学学院成立于 2005 年，设力学与工程科学系、土木工程系、地质工程系和工程实验中心、创新创业实践基地 5 个教学单位，建有固体力学、工程力学、地质工程、岩土工程、结构工程、防灾减灾工程 6 个研究所。其有理论与应用力学、土木工程、地质工程3个本科专业，力学、土木工程（含地质工程）2个博士一级学位授权点，力学、地质资源与地质工程2个博士后流动站。固体力学是国务院学位委员会首批批准有硕士、博士学位授权的学科，1999年被教育部批准设立"长江学者和创新团队发展计划"长江学者特聘教授岗位，2007年被教育部批准为国家重点学科。力学一级学科、地质工程学科和土木工程学科已列甘肃省重点学科。

学院现有教职工100名，其中专任教师69名（教授32名，副教授25名）。有中国科学院院士2人，中国工程院院士1人。学院现有在校本科生589人，在读研究生537人。

第13章

重要学术活动和重要事件

13.1 重要学术活动

13.1.1 学会本级

2018年6月,"俞鸿儒院士学术思想及成就研讨会"在北京召开。俞鸿儒院士、李椿萱院士、李家春院士、贺德馨研究员、安复兴研究员等老一辈专家,以及力学所、航空气动院、航天气动院、气动中心等单位代表共20余人出席会议。与会专家一起回顾俞鸿儒院士从事空气动力学研究60余年所取得的重大成就,一起研讨了俞鸿儒院士学术思想。

2018年8月,首届中国空气动力学大会在四川省绵阳市成功召开。大会由中国空气动力学会、中国空气动力研究与发展中心、四川省绵阳市人民政府联合主办。来自航空、航天、航海、兵器工业、科研院所、高校等156个单位1280名代表参加大会。大会由主会场大会以及21场主题会议和专题会组成,是我国空气动力学界第一次集中组织的全国学术交流大会,7名院士作大会特邀报告,49名专家作分会场邀请报告,共宣讲交流690篇报告,评选青年优秀论文42篇。

2018年12月,由中国空气动力学会主办,中国空气动力研究与发展中心承办的《空气动力学进展(英文)》(*Advances in Aerodynamcis*)编委会暨首届空气动力学进展国际研讨会在四川省成都市顺利召开。研讨会共交流报告22篇,60余位代表参加,其中国(境)外专家学者20人。

2019年10月,"中国流动稳定性与转捩研究40年:成就、机遇和挑战"专题学术研讨会在北京召开。本次会议由中国空气动力学会主办、天津大学承办,航天气动院和北京大学共同协办。7位院士及来自相关科研院所和高校的178名代表参加了此次会议。会上，与会专家共同祝贺周恒院士90华诞。

2020年10月，第十八届全国分离流、旋涡和流动控制会议在山西太原联合召开。会议由中国空气动力学会、中国航空学会、中国宇航学会联合主办，北京航空航天大学流体力学研究所、流体力学教育部重点实验室承办，太原理工大学机械与运载工程学院协办。本次会议共有来自全国40多家科研院所、高校及企业的200多位代表参会。大会邀请报告8篇，分会场学术报告97篇。本次会议线下和线上同步进行，网络在线观看人数达到了28000多人次。

2021年9月，中国空气动力学会第八次全国会员代表大会在中国空气动力研究与发展中心隆重召开。我国空气动力学及相关领域8名院士，来自航空、航天、航海、民用工业等领域，科研院所、高校等单位200余名领导、专家、学者和科技工作者代表参加大会。中国科学技术协会专门发来贺信，向大会召开表示热烈祝贺。

2021年9月，中国空气动力学会组织召开空气动力学发展研讨会。学会各专业委员会围绕空气动力学相关专业技术领域的发展现状及未来趋势等内容进行了研讨交流，展望了项目合作、协同攻关，共同提高空气动力学研究水平、推进中国空气动力事业蓬勃发展的美好前景。

2021年11月，第三届国际工业空气动力学会议成功召开。会议由中国空气动力学会主办，中车长春轨道客车股份有限公司、中南大学、中国空气动力学会风工程与工业空气动力学专业委员会共同承办。会议采取线上线下相结合的方式召开，在长春、长沙、绵阳设立线下分会场，来自中国、美国、英国、澳大利亚、德国等12个国家的研究人员共提交论文104篇，两天会议在线参会人数达3000余人次。

2022年9月，"CFD基础科学问题研讨会暨国家数值风洞工程年度交流会"在江苏省南京成功召开。会议由中国空气动力学会和中国空气动力研究与发展中心联合主办，空气动力学国家重点实验室、南京航空航天大学、北京航空航天大学联合承办，江苏省力学学会协办，3位院士、专家作大会报告，7位特邀专家作邀请报告，共有来自全国40余所知名高校、科研单位的160余名专家学者参加会议。

13.1.2　低跨超声速空气动力学

2019年7月，中国航空工业空气动力研究院承办的第七届近代实验空气动力学会议在贵州省铜仁市召开。会议旨在发挥行业内各单位专家的群体作用，活跃学术气氛，加强我国低跨超声速领域的学术交流和人才培养，推动我国低跨超声速领域的研究工作。会议围绕近代实验空气动力学的新原理、新概念、新方法，交流研讨了基础研究、设备建设、试验技术和空气动力应用4个方面的发展近况。共有来自中国空气动力研究与发展中心、中国航空工业空气动力研究院、中国航天空气动力技术研究院等30余个单位的代表参加，共收到论文126篇。

2021年12月，中国空气动力研究与发展中心高速所承办的第八届近代实验空气动力学会议暨低跨超声速专业委员会2021年交流会议在广东省珠海市召开。会议旨在交流跨超声速空气动力学领域新方法、新技术，共同推进空气动力技术应用。会议围绕超声速试验能力发展主线，就风洞设备改造和应用、测试技术、基础研究及应用研究等方面进行了交流。共有来自工业研制部门、高等院校、气动试验单位等40余个单位的120余名代表参加，收录论文160余篇。

2022年8月，中国空气动力研究与发展中心高速所承办的第八届低跨超声速专业委员会换届工作会议在四川省成都市召开。会议旨在总结第七届低跨超声速专业委员会工作，选举第八届低跨超声速专业委员会委员、秘书长、副主任委员。共有来自国内70余个单位的150名代表通过线上线下的方式参加会议，会议选举正式委员149名，副主任委员14名。通过换届，专业委员会委员单位和委员人数扩大50%，委员平均年龄降低15岁，女性委员达15名，专业委员会规模和影响力大幅提高。

2022年9月，中国空气动力研究与发展中心高速所承办的高低速标模及数据规范化专题研讨会在江苏省无锡市召开。会议旨在高低速空气动力试验数据标准化及规范化问题，促进产学研一体化发展。中国空气动力研究与发展中心、中国航空工业空气动力研究院、中国航天空气动力技术研究院、中国第一飞机设计研究院、西北工业大学、南京航空航天大学等8个单位参会，会议参观考察了中国船舶科学研究中心，促进了空气动力学和水动力学的交叉融合。

13.1.3 高超声速空气动力学

2018年7月，第三届高超声速流与防热材料耦合传热传质研讨会在四川省绵阳市召开，由中国空气动力研究与发展中心承办。会议围绕"热防护材料设计及性能表征""地面热考核试验天地差异及其影响研究"和"高焓非平衡流场条件下材料性能的快速评估"3个主题进行了12个报告交流。来自航天科技集团、航天科工集团、中材工业陶瓷研究院、清华大学、哈尔滨工业大学、国防科技大学、北京理工大学等共计15家单位的69名代表参会。

2019年6月，力学研究所成功举办高温气动测试技术研讨会。本次研讨会通过对当前高温气动测试技术领域基础理论和应用研究的研讨，为国内高温气动试验研究工作者提供了良好的学术交流平台。有助于本领域科研工作者及时把握学科发展态势，对促进行业单位与科研院所的相互了解、进而加强合作，推动高温气动测试技术发展发挥了积极作用。来自北京大学、清华大学、中国科学院大学、北京航空航天大学、北京理工大学等高等院校以及中国科学院、航天航空领域各科研院所等 16 家单位的 250 多名专家学者参会。

2019 年 7 月，第四届高超声速流与防热材料耦合传热传质研讨会在黑龙江省哈尔滨市召开，由哈尔滨工业大学承办。会议围绕"高超声速热防护技术发展需求与挑战""热防护新材料与新机制""气动热环境预示与风洞试验技术""热防护结构设计与表征新方法"4 个主题进行了 15 个报告交流。来自国内飞行器总体设计、防热材料研制、防热材料考核等领域相关单位的 90 余名专家学者参会。

2020 年 8 月，第五届高超声速流与防热材料耦合传热传质研讨会在山东省淄博市召开，由山东工业陶瓷研究设计院承办，共交流报告 16 篇。中国运载火箭技术研究院、中国航天科工飞航技术研究院、中国航天空气动力技术研究院、哈尔滨工业大学、清华大学、国防科技大学、中南大学等国内 26 个单位，90 余名代表参会。

2020 年 11 月，第十九届全国高超声速气动力/热学术交流会在福建省厦门市召开，会议由气动学会高超专业委员会主办，北京航天长征飞行器研究所、厦门大学航空航天学院等单位承办。会议针对新型高超声速飞行器气动布局、高精度气动力/热预示技术、高超声速热结构与热防护技术、高超声速流动数值模拟方法、地面试验与飞行试验技术、高超声速内外流耦合气动力/热问题、高超声速多体分离问题、高超声速喷流干扰与气动噪声问题等议题开展研讨、交流，相互学习、取长补短，为更好开展下一步起到很好的促进作用。

2021 年 7 月，第六届高超声速流与防热材料耦合传热传质研讨会在湖南省长沙市召开，由中南大学粉末冶金研究院承办。会议共交流 10 个特邀报告，涉及热防护材料的应用需求、设计与制备、性能表征、热环境与材料性能耦合等防热材料的全过程。国内 32 家产、学、研单位的 110 名代表参会。

2022 年 8 月，第七届高超声速流与防热材料耦合传热传质研讨会在青海省西宁市召开，由中国空气动力研究与发展中心、跨流域空气动力学重点实验室和青海大学共同承办。会议采用特邀报告与青年报告结合的方式交流，共交流特邀报告 4 篇，青年报告 9 篇。国内 26 家产、学、研单位的 107 名代表参会。

13.1.4　物理气体动力学

2019 年 7 月，"第十九届中国空气动力学物理气体动力学学术交流会暨专业委员会会议"在甘肃省张掖市隆重召开。会议由物理气体动力学专业委员会主办，由中国科学院力学研究所高温气体动力学国家重点实验室承办。来自全国各地 120 多位科研人员和学生参加了会议，会议共收到投稿论文 72 篇，宣讲交流论文 70 篇。

2020 年 1 月，"第二届计算流体力学中高精度方法及应用（HOMA-CFD-

2020）研讨会"在中国科学院大学（雁栖湖校区）国际会议中心成功召开。该研讨会由中国科学院力学研究所高温气体动力学国家重点实验室承办，北京应用物理与计算数学研究所、香港科技大学协办。本研讨会为了促进高精度数值方法机理研究及其应用的交流与合作，聚焦若干普遍感兴趣、极具挑战的问题进行了深入探讨。

2020年7月，相场模型分析、算法和仿真线上国际研讨会（Online International Workshop on Analysis, Algorithm and Simulation of Phase Field Models）在线上举行，会议由国家天元数学东南中心和南方科技大学数学系联合主办。150余名国内外专家学者参加了此次会议，本次研讨会共组织了19个35min的学术报告。

2022年8月，"第二十届中国空气动力学物理气体动力学学术交流会暨2022年多相流和湍流高精度并行计算夏令营"在广州市南沙顺利召开，会议由物理气体动力学专业委员会、北京应用物理与计算数学研究所主办，国防科技大学高性能计算国家重点实验室、国家超级计算天津中心、广州大学系统流变学研究所、天津市天河计算机技术有限公司承办。来自全国大专院校和研究院所的学者、学生及科研人员300多人以线上或线下的方式参加了本次交流。

13.1.5　计算空气动力学

2019年6月，第18届全国计算流体力学会议在陕西省西安市成功举办，会议由中国空气动力学会、中国力学学会、中国航空学会、中国宇航学会联合主办，中国空气动力学会计算空气动力学专业委员会、西北工业大学航空学院、翼型叶栅空气动力学国家重点实验室、陕西省航空学会联合承办。会议收到来自全国90多家航空、航天、航海等相关单位和科研院校的403篇论文投稿，会议宣讲报告268篇，参会人员共440余人。大会设立7个分会场，交流了268篇国内近两年有关流体力学智能化，CFD理论、模型和高精度计算格式，气动噪声、湍流模拟及CFD软件，复杂流动机理，多相多组分、非平衡、稀薄流数值模拟，气动布局优化设计，CFD在工程中的应用等研究内容和成果。

2019年12月，第一届"数值风洞相关基础问题2019研讨会"在深圳召开，由国家自然科学基金委员会数理科学部和中国空气动力研究与发展中心联合主办，南方科技大学力学与航空航天工程系和空气动力学国家重点实验室联合承办，会议共有5个大会报告和19个邀请报告构成，力学、数学和数值风洞领域内5名院士和14名研究专家、教授共同出席活动并做报告。

2020年11月，第二届"国家数值风洞基础科学问题2020研讨会"在广东省珠海市召开，由中国空气动力研究与发展中心主办，北京师范大学联合数学研究中心和空气动力学国家重点实验室联合承办，会议共有3个大会报告和19个邀请报告，汇聚了数值风洞领域来自全国40余所知名高校和研究机构的100余位专家、学者。

2021年6月，第19届全国计算流体力学会议于江苏省南京市举行，会议由中国空气动力学会、中国力学学会、中国航空学会和中国宇航学会主办，中国空气动力学会计算空气动力学专业委员会、南京航空航天大学、江苏省力学学会承办。大会就"CFD数值格式""网格技术与后处理""复杂流动数值模拟""多介质、多相流、运动界面数值模拟""气动布局与优化设计""CFD工程应用、软件、验证与确认""CFD相关的学科交叉"7个主题方向，组织了分会场交流，共作了50个主题邀请报告和284个主题报告，参会代表达到550人。

2021年5月，2021全国网格生成及应用研讨会在浙江省杭州市成功举办，会议由中国空气动力学会主办，中国空气动力学会计算空气动力学专业委员会、中国空气动力研究与发展中心、浙江大学承办，杭州电子科技大学协办。本次会议旨在搭建网格生成产、学、研用交流平台、研讨数值计算网格生成共性问题、汇聚网格生成学术领域创新成果、助力大型工业仿真软件研发应用、促进网格生成相关学科协同发展。共有来自49所高校、科研院所及19家高新企业的近300位领域内专家学者参加会议。会议设置了"网格生成技术"等11个平行分论坛，由网格生成研究领域的专家学者作了90多篇论文报告。

2022年8月，2022网格生成技术研讨会在湖南省长沙市成功举办，会议由中国空气动力学会主办，中国空气动力学会计算空气动力学专业委员会、中国空气动力研究与发展中心计算空气动力研究所、空气动力学国家重点实验室、空间物理重点实验室、国防科技大学计算机学院共同承办。本次会议共有来自全国20余所科研院所及工业部门的60余名领域内专家学者参加会议。

2022年8月，第一届全国数值仿真验证与确认研讨会在云南省昆明市成功举办，会议由中国空气动力学会主办，中国空气动力学会计算空气动力学专业委员会、中国工业与应用数学学会不确定性量化专业委员会、中国空气动力研究与发展中心计算空气动力研究所、北京应用物理与计算数学研究所、中国工程物理研究院总体工程研究所、航空工业西安航空计算技术研究所和电子科技大学共同承办。大会交流了4篇大会报告、45篇分组报告，评选出5篇"优秀青年论文"，共有来自全国36所大学、科研院所、工业部门和企业的百余名专家学者参与。

2022年9月，第三届"CFD基础科学问题研讨会暨国家数值风洞工程年度交流会"在江苏省南京市召开，由中国空气动力研究与发展中心主办，南京航空航天大学航空学院、北京航空航天大学流体力学教育部重点实验室和空气动力学国家重点实验室联合承办，会议共有3个大会报告、7个邀请报告和34个分会场报告，汇聚了数值风洞领域来自全国40余所知名高校和研究机构的160余位专家、学者。

13.1.6 风工程和工业空气动力学

2019年3月，第十四届中日韩风工程国际研讨会（CJK2019）在浙江省杭州市召开，会议由浙江大学建筑工程学院和同济大学土木工程防灾国家重点实验室承办。中日韩风工程国际研讨会由中国、日本、韩国三国轮流举办，旨在交流风工程领域的最新进展，传播风工程领域的知识和成果，促进风气候和风环境相近的三个国家在这一领域的科研合作和技术应用。来自三个国家30多个单位的60多名代表参加了本次会议。

2019年4月，第十九届全国结构风工程学术会议暨第五届全国风工程研究生论坛在福建省厦门市召开，会议由厦门理工学院、同济大学土木工程防灾国家重点实验室承办。共有来自115家单位597名代表参会。

2019年9月，第十五届国际风工程会议（ICWE 15）在北京召开，会议由同济大学和北京交通大学主办。本次会议是56年历史上第一次在中国举办。会议专题报告围绕先进风工程测试技术、桥梁空气动力学前景、气动结构优化与人工智能在风工程中的应用、龙卷风和下击暴流的影响、海外引智计划学科创新项目等。常规会议包括边界层风特性与模拟、风振响应的实验与计算研究、桥梁、建筑、电缆、体育、车辆等的空气动力学与气动弹性、风环境与风能。注册人数达到513人，涵盖29个国家和地区。

2020年10月，2020年全国环境风工程学术会议在广西壮族自治区北海市召开，会议由国家气候中心、空气动力学国家重点实验室和中国空气动力研究与发展中心联合承办。会议的交流方向主要包括复杂地形环境风场、大气湍流与污染扩散、风沙流体力学、飞机和车辆降噪除冰及其他风工程方面的研究等，参会单位50余家，共有150名代表参会，征集论文93篇。

2021年11月，第三届国际工业空气动力学会议采取线上加线下相结合的方式成功举办，会议分别在长春、长沙、绵阳设立线下分会场，来自中国、美国、意大利、瑞典、英国、澳大利亚、德国、西班牙、法国、丹麦、新西兰、爱尔兰12个国家的研究人员提交了论文共104篇，内容涵盖高速轨道交通、磁浮列车、结构风工程、大气污染控制、风能开发利用等方面的最新研究成果和未来发展趋势，会议由中国空气动力学会主办，中车长春轨道客车股份有限公司、中南大学、中国空气动力学会风工程与工业空气动力学专业委员会共同承办，两天会议在线参会人数达3000余人。

2022年3月，第二十届全国结构风工程学术会议暨第六届全国风工程研究生论坛于在线上顺利召开，会议由华南理工大学（亚热带建筑科学国家重点实验室、土木与交通学院）、同济大学土木工程防灾国家重点实验室承办。在线出席本次会议的代表共1633名，是上届线下会议与会注册人员的2.7倍。

13.1.7 风能空气动力学

2018年8月，首届中国空气动力学大会风能应用技术与风力机空气动力学主题会议暨第15届全国风能应用技术年会在四川省绵阳市召开，会议由风能专业委员会主办，中国空气动力研究与发展中心承办。会议交流论文33篇，共有70余名专家、学者、研究生参会。

2019年8月，第十六届全国风能应用技术年会在甘肃省张掖市召开，会议由中国空气动力学会风能空气动力学专业委员会主办，兰州理工大学、中国空气动力研究与发展中心低速空气动力研究所等共同承办。会议总结当前风能开发利用领域新成果新动态，重点围绕海上、高寒地区风能开发与利用问题、极端环境条件下风力机设计开发与应用、大气边界层自然风特性以及风力机降噪中的关键技术问题等方面进行了研讨。会议收到论文42篇，大会交流报告35篇，共有约90名专家、学者、企业技术人员、研究生参会。

13.1.8 空气弹性力学

2018年5月，"2018大质量比空射非定常问题学术研讨会"在安徽合肥召开。会议由空气弹性力学专业委员会主办，航天气动院协办，参会代表30人。会议采用专题研讨的形式，围绕空射平台非定常空气动力学问题开展研讨。邀请了《空射系统机弹分离若干气动问题探讨》等9篇主题报告，对空射平台非定常空气动力学问题未来的研究方向提出了建议。

2019年7月，第十六届全国空气弹性学术交流会在内蒙古自治区呼和浩特市召开，会议由中国力学学会流固耦合力学专业委员会、中国空气动力学会空气弹性力学专业委员会共同主办，由中国空气动力研究与发展中心高速空气动力研究所承办。会议收到论文和详细摘要共计153篇，会议论文集收录了58篇全文发表论文和详细摘要95篇，并制作了电子论文集。来自47家单位共计248名代表参加。

2019年8月26日，"中国力学大会-2019"在浙江省杭州市召开，大会设飞机气动弹性专题研讨会。专题研讨会由北京航空航天大学承办。参加会议交流的论文共计24篇，来自7家单位。

2019年9月，新型飞行器气动弹性前沿问题青年论坛在福建省厦门市召开，会议由空气弹性力学专业委员会和流固耦合力学专业委员会主办，厦门大学承办。青年论坛邀请业内45岁以下的核心年轻工作者作邀请报告，以达到充分交流的目的。青年论坛全部采用邀请报告形式，共有7个单位的9名学者受邀作学术报告，交流的主题为先进飞行器前沿气动弹性问题。

2021年4月，第五届全国非定常空气动力学术会议在江苏省扬州市召开，会议由中国力学学会流固耦合力学专业委员会与中国空气动力学会空气弹性力学专业委员会共同主办、沈阳飞机设计研究所扬州协同创新研究院有限公司承办。共有53家单位的170余名代表参会,会议共收录论文52篇,分组交流论文50篇。

2021年10月,第十七届全国空气弹性学术交流会在辽宁省沈阳市召开,会议由中国空气动力学会空气弹性力学专业委员会、中国力学学会流固耦合力学专业委员会主办、中国航空工业空气动力研究院承办,辽宁省航空宇航学会协办。共有41家单位的200余名代表参会。会议旨在加强气动弹性和流固耦合领域的学术交流和人才培养,推动本领域的研究工作。这次会议共收到学术论文投稿近170篇,经过审查录用的论文有161篇,其中全文发表论文90篇,详细摘要收录论文71篇;大会按照专题组织了5个分会场报告,有100余篇论文在这次会议上进行宣读和现场交流。

13.1.9 空气动力学测控技术

2018年8月,"七届三次测控技术交流会"在湖南芷江召开,会议由湖南大学承办,共20家单位90余名代表参加会议。本次会议收到论文126篇,编纂了论文集,内容涵盖测控技术、非接触测量技术、天平传感器技术、信号采集处理、风洞结构设计、特种试验技术等领域。大会特邀专家报告5篇,按专业领域分3组交流论文45篇,评选优秀论文7篇。

2019年8月,"七届四次测控技术交流会"在福建厦门召开。会议由厦门理工学院承办,25家单位126余名代表参加会议。大会特邀6名专家作大会报告,收到论文181篇,范围涵盖测控技术、非接触测量技术、天平传感器技术、信号采集处理、风洞结构设计、特种试验技术等领域。会议印制了论文集,并评选出青年优秀论文6篇。

2021年6月,"七届五次委员会议暨审稿会"在贵州都匀召开,会议由江苏理工学院承办,共完成168篇论文审查。同时,本次会议邀请了5位专家分别作大会报告,以及邀请了有关专家就风洞设备自主可控进行了研讨,来自52家单位118名代表参加了本次会议。

2022年8月,在四川绵阳召开了换届选举会议。此次会议采取线上和线下结合的方式,共约128名委员参加。会议选举出了第八届测控专委会6名副主任委员、1名秘书长、2名副秘书长,均来自国内主要空气动力学研究机构和高校。

13.1.10 流动显示技术

2018年8月,"首届空气动力学大会-流动显示分会场学术交流"在绵阳召开,会议分为会场邀请报告学术交流、流动显示技术主题报告学术交流和边界层转捩试验与测量技术专题报告学术交流3个议程。会议邀请了5位专家作分会场邀请报告，流动显示技术主题会上交流论文 18 篇，边界层转捩试验与测量技术专题会上交流论文 16 篇，组织编写了分会场会议摘要集，共收录论文 47 篇。此外，分会场评选出大会优秀论文 2 篇，学科优秀论文 4 篇。

2019 年 7 月，"流动显示与流动控制技术发展"专题学术研讨会在湖南衡阳召开。会议特邀 4 位专家作大会报告。大会围绕"流动显示与流动控制技术发展"开展了专题学术研讨，14 位参会代表作了专题学术报告，介绍了各单位和作者所开展的研究内容和进展，会议还印制了论文集，共收录 17 篇学术论文。

2021 年 10 月，第十二届全国流动显示学术交流会在天津举办，会议由中国空气动力学会流动显示专业委员会主办，天津大学和河北工业大学承办。会议围绕流动显示与流动控制技术展开学术交流，8 位专家作了大会报告、119 名学者作了学术交流报告，会议出版了摘要集，收录摘要 159 篇，参会代表约 270 人。

13.1.11 智能空气动力学

2020 年 11 月，第二届流体力学智能化研讨会在陕西省西安市成功召开，会议由国家自然科学基金委数理学部主办，西北工业大学航空学院，翼型叶栅空气动力学国家级重点实验室和流体力学智能化国际联合研究所共同承办，*Acta Mechanica Sinica* 协办。来自国内外知名高校和科研院所 70 余位专家学者出席论坛。线上直播受到国内外学者的广泛关注，参会人次超过 3 万。

2021 年 12 月，人工智能技术在流体力学中的应用研讨会暨喷水推进技术研讨会在昆明和上海两个分会场同时举办，昆明分会场线下参会人员 25 人，上海线下参会人员 40 余人，线上参会人数超过 600 人。

13.1.12 燃烧空气动力学

2018 年 1 月，国家自然科学基金重大研究计划"面向发动机的湍流燃烧基础研究"2017 年度在研项目进展交流会在四川省成都市召开，会议由中国空气动力研究与发展中心承办。共有 30 余家单位的 260 余名代表参加，共安排交流报告 100 余个。

2019 年 2 月，国家自然科学基金重大研究计划"面向发动机的湍流燃烧基础研究"2018 年度在研项目进展交流会在四川省成都市召开，会议由中国空气动力研究与发展中心承办。共有 30 余家单位的 200 余名代表参加，共安排交流报告 100 余个。

2021 年 10 月，国家自然科学基金重大研究计划"面向发动机的湍流燃烧基础研究"2020 年度在研项目进展交流会在四川省成都市召开，会议由中国空气动力研究与发展中心承办。共有 20 余家单位的 100 余名代表参加，共安排交流报告 70 余个。

13.2 重要事件

13.2.1 学会本级

2018年10月，中国空气动力学会正式出版发布《中国空气动力学发展蓝皮书（2017年）》。该书由学会牵头、依托气动中心编写，是首部展示我国空气动力学发展全貌的著作，是我国空气动力学发展史上具有划时代意义的里程碑。该书回顾了我国空气动力学的发展历程，集中展示了近5年来我国在空气动力学基础理论、前沿技术、试验设备设施和在国民经济应用方面取得的成果，展望了未来空气动力学的发展趋势，可为政府和军方决策提供依据、深度推进空气动力学领域的军民融合发展，还可以加强社会各界对我国空气动力学的了解和支持，促进空气动力学事业的进一步发展。

2019年1月，《空气动力学进展（英文）》正式出版发行，期刊网站和投审稿系统上线正式接受投稿。截至2019年12月5日，共收到45篇稿件（投稿单位涉及13个国家和地区），其中录用25篇，拒稿12篇，撤稿2篇，在审稿件6篇。

2019年7月，中国空气动力学会开展了首次中国空气动力学会空气动力学奖的评选工作，评审出空气动力学成就奖7人，科技奖一等奖1项、二等奖2项、青年科技奖2人。

2019年，中国空气动力学会参与发起成立了航空发动机产学联合体，参与构建开放共享的产学融合平台，组成我国航空发动机领域的高端智库和协同创新共同体，助推我国航空发动机自主研发和航空强国建设。

2020年7月，中国科协公布了2020年度中国科技期刊卓越行动计划高起点新刊入选项目，由中国空气动力学会主办的《空气动力学进展（英文）》成功入选。

2021年4月，学会组织开展院士候选人推选工作，向中国科协推荐5名院士候选人，其中4名被提名为有效候选人。

2022年，中国空气动力学会试点设立了燃烧空气动力学专业组和智能空气动力学专业组，与华为、西北工业大学共同发起成立智能流体力学产业联合体，进一步发挥纽带与桥梁作用，促进相关主体之间的交流和深度合作，促进供需对接和知识共享，形成优势互补，有效推进我国智能流体力学产业发展。

2022年，中国空气动力学会各会员单位、各专业委员会积极开展行业标准建设。学会会员单位气动中心牵头筹建了全国空气动力通用技术标准化技术委员会，进一步推动气动行业标准化建设。

2022年，开展"第二届中国空气动力学会科学技术奖""第二届中国空气动力学会青年人才奖评选"评选，高标准组织函审初评和会议答辩评审，坚持优中选优，共评选出空气动力学科技一等奖2项，科技二等奖3项，青年科技奖5人。

13.2.2 低跨超声速空气动力学

2018年，低跨超声速空气动力学专业委员会秘书长、中国空气动力研究与发展中心徐来武正高级工程师的《××××关键气动问题与演示验证》项目获省部级科技进步奖一等奖。

2018年，低跨超声速空气动力学专业委员会副主任委员、空军工程大学吴云教授的等离子体流动控制基础研究成果获省部级科技进步奖一等奖。

2022年，低跨超专业委员会副主任委员、中国航天空气动力技术研究院张江研究员获得中国航天基金会航天贡献奖。

2022年，低跨超专业委员会荣誉委员、中国空气动力研究与发展中心徐来武正高级工程师获得中国航天基金会航天贡献奖。

2022年，低跨超专业委员会副主任委员、北京航空航天大学冯立好教授的"涡的相互作用及其高效调控机理"项目获2022年教育部自然科学奖一等奖。

2022年，低跨超专业委员会副主任委员、南京航空航天大学董昊教授获第二届空气动力学奖青年人才奖，入选国家重大人才B类青年人才。

2022年，低跨超专业委员会副主任委员、国防科技大学赵玉新教授获省部级技术发明奖1项，省部级教学成果一等奖1项，获中国发明学会发明创新奖创业奖一等奖1项。

2022年，低跨超专业委员会副主任委员、空军工程大学吴云教授获第十七届中国青年科技奖。

13.2.3 高超声速空气动力学

2019年，委员陈连忠研究员牵头的项目"探月返回器热防护电弧风洞试验技术"荣获国防科技进步奖二等奖。

13.2.4 物理气体动力学

2018年，专委会副主任委员中国空气动力研究与发展中心谭宇研究员获国防科技进步奖一等奖。

2018年，专委会委员北京应用物理与计算数学研究所王裴研究员获中国科协"求是"杰出青年奖。

2018年，专委会委员北京应用物理与计算数学研究所田保林研究员入选中青年科技创新领军人才。

2018年，专委会北京应用物理与计算数学研究所张又升副研究员入选中国工程物理研究院"双百人才工程"。

2022年，专委会副主任委员中国科学院力学研究所李新亮研究员获中国空气动力学会科学技术一等奖。

2022年，专委会北京应用物理与计算数学研究所张又升研究员指导的硕士生谢寒松评选为中国空气动力学会优秀硕士学位论文。

2022年，专委会副主任委员中国空气动力研究与发展中心谭宇研究员入选四川天府青城计划"天府科技领军人才"计划。

13.2.5 计算空气动力学

2019年11月15日，中国空气动力研究与发展中心在北京面向全国发布软件NNW-GridStar软件。

2020年9月25日，中国空气动力研究与发展中心在四川省成都市面向全国免费发布NNW-FlowStar软件。

2020年12月11日，中国空气动力研究与发展中心在北京面向全国发布了工程研发的开源平台——风雷软件（NNW-PHengLEI）。

2021年12月17日，中国空气动力研究与发展中心在四川省成都市面向全国发布流场可视化软件NNW-TopViz。

13.2.6 风工程与工业空气动力学

2019年，中南大学田红旗领导的"轨道交通空气动力与碰撞安全技术创新团队"获2019年国家科学技术进步一等奖（创新团队奖）。

2018年，北京交通大学杨庆山等的"大型屋盖及围护体系抗风防灾理论、关键技术和工程应用"荣获2018年度国家科技进步奖二等奖。

2019年，中南大学何旭辉等的"强风作用下高速铁路桥上行车安全保障关键技术及应用"荣获2019年度国家科技进步奖二等奖。

2019年，重庆大学黄国庆等的"山地高柔结构抗风研究与工程应用"荣获2019年度重庆市科技进步奖一等奖。

2020年，何旭辉获詹天佑成就奖。

2021年，东南大学王浩等的"长大桥梁强/台风效应感知、预测与协同控制关键技术及应用"荣获2021年度江苏省科学技术一等奖。

2020年，中南大学田红旗等的"铁路大风监测预警系统及方法"获2020年中国专利金奖。

2022年，同济大学赵林等的"大跨/空间柔性结构风效应控制关键技术与应用"荣获 2022 年度发明创业奖创新奖一等奖。

13.2.7 风能空气动力学

南京航空航天大学牵头的"大型风力机设计关键技术研究及应用"成果获 2018 年度江苏省科技进步奖一等奖。

中国空气动力研究与发展中心牵头的"大型风力机风洞试验与评估技术及应用"研究，获 2019 年四川省科技进步奖一等奖。

2021 年，北京航空航天大学戴玉婷获得国家级青年人才称号。

13.2.8 流动显示技术

2022 年，国防科技大学"高超声速飞行器非定常流场试验系统及应用"获得中国发明协会发明创业奖创新奖一等奖。

13.2.9 智能空气动力学

2019 年 6 月 14 日，西北工业大学流体力学智能化国际联合研究所揭牌成立。

2022 年 9 月 2 日，智能流体力学产业联合体在中国上海正式成立。智能流体力学产业联合体是在中国空气动力学会指导下，由唐志共、吴光辉、鄂维南等院士为代表的产业界领军人物和全球 30 多家头部流体力学高校、科研院所与龙头企业共同组建的产业联合体，秘书处设立在西北工业大学。

13.2.10 燃烧空气动力学

2019 年，四川大学李象远教授牵头申请的国家自然科学基金重大研究计划"面向发动机的湍流燃烧基础研究"集成项目"发动机燃烧的动力学模型和数据库系统"，获得国家自然科学基金委员会资助。

2019 年，清华大学任祝寅教授牵头申请的国家自然科学基金重大研究计划"面向发动机的湍流燃烧基础研究"集成项目"发动机湍流燃烧耦合作用机理和物理建模研究"，获得国家自然科学基金委员会资助。

2020 年，上海交通大学刘洪教授牵头申请的国家自然科学基金重大研究计划"面向发动机的湍流燃烧基础研究"集成项目"先进航发燃烧室强旋流多尺度湍流与火焰传播相互作用试验及理论研究"，获得国家自然科学基金委员会资助。

2021 年，中国航发沈阳发动机研究所尚守堂研究员牵头申请的国家自然科学基金重大研究计划"面向发动机的湍流燃烧基础研究"集成项目"面向真实航发燃烧室的湍流两相燃烧多物理场测试和燃烧性能优化理论研究"，获得国家自然科学基金委员会资助。

第14章

空气动力学发展展望

过去5年中,空气动力学的发展为我国航空、航天、航海、地面交通、风能、风工程、建筑等行业的发展起到了巨大的推动作用。在我国全面建设社会主义现代化国家的征程中,上述行业的发展将向着进一步完善功能、提高效能、降低成本等方向发展,将对空气动力学这一技术科学提出更高、更加多样化的要求。

在当前科技发展日新月异的时期,数字化、信息化、智能化引领着科技革命的新潮流,也为传统学科的发展带来了新的机遇。中国广大空气动力学科技工作者应该抓住新的机遇,寻找空气动力学的新增长点,为推动学科发展、助推相关产业的升级、塑造产业竞争力、建成科技强国贡献力量。

14.1 空气动力学发展所面临的形势

14.1.1 航空领域

世界民用航空产业经历了近两年的恢复期和积蓄期,即将进入增长期和释放期。未来5年,国际国内的机场、航线、运输量将出现显著增长,航空运输的便捷性、安全性、高效性、环保性、舒适性、经济性将大幅提升,航空飞行器将出现新的发展,以适应这些要求,还将进一步多样化、定制化,以适应不同类型航空运输的需求。

在大型民用客机方面,我国自主研制的150座级窄体客机C919已经成功进入商业运营,并收获了可观的客户订单。同时,我国正在开展300座级的宽体客机研制,将具备更高的巡航马赫数、更大的航程,主要用于国际飞行和国内大型城市之间的干线交通，将成为未来宽体客机市场上强有力的竞争者。在航空发动机方面，我国研制涵道比 9 一级的涡轮风扇发动机 CJ1000A 已经在通用飞行平台上完成了首飞测试，表现良好，距离取证使用更进一步。未来，我国将研制推力更大、涵道比达到 12 甚至更大的涡扇发动机，很可能还将研制油电混动、分布式等新型发动机。在直升机方面，我国已经成功研制大型多用途民用直升机 AC313，并在开展高速直升机的研制工作。未来的直升机最大起飞重量将超过 20t，巡航速度可能达到 400km/h，载员数量将大幅提升，旋翼布局可能采用多种形式。在民用无人机方面，我国将进一步完善无人机相关法律法规，无人机也将更加广泛用于航拍、电力、农林、石化、安防、气象、测绘、消防、警务、物流等领域，发挥重要作用。

航空领域各行业的蓬勃发展，也必然需要空气动力学的支撑。未来的相关研究热点包括航空飞行器外形优化减阻、噪声水平分析、起降性能分析、气动/动力一体化设计、燃油喷注方案优化、飞行器安全性分析、雨雪沙尘等恶劣天气影响分析、飞行器和周边环境的相互干扰等。

14.1.2 航天领域

随着人类科技的进步，进入太空将变得更加容易。未来 5 年，人类的航天活动将更加频繁，航天发射频次将进一步提高，太空探索范围也将更进一步扩大。如何合理、安全、高效、可靠、低成本地使用航天飞行器并完成其预定任务，是未来航天领域重点关注的问题。

在商业航天发射方面，近年来，民营商业航天快速兴起，低成本快速发射技术成为投资热点。可重复使用作为降低成本的有效手段，成为未来发展的趋势，包括火箭助推级垂直降落回收、水平降落回收等。在天地往返运输方面，水平起降的天地往返运输飞行器已进入研究阶段，未来将成为快速有效的低成本运输手段。在星际探索考察方面，未来我国将开展登月活动，并将进一步开展火星探测等。在非地球大气环境下安全、稳定地实现进入和返回，对高超声速气动特性、热防护特性、控制能力等提出了非常严峻的挑战，需要在未来重点关注和解决。

航天领域的发展，对空气动力学的需求主要包括飞行器布局形式研究、飞行轨迹选择、气动力/热特性、热防护能力、动力配置及模态转换、控制方式、冷却方式、复杂大气化学反应等。

14.1.3 地面交通领域

我国对轨道交通的需求将大幅增长。未来，我国将进一步完善"复兴号"标准动车谱系，在 400km/h 高速轮轨客运列车、3 万吨级载重列车、高速轮轨货运列车等装备研制方面取得重大突破。新型装备因速度进一步提升导致阻力和噪声大幅增加、强风环境下列车气动性能恶化、通过隧道或错车时气动力耦合效应增强等，使得列车能耗急剧升高、安全性下降、舒适性变差。在研制过程中，要重点解决减小气动阻力、降低气动噪声、增强横向稳定性、加强车内外通风换热等问题。

随着对汽车的低碳、节能、舒适等要求越来越高，汽车节能、环保、安全性要求不断提高，需要降低气动阻力，降低噪声，解决漂移、侧滑、横摆等稳定性、安全性和舒适性问题。目前，主要研究的内容包括美观简洁和低阻力的综合设计、适用于汽车的定制化 CFD 技术、低成本风洞试验、整体优化、附件优化等。

14.1.4 其他领域

在风能利用方面，风电机组的大型化和海上风电发展是风能产业的重要发展趋势，大型细长叶片的结构刚度和海上恶劣环境下的极端载荷等是亟须解决的关键问题；在有限的风场资源下，风电场的合理选址和风电机组排布的优化也是未来需要重点研究的方向。其主要研究需求包括超大型柔性叶片的气动-结构一体化设计、外场真实复杂风况的测量与仿真研究、风工程快速评估预测方法研究、考虑气候和地理环境下的风电场布局优化、风电设备的并网优化等。

在桥梁、建筑结构风工程领域，根据国家重大需求，针对大跨度桥梁、超高层建筑和大跨度空间结构的抗风安全和优化设计、风环境优化和防风结构、新能源结构的效率提升和结构安全等方面的科学和技术问题，计划进行系统、全面深入的研究。其主要研究需求包括长高大结构的风效应评价和优化设计、结构风环境评价和优化设计、特异风多场效应耦合"非常态"的时空特性。

在环境风工程领域，在未来项目的提出与建设中，站在宏观与微观角度，针对环境风工程现实问题，考虑发展进程与预期目标，实现科技成果在突出科技问题中的转化，更注重对国家及国际实际工程问题的考虑，达到实体化应用。其研究需求主要包括为实现"碳达峰""碳中和"目标挖掘更多可利用风能资源、考虑能源结构调整对大气污染和经济发展的影响、加强大气边界层观测，为风能评估、污染扩散、风工程等模式提供参数化方案。

在车辆风工程领域，围绕国家战略需要，针对更高速列车防风安全、气动噪声抑制、客室环境品质净化以及风阻制动等关键技术开展深入细致研究，发展更高速、更舒适、更安全的车辆空气动力学技术。其主要研究需求包括：更高速列车防风安全研究、更高速列车气动噪声抑制技术、客室环境品质净化技术、风阻制动技术研究等。

14.2 空气动力学的未来发展趋势

14.2.1 智能化

一是智能化数据生产。通过人工智能辅助三大手段生产数据，助推数值模拟、风洞试验、飞行试验三大空气动力学研究手段更加迅速、更加准确地产生空气动力学及交叉学科数据。其主要包括智能化构建对象几何模型、智能化生成网格、智能化加速求解、智能化风洞运行控制、智能化故障诊断、智能化测量、智能化飞行方案设计等。

二是智能化数据分析。通过人工智能辅助分析三大手段产生的数据，从中挖掘到更多的知识，并进行更精准的建模。其主要包括对微观湍流流动机理现象的建模、大数据相关性分析等。

三是智能化产品设计。通过人工智能辅助飞机、航天器、汽车、风力机、动力系统、建筑等相关产品的设计，提升产品性能。其主要包括：提升优化方法的智能化水平，建立优化代理模型等、集成设计经验、数字孪生系统等。

14.2.2 耦合化

随着对各相关行业研究工作的不断深入，效益越来越多地来自学科交叉融合的研究成果，对空气动力学和热力学、固体力学、声学、光学等学科的交叉融合的研究也必将向精尖方向发展。其主要包括：在燃烧学方面，重点推动发动机中的湍流燃烧基础研究，在理论和方法的源头创新上取得突破，揭示燃烧反应和湍流燃烧本质规律；在气动弹性方面，建立在工程中实用的结构非线性辨识与建模方法、非线性结构气动弹性分析方法，发展气动弹性高精度数值模拟技术，发展气动伺服弹性与气动弹性主动控制；在气动声学方面，将进一步发展更精确的人工边界条件、基于平均流场的声预测方法、更高效的并行计算方法等，提升声学计算预测的能力，同时还将发展更加精确的噪声实验测量技术。

14.2.3 精准化

一是物理模型更加精准。建模过程将进一步深入微观机理，更加细致反映物理本质。例如，对宽温域气体状态方程，将研究温稠密气体系统的物态方程理论模型，给出混合物气体物态方程的高置信度计算方法与数据。对爆轰流场中的化学反应动力学，建立详细的理论模型等。对高温气体化学反应动力学，开展高超声飞行器气动力热控制、等离子体电子密度控制、等离子体的减阻与增升、磁流体发动机推力增强等多方面的气动-电磁学研究，研究光波与大气湍流的相互作用机理及其对红外成像的影响机制。

二是仿真技术更加精准。CFD 验证与确认进一步发展，主要包括：进一步完善国家标准体系，确认相关指标，确定验证与确认的流程；拓展完善验证与确认标模体系，覆盖各类典型流动现象，覆盖各种典型产品；发展验证与确认工具平台，形成完善的数据存储、调用、管理功能，进一步提升 CFD 软件测试的自动化水平。

三是测量手段更加精准。未来的研究工作主要包括：发展高性能试验数据测试技术，形成体系结构，建立网络化测试能力；发展高精度非接触测量技术，开展模型姿态与变形测量技术、压敏漆测压技术、激光振动测量技术、多普勒测速技术、粒子图像测速技术、激光诱导荧光技术等研究；发展测控软件，建立风洞试验软件体系结构，制定软件开发标准，建立试验过程数据的共享与发布平台，实现试验软件开发的标准化、试验过程管理的自动化、过程状态的可视化、外部访问的网络化。

14.2.4 工具化

工程应用需求一直是空气动力学的驱动力。其将发展更多的计算空气动力学软件，用于各行各业，形成完备的工具体系。随着计算空气动力学技术和软件的发展，未来在航空航天飞行器设计中计算空气动力学将能替代更多的风洞试验，同时在汽车、高铁、建筑、能源等领域也会有更加广泛的应用。面对不同类型的工程问题需求，计算空气动力学将具有更广泛的能力，包括对飞行器全尺寸、全包线、高精度气动性能计算、分析与优化设计能力；高铁、汽车、陆/空等交通工具高精度多物理场模拟与辅助设计实现；以航空发动机为代表的内流高效高精度数值模拟与分析能力进一步发展，甚至可能使航发设计实现从"传统设计"（即设计-试验验证-修改设计-再试验）到"预测设计"模式的变革。

附录1 中国空气动力学会简介

中国空气动力学会是中国空气动力学科技工作者及相关单位自愿结成的全国性、学术性、非营利性的社会组织。

学会的宗旨是：坚持以马克思列宁主义、毛泽东思想、邓小平理论、"三个代表"重要思想、科学发展观、习近平新时代中国特色社会主义思想为指导，团结和组织全国空气动力学科技工作者，提倡发扬"献身、创新、求实、协作"的精神，坚持独立自主、民主办会的原则，贯彻"百花齐放、百家争鸣"的方针，开展学术交流活动，提高空气动力学研究水平，促进科学技术的普及和推广，促进空气动力学人才的成长和提高，促进科学技术与经济结合，为国民经济建设服务，为提高全民科学素质服务，为广大会员和科技工作者服务。

学会于1978年在钱学森的倡议下筹建，1980年经中国科协批准成立。学会业务主管单位是中国科协，登记管理单位是国家民政部，支撑单位是中国空气动力研究与发展中心。学会成立初期由钱学森担任名誉会长（理事长）。学会历届会长（理事长）是：庄逢甘（第一、二、三届）、张涵信（第四、五届）、邓小刚（第六届）、唐志共（第七、八届）。

学会的最高权力机构是会员代表大会，学会理事会是会员代表大会的执行机构，每届任期为5年。学会设立9个专业委员会及2个专业组：低跨超声速空气动力学专业委员会、高超声速空气动力学会专业委员会、物理气体动力学专业委员会、计算空气动力学专业委员会、风工程与工业空气动力学专业委员会、风能空气动力学专业委员会、空气弹性力学专业委员会、空气动力学测控技术专业委员会、流动显示技术专业委员会，智能空气动力学专业组、燃烧空气动力学专业组。

学会主办了《空气气动力学学报》《实验流体力学》《空气空气学进展（英文版）》三种学术期刊。学会发起了"中国空气动力学大会"（四年一次），空气动力学科学技术奖（一年一次）、成就奖（四年一次）、青年科技奖（两年一次）。

热烈欢迎有志于气动事业的单位和个人加入学会！学会真诚希望与广大同仁开展广泛的合作与交流！

附录 2　空气动力学相关期刊简介

《空气动力学学报》（ISSN：0258-1825 CN：51-1192/TK）是中国空气动力研究与发展中心计算空气动力研究所主办、中国空气动力研究与发展中心主管的中国科技核心期刊，创刊于 1980 年，单月刊。

该学报主要刊载空气动力学及相关交叉学科的理论与实践、方法与手段、技术与应用等方面的具有重要意义的创新性成果，是空气动力学学科发展和与其他学科的交叉融合交流展示的优质平台。国内外著名的空气动力学家张涵信、周恒、童秉纲、陈十一、王志坚、徐昆等在刊物上发表过文章。

该学报曾被评为中宣部、国家科委、中国科协优秀期刊，被 Scopus、CNKI 和万方等检索数据库收录。

主编：唐志共 院士　中国空气动力研究与发展中心

邮箱：kqdlxxb@163.com

《实验流体力学》（ISSN：1672-9897 CN：11-5266/V）是中国科学技术协会主管、中国空气动力学会主办的中国科技核心期刊，创刊于 1987 年，双月刊。

期刊重视理论与实践相结合，强调刊载论文的创新性、前沿性、实用性，主要刊载实验流体力学新理论、新技术、新设备的研究成果与进展。

刊载范围包括流体力学基础研究、不可压缩流体力学、高速与高超声速空气动力学、流体力学实验设备与测试技术及其他相关交叉学科领域。

国内知名专家姜宗林、李存标、易仕和、齐飞、任祝寅、钱战森等在刊物上发表过文章。

该期刊曾被评为国家科委优秀期刊，获国家科委科技成果一等奖，被 Scopus、CNKI 和万方等检索数据库收录。

主编：乐嘉陵 院士　中国空气动力研究与发展中心

邮箱：syltlx@163.com

《空气动力学进展（英文）》（Advances in Aerodynamcis，AIA）（ISSN：2097-3462 CN：10-1913/V）创刊于 2019 年，由中国空气动力研究与发展中心主管，中国空气动力研究与发展中心计算空气动力研究所和中国空气动力学会主办，是一种经同行评议、开放获取的英文科技期刊，旨在刊载空气动力学理论、计算、实验、工程应用及相关交叉学科领域具有创新性、前瞻性的高水平最新研究成果，搭建高质量学术交流平台，扩大我国在世界空气动力学领域的学术影响力和话语权，服务科研创新，促进空气动力学科发展。期刊入选 2020 年度中国科技期刊卓越行动计划高起点新刊项目、中国科学院文献情报中心期刊分区表。目前已被 Ei Compendex（美国工程索引）、ESCI（新兴来源引文索引）、Scopus（斯高帕斯）、DOAJ（开放存取期刊目录）等 10 余个数据库收录。CiteScore 2022 引用分为 3.7，在所在学科均位列 Q2 区。

  主编：唐志共 院士 中国空气动力研究与发展中心
     徐　昆 教授 香港科技大学
     文东升 教授 北京航空航天大学 & 慕尼黑工业大学
     陈坚强 研究员 中国空气动力研究与发展中心

  AIA 是我国空气动力学专业领域第一本英文刊，将会成为全球空气动力学专家学者交流最新成果的优质平台。

后　　记

中国空气动力学会牵头组织编写出版的首部《中国空气动力学发展蓝皮书(2017年)》全面总结了中华人民共和国成立以来至2017年我国空气动力学发展历程，综述了我国空气动力学研究取得的重要成果，指出了发展趋势和方向，对我国空气动力学学科发展和工程应用起到了重要的指导作用。根据出版首部蓝皮书时拟定的每5年出版一部蓝皮书的计划，此次在中国空气动力学会牵头组织下开展了第二部关于我国空气动力学发展的蓝皮书，即《中国空气动力学发展蓝皮书（2018—2022年）》的编写出版工作，全面总结了2018—2022年5年间我国空气动力学在基础理论与前沿技术研究、科研试验基础设备设施及大型计算机建设、试验技术与数值模拟技术等方面的发展情况，亦将为我国空气动力学未来发展起到重要的指导作用。

在此次空气动力学发展蓝皮书的编写过程中，学会各成员单位、科研院所、高等院校和工业部门积极参与、紧密配合，提供了大量重要素材，为顺利完成本书编写奠定了基础；学会下属9个专业委员会及2个专业组积极参与，认真组织开展素材撰写工作，完成了相应的章节主体内容编写；中国空气研究与发展中心领导和机关大力支持，组织精兵强将成立了编写组，开展了本书从内容谋划、组织编写、审查统稿到印刷出版的全部工作，为本书的高质量成稿付出了大量心血；中国空气动力学会的领导、专家悉心指导，提出了宝贵意见和建议，确保了本书编写的质量。在此书顺利出版之际，谨对下列单位和个人表示衷心的感谢（排名不分先后）。

低跨超声速空气动力学专业委员会

专业委员会主任：吴勇航。

章节执笔人：王显圣（中国空气动力研究与发展中心）。

中国空气动力研究与发展中心：张林、徐来武、陈植、李浩、达兴亚、杨党国、史玉杰、李阳、祝明红、郭林亮、吴晓军、余永刚、陈吉明、虞择斌；中国航空工业空气动力研究院：鲁文博；中国航天空气动力技术研究院：张江；中国航空工业沈阳飞机设计研究所：王霄；中国航空工业成都飞机设计研究所：袁兵；中国航空工业西安飞机设计研究所：雷武涛；中国商业飞机有限责任公司：司江涛；中国运载火箭技术研究院：杨勇；中国航天科工飞航技术研究院：周丹杰；

西北工业大学：孟宣市；国防科技大学：赵玉新；空军工程大学：吴云；北京航空航天大学：冯立好；南京航天航空大学：董昊。

高超声速空气动力学专业委员会

专业委员会主任：艾邦成。

章节执笔人：杨云军（中国航天空气动力技术研究院）。

中国空气动力研究与发展中心：朱涛、李四新、吴锦水、石义雷、许晓斌、龚红明、李毅、杨彦广、张长丰；中国航天空气动力技术研究院：俞继军、吕俊明、陈智、刘周、陈星、林键、苏璇；中国科学院力学研究所：崔凯、赵伟、孙泉华、韩桂来、岳连捷、李新亮、李飞、李帅辉、汪球、李广利；北京航天长征飞行器研究所：刘文伶、苏伟；北京空天技术研究所：罗金玲；中国航空工业空气动力研究院：高亮杰；江南集团有限公司：刘伟；华中科技大学：吴杰；中山大学：徐春光；三江集团有限公司：李齐、郭斌；中国空间技术研究院：袁蒙；国防科技大学：田正雨；北京航空航天大学：闫超、高振勋、蒋崇文；厦门大学：李沁；南京航空航天大学：王成鹏、王江峰；大连理工大学：刘君、刘凯；中国科学技术大学：李祝飞；西北工业大学：安效民。

物理气体动力学专业委员会

专业委员会主任：王建国。

章节执笔人：于明（北京应用物理与计算数学研究所）。

中国空气动力研究与发展中心：江涛、高铁锁；北京应用物理与计算数学研究所：吴勇、董航、魏素花、花海灵、田保林、王建国；厦门大学：许传炬；广州大学：袁学锋；西北工业大学：许和勇；中国工程物理研究院流体物理研究所：柏劲松、邹立勇、陈强洪、周林；中国航天空气动力技术研究院：苗文博、陈连忠；中国科学院力学研究所：李新亮、王苏；北京宇航系统空气研究所：高波；西北核技术研究所：钟巍。

计算空气动力学专业委员会

专业委员会主任：陈坚强。

章节执笔人：赵钟（中国空气动力研究与发展中心）。

中国空气动力研究与发展中心：涂国华、周铸、吴晓军、钱炜祺、周乃春、曾磊、陈琦、赵丹、贾洪印、粟虹敏、杨强、段茂昌、刘旭亮、杨福军、余永刚、张健、闵耀兵、刘杨、孙岩、张子佩、宋超、丁明松、李鹏、何先耀、唐静、章超、刘庆宗、洪俊武、李伟斌、陈呈、喻杰、邓亮、康虹；中国航空工业集团公司沈阳空气动力研究所：钱战森、李艳亮、史万里、乔龙；中国航天空气动力研究院：刘传振、黄飞、许亮、康健；中国航空研究院：白文；中国航空工业集团公司西安航空计算技术研究所：李立；清华大学：张宇飞；北京航空航天大学：蒋崇文；浙江大学：陈伟芳；上海大学：杨小权；华中科技大学：郭照立；空军工程大学：吴云；厦门大学：陈荣钱；西南交通大学：王娴。

风工程与工业空气动力学专业委员会

专业委员会主任：李进学。

章节执笔人：黄汉杰（中国空气动力研究与发展中心）。

北京大学：刘树华；国家气候中心：朱蓉；中山大学：李磊；南京大学：张宁；同济大学：赵林、操金鑫、方根深；中国建筑科学研究院：陈凯；湖南大学：王文熙；重庆大学：回忆；西南交通大学：周强；哈尔滨工业大学：赖马树金；华中科技大学：刘震卿；上海交通大学：曹勇；浙江大学：徐海巍；中南大学：杨明智、周丹、邹云峰；南京航空航天大学：任贺贺；东南大学：陶天友；石家庄铁道大学：刘庆宽；广州大学：何运成；长安大学：郝键铭；哈尔滨工业大学（深圳）：胡钢；湖南大学：王田天；河南科技大学：方智远；中国科学院力学研究所：孙振旭；中国科学院大气物理研究所：程雪玲、刘磊；中车青岛四方机车车辆股份有限公司：陈大伟；中车长春轨道客车股份有限公司：余以正；中国气象局上海台风研究所：汤胜铭；中国气象科学研究院：缪育聪。

风能空气动力学专业委员会

专家委员会主任：莫俊。

章节执笔人：陈立（中国空气动力研究与发展中心）。

中国空气动力研究与发展中心：倪章松、武杰、王强；南京航空航天大学：王同光、王珑；上海交通大学：李晔、郜志腾；扬州大学：朱卫军、杨华；西北工业大学：高传强、许建华；兰州理工大学：李德顺；东北农业大学：李岩；汕头大学：周奇、陈严；河海大学：许波峰；东方电气风电股份有限公司：李杰；西南科技大学：王钦华。

空气弹性力学专业委员会

专业委员会主任：白葵。

章节执笔人：吴志刚（北京航空航天大学）。

中国空气动力研究与发展中心：余立；西北工业大学：高传强；中国航空工业空气动力研究院：刘南；中国航天空气动力技术研究院：季辰；中南大学：刘项。

空气动力学测控技术专业委员会

专业委员会主任：王帆。

章节执笔人：马军（中国空气动力研究与发展中心）。

中国空气动力研究与发展中心：鄢胜刚、宋道军、王生利、陈爽、马护生、王若岚、殷一民、郭守春、左承林、谢斌、熊健、阎成、李明、龚红明；西北工业大学：高超、惠增宏；中国航空工业空气动力研究院：王建锋、李强、陈雪原；中国航天空气动力技术研究院：陈连忠、马洪强、欧东斌；中国兵器工业西安现代控制技术研究所：王欢；中国科学院力学研究所：张晓源、李飞、陈宏；南京航空航天大学：顾蕴松、李琳恺、张召明；南京理工大学：陈少松；上海交通大学：刘应征、彭迪、何创新；北京航空航天大学：徐杨。

流动显示专业委员会

专业委员会主任：卜忱。

章节执笔人：牛中国（中国航空工业空气动力研究院）。

中国空气动力研究与发展中心：谢爱民、刘光远、梁磊、肖春华；中国航空工业空气动力研究院：衷洪杰、王猛；中国航天空气动力技术研究院：纪锋、沙心国、毕志献；中国科学院物理研究所：连欢；上海飞机设计研究院：张淼；中国船舶科学研究中心：刘建华；西安航空计算技术研究所：梁益华；中国直升机设计研究所：林永峰；北京航空航天大学：潘翀；国防科技大学：陆小革；西安交通大学：张洋；空军工程大学：宗豪华；昆明理工大学：杨剑挺；南京航空航天大学：张召明、顾蕴松；天津大学：姜楠；西北工业大学：高超。

智能空气动力学专业组

专业组主任：张伟伟。

章节执笔人：刘溢浪（西北工业大学）。

中国空气动力研究与发展中心：王岳青、向星皓；中国科学院力学研究所：杨晓雷；清华大学：肖志祥、张宇飞；北京大学：肖左利；上海交通大学：刘应征、何创新；西安交通大学：陈刚；西北工业大学：高传强、寇家庆；哈尔滨工业大学：李惠、金晓威；南方科技大学：王建春。

燃烧空气动力学专业组

专业组主任：乐嘉陵。

章节执笔人：黄渊（中国空气动力研究与发展中心）。

清华大学：任祝寅；天津大学：卫海桥；上海交通大学：齐飞；西安交通大

学；张英佳；上海交通大学：张斌；浙江大学：王高峰；四川大学：王静波；空军工程大学：吴云。

中国空气动力学会召开了多次理事长办公室和常务理事会对本书的提纲、内容等进行了审查，并提出了许多的宝贵指导意见，在此一并向各位学会领导表示感谢。

中国空气动力研究与发展中心成立的由唐志共院士为主编，夏斌为副主编，吴德松、冯毅、沈雁鸣、陈逊、周义、郑娟、徐燕、常伟、徐明兴、吕静妍、李海等同志组成的编写组，承担了本书的内容谋划、提纲拟定、组织编写、审查统稿、校稿修订和出版印刷等大量工作，编写组同志付出了很大努力、洒下了辛勤汗水，在此对他们表示由衷的感谢。在本书的终稿校订过程中，中国空气动力研究与发展中心的熊健、罗义成、部绍清等专家进行了仔细的审读并提出了宝贵建议，谨向他们表示衷心的感谢。

本书具有较强的技术性和专业性，且涉及面广，内容丰富，难免存在观点叙述和文字表达上的缺点和不足，恳请各位读者批评指正。

中国空气动力学会
2023 年 12 月 12 日于北京

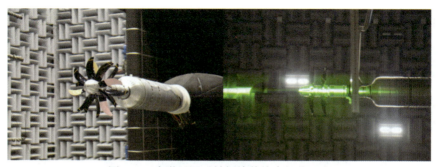

图 1-9　声学风洞对转螺旋桨综合性能试验

图 1-13　中国空气动力研究与发展中心大型低速风洞

图 1-24　风洞阵风试验能力

  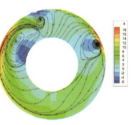

图 1-39　旋流畸变测量装置

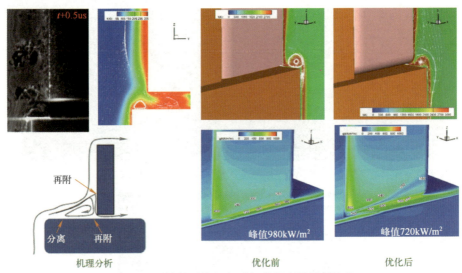

图 2-4 后缘舵干扰区气动加热机理及局部优化

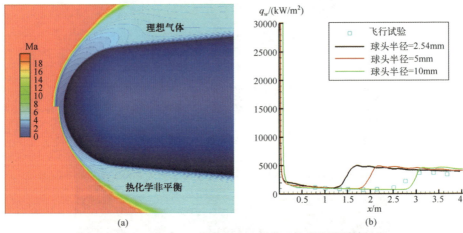

图 2-8 Reentry F 飞行器自由飞条件下热环境预测结果

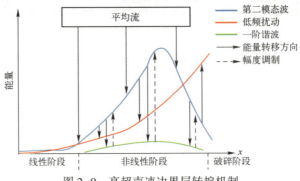

图 2-9 高超声速边界层转捩机制

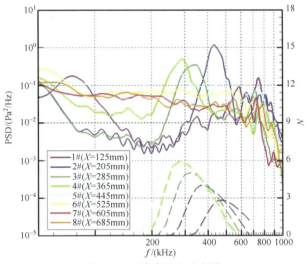

图 2-10 脉动压力功率谱

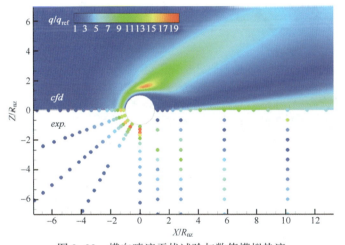

图 2-33 横向喷流干扰试验与数值模拟热流

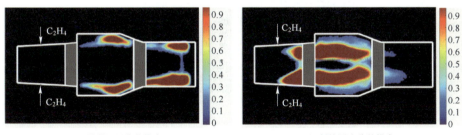

(a) 凹腔剪切层稳焰模式 (b) 射流尾迹稳焰模式

图 2-47 发动机的不同稳焰模式

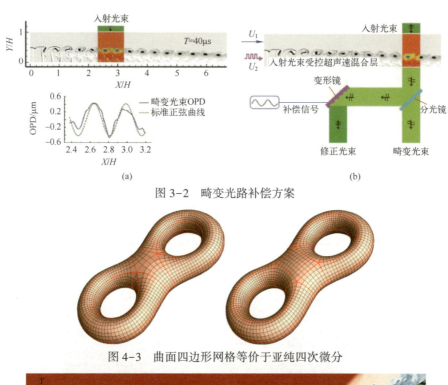

图 3-2 畸变光路补偿方案

图 4-3 曲面四边形网格等价于亚纯四次微分

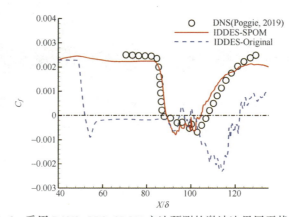

图 4-6 采用 RANS-LES-SPOM 方法预测的激波边界层干扰流动

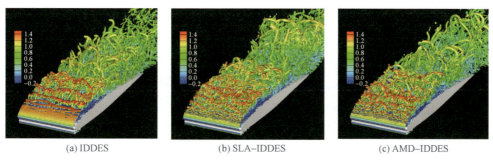

图 4-7　不同方法模拟前缘带冰翼型流动结果

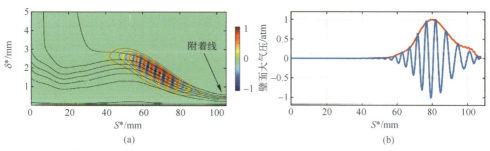

图 4-12　传统全局稳定性分析（云图和蓝线）与约化全局稳定性分析结果（红线）对比

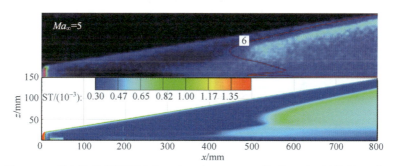

图 4-13　升力体常规风洞试验（上）与 C-γ-Re_θ 模型（下）转捩阵面对比

图 4-15　采用 LST 分析的高温真实气体效应、凹面结构

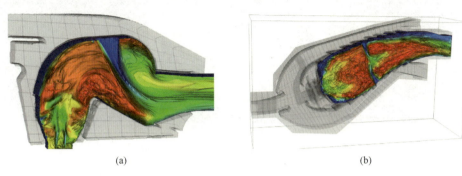

图 4-16 复杂构型真实燃烧室模拟

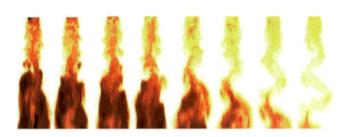

图 4-17 燃烧的熄火过程模拟

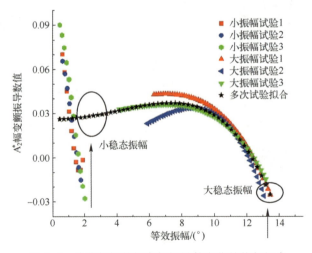

图 5-3 分岔颤振的幅变颤振导数变化趋势与拟合

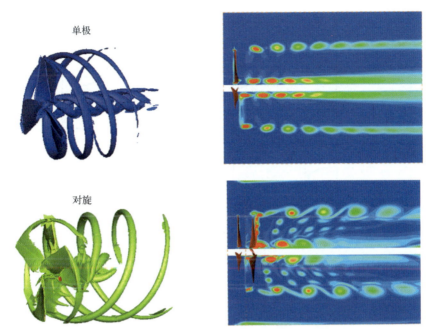

图 6-5 单级和对旋风力机瞬态桨尖涡涡量对比

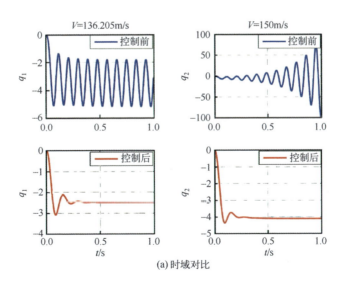

(a) 时域对比

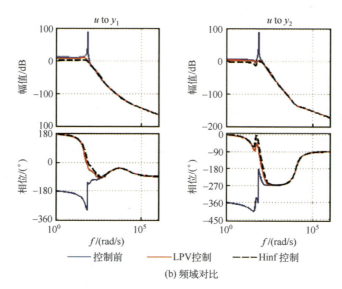

(b) 频域对比

图 7-1　LPV 控制器控制效果

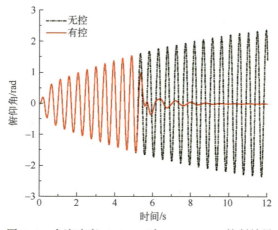

图 7-2　来流速度 12.0m/s 时 Neuro-Fuzzy 控制效果

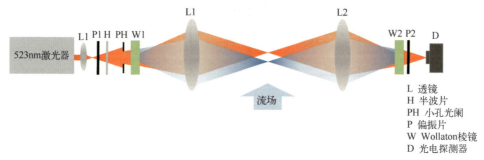

图 8-1　FLDI 系统原理

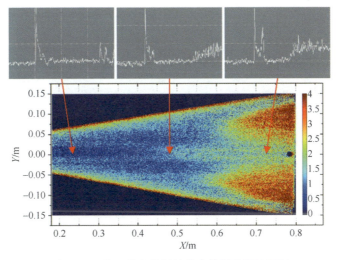

图 8-12 基于磷光热图的升力体横流转捩测量

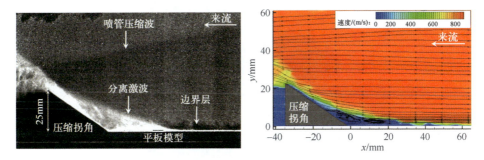

图 9-1 $Ma=6.0$ 压缩拐角流动粒子图像测速

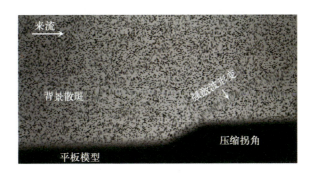

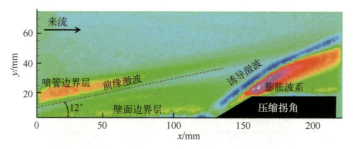

图 9-4 $Ma=6.0$ 激波/边界层干扰的光流 BOS 结果

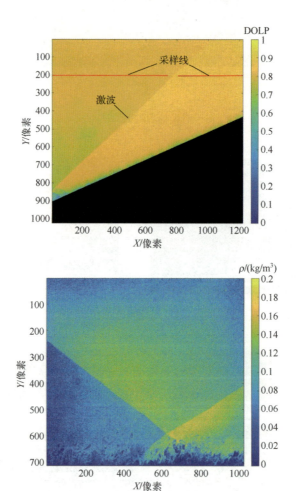

图 9-8 斜劈的斜激波偏振度图像和基于偏振技术的激波边界层干扰密度

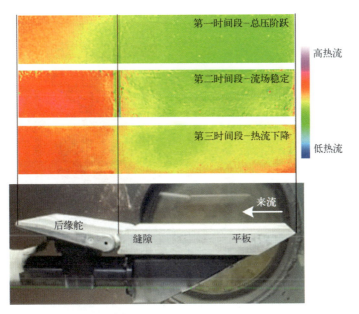

图 9-9 快速响应 TSP 温度分布

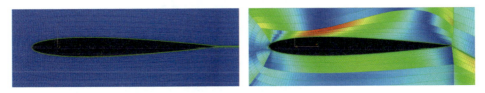

图 10-2 翼型网格样本及智能判别结果

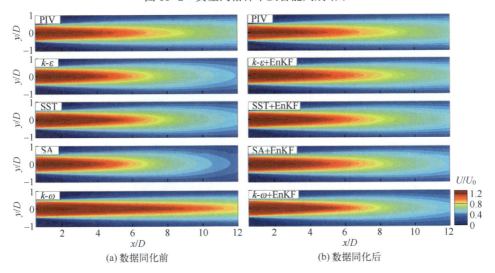

(a) 数据同化前　　　　　　　　　　　(b) 数据同化后

图 10-5 PIV 测量结果与不同湍流模型预测的射流时均场对比

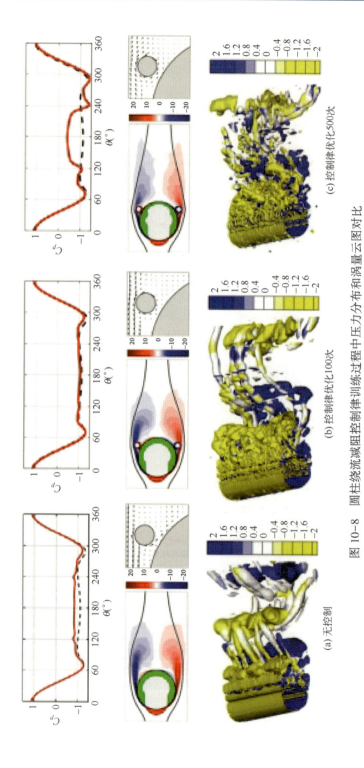

图10-8 圆柱绕流减阻控制律训练过程中压力分布和涡量云图对比

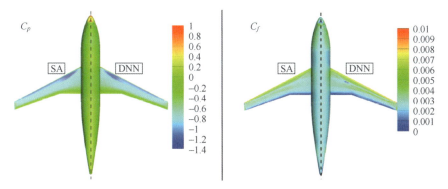

图 10-11　风雷 AI 湍流模型对翼身组合体预测的典型结果

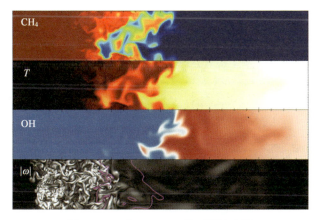

图 11-10　高 Karlovitz 数下湍流火焰

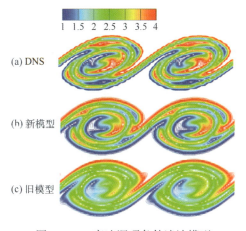

图 11-18　高速源项条件滤波模型

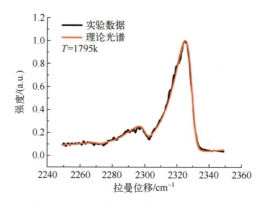

图 11-21　CARS 实验谱与理论谱拟合温度